绿色发展转化为新综合国力和国际竞争新优势研究

——以福建为例

廖福霖 等 著

中国林业出版社

图书在版编目（CIP）数据

绿色发展转化为新综合国力和国际竞争新优势研究：以福建为例/廖福霖等著. —北京：中国林业出版社，2017.11

ISBN 978-7-5038-9371-1

Ⅰ.①绿… Ⅱ.①廖… Ⅲ.①绿色经济—经济发展—研究—福建 Ⅳ.①F127.57

中国版本图书馆 CIP 数据核字（2017）第 280489 号

出版　中国林业出版社（100009　北京西城区刘海胡同 7 号）
网址　http：//lycb.forestry.gov.cn
发行　中国林业出版社
E-mail　forestbook@163.com　电话　010-83143515
印刷　三河市祥达印刷包装有限公司
版次　2017 年 12 月第 1 版
印次　2017 年 12 月第 1 次
开本　787mm×1092mm　1/16
印张　21.5
字数　433 千字
定价　68.00 元

《绿色发展转化为新综合国力和
国际竞争新优势研究——以福建为例》

研究与撰写人员

廖福霖　吴飞霞　俞白桦　邓翠华　赵东喜

钟卫华　郑　晶　苏祖荣

目 录

第一章 绪 论 … 1
- 第一节 全面理解以下几个概念 … 2
- 第二节 深刻把握以下几对关系 … 7
- 第三节 创新、协调、绿色、开放、共享的新发展理念是"两个转化"的指南 … 12

第二章 绿色发展概述 … 17
- 第一节 绿色发展的思想渊源与中国实践探索 … 17
- 第二节 绿色发展内涵及其相关概念 … 24
- 第三节 绿色发展与经济新常态 … 32
- 第四节 绿色发展与创新、协调、开放、共享的有机统一 … 37

第三章 "两个转化"的基本概念 … 41
- 第一节 综合国力与国际竞争优势概述 … 41
- 第二节 绿色发展"两个转化"的全球战略视野 … 55
- 第三节 "两个转化"是当今世界经济发展的基本趋势 … 57
- 第四节 "两个转化"是应对"中等收入陷阱"的必然选择 … 64

第四章 "三个转变"是"两个转化"的关键 … 72
- 第一节 转变生产方式 … 72
- 第二节 转变生活方式 … 78
- 第三节 转变体制机制 … 86

第五章 优化经济结构是"两个转化"的核心 … 98
- 第一节 经济结构概述 … 98
- 第二节 经济结构存在的问题及绿色转化 … 102
- 第三节 传统产业和新兴产业的绿色发展及"两个转化" … 113

第六章 围绕"两个转化"推进供给侧改革 … 121
- 第一节 根据经济新常态推进供给侧结构性改革 … 121
- 第二节 围绕国内、国际两个市场的变化进行供给侧改革 … 124
- 第三节 围绕"两个转化"实施供给侧改革必须发展生态文明经济 … 126

第七章　实现"两个转化"的创新性、引领性、持续性 … 130
- 第一节　创新突破，占领绿色科技制高点 … 130
- 第二节　创新性、引领性、持续性的关键在人才 … 134
- 第三节　实现中华民族永续发展是最大的共享 … 138

第八章　绿色产业："两个转化"的主线（上） … 143
- 第一节　绿色产业概述 … 143
- 第二节　全球绿色产业发展概况 … 151

第九章　绿色产业："两个转化"的主线（下） … 162
- 第一节　中国绿色产业发展形势分析 … 162
- 第二节　绿色产业是增强国际竞争新优势的重要途径 … 185
- 第三节　中国绿色产业竞争优势的培育 … 188

第十章　绿色能源："两个转化"的新引擎 … 195
- 第一节　能源安全与生态安全 … 195
- 第二节　绿色能源概述 … 197
- 第三节　全球能源发展形势 … 201
- 第四节　中国能源市场状况与发展趋势 … 209
- 第五节　增强绿色能源竞争优势，提升产业实力 … 221

第十一章　绿色贸易："两个转化"的有效路径 … 225
- 第一节　全球贸易环境的新变化 … 225
- 第二节　绿色贸易概述 … 227
- 第三节　全球绿色贸易发展趋势分析 … 234
- 第四节　中国绿色贸易发展形势 … 239

第十二章　发展健康产业　促进"两个转化" … 249
- 第一节　健康产业内涵特征 … 249
- 第二节　健康产业是"两个转化"的重要环节 … 250
- 第三节　健康产业发展状况与趋势 … 252
- 第四节　增强健康产品生产能力，促进"两个转化" … 256

第十三章　发展绿色金融　支撑"两个转化" … 259
- 第一节　绿色金融的概念与特征 … 259
- 第二节　发展绿色金融对促进"两个转化"的重要意义 … 262
- 第三节　发展绿色金融促进"两个转化" … 263

第十四章　创新生态产品价值实现方式　加快"两个转化" … 269

第一节	生态产品的概念与特征	269
第二节	完善生态产品价值实现机制促进"两个转化"	271

第十五章 生态文化与"两个转化" ……… 277
 第一节 生态文化"两个转化"的力量 ……… 277
 第二节 生态文化"两个转化"的实践 ……… 282
 第三节 生态文化"两个转化"的进展 ……… 287

第十六章 在"自由贸易区"建设中实现"两个转化" ……… 293
 第一节 "自由贸易区"是"两个转化"的前沿高地 ……… 293
 第二节 建设"自由贸易区"新增长极，实现"两个转化" ……… 295
 第三节 福建自贸区经济与生态概况 ……… 299
 第四节 福建省绿色竞争力分析 ……… 303
 第五节 福建自贸区绿色发展"两个转化"的路径 ……… 306

参考文献 ……… 315
后　记 ……… 334

第一章 绪 论

生态文明建设是中华人民共和国成立后的第三个里程碑。第一个是新中国成立及其建设使中国人民站起来；第二个是改革开放使中国人民富起来；第三个是生态文明建设使中国人民美起来。这里的美有三层含义：

一是祖国强壮之美，即祖国锦绣山河的美。新中国成立以前，祖国山河破碎、千疮百孔；新中国成立以来，由于各方面原因，自然生态系统衰竭，环境污染严重。这当然和新中国成立以前有本质的区别，但是如果任其发展下去，那将是另一种形式的毁灭。生态文明建设使祖国母亲重披新装，焕发出强壮之美。

二是人民生活之美，即人民幸福感提高的美。人民群众从要温饱到要环保，从要生计到要健康，从物质生活到全面小康，这是生活美的飞跃，是上升到更高层次的幸福感。生态文明建设正是顺应了人民群众不断追求幸福生活的美好要求。

三是子孙世代之美，即中华民族可持续发展的美。我们不但追求这一代人的发展和幸福，更要让子孙后代能够发展和幸福。所以生态文明建设是事关民族永续发展，利在当代、功在千秋的美好事业。

党的十八大以来，在习近平总书记生态文明新理念、新思想、新战略的指引下，我国生态文明建设进入了实质性的攻坚阶段，取得许多重大成果。但是各地发展情况仍然有别，甚至有较大的差距。福建省最早，并一路沐浴着习总书记生态文明理论的阳光雨露，走在全国生态文明建设的前列，正在建设机制活、产业优、百姓富、生态美的新福建路上迅跑。这是福建之福，使福建人民得福，为子孙后代造福。

当然，福建的生态文明建设还需继续深化和提升，以不辜负党中央、国务院赋予福建首个《国家生态文明试验区（福建）实施方案》的要求和期望。所以福建生态文明建设面临着新的阶段和新的任务，这就是实践党中央国务院《关于加快推进生态文明建设的意见》提出的"站在全球视野加快推进生态文明建设，把绿色发展转化为新的综合国力和国际竞争新优势"（以下简称"两个转化"）的重大战略。这是今后福建生态文明建设的攻坚战，是检验福建生态文明建设最终成效的试金石，也是建设新福建的内在要求。福建有条件也有责任为全国提供可复制可推广的经验与模式。

实现"两个转化"必须理清以下几个问题。

第一节　全面理解以下几个概念

一、全球视野

视野是极其重要的战略资源，它在发展趋势的研判和应对战略的制定中起到十分重要的作用。特别在当今激烈的国际竞争中，它甚至关系到国家民族（区域）的盛衰兴亡。薄贵利在《论国家战略的科学化》一文中强调，"诚如美国《高边疆》一书的作者丹尼尔·奥·格雷厄姆所指出的那样：'在整个人类历史上，凡是能够最有效地从人类活动的一个领域迈向另一个领域的国家，都取得了巨大的战略优势.'相反，一个国家如果与历史发展机遇失之交臂，就会一步被动，处处被动，不仅导致国家的落伍，甚至导致国家的灭亡。"

有效地迈向人类活动新领域，首先要有全球视野。站在全球视野来研判，当今世界有两个重要趋势。一是21世纪世界各国的发展将受到以下要素的强制约——资源稀缺日益加剧、生态承载能力超阈值、环境自净能力已接近或超过临界点，这些已成为世界性的生存与发展的短板。解决这些问题的唯一出路是从灰色发展领域迈向绿色发展领域，这已成为国际共识。二是世界经济发展的一个基本规律——历史上每次大的世界性经济危机发生后，都必须有一批新兴产业引领走出危机。当今世界许多国家都希望加快经济复苏和发展，但又都面临着生态、资源和环境短板的限制。绿色产业既能解决短板，又有巨大的经济体量，是国际公认的重要新兴引擎产业。世界大部分国家都在从灰色领域转向绿色领域，抢占绿色发展先机与制高点，以此取胜。纵观世界各发达国家和发展中大国，其战略性新兴产业基本上是沿着绿色化、信息化、高端化方向发展（其中信息化和高端化也都有绿色化的内蕴）。在不少中等收入国家中，以前是靠资源与环境的红利进入中等收入行列的，现在红利已经变成短板。要跳出这个陷阱，也纷纷从灰色发展走向绿色发展。这些因素高度地集聚，使绿色发展成为世界经济发展的新潮流，国际竞争的新常态。所以把绿色发展转化为新的综合国力和国际竞争新优势，是抓住了生态文明建设的牛鼻子，是全新的历史使命。它关系到生态文明建设的成败，关系到中国全面小康的实现。这是我国从灰色发展到绿色发展的战略转移。如果说十一届三中全会是新中国发展中的第一次战略转移，那么这就是第二次战略转移，其意义十分重大。

尽管当前个别国家由于总统更换引起的某些绿色阻滞，说明绿色发展同样不是一帆风顺的。但是历史一定证明：这一世界趋势是谁也改变不了的，顺其者昌，逆其者衰，绿色发展的前途必定是光明的。

二、绿色发展

本书所指的绿色发展包含了循环发展与低碳发展。中共中央、国务院《关于加快推进生态文明建设的意见》要求"把绿色发展、循环发展、低碳发展作为生态文明建设的基本途径"。尽管国内外对于绿色发展的理解与界定不完全一致，但是我们认为以下几方面的核心内涵是必须掌握的：一是提高人类福祉的发展。它是指经济的与生态的福祉（不能只理解为生态的福祉），这是绿色发展的根本。二是促进社会公平的发展。比如许多地方利用生态优势实现精准扶贫，缩小贫富差距；又比如生态产品是最普惠最公平的产品，绿色发展是有利于所有人健康的发展等。不一而足。所有人都能分享绿色发展的成果，所以绿色发展是包容性、普惠性的发展，这是绿色发展与灰色发展的本质区别（灰色发展是以牺牲一部分人的根本利益获取另一部分人利益的发展）。三是降低生态稀缺、环境与人类健康风险的发展。这就要求绿色发展是有质量的发展，它不但是国家民族（区域）可持续发展的内在要求，也是为全球可持续发展作贡献。由此可见，绿色发展是经济社会生态三大效益相统一的发展，是新的发展方式。

三、新的综合国力

全面科学理解新的综合国力和国际竞争新优势，是实现"两个转化"的关键。新的综合国力新在哪里？从生态文明角度看，至少以下几个方面新要素：

1. 绿水青山是新综合国力的基础

"生态兴则文明兴，生态衰则文明衰"，是习总书记对国家民族发展规律的新总结，"绿水青山就是金山银山"是习总书记生态文明的经典理念。生态与环境是新综合国力的重要元素，也是经济新常态下亟须补齐的短板。特别是国家生态安全（生态灾难会造成社会的动乱甚至民族的覆灭）、粮食安全、能源安全、食品安全、甚至国防安全等都必须有良好的生态系统支撑。

2. 先进生产力的发展是新综合国力的核心

在社会主义生态文明新时代，生态生产力代表着人与自然和谐协调、共生共荣、共同发展的能力，是21世纪财富的源泉和人类的希望，是先进生产力发展的方向，所以发展生态生产力是新综合国力的本质要求。特别在我国经济新常态下，资源约束趋紧、环境污染严重、生态系统退化的严峻形势，已经成为生产力继续向前发展的主要瓶颈,是国家民族安全与持续发展的主要短板。如果不能突破这个瓶颈、补齐这个短板,那么我们的生产力总有一天会出现相当突然的和不可控制的衰退。"我们在生态环境方面欠账太多了,如果不从现在起就把这项工作紧紧抓起来,将来会付出更大的代价""在这个问题上,我们没有别的选择"①。生态与环境是先进的生态生产力运行的重要因素:它们作为先进生产力发展的承载体,是基础性的;作为科技作用的重要对象,是第一性的;作为生产力的持续发展,是根本性的。习总书记强调"保护生态环境就是保护生产力,改善生态环境就是发展生产力。"①把生态环境从外部性进入内部性,成为生产力要素的新内涵,其意义十分重大。这就要求在生产力布局中要优先考虑生态系统的承受力;在政治、经济体制改革和经济文化结构调整中,要优先考虑有利于保护和改善生态环境系统;在建设基础设施时要优先安排保护和改善生态环境的项目(如国土整治、植树造林、控制水土流失和荒漠化、控制土壤污染等);在工程上马前要充分论证其对生态环境系统的影响,不要超过阈值等。要加快推动生产方式绿色化,构建科技含量高、资源消耗低、环境污染少的产业结构和生产方式,大幅提高经济绿色化程度,加快发展绿色产业,形成经济社会发展新的增长点,形成人与自然和谐发展的现代化新格局。这是新的综合国力的核心。

3. 公众健康是新综合国力的关键

综合国力的所有要素最终都要通过人的活动才能得到表现并发挥的。所以人的素质高低,直接影响着综合国力诸要素的发挥和实现的程度。人的健康关系到劳动力素质、社会和谐、民生幸福等。健康成为我国人民群众的重要追求。人们从衣食住行各方面都从当时的温饱型向现在的健康型转变。党中央国务院为了满足人民群众新的生活需要,及时提出了建设健康中国的战略。在生态文明视野下,与公众健康关系极为密切的是宜居环境、生活方式和消费模式向绿色低碳、文明健康的方向转变,勤俭节约、力戒奢侈浪费取代不合理消费行为和心理,获得安全的食品、优良的生态产品、大自然给人们宁静定力等高层次的体验,它们和绿色经济的其他方面一起构成人们的绿色健康福利。这一战略的实施,不但将创造生机勃勃的具有创新精神的新一代劳动者,而且将创造新的一波财富浪潮和就业机会(健康产业将成为世界第五波财富浪潮,有统计表明:许多发达国家和发展中大国,健康支出已占家庭支出的50%以上,有的高达70%)。

4. 绿色和谐管理是新综合国力的软实力保障

生态文明的本质特征是和谐协调。现代国家治理和企业管理的基础是绿色管理、构建和谐文化。

---

① 习近平在中央政治局第六次集体学习上的讲话。

研究认为，和谐文化是创新的源泉。企业、区域、国家的绿色和谐管理，要求人与自然的生态和谐、人与社会的人态和谐、人与自身的心态和谐（以下简称"三大和谐"），会产生巨大的创造力，也是人体、企业、社会健康的重要保障。要在全社会发展生态文化，树立生态文明的价值观、伦理观和道德规范，引领社会向"三大和谐"发展，形成综合国力中的软实力。

5. 公众幸福指数不断提高是新综合国力的标志

习总书记指出，"人民对美好生活的向往就是我们的奋斗目标"[①]。衡量美好生活的重要指标是幸福指数。公众幸福指数的提高是综合国力强盛的结果，同时又会促进综合国力的不断提高。学术界提出幸福指数的概念，是基于绿色 GDP 的视野，主要用于纠正对于传统 GDP 的认识偏向。许多人都曾经把传统 GDP 视为综合国力的主要标志，其实不然。曾经担任我国政府绿色 GDP 核算顾问组长的国际著名生态文明研究专家、加拿大马克·安尼尔斯基（Mark Anielski）在其《幸福经济学》一书中提出"创造真实财富"的理论，并要求用"真实发展指数（GPI）"来解释人们在生活质量和整个经济、社会与环境福利方面的真实发展状况。他举了两个典型例子：一个是嗜烟的晚期癌症患者，正经历着昂贵的离婚诉讼。他开车时边接听手机边吃汉堡快餐。他的车已驶入到 20 辆连环相撞的车祸里。这个人的行为是令人遗憾的，几乎全是负面效果，但却是传统经济学的"完美的英雄行为"。因为他的所有行为都为传统的增加 GDP 作出了贡献。另一位是拥有稳固婚姻的健康人。在家就餐、步行上班、不抽烟、不赌博。他是传统经济学的坏蛋，因为他对传统 GDP 毫无贡献。但是他是幸福的。马克·安尼尔斯基还举例：当城市砍掉能遮阴的树木以便扩宽道路，而居民酷热难当不得不为此购买空调避暑时，GDP 是两次增长，但是居民幸福指数却两次下降。他指出，任何质疑大自然的生态产品的人可以试试没有它们的生活，这些东西带给我们的幸福感远比我们从市场上购买商品的感受好得多。

2016 年 12 月，中共中央办公厅国务院办公厅印发了《生态文明建设目标评价考核办法》，指明了领导干部生态文明政绩的目标指向、重要内容和考核办法：建立生态文明建设目标评价体系，突出经济发展质量、能源资源利用效率、生态建设、环境保护、生态文化培育、绿色生活、人民群众满意度等方面指标，把绿色发展作为经济社会发展综合评价和市县党政领导干部政绩考核的重要内容和基础。这实际上就是用绿色 GDP 来考核领导干部，以促进不断提高人民群众幸福指数。

6. 可持续发展是新综合国力的根本

可持续发展是国家发展深厚伟力的表现，它关系到中华民族的未来大计。

[①] 习近平 2012 年 11 月 15 日在十八届中央政治局常委与中外记者见面会上的讲话。

四、国际竞争新优势

国际竞争新优势和新的综合国力互为基础相互促进。

学界、政界和企业界中的许多人都把国际竞争新优势视为传统意义上的经济贸易竞争新优势,其实不然。

(1)从绿色经济科技领域看,绿色产业、产品处于全球价值链的高端,具有很强的核心竞争力。绿色品牌产品的出口附加值很高,具有长远的优势;绿色技术密集型、绿色金融、健康产业、总部经济、生态旅游业等是世界高端服务领域;绿色科技是国际高新科技发展的重要方向;绿色标准、绿色市场也是抢占国际市场的制高点。同时,从大量高能耗、高污染和资源产品出口转向绿色产品(含服务)出口,不但有利于转变生产生活方式、提高经济效益,而且有利于减少资源和环境压力,形成有质量、有效益的经济发展,促进经济结构的优化。

(2)从生态文化领域看,国际竞争新优势不但有绿色经济科技硬实力的竞争新优势,而且有生态文化软实力的竞争新优势。生态文化具有全球性特征,具有很强的亲和力和感召力,不但有利于地球的健康,也有利于人的身心健康,已被"地球村"人广泛偏好,是国际文化发展的新潮流。"自然文学将人类对自然的热爱和人类之间的亲情融为一体,将土地伦理延伸为社会伦理,将对大地的责任延伸为对社会的责任。它所称道的是大爱无疆,爱的循环。"我国的生态文化既具有深远的历史和深厚的底蕴,又具有高度的创新和高端的内涵,可以通过发展生态文化创意产业和扩大对外宣传等各种途径传播生态文化,这不但可以扩大生态文化软实力的竞争新优势,而且也能增强绿色经济科技硬实力的竞争新优势。

(3)从外交领域看,为全球生态安全作贡献是增强外交话语权的重要方面。比如,我国绿色发展应对气候变化的坚定信心、巨大决心和有效举措,取得明显的成效,显示出我国作为大国对于全球生态安全的责任和担当。习主席在2015年巴黎气候大会上与国际社会共同推动了190多个国家签订了《巴黎气候协定》,获得许多国家的信任和点赞。这次美国特朗普政府退出《巴黎气候协定》,国际社会更是把希望寄托在中国。我国在外交上将有更多的诚信度和美誉度。

(4)从政治领域看,上述这些新优势都可以转化为拓展国际政治空间的新优势。我们把绿色发展的"两个转化"做好了,就有许多主动权与主导权。如应对气候变化已成为国际的重要政治目标和责任;又如习近平总书记提出生态文明的生命共同体理念,并娴熟地运用这个思想理念于国际事务,他遵循客观规律,进行战略创新,引领时代向前,推进合作共赢,为全球"共商共筑人类命运共同体"是对世界和平与发展理论、实践的新贡献，是实现"两个转化"的典范。习主席在多次的国际会议或外交场合阐述这个思想理念，强调指出，这个世界各国相互联系、相互依存的程度空前加深，人类生活在同一个地球村里，生活在历史和现实交汇的同一个时空里，越来越成为你中有我、我中有你的命运共同体；这就要求各国和衷共济，共同建设一个更加美好的地球家园。特别是2017年1月18日，习近平主席在日内瓦万国宫出席"共商共筑人类命运共同体"高级别会议，并发表题为《共同构建人类命运共同体》的主旨演讲，主张共同推进构建人类命运共同体伟大进程。坚持对话协商、共建共筑、合作共赢、交流互鉴、绿色低碳，建设一个持久和平、普遍安全、共同繁荣、开放包容、清洁美丽的世界。他强调，宇宙只有一个地球，人类共有一个家园，国际社会要从伙伴关系、安全格局、经济发展、文明交流、生态建设等方面作出努力，共同构建人类命运共同体。

联合国在这次会议的决议中，首次写入"构建人类命运共同体"理念。联合国社会发展委员会第55届会议协商一致通过"非洲发展新伙伴关系的社会层次"决议，首次写入"构建人类命运共同体"的理念。决议欢迎并敦促各方进一步促进非洲区域经济合作进程，推进"丝绸之路经济带和二十一世纪海上丝绸之路"倡议等便利区域互联互通的举措。习主席2017年5月15日下午在"一带一路"国际合作高峰论坛闭幕式后会见记者时表示，"一带一路"建设将朝着构建人类命运共同体的目标迈进，这一理念已经得到国际的普遍认同，并引领世界构建人类命运共同体的实践，这对我国和参与国是共赢的，也彰显了中国对全球治理的巨大贡献等。

（5）这些政治与外交新优势将会反馈于经济、科技、文化优势，形成良性循环。

第二节 深刻把握以下几对关系

一、绿色发展与"两个转化"

本课题研究的主题不单是绿色发展，更重要的是如何把绿色发展转化为新综合国力和国际竞争新优势，这也是难点所在。在第一稿中，许多撰写人都只重视前者而忽略了后者。分析其原因，主要是把两者等同，没有分清两者的区别，以为绿色发展自然就会带来新的综合国力和国际竞争新优势。绿色发展与"两个转化"既有联系又有区别。绿色发展是"两个转化"的基础，但是绿色发展不等同于"两个转化"。如何使绿色发展沿着有利于"两个转化"的方向推进，是一个全新的课题。如"两个转化"的理论指导，主要是以马克思、恩格斯工业—自然—人—社会复合生态系统理论、习近平生态文明理论、现代生态科学理论的指导，克服在实践中经常出现的生态建设、环境保护与经济发展"二律背反"等绿色发展的误区，获取经济效益、社会效益与生态效益的相统一与最优化；围绕"两个转化"进行顶层设计、搭建平台、供给侧结构性绿色化改革、优化经济结构、转变生产生活方式、产业升级、培育国际市场的绿色品牌（企业和产品）、发展绿色金融、探索生态产品价值实现等的理论与实践；加强"两个转化"教育，培养和引进具有国际视野和执行能力的相关人才、研发生态化技术体系、加强对外开放，实现"两个转化"的创新性、引领性和持续性；必须遵循的原则、有效的路径与载体、体制机制等。绿色发展只有实现"两个转化"才有生命力，才是可持续的。本书主要围绕这些问题展开研究，探索在绿色发展中实现"两个转化"，通过"两个转化"促进绿色发展的理论与实践。2017年5月22日我国发改委、环保部、外交部、商务部联合发布的《关于推进绿色"一带一路"建设的指导意见》指出，推进绿色"一带一路"建设，是顺应和引领绿色、低碳、循环发展国际潮流的必然选择，是增强经济持续健康发展动力的有效途径。国家标准化管理委员会6月中旬发布了国家标准《绿色制造 制造企业绿色供应链管理导则》（GB/T 33635—2017），规定制造企业的全生命周期以及供应链上下游供应商、物流商、回收利用等企业有关产品、物料的绿色管理要求，这些都是提高企业国际绿色竞争力的举措。福建省有最早建设生态省并一路沐浴习总书记生态文明新理念、新思想、新战略的优势；有宝贵的绿色资源和生态优势；有国家赋予的"一带一路核心区""自由贸易区""平潭综合试验区""福州新区""全国生态文明试验区"等"五区叠加"的优势。在发展新型战略性绿色产业、生态产品价值实现、健康产业、体验经济、生态文明消费型经济、传统经济的绿色化改造提升等方面有良好的基础等。所以应该在"两个转化"方面创造出经验和模式，这不但是建设新福建的需要，也是为全国做贡献的应尽之责。

本专著力图在上述问题上做些研究，以期抛砖引玉。

二、国际竞争与合作共赢

传统的思维定势总是把国际竞争看作你死我活或冰火两重天的格斗，这只是其中的一个方面。如果用生态整体主义原理来解读国际竞争，就会发现海阔天空获取竞争新优势的另外一个方面，这就是合作共赢。合作共赢是生态文明视野下国际竞争的中国方案，是新的思维方式和实践探索。为了深入理解这对关系，我们先阐述生态文明的生态整体主义原理。

1. 自然界是一个共生体

在自然界，既竞争又共生是普遍现象。在工业文明观中，似乎自然界只有你死我活的斗争。最典型的是把达尔文的《物种起源》解读为只有你死我活的竞争，并大量宣传，误导了公众。其实达尔文在论述物种竞争规律的同时，也大量阐述了物种间的趋异性、包容性、多样性和创造性的规律。达尔文认为，竞争绝不是自然界的唯一规律，一种生物可以创建一个不曾被占据过的自己的特殊位置，并且无须牺牲另一种生物的生存，越来越多的生物种类可以在同一地区生存发展，这就是趋异规律和包容规律。在自然界内，所有生物都有设计新生活方式的潜在能力，也有一种天赋地利用资源的智谋。整个绿色世界是富有创造、互相协调、充满生机、共生共荣。达尔文还认为，只有在一个缺乏创造性的世界里，禁锢在严格的生存模式里，需求的匮乏和冲突才成为不可避免的，这就是创新性规律。由于趋异性、包容性和创新性，就形成了生物多样性。生物多样性导致生态平衡以及自然界的繁荣，是生态学的重要法则。

2. 自然、人和社会是一个有机联系的整体

自然—人—社会是个复合生态系统，其中自然生态系统是复合生态系统赖以生存和发展的基础，人类是推动复合生态系统发展和进步的主要力量，社会是其保障。习近平总书记关于人与自然是生命共同体和人类命运共同体的理论，是生态整体主义的核心。人、自然、社会必须和谐协调、共生共荣、共同发展，才能有共同美好的未来，人类应当充分发挥主观能动性特别是创造性、积极性和主动性，建立科学、公平的自然—人—社会复合生态系统运行机制，遵循生态整体主义的客观规律，通过有效的方法推动和谐协调、共生共荣、共同发展。

3. 生态整体主义对于人的理性假设是"地球村人"

"地球村"是21世纪全球生态化时代、知识化时代、经济一体化时代、信息网络化时代的集中表达。生态化和知识化是全球的，经济一体化和信息网络化使地球像一个村庄，所以地球村是宏观世界与微观世界的有机统一。资源能源枯竭、生态环境恶化、自然界对于人类的报复、人类工业文明病蔓延等危机是全球性的，而这一切都"不是魔法，也不是敌人的活动使这个受损害的世界的生命无法复生，而是人类自己使自己受害"，所以共同应对危机是事关全人类前途命运、各民族兴衰成败的大事，是全人类最紧迫的大事。对于21世纪的世界来说，没有比人类同自然界的剩余部分的关系更重要，没有什么事比改善这种关系更能影响人类的幸福。

"保护环境是全人类的共同事业，生活在地球上的每一个人都有责任为维护人类的生存环境而奋斗。环境问题和可持续发展目标，只有在国际合作的条件下才能获得解决。"

4. 生态整体主义特别强调空间整体性、时间整体性、时空统一性和方法的综合性

（1）空间整体性是"地球村人"赖以生存的客观要求。地球是全人类的，人类必须协同起来，与其共生共荣共同发展。"我们已进入了人类进化的全球性阶段，每个人显然地有两个国家，一个是自己的祖国，另一个是地球这颗行星"；"现代文明应当重新唤起人类思家的亲情，人类与土地的联系，人类与整个生态体系的联系，并从中找出一种平衡的生活方式，引导人们从个人的感情世界走向容纳万物的慈爱境界"。

（2）时间整体性是"地球村人"的可持续发展观。"地球村人"不单指当代人，而且指儿孙后代，是一代又一代的生存与发展、繁荣与进步。但是由于工业文明造成了资源枯竭、生态危机、环境恶化、人类工业病蔓延，"我们不只是继承了先辈的地球，而是借用了儿孙的地球"。后代人没有现在的发言权，我们不能再做吃子孙饭、断子孙路的事。

（3）时空统一性集中表达了时间和空间相统一的和谐的整体观、协调综合的方法论。"我们处在各国历史的这样一个时代，现在比以往任何时候都更加需要协调的政治行动和责任感"，这是超越文化、宗教和区域的对话，是不同观点、不同价值观和不同信仰的切磋，是不同经历和认识的融洽。其重要特点是"齐心协力地形成一个学科间综合的方法去处理全球所关心的问题和我们共同的未来"。

总之，生态整体主义要求站在自然—人—社会复合生态系统整体的立场上观察、分析、解决问题，而不只站在人类私利的立场；站在人类世代可持续发展的立场，而不只站在这一代人的立场；站在大多数人类的立场，而不只站在少数人的立场，并运用和谐、综合、协调、双向互补的综合方法，达到共生共荣的目的。

根据生态文明的这一基本原理，我们可以站在一个新的视野而得出这样的结论：当今世界，全人类的共同命运决定了人类必须走和谐协同、和平发展、合作共赢之路，这是当今国际竞争的大趋势，是获得国际竞争新优势的唯一正确的选项，这不但在理论上是成立的，在实践上也是可行的。尽管这条道路还有许多波澜崎岖，但其前途一定是光明的，是任何人与国家都阻挡不了的。

三、阴谋与阳谋

绿色发展已成为国际发展的潮流，"两个转化"已成为许多发达国家和发展中大国的战略重点，当然也是我国的战略制高点。但是，这期间也有波澜起伏，特别是低碳经济出现以来，"低碳经济阴谋论"就一直像一股阴霾一样笼罩着一些学界、政界和实践界，时常干扰了"两个转化"的信心和进程，有时候还比较严重。早在七八年前，就出现了"低碳经济是欧美阻止中国发展的阴谋"的论调，我们也在相关文章和专著中驳斥了这些观点。但奇怪的是至今仍然有人不敢提低碳发展,更不用说实践了。有趣的是,美国新当选总统特朗普更直白地说,发展低碳经济应对气候变化是中国的骗局,不利于发展美国经济,并且拒签《巴黎气候协定》。这个问题不讲清楚,"两个转化"就会受到很大的障碍。所以怎么看待这个问题就不但有学术意义,更有实践意义。

1. 国内的"阴谋论"

我们的低碳发展是不是欧美强加给我们的阴谋?答案显然是否定的。低碳发展虽然有外部的压力,但是更有我们的内在需要与动力。我国是受气候变化影响最严重的国家之一,同时又是以雾霾为代表的环境污染极其严重的国家,向雾霾宣战、打好蓝天保卫战成为公众最拥护的口号与行动。所以,习总书记早在 2013 年接见美国国务卿克里时就强调,节能减排降碳不是别人要我们这样做,而是我们自己要这样做,一语中的。当然这也是我们为世界生态安全作贡献的需要。所以这是我们自己的阳谋,不是西方国家的阴谋。

当然,欧美等发达国家确实有通过提高绿色(特别是低碳)门槛来保护本国贸易的双重标准等行为,但是据我们对其市场的考察,他们的市场确实偏好绿色产品。国内生产绿色产品的企业也认为,真正的绿色产品不但可以在那里占领更多的市场份额,而且可以得到好价格。这就说明即便外国政府是阴谋,但是公众(市场)却是阳谋,关键是我们应当以创新引领,不断提高绿色科技水平和绿色产品质量,不断占领绿色经济科技制高点,这是迎合"阳谋",破除"阴谋"的重要手段,是实现"两个转化"的重要目标。相反,如果老是埋怨和害怕"阴谋",那只能是保护落后,就会永远被"阴谋"。

2. 特朗普的"骗局论"

回答这个问题其实很简单。气候变化及其带来的自然生态系统(包括人类在内的所有种群的生存环境)的恶化是不容置疑的客观存在。据参考消息 2016 年 12 月 5 日报道,一项具有开创性的气候变化研究的首席科学家托马斯·克劳瑟博士认为,"完全可以说我们在全球变暖的问题上已经到了无可挽回的地步,我们无法逆转这样的影响,不过我们确实可以降低危害的程度。"他的研究结果刊登在《自然》上,已经得到联合国的采纳。他还说,美国总统特朗普对气候变化问题所持的怀疑立场,对人类来说是灾难性的。特朗普的"骗局论"和拒签行为,其目的是保护国内的高污染能源和高能耗产业,所以有舆论调侃"让特朗普把雾霾带回美国",不是没有可能的。其实这还不是最重要的,如果特朗普的言论和行动影响到全球应对气候变化的进程,那才是最大的灾难。所以 2017 年 5 月 31 日外交部发言人华春莹在例行记者会上表示,气候变化是全球性的挑战，没有任何国家能够置身事外。《巴黎协定》的成果来之不易，凝聚了国际社会最广泛的共识，为全球合作应对气候变化进程明确了进一步努力的方向和目标。《巴黎协定》所倡导的全球绿色、低碳、可持续发展的大趋势与中国生态文明的概念是相符的，所以无论其他国家的立场发生了什么样的变化，中国都将继续贯彻创新、协调、绿色、开放、共享的发展理念，立足自身可持续发展的内在需求，采取切实措施，加强国内应对气候变化的行动，认真履行《巴黎协定》。外交部的发言掷地有声，坚定不移，高瞻远瞩。欧盟也声明坚定履行《巴黎协定》；美国前总统奥巴马称美国已加入少数几个"毁灭未来的国家"；美国国内总共才50个州，有多个州长联合反对特朗普的决定，声明要继续遵守《巴黎协定》。并且包括欧盟在内的许多国家进一步把绿色、循环、低碳发展的希望寄托到中国。所以，从长远战略上分析，特朗普的这一言行不但无损而且有利我们的"两个转化"。

总之，"阴谋论"在国内外都有保护落后的成分。如果我们坚持保护落后，就正好中了阴谋，只能等待挨打；相反，如果我们激励创新，占领国际绿色经济科技制高点，实现"两个转化"，这就是阳谋。我们必须用阳谋破除阴谋。

第三节 创新、协调、绿色、开放、共享的新发展理念是"两个转化"的指南

中共中央十八届五中全会提出的创新、协调、绿色、开放、共享的新发展理念（以下简称"五大发展理念"），是我党发展理念的伟大创新，是实现"两个转化"的指南。

一、"两个转化"需要创新引领

1. 经济发展理念的创新

"两个转化"要求创新生产目的理念，把满足人民群众对于生态产品的需要和自然界自身发展的需要也作为重要的生产目的；要求创新生产力发展形态，努力发展生态生产力；要求创新绿色供给侧、优化经济结构，把知识作为经济发展的主要源泉，最大限度地发挥知识资源的作用，最小限度地利用自然资源，由此可以最大限度地减少排放（资源与环境是有机联系的两个侧面）。要求摒弃工业文明以耗竭自然资源、破坏生态、污染环境、危害健康为代价的经济模式和高投入、高消耗、高污染、低产出、低效益的生产方式，创新低投入、高产出、低排放、高效益的生产方式；要求创

新生态文明消费模式，实现生态、经济和社会三大效益的相统一与最优化，走资源能源节约、生态环境友好、人类健康幸福的发展道路。

2. 绿色科技的创新

绿色科技的创新，占领绿色科技制高点是实现"两个转化"的根本支撑。其中，重要的是生态化技术体系的创新。工业文明生产力是二维技术（具有水平维和力量维）的创新，其特征是只考虑经济效益而忽视了生态效应，往往出现负价值，所以这种技术也被称为"双刃剑"。生态生产力是三维技术的创新，即现代生态化技术体系的创新，它除了上述二维技术外，还要根据现代生态学原理研发的、能够贯穿经济发展各个领域的现代生态化技术体系：绿色（含循环低碳仿生）技术+信息化智能化技术+各行业技术，以及由三者有机结合形成的现代三维新技术平台。它不但具有高水平维、强力量维，而且对于生态、资源、环境具有正价值维，是实现生态、经济、社会三大效益相统一和最优化的现代综合技术体系。因为破除资源、环境和健康的约束瓶颈是全世界经济发展中面临的共同难题，而这种技术体系是破解这一难题的有效技术体系；因为这种技术体系是改造提升传统产业，实现产业链和产品链不断延伸，产品从低价值链走向高价值链，产业水平和质量从低级走向高级的重要技术体系；因为它所形成的一系列产业集群，如生态化新能源产业群、生态化制造业集群、生态化新材料产业群、生态化健康产业群、生态化环保产业群、生态化农业集群、生态化现代服务业集群等，都成为许多国家重点发展的战略性新兴产业群。所以，对现代生态化技术体系（三维技术）的创新成为世界各国奋力抢占的科学技术及其高端制造的制高点，是实现"两个转化"的重要支撑。为此，要加大宣传生态化技术体系的三大效益；要理顺环境治理中政府与企业的关系，建立以企业为研发生态化技术体系主体的体制机制。国家财政要形成重点支持生态化技术体系的机制，帮助企业解决传统技术的资本沉没问题。政府和企业一方面要用生态化技术体系武装新兴产业（如战略性新兴产业），改造提升传统产业（如石化、建材、造纸），另一方面要促进减少绿色技术锁定，防止市场竞争不足。

3. 经济管理的创新

工业文明经济管理的显著特征是直线管理、末端管理和行为管理。比如对产品质量的末端检验，一旦发现不合格，要全部废弃或重新再造，既浪费资源、时间、人力，又污染环境；又如对污染的末端治理，也是既浪费资源，又少出产品，且末端治理往往成本很高，时间很长，难于根治，所以企业甚至是地方政府都常常是消极的态度，公众也不放心，管理的效益很低。生态文明要求创新经济管理，综合应用现代生态学、管理学、系统学、协同学等学科知识和技术，实现从末端管理走向过程管理，从直线管理走向循环管理，从行为管理走向和谐管理，从低效益管理走向高效益管理。这些是实现"两个转化"的保障。这里我们要特别强调现代管理三个法则对于"两个转化"的意义。20世纪50年代初美国世界级管理大师戴明提出的"戴明管理法则"：随着企业产品和服务质量的提高，企业的获利率必定会提高。我们称之为第一法则。这一法则已被认定是日本、美国、欧盟等发达国家在20世纪中叶占领国际国内市场，增强综合国力、获取国际竞争新优势的最重要的要素。德国慕尼黑企业咨询顾问弗里施提出的"弗里施管理法则"：没有企业员工的满意，就没有产品和服务质量的提高和顾客的满意。这就进一步发展了第一法则，我们称之为第二法则。生态文明学提出第三法则，即：企业员工的满意度取决于企业的和谐度，它特别强调企业创建绿色和谐管理的文化。我们对于生态文明学、创造学、心理学的研究都表明，绿色和谐文化是创新的重要活力，是激发企业员工积极性、主动性和创造性的源泉，是把绿色发展转化为新的综合国力和国际竞争新优势的必要条件。

4. 市场开拓的创新

要在国际国内开拓绿色消费型市场，它不但能极大地创造新消费，还能提高公众的健康水平和幸福指数。这是一项极其艰难的创新，当前最重要的是创建绿色诚信市场，特别强调绿色市场的诚信度和美誉度，这是实现"两个转化"的最关键环节。要让绿色产品、低碳产品等能够切实促进公众的安全、健康和幸福，促进资源节约环境友好，并在市场上确实体现其价值与价格，使企业在"两个转化"中获得持续的内在动力。开拓绿色新市场要善于"从无中看到有"具有洞察力和判断力，这是创造性思维的重要元素。我们经常在教学中举"两个皮鞋推销员"的案例：美国的皮鞋推销员和英国皮鞋推销员同时到一个岛屿上考察皮鞋市场，都发现这个岛上无人穿皮鞋。但是美国的推销员向国内公司发回电报，说此岛无人穿皮鞋，尽快把皮鞋运来；而英国的推销员向公司发的电报说此岛无人穿皮鞋，不要运来。结果美国的推销员在岛上穿着皮鞋做现身模特，不但吸引了大量男性的眼球，而且获得众多女性的回头率。这个公司的皮鞋在这个岛上极其畅销，成功占领了这个岛的市场。这个案例对于开拓绿色市场是会有启发的。

5. 体制机制的创新

中共中央、国务院已发布一系列生态文明建设体制机制的创新文件，形成了多层次、多维度的制度体系，是实现"两个转化"的重要指南。

二、协调共赢是"两个转化"的基础

"两个转化"需要协调人与自然的关系；协调国内国际的积极因素；协调经济、

政治、文化、社会建设之间的关系;协调政府与市场的关系;协调区域间、部门间、政企间、产业间、产学研间等的利益与关系;协调价格、法规、政策、金融等的杠杆作用;而最重要的是建立生态文明各种经济形态的协同发展机制:主要是创新经济、体验经济、绿色经济、循环经济、低碳经济、传统经济的改造提升、生态文明消费型经济等生态文明各种经济形态的协同发展。

特别要树立反哺自然的理念,把它作为绿色供给侧结构性改革的重要内容,这是协调人与自然关系的根本之策。

三、发展绿色产业是"两个转化"的主线

怎样发展绿色产业才有利于"两个转化"?这是我们研究的重点。绿色产业具有以下国际性特征:一是引领世界经济发展新潮流,具有先导性特征;二是经济体量十分巨大,具有支柱特征;三是产业融合性非常强,具有整体特征;四是得标准者得天下,具有主导特征。培育并发挥绿色产业的先导性、主体性、整体性、主导性等作用,是实现"两个转化"的主要着力点。必须密切跟踪世界绿色科技和产业发展方向,选择节能环保、新一代信息技术(含智能化技术)、生物、高端装备制造、新能源、新材料、新能源汽车等产业为战略重点,突破一批关键核心技术,加快形成在国际国内具有先导性、支柱性、主导性的绿色产业体系,占领国际制高点。这是实现"两个转化"的本质要求。

(1) 克服发展绿色经济(绿色产业、绿色消费、绿色技术、绿色贸易、绿色金融等)的认识误区,充分发挥绿色经济的先导性作用。

(2) 拓展绿色产业链,发展服务型制造,加强绿色产业积聚,克服绿色产业的低端锁定,构建高端绿色产业价值链条,不断扩大绿色经济体量,充分发挥绿色经济的支柱性作用。

(3) 深化绿色一、二、三产业融合,以及与信息化(含大数据智能化技术)的深度融合,提升它们的支持能力,使绿色产业沿着高端化方向发展,充分发挥绿色经济的整体性作用。

(4) 加快发展生态化技术体系,抢占世界绿色科技制高点,严格制订并实施绿色发展标准,坚持"人无我有,人有我优,人优我新"的战略特色,创建绿色品牌和企业,构建绿色生产与供应链体系,争取绿色发展的国内外话语权和主导权。

(5) 培育壮大绿色诚信市场,为转化提供基础。可以这么说,谁能培育并扩大绿色诚信市场,谁就能占领绿色发展的先机,并实现持续发展。

(6) 全面构建产业绿色转型升级的体制机制,使其沿着绿色产业的"微笑曲线"

发展。

四、开放发展是"两个转化"的必然要求

习总书记指出,生态文明是人类社会进步的重要成果,生态文明建设必定发展成为全世界的共同事业。"地球村"更需要开放的视野,所以要有全球视野,加快推进生态文明建设,促进合作共赢,实现"两个转化"。同时,全球视野还包括善于利用全球的资源和全球的市场,这是实现"两个转化"的基础。

五、共享发展成果更是"两个转化"的本意

"人民对美好生活的向往就是我们的奋斗目标"[①],生态文明建设是最公平、最普惠的绿色惠民的工程。人民群众对食品安全、生态产品、良好环境、健康幸福等的绿色期待从来没有像现在这么强烈。满足人民群众的绿色需求,不但是"两个转化"的题中应有之意,也是调动人民群众创造性、积极性和主动性,实现"两个转化"的根本动力。共享绿色发展成果有三层含义:一是国家民族层面要绿色立国,这是绿色发展成果共享的根本;二是经济层面要绿色富民,这是绿色成果共享的中心;三是社会层面要绿色惠民,这是绿色成果共享的基本要义。

---

① 习近平 2012 年 11 月 15 日在十八届中央政治局常委与中外记者见面会上的讲话。

第二章 绿色发展概述

随着全球环境恶化、气候变暖、资源与能源供需矛盾的加剧,绿色发展逐渐成为各国解决环境与资源问题的共识。各国纷纷制定绿色发展战略和政策,以促进经济的可持续发展,实现绿色、低碳,资源节约的发展模式。2008年10月,联合国环境规划署提出了发展"绿色经济"的倡议,呼吁实施"全球绿色新政"。目前,绿色、低碳和循环发展已成为世界潮流,绿色发展成为体现国家竞争力、占领战略制高点的重要领域。

在我国,党的十八大报告提出了"绿色发展、循环发展、低碳发展"的战略思想,认为"三个发展"是大力推动生态文明建设的基本途径,也是解决当代中国可持续发展难题的必由之路。十八届五中全会将绿色发展作为创新、协调、绿色、开放、共享五大发展理念之一,提出"建设资源节约型、环境友好型社会,形成人与自然和谐发展现代化建设新格局"。由此,绿色发展"不再局限于环境保护,它关涉经济、政治、文化、社会建设的方方面面,覆盖空间格局、产业结构、生产方式、生活方式以及价值理念、制度体制等更广泛范围,是一场全方位、系统性的理念变革和方式转换"。

第一节 绿色发展的思想渊源与中国实践探索

一、绿色发展的思想渊源

"绿色发展"理念是人们在对工业文明所带来的资源短缺、环境污染、生态破坏、生存危害等问题的认识和思考中产生的,其思想渊源可追溯到20世纪60年代兴起的环境保护意识。美国作家蕾切尔·卡逊于1962年出版的《寂静的春天》一书成为人类环境意识的启蒙著作。该书揭示了化学药品滥用给周围环境和人类自身带来严重危害的现实,引起人们对以环境为代价获取短期经济利益的发展模式的思考,由此开启了世界环境运动。受其影响，来自10个国家的30位科学家、教育家、经济学家和实业家于1968年成立了"罗马俱乐部"，并于1972年发布首份研究报告《增长的极限》。报告模拟了人类在"放任自流"的增长模式下，由于地球的有限性与人口增长和物质需求的无止境之间的矛盾，将最终导致全球崩溃的情形。由此呼吁人类转变发展模式——从无限增长到可持续增长，并将增长限制在地球可以承载的限度之内。同年，该报告催生了第一次人类环境会议，会上发表了《人类环境宣言》，引用芭芭拉·沃德和勒内·杜博斯所作的《只有一个地球：对一个小小行星的关怀和维护》观点，提出了"只有一个地球"的口号，呼吁人类珍惜资源、保护地球。这些由绿色运动推动形成的早期研究，较多地是在关注资源环境的破坏状况和它们对人类所造成的影响，多为就环境论环境，有的甚至在思考经济增长与环境保护之间的关系时，将它们对立起来看待，认为二者是不可调和的矛盾双方。由此形成了两种极端思想，一种将经济增长视作社会进步的唯一衡量标准，环境保护要让位于经济增长；另一种则强调绝对的环境保护，进而演变成了反增长的消极思想。这一时期的绿色发展观念是一种"浅绿色"的思想，他们把解决发展与环境问题单纯地寄托于技术进步。

从20世纪80年代开始，人们不再局限于仅考察生态环境的变化与影响，而是把目光投向了对生态环境问题中所隐含的经济社会等深层次原因的探究上，将环境与发展视为一个整体，开始尝试从系统的角度思考二者的关系。1983年3月成立的"世界环境与发展委员会"（WCED）于1987年发表的研究报告《我们共同的未来》把人们从单纯考虑环境保护引导到把环境保护与人类发展切实结合起来，促使各国政府与各大国际组织开始思索经济社会发展与生态环境的关系。该报告深入探讨了人类所面临的一系列经济、社会和环境问题，并首次提出了可持续发展的概念，即"既满足当代人的需要，又不对后代人满足其需要的能力构成危害的发展"。皮尔斯对"绿色经济"的研究从环境经济角度对实现可持续发展的途径进行了探索，倡导在经济发展的同时也要注重资源环境的保护。联合国于1992年在巴西里约热内卢召开了"环境与发展高峰会议"，把可持续发展战略写入了《里约宣言》，并制定了《21世纪议程》。可持续发展理念开始为国际社会所广泛认可。20世纪90年代以来，绿色发展的研究已逐渐由单纯的技术领域扩展到了经济政治制度和价值观等的领域，对经济社会发展给环境所造成的影响的原因展开深入研究，并从可持续发展的角度提出多维度的解决方案，寻求包括经济、社会、生态等在内的质上的整体性发展，而不是单纯的量上的经济规模增长。可持续发展由此成为20世纪90年代至21世纪初期的发展思想主流。

随着经济发展与环境保护矛盾的日益凸显和人类认识的深化，可持续发展理论的内涵不断丰富，绿色元素逐渐凸显。如英国环境经济学家埃金斯（Ekins）提出，可持续发展就是在追求经济增长的同时，降低环境成本，其核心在于提高生态效率或环境效率。Weaver 认为，可持续发展的核心内容在于绿色创新，资源效率的提升是一个关键。联合国亚太经济社会（UNESCAP）第五届亚太环境与发展问题会议将"绿色增长"视为实现可持续发展的关键战略。经济合作与发展组织（OECD）2009 年发布《绿色增长战略中期报告》也呼吁全球实施"绿色增长"，要求将绿色增长政策纳入协调一致的综合战略之中，以确保绿色增长成为推动生产方式变革和消费行为转变的动力。随着绿色发展思想的深入发展，它也由理论层面向实践层面扩展。2012 年 6 月，联合国可持续发展大会"里约+20"峰会以发展绿色经济为主题，将"绿色转型"作为全球经济发展的方向。各国进一步达成绿色发展共识，由此绿色经济和绿色发展在全球范围内广泛展开。世界各经济大国纷纷实施"绿色新政"，将发展绿色经济作为了经济复苏的路径和未来经济的新增长点。但在国际学术界，对于"绿色发展"这一概念，通常的提法包括"可持续发展""绿色经济""低碳经济""稳态经济""生态现代化"等，主要围绕环境保护和经济增长两方面对绿色发展展开研究。

"绿色发展"理论对中国来说是一个舶来品。国内学者结合我国的实际，综合绿色经济、绿色增长、低碳经济、可持续发展、生态现代化、生态文明等概念的内涵意义赋予绿色发展更为丰富的内容。国内绿色发展思想的形成，源于 20 世纪 80 年代末的环境主义思潮。学者们对中国的环境保护状况与政策展开大量分析，与此同时，中国生态经济学也成为一门独立学科。在国际绿色思潮的影响和可持续战略的实施与循环经济的推进下，绿色发展成为学界与政界关注的重点与热点。相比国际上的绿色发展理论，国内学者不再局限于环境保护和经济增长两方面的研究，而是从可持续发展角度展开，深化到生态文明领域，并继承了科学发展观"以人为本""全面、协调、可持续"的价值观念和发展理念，逐步由此从单纯的人与自然的关系演化成为"生态-经济-社会"三位一体的革命性绿色发展模式。主要代表如胡鞍钢提出绿色发展观就是科学发展观，指出绿色发展就是社会、经济、生态三位一体的新型发展。他在《中国：创新绿色发展》一书中将自己的观点总结凝练成三个绿色：绿色发展、绿色崛起、绿色贡献，强调绿色发展是第三代发展战略的核心。随着生态环境问题的日益严峻，绿色发展已上升为中国党和国家意志。1993 年，可持续发展战略被确定为中国的基本国策。2001 年，联合国开发规划署发布《中国人类发展报告 2002：绿色发展必由之路》倡议中国应由传统的"黑色发展"转向"绿色发展"。中国政府积极响应，于 2003 年 10 月十六届三中全会上提出了"以人为本"，坚持经济社会和人"全面、协调、可持续"的科学发展观，并对此进行了探索与实践，科学发展成为了绿色发展和可持续发展的核心。在同年的 9 月，中共中央、国务院作出《关于加快林业发展的决定》,提出"建设山川秀美的生态文明社会"。这是党和国家的重要文件中首次明确肯定和使用"生态文明"这一概念。2007年,党的十七大提出生态文明建设战略任务,将绿色发展上升到生态文明的高度,成为生态文明建设的主线。2011年"十二五"规划纲要更明确提出,要走绿色发展的道路,建设资源节约型、环境友好型社会,要发展循环经济。党的十七大把科学发展观写入了中国共产党党章,提出了建设生态文明的战略任务。十八大进一步要求大力推进生态文明建设,提出"绿色发展、循环发展、低碳发展"等"三个发展"是大力推动生态文明建设的基本途径。2015年,中共中央、国务院印发《关于加快推进生态文明建设的意见》,首次明确"绿色化"概念,绿色发展已经成为中国实现可持续发展的战略选择。党的十八届五中全会将绿色发展作为"十三五"规划纲要乃至未来发展"五大发展理念"之一,勾勒出了"十三五"时期中国的绿色发展蓝图,也将绿色发展在理论上和实践上都推向了新高潮。

二、绿色发展是生态文明建设的主线

生态文明作为一种新的文明形态,追求人和人、人和社会、人和自然之间和谐共生、持续发展、生态循环与全面繁荣。生态文明的实现需要依靠体系化的发展模式来支撑。党的十八大报告认为"绿色发展、循环发展、低碳发展"等"三个发展"是大力推动生态文明建设的基本途径,也是解决当代中国可持续发展难题的必由之路。绿色发展从发展理念、价值评判、技术手段、伦理内涵和文化模式上为生态文明建设提供了实现路径。从生态文明建设到绿色发展理念,既是对人类文明发展经验教训的历史总结,也是引领中华民族永续发展的执政理念和战略谋划。

良好的生态环境是人类生存和经济社会发展的物质保障,也是人类文明形成和发展的基础和条件。纵观历史,放眼世界,人类文明的起源无不发源于水量丰沛、森林茂密、田野肥沃、生态良好的地区。在"生态兴"地区形成繁荣灿烂的文明;而在"生态衰"地区则导致了文明的衰落。马克思十分赞赏卡尔·弗腊斯《各个时代的气候和植物界,二者的历史》书的观点,认为农民的"耕作如果自发地进行,而不是有意识地加以控制……接踵而来的就是土地荒芜,像波斯、美索不达米亚等地以及希腊那样。"之后,恩格斯在《自然辩证法》中提到:"美索不达米亚、希腊、小亚细亚以及其他各地的居民,为了得到耕地,毁灭了森林,但是他们做梦也想不到,这些地方今天竟因此成了不毛之地。"正如马克思所说的"文明,如果它是自发的发展,而不是自觉的,则留给自己的只是荒漠"。然而,近代历史上,工业革命后不少国家并没有吸取历史的教训,为了实现经济的快速增长,牺牲了生态环境。虽然由此积累了巨额的社会财富,但出现了一系列工业文明负效应,如资源短缺、环境污染、生态恶化、生态安全危机等。中国在发展初期也走着传统发展模式道路，导致资源约束趋紧、环境污染严重、生态系统退化，陷入了经济发展与环境破坏的困局。习近平总书记曾明确指出："你善待环境，环境是友好的；你污染环境，环境总有一天会翻脸，会毫不留情地报复你。这是自然界的规律，不以人的意志为转移。"因此，要突破经济发展中资源环境瓶颈，必须寻找一条与工业文明时代不同的新发展道路，那就是生态文明思想指导下的绿色发展之路。

绿色发展是生态文明建设的主线，资源节约、环境优美的发展是人类追求的目标。绿色发展既包括经济发展，还包括社会发展和良好生态环境的保持。坚持绿色发展，就要坚持节约资源和保护环境的基本国策，坚持走生产发展、生活富裕、生态良好的文明发展道路，推动形成绿色低碳发展方式和生活方式，实现经济、社会与生态环境三大领域的协调、可持续发展。故此，党的十八大报告明确提出："坚持走中国特色新型工业化、信息化、城镇化、农业现代化道路，大力推动信息化和工业化深度融合、工业化和城镇化良性互动、城镇化和农业现代化相互协调"，要更为科学、更为有效地推进"四化"深度融合、互动发展，促进经济持续健康发展和社会和谐。只有把生态文明建设融入经济、政治、文化、社会建设各方面和全过程，协同推进人与自然和谐发展的"新四化"和"绿色化"，在全社会形成绿色发展的价值取向和思维理念，才能实现中华文明的永续发展。要突出生态文明建设在五位一体总体布局中的地位，就要坚持绿色发展、循环发展和低碳发展，才能提高资源承载力和可供给能力，使生产、生活、生态三者保持最佳状态，使经济发展和资源、环境相协调，走上生产安全可持续发展、生活富裕安康、生态安全良好的绿色发展道路。

三、绿色发展的中国实践探索

与西方发达国家环境保护和绿色发展自下而上的历程不同，中国的生态文明建设和绿色发展实践经历了一个自上而下的探索过程，即一个由政府发动，促进企业和公众的生态意识觉醒和生态文明建设、绿色发展试点实践活动展开的过程。

在政府层面，其探索可追溯至20世纪80年代的"毕节国家试验区"，围绕"开发扶贫、生态建设、人口控制"三大主题成功走出了一条生态效益、经济效益和社会效益相统一的生态文明建设道路。1993年，我国开始实施可持续发展战略。之后开始了生态建设、生态文明建设示范区的试点建设。一是建设生态建设示范区。"生态建设示范区是生态省（市、县）、生态工业园区、生态乡镇（即原环境优美乡镇）、生态村的统称，是最终建立生态文明建设示范区的过渡阶段。自2000年原国家环保总局在全国组织开展这项工作以来，已有海南、吉林、黑龙江、福建、浙江、山东、安徽、江苏、河北、广西、四川、辽宁、天津、山西等14个省（区、市）开展了省域范围的建设，500多个市县开展了市县范围的建设。其中，江苏省张家港市、常熟市、昆山市、江阴市、太仓市，浙江省安吉县，上海市闵行区，北京市密云县、延庆县，山东省荣成市，深圳市盐田区等11个县（市、区）达到国家生态县建设标准，1027个乡镇达到全国环境优美乡镇标准，生态建设示范区工作呈现出蓬勃发展的态势。"生态建设示范区是推进建设生态文明的起步阶段，要求和考评的指标偏低，正处于对建设生态农业、生态工业、生态恢复治理方面等的探索时期。中华人民共和国环境保护部出台了相应的全国生态建设示范区建设规划纲要（1996~2050年）来指导我国生态建设示范区建设。2013年，中央批准生态建设示范区项目更名为生态文明建设示范区，使生态文明建设示范创建活动进一步深化。生态示范区建设的目的是将省（市、县）域范围内的环境保护与经济社会发展结合起来，明确各个省（市、县）生态建设的任务和重点生态工程，是建设生态文明的有效载体。二是开展生态文明建设试点工作和"资源节约型、环境友好型"两型社会建设。自十七大提出建设生态文明的目标和任务以来，环保部批准了四批共53个全国生态文明建设试点。目前，全国范围内初步形成梯次推进的生态文明建设格局。正处于探索生态文明建设的目标模式阶段，试点工作的开展有利于为今后的生态文明建设积累实践经验。三是生态文明建设先行示范区建设。这是由发改委联合六部门推出的。"第一批确定了57个城市和地区作为生态文明建设先行示范区，并将30多项制度落实到先行示范区。搞这些示范区主要目的是，要在体制机制上进行探索，从体制机制上、政策上落实生态文明建设的要求。"四是设立国家生态文明实验区。2016年6月27日，中央全面深化改革领导小组审议通过了《关于设立统一规范的国家生态文明试验区的意见》明确将通过设立若干试验区，形成生态文明体制改革的国家级综合试验平台。无论是生态建设示范区、生态文明建设试点、生态文明建设先行示范区、国家生态文明试验区都是我国在政府层面进行生态文明建设的实践探索，力图以行政区域为单位探索解决经济社会发展与生态环境的矛盾，以实现二者的协调发展，经过十几年的探索，已经取得了一定的成绩。

在企业和产业层面，开展清洁生产，实施循环经济，促进企业生产方式的生态化转向。我国从1993年起开始倡导清洁生产。接着开展循环经济试点工作。循环经济从三个层面推进，包括企业的小循环、产业的中循环以致社会的大循环。"2005年，国家发改委、环保总局、科技部联合发文确定了第一批国家循环经济试点单位，其中包括42家涉及钢铁、有色金属、化工、建材行业的企业；17家涉及再生资源回收利用领域企业；国家和省级开发区、重化工业集中地区和农业示范区中的13个产业园区。截至2007年年底，我国已经有178家节能减排试点企业，主要分布在能源、化工、冶金、造纸等行业。2008年，发改委组织开展了第二批国家循环经济示范试点工作，又有五家有色金属企业被列入试点单位目录。2011年与2013年，发改委公布了第三批、第四批循环经济试点单位名单，国家示范基地与示范园区的范围进一步扩大。"目前，"我国循环经济已经进入了全面推进的阶段。据不完全统计，在26个省（自治区、直辖市）中，共有133个市（区、县）、256个园区、1352家企业开展了省级循环经济试点。"

在公众层面，一方面，加强生态文明观教育，逐步形成从小学、中学到大学以致社会一体化的生态文明宣传教育体系，促进公众自觉践行绿色生活方式。另一方面，推进生态文明和绿色发展公众参与制度的建立。厦门的PX事件可谓公众参与推进政府决策，政府与公众协商解决的范例。同时，环保民间组织也得到大发展。根据《2008中国环保民间组织发展状况报告》"中国环保民间组织总量已达3500余家"，对推进生态文明建设和推进绿色发展起了很大的作用。

中国在积极参与国际应对气候变化方面做出了巨大的努力。"我国已加入保护臭氧层、淘汰持久性有机污染物、保护生物多样性、应对气候变化等50多项国际环境公约"。1992年，中国成为《联合国气候变化框架公约》的缔约国；1997年，中国又加入《京都协定书》。当前，国际气候变化谈判已成为各国博弈的重大政治问题。随着中国经济社会的发展，特别是2005年中国成为世界第一大碳排放国，2010年成为世界第二大经济体，中国面临着新的挑战。即国际社会对中国在应对气候变化中的身份认定和应承担的责任发生了变化，中国被要求承担越来越多的国际责任。适应这种新变化，中国在国际气候谈判中的身份"经历了'积极被动的发展中国家''谨慎保守的低收入发展中国家'和'负责任的发展中大国'三种身份定位。"根据《中国应对气候变化的政策与行动2013年度报告》，我国应对气候变化工作取得积极进展，减缓和适应能力不断增强，应对气候变化的体制机制及法律、标准体系建设逐步完善，全社会低碳意识进一步提高。2012年，全国单位国内生产总值二氧化碳排放较2011年下降5.02%。到2012年年底，中国节能环保产业产值达到2.7万亿元人民币。目前，中国水电装机、核电在建规模、太阳能集热面积、风电装机容量、人工造林面积均居世界第一位，为应对全球气候变化做出了积极贡献。同时，中国仍处于工业化和城镇化进程中，经济增长较快，能源消费和二氧化碳排放总量大，并且还将继续增长，控制温室气体排放需要付出长期、艰苦的努力。为进一步应对全球气候变化，"2014年11月12日，中美双方共同发表了《中美气候变化联合声明》，美国计划于2025年实现在2005年基础上减排26%~28%的全经济范围减排目标，并将努力减排28%；中国计划2030年左右二氧化碳排放达到峰值且将努力早日达峰，并计划到2030年非化石能源占一次能源消费比重提高到20%左右。"之前，在2009年哥本哈根召开的气候大会召开前夕及其期间，中国第一次宣布自主量化减排的气候策略，即2020年单位国内生产总值二氧化碳排放比2005年下降40%至50%。中国正处于工业化中后期阶段，是资源消耗最大、环境污染最严重的时期。在这样一个特殊的时期提出了这一连串的承诺显示了中国碳减排的决心，展现了中国作为一个负责任大国的形象，也形成了促进我们进一步调整产业结构，推动生态文明建设和绿色发展的动力。

第二节 绿色发展内涵及其相关概念

绿色发展概念从提出到现在，不论是国内还是国外对它都有不同的解读。各研究者有不同的界定，至今没有一个统一定论。同时绿色发展还有许多相近或相关的概念，如可持续发展、绿色经济、循环经济、低碳经济、生态经济等，因此有必要对它们进行梳理。

一、循环经济、低碳经济、生态经济及绿色经济

循环经济、低碳经济、生态经济和绿色经济是绿色发展的四大经济形态，它们既有其共性，又各自具有不同的侧重点。

1. 循环经济

20世纪60年代，Kenneth Boulding提出的"宇宙飞船经济理论"形成了"循环经济"的思想源头。他认为，地球资源与地球生产能力是有限的，要避免资源耗尽需按照生态学原理建造一个物质循环利用和更新的循环经济系统。循环经济把经济活动组织成一个"资源—产品—再生资源"和"生产—消费—再循环"的反馈式流程，以低开采、高利用，低排放、高产出为特征。

2. 低碳经济

低碳经济的概念由英国政府在2003年发布的能源白皮书《我们能源的未来：创建低碳经济》中首先提出，认为低碳经济是通过更少的自然资源消耗和环境污染获得更多的经济产出。之后，该概念在《联合国气候变化框架公约》巴厘会议的路线图中被进一步肯定。低碳经济以低能耗、低污染、低排放为基本特征，通过技术创新、制度创新、产业转型、新能源开发等多种手段，尽可能地减少高碳能源消耗、减少温室气体排放。

3. 生态经济

生态经济的研究可追溯至20世纪60年代后期，美国经济学家Kenneth Boulding在其论文《一门科学：生态经济学》中正式提出了"生态经济学"的概念。由此形成了全球范围内对生态经济的研究。生态经济是经济的生态化，指在生态系统承载能力范围内，运用生态经济学原理和系统工程方法改变生产和消费方式，使生态系统和经济系统之间通过物质、能量、信息的流动与转化而构成一个生态经济复合系统，形成经济增长与生态环境的可持续性。

4. 绿色经济

绿色经济的概念起源于国外，英国经济学家大卫·皮尔斯于1989年出版的《绿色经济蓝图》一书是绿色经济与可持续发展的早期研究成果之一。他将绿色经济等同为可持续发展经济，并从环境经济角度深入探讨了实现可持续发展的途径，认为绿色经济对保证当代和后代的福祉至关重要。此后，一些国际性组织也开始关注绿色经济，国际商会汇集了全球专家历时两年的研究成果，发布了绿色经济行程图。他们把绿色经济定义为：经济增长与环境责任相辅相成、共同支持社会发展进程的新型经济模式。国际绿色经济协会给出的绿色经济定义是：以实现经济发展、社会进步并保护环境为方向，以产业经济的低碳发展、绿色发展、循环发展为基础，以资源节约、环境友好与经济增长成正比的可持续发展为表现形式，以提高人类福祉、引导人类社会形态由工业文明向生态文明转型为目标的经济发展模式。联合国环境规划署（UNEP）将绿色经济定义为："可增加人类福祉和社会公平，同时显著降低环境风险与生态稀缺的经济"，即一种"低碳、资源高效型和社会包容型的经济"，认为绿色经济收入和就业的增长可以通过"降低碳排放及污染，增强能源和资源效率，并防止生物多样性和生态系统服务丧失"的公共和私人投资驱动。

中国学者也对绿色经济进行研究，刘思华教授在《绿色经济论》中指出："绿色经济是可持续经济的实现形态和形象概括。它的本质是以生态经济协调发展为核心的可持续发展经济。"张春霞也认为，绿色经济以"经济的可持续发展为出发点，以资源、环境、经济、社会的协调发展为目标"，"是一种以节约自然资源和改善生态环境为重要内容的经济发展模式"，"力求兼得生态效益、经济效益和社会效益，实现三个效益统一的经济发展模式"。他们的定义反映了部分学者对绿色经济的认识，认为绿色经济是基于可持续发展思想而产生的新型经济发展理念，是为从社会及其生态条件出发建立起来的"可承受的经济"，其宗旨是在改善人类福利、提高社会公平度的同时，最大限度降低对生态环境的破坏。

总的来说，绿色经济泛指人与自然和谐的（或者说资源节约、环境友好的）经济活动及其结果,它既包括生产、流通、分配、消费等经济活动的各环节,还包括环境保护和生态建设活动。从广义上看,循环经济、低碳经济都属于绿色经济范畴。生态经济是绿色经济、循环经济、低碳经济的基础,但它们又有各自的侧重点。循环经济的核心是资源循环利用;低碳经济特别强调碳减排,注重能源效率的提高和能源结构的优化;生态经济主要研究生态系统和经济系统协调发展问题;绿色经济则更偏向生态环境的安全性。因此,循环经济强调建立资源能源循环利用的模式,减少废物排放,主张废物可回收再利用,资源的减量化、再利用、再循环;低碳经济强调减少二氧化碳的排放,实现低碳、零碳发展模式;生态经济强调在保证生态系统稳定、良性运转的条件下,实现持续、稳定、高质量的经济增长与社会福利的不断增长,最终实现人与自然协同发展的良性循环;绿色经济则强调从生产和消费的角度,注重绿色发展和清洁生产,侧重于实现生态环境优势与经济社会发展优势的互相转化,形成良性循环,取得生态效益、经济效益和社会效益的相统一与最优化。绿色经济、循环经济、低碳经济与生态经济分别针对环境问题、资源问题、气候变化问题和生态经济系统协调问题提出方案,相应的理论基础分别是环境经济学、产业生态学、能源经济学和生态经济学。我们在实践中应注意寻求它们的协同效应。

绿色经济是绿色发展的起点和主要内容,绿色发展具有比绿色经济更广泛的范畴,它包含着绿色经济。发展绿色经济是实现绿色发展的路径之一,促进绿色发展是发展绿色经济的最终目标。

二、绿色发展内涵

绿色发展是"强调经济发展与保护环境统一协调"的发展模式或者环境可持续发展模式,它是针对传统发展模式把经济增长放在优先位置,以消耗资源和污染环境为代价,从而造成发展的不可持续性而言的。其实质是"转变传统的发展模式,实现由粗放型经济向集约型经济的过渡,最终实现经济、社会、资源与环境的相互协调"发展模式。它与可持续发展一脉相承。可持续发展概念源自国外。1987年挪威首相布伦特兰夫人在她任主席的联合国世界环境与发展委员会的报告《我们共同的未来》中,把可持续发展定义为"既满足当代人的需要,又不对后代人满足其需要的能力构成危害的发展",该定义在1992年联合国环境与发展大会上取得共识,并被人们所普遍认可。1985年,Friberg和Hettne等学者,提出了"绿色发展"的概念。John Knottof Charleston认为,绿色发展是"回归一种结合新技术,对气候、地理、文化影响良好的发展方式"。World Bank和UNEP将绿色增长或绿色经济视同于绿色发展。World Bank定义绿色增长是环境持续友好、社会包容性的经济;UNEP认为绿色经济就是低碳、资源节约、社会包容的经济。这些定义都是以促进经济增长为目的，强调将绿色清洁产业作为新的经济增长点，清洁化经济增长的动力。

早期，国内学术界对于绿色发展的研究主要集中在绿色增长方面。发展与增长常被作为同义词。但实际上，增长多侧重于经济领域的产出增加，而发展具有更宽泛的定义，除了包含增长所强调的内容外，还包括经济、政治、社会等结构的变革与优化，人与自然的和谐。因此绿色发展不仅仅包括绿色经济增长，还包含着绿色发展模式下的经济结构变化、社会结构变化以及收入分配结构变化等诸多方面。在早期，绿色发展的定义多从经济学视角界定，从应对气候变化和资源环境保护的角度出发，强调在经济发展过程中应当注重温室气体减排、加强资源环境保护，认为绿色发展是在传统发展基础上的一种模式创新，是建立在生态环境容量和资源承载力的约束条件下，将环境保护作为实现可持续发展重要支柱的一种新型发展模式。如侯伟丽认为，绿色发展就是在资源环境承载潜力基础上，依靠高科技，更多地以人造资本代替环境和自然资本，从而提高生产效率，使经济逐步向低消耗、低能耗的方向转变。世界银行"中国：空气、土地和水"项目组（2001）指出，绿色发展的一个重要特征就是将资源与环境视为生产力发展的要素，需要不断投资使之保值而且增值。

随着认识的进一步加深，一些学者将绿色发展拓展到经济领域之外，将绿色发展视为一种复合系统，是可持续发展理念的延续。绿色发展是对传统发展方式的辩证否定，是由人与自然尖锐对立以及经济、社会、生态彼此割裂的发展形态，向人与自然和谐共生以及经济、社会、生态协调共进的发展形态的转变。它"是在生态环境容量和资源承载能力的制约下，通过保护生态环境实现可持续发展的新型发展模式"，在绿色发展的系统中，"内涵着绿色环境发展、绿色经济发展、绿色政治发展、绿色文化发展等既相互独立又相互依存、相互作用的诸多子系统"，各子系统之间是互相依存、联系、作用的辩证统一的关系。其中，绿色环境发展是绿色发展的自然前提；绿色经济发展是绿色发展的物质基础；绿色政治发展是绿色发展的制度保障；绿色文化发展是绿色发展内在的精神资源。蒋南平和向仁康认为，绿色发展应建立在"资源能源合理利用，经济社会适度发展，损耗补偿互相平衡，人与自然和谐相处"的基础上。它是人与自然日趋和谐、绿色资产不断增殖、人的绿色福利不断提升的过程。其中，绿色发展是主题，绿色资产是基础和载体，绿色福利是归宿，三者之间相互依存、彼此制约。张云飞指出，"从其最基本的构成和要求来看，人口、资源、能源、环境、生态安全和防灾减灾是可持续发展的基本领域"，可持续发展、生态文明、绿色发展是当前及今后一段时期内人类经济社会发展"理念—目标—路径"的有机统一。因此，"绿色发展是一个包括人口领域的均衡发展、资源领域的节约发展、能源领域的低碳发展、环境领域的清洁发展、废物利用上的循环发展、生态安全和防灾减灾等领域的安全发展等科学发展理念在内的综合性的发展理念系统，拓展和提升了可持续发展的科学内涵，是建设生态文明的重要工具路径"。

胡鞍钢对绿色发展进行了系统化的研究，认为绿色发展具有特定含义：一要发展，二要绿色，"以绿色发展为主题就是以科学发展为主题，既是对当代世界已有的可持续发展的超越，更是对中国已经开始的绿色发展实践的集大成"。绿色发展将成为继可持续发展之后人类发展理论的又一次重大创新，并将成为21世纪促进人类社会发生翻天覆地变革的又一大创造。它是伴随合理消费、低消耗、低排放、生态资本不断增加等特征的新型发展道路，是经济、社会和生态三位一体和谐发展的新型发展道路。其实现的基本途径是绿色创新，根本宗旨是实现人与人、人与自然之间的和谐发展。与传统工业化模式下"以物质财富的增加为目标，强调资本积累和高投入、能源和初级产品的高消耗以及伴随增长过程中不加限制的消费增长"的不顾生态边界条件的黑色发展不同，绿色发展是一种"强调绿色生产（低能耗、低物耗、低排放）和绿色消费，实现经济增长与资源和能源消耗脱钩"，增加"绿色财富的累积"、提升人类"绿色福利"的绿色经济增长模式。因此，从功能界定上讲，绿色发展观是第二代可持续发展观，体现经济系统、社会系统和自然系统间的系统性、整体性和协调性。

李晓西等认为，发展绿色经济是现阶段促进可持续发展的重要途径。他们认为，绿色经济与可持续发展有三大联系，即都强调环境保护，都坚持以人为本，都体现生态与经济的协调发展。但这二者也有区别：一是理念与现实的区别，可持续发展是一种理念，是指导绿色发展的，绿色经济是解决现实困难的手段，绿色发展能推动可持续发展理念成为现实。二是二者是长远与当前的关系。可持续发展作为一种理念，特别关注我们共同的未来。绿色经济可以有效实现现在与未来的关系，只有推行绿色经济，才能实现可持续发展这一长远目标。赵建军也认为，实行绿色发展是实现可持续发展的有力途径，绿色发展是将环境资源作为社会经济发展的内在要素，把实现经济、社会和环境的可持续发展作为绿色发展的目标，把经济活动过程和结果的"绿色化""生态化"作为绿色发展的主要内容和途径，提倡保护环境，降低能耗，实现资源的永续利用。因此，绿色发展是建立在生态环境容量和资源承载力的约束条件下，实现经济、社会、人口和资源环境可持续发展的一种新型发展模式。

有不少学者还对城市绿色发展进行了定义。肖洪认为，城市绿色发展是对传统工业化和城市化演变道路的辩证否定，扬弃了只注重经济效益而不顾人类福利和生态后果的唯经济的工业化发展模式，转向兼顾社会、经济、资源和环境的发展，注重社会—经济—自然复合生态整体效益。它以生态文明建设为主导，以循环经济、绿色经济、可持续发展等理论为基础，以绿色管理、绿色技术创新、绿色改造、绿色建设为关键和动力，发展模式向可持续发展转变，实现资源节约、环境友好、生态平衡，人、自然、社会和谐发展的转型模式选择与战略决策。

还有学者研究了绿色转型，李佐军指出："绿色发展是一种资源节约型、环境友好型的发展方式，是最大限度保护生态环境，充分利用可再生能源、全面提高资源利用效率的发展方式"。绿色转型则强调发展方式转变过程，是从传统的过度浪费资源、污染环境的发展模式向资源节约循环利用，生态环境友好的科学发展模式转变，是由人与自然相背离以及经济、社会、生态相分割的发展形态，向人与自然和谐共生以及经济、社会、生态协调发展形态的转变。绿色转型发展是一场生产方式与生活方式的深刻革命，是解决经济社会发展中资源与环境约束问题的有效途径，是加快转变经济发展方式的重大战略举措，是贯彻落实科学发展观，实现全面协调可持续发展的必由之路。更多的学者是针对城市发展的绿色转型来研究，如张晨、刘纯彬认为，绿色转型发展是立足于当前经济社会发展情况和资源环境承受能力，通过改变企业运营方法、产业构成方式、政府监管手段，实现企业绿色运营、产业绿色重构和政府绿色监管，使传统黑色经济转化为绿色经济，形成经济发展、社会和谐、资源节约、环境友好的科学发展模式。

2015年11月7日，习近平在新加坡国立大学发表演讲时就指出，"坚持绿色发展，就是要坚持节约资源和保护环境的基本国策，坚持可持续发展，形成人与自然和谐发展现代化建设新格局，为全球生态安全作出新贡献"。由此可见，不论是学术层面还是政治层面，对绿色发展的认识都离不开资源和环境这两个重要的要素，都强调人与自然的关系，并都将其视为现在及将来解决经济社会发展和环境问题的出路。

绿色发展是发展理念与发展方式的根本转变，它涉及经济、政治、社会、文化建设的方方面面，是一场全方位、系统性的绿色变革。它是以生态文明为价值取向，以转化为新的综合国力和国际竞争新优势为目标，以绿色经济为基本发展形态，通过开发绿色技术，发展环境友好型产业，降低能耗和物耗，保护和修复生态环境，使经济社会发展与自然相协调的一种经济发展方式。

因此，坚持绿色发展的理念，就是首先需要弘扬生态文明主流价值观，把生态文明纳入社会主义核心价值体系之中，形成崇尚生态文明的社会新风尚。其次，需积极推进生产方式和生活方式的绿色化，一方面通过生态文明建设，大力发展高技术、低能耗和低污染的绿色产业，形成新的经济增长点；另一方面通过宣传和引导，在全社会形成绿色低碳、文明健康的消费模式与生活方式。

三、绿色发展的特征

（一）传统发展模式困境

传统发展是指，"不考虑自然资本存量降低的可能而追求物质财富不断增长的同时实际上削弱了当前和未来满足不变坏的人均效用的能力的发展"。它实质上是着眼于经济的增长，而不是经济社会的全面发展。因此是以牺牲自然资源和环境为代价换取物质产出的不断增长。传统发展模式以国民生产总值或国内生产总值作为国家财富进而经济发展状况的衡量标准，劳动生产率也成为衡量生产力发展的关键指标。在产出最大化的经济目标导向作用下，传统发展政策鼓励对自然资本尤其是能源的开发和利用，导致由自然资本转化出来的物质财富不断增加的同时，就业困难、资源退化和环境污染等问题也在不断加剧，经济增长走上了一条不可持续性的道路。如果不改变传统增长模式，最终人类社会有可能如《增长的极限》中所描述的那样面临崩溃的结局。要避免这种结果的到来，就需要探寻一条资源节约、环境友好的人与自然和谐发展道路，这就是绿色发展。

（二）绿色发展的特征

与传统发展模式相比较，绿色发展有其独有的特征。综合考察各类研究，可以总结绿色发展的几个特征：

1. 综合性

实现绿色发展要有科学和系统的视野。习近平总书记指出，绿色发展是"管全局、管根本、管长远的导向"，是一场关涉空间格局、产业结构、生产方式、生活方式以及价值理念、制度体制等全方位的变革。绿色发展是一种综合性发展模式，由绿色科技、绿色经济、绿色社会、绿色政治、绿色文化和自然生态环境等各方面共同构成，以绿色经济为核心，形成点-线-面-立体化发展的多层次发展网络。近几年由环境事件所引起的"邻避效应"和群体抗争行为，对社会稳定和地方秩序造成了威胁。坚持绿色发展，不仅是经济领域的一场变革和生态环境保护的深化，也将深刻影响国家和地区的政治生态与社会治理。习近平总书记2013年4月25日在中央政治局常委会会议上强调："不能把加强生态文明建设、加强生态环境保护、提倡绿色低碳生活方式等仅仅作为经济问题。这里面有很大的政治。"2014年12月31日他在全国政协新年茶话会上指出："问题是时代的声音，人心是最大的政治。"当前，人民群众对生活的追求从"求生存"转变为"求生态"，从"盼温饱"转变为"盼环保"，干净水质、安全食品、清新空气、优美环境等成为了他们迫切的生态需求。推进生态文明之路，实施绿色发展，关系到最广大人民的根本利益。而人民的拥护和支持是中国共产党执政的可靠基础。党要巩固执政之基，就需实现人民向往优美环境、美好生活的愿望，走绿色发展之路。

实施绿色发展要将其作为一个复杂的系统工程来操作，把生态文明建设融入到经济建设、政治建设、文化建设、社会建设的各方面与全过程，形成节约资源、保护环境的空间格局、产业结构、生产方式和生活方式。

2. 包容性

公平、公正与共享是绿色发展包容性的体现。绿色发展不是一部分人的发展，也不是一些地区的发展，不是牺牲部分人、部分地区的利益而获得的发展，它寻求的是普惠的发展，要让发展的成果能够被社会公众所广泛地共享，让子孙后代的利益不因当地人的发展而受损。当前，幸福民生是绿色发展的至上价值诉求，绿色发展的根本在于提高人民福祉。外界环境因素的优劣，直接决定着人的健康与幸福。2013年4月，习近平在海南考察时强调，良好的生态环境是最公平的公共产品，是最普惠的民生福祉。但绿色发展又不仅限于人民生态福祉的提高，还要保障经济福祉的提高，其本质上是以人为本的可持续发展，追求的是资源节约型、环境友好型的发展模式，要将经济发展、社会进步和生态建设有机联系在一起，实现经济社会效益与生态环境效益的统一，它是一项利国利民利子孙后代的重要工作，也是中国梦的重要内容。

3. 生态性

绿色、清洁、低碳和节约是绿色发展的本质要求，体现着资源节约与环境友好的发展理念。

绿色发展强调经济活动过程和结果的"绿色化""生态化"，与单纯追求经济增长的传统目标相比，绿色经济以经济发展与生态、环境相互协调为目标，绿色转型就是要从白色、褐色或者黑色的经济结构向高效、和谐、可持续的绿色经济结构转变，从而实现人与自然的和谐共处、永续发展。

绿色发展要求改变传统高污染的发展模式，实施低污染甚至无污染的清洁发展之路。能源是人类社会发展的动力，近百年来对煤炭、石油、天然气等传统化石能源的过度依赖和消耗，给全球资源、生态和人类社会发展带来严峻挑战。要解决不可持续性发展问题，需要在能源使用上做好"开源节流"。一方面提高传统化石能源清洁高效的利用效率，延缓不可再生能源的消耗速度；另一方面进行技术创新，积极开发利用水能、风能、太阳能、生物质能等可再生清洁能源，走清洁发展之路，实现经济、社会与自然协调、永续发展。

气候是人类赖以生存的自然环境的一个重要组成部分。近百年来，全球气候变化是人类面临的严峻挑战之一。过去的二、三百年，人类活动导致的化石燃料消耗的不断增长和自然生态环境的破坏与退化，二氧化碳等温室气体排放不断增长，导致全球气候变暖、全球性灾难气候事件日渐增多。积极应对气候变化、推进绿色低碳发展已成为全球共识。绿色发展追求经济社会发展的低碳化，提倡节能减排、低碳生产和生活，尽量减少资源的耗用，积极发展清洁低碳能源，以低碳资源代替高碳资源的使用。

古往今来，人们的生产与生活都离不开资源的支持，资源构成了经济和社会发展的自然物质基础。目前许多环境问题都是由于资源的不合理利用与浪费引起的，绿色发展要求注重资源节约，强调全过程节约管理。十七大以来，中国就将建设资源节约型社会作为生态文明建设的基本内容和要求。十八届五中全会进一步要求，坚持节约资源的基本国策，"全面节约和高效利用资源，树立节约集约循环利用的资源观，建立健全用能权、用水权、排污权、碳排放权初始分配制度，推动形成勤俭节约的社会风尚。"这些正是习近平提出的"节约资源是保护生态环境的根本之策"理念的体现。节约资源就是要推动资源利用方式的根本转变。循环发展是资源节约的一个重要方向，积极推进生产和生活系统循环链接，实施循环发展引领计划，可以大幅提高资源利用效益，从而降低资源消耗量。

第三节　绿色发展与经济新常态

一、中国经济新常态的提出

目前，中国发展面临许多新情况新问题，最主要的就是经济发展进入新常态。2014 年 5 月 10 日，习近平同志在河南考察时首次明确提出新常态，他指出，我国发展仍处于重要战略机遇期。我们要增强信心，从当前中国经济发展的阶段性特征出发，适应新常态，保持战略上的平常心态。7 月 29 日，在中南海召开的党外人士座谈会上，习近平问及当前经济形势，又一次提到"新常态"，他进一步指出："要正确认识我国经济发展的阶段性特征，进一步增强信心，适应新常态，共同推动经济持续健康发展。" 11 月在 APEC 工商领导人峰会上，习近平对中国经济新常态进行了全面阐述。在 12 月 9 日的中央经济工作会上，新常态进一步上升为中国目前及未来一段时期的经济发展战略的逻辑起点。在这次会议上，习近平从消费需求、投资需求、出口和国际收支、生产能力和产业组织方式、生产要素相对优势、市场竞争特点、资源环境约束、经济风险积累和化解、资源配置模式和宏观调控方式九个方面，详尽分析了中国经济新常态的表现及原因，然后总结道："我国经济发展进入新常态是我国经济发展阶段性特征的必然反映,是不以人的意志为转移的。认识新常态,适应新常态,引领新常态,是当前和今后一个时期我国经济发展的大逻辑"。由此可见,新常态是党中央对我国经济发展的阶段性特征所作出的重大战略判断。

二、经济新常态的内涵

"新常态"(new normal)一词在国内外所表达的含义并不完全一致。国际上所讲新常态更多的是刻画经济危机后全球经济增长的长周期阶段转换,而中国则是与经济转型升级的新阶段相联系。

"新常态"一词最初是与经济衰退联系在一起的,在宏观经济领域被西方舆论普遍形容为危机之后经济恢复的缓慢而痛苦的过程。在2002年,该词用于指无就业增长的经济复苏,但此时还未有太多人关注。全球金融危机后,世界经济复苏乏力,主要经济体开始聚焦"新常态"。2010年,太平洋投资管理公司(PIMCO)CEO穆罕默德·埃里安在一份题为《驾驭工业化国家的新常态》的报告中重新提出"新常态"概念,反映金融危机后世界经济的深度调整状态。随后,这一概念迅速传播开来,成为刻画后危机时代世界经济新特征的专用名词,并将新常态下发达经济体(高收入国家或工业化国家)的经济特征概括为"低增长、高失业以及投资的低回报"。2014年,国际货币基金总裁拉加德指出,新常态可以更贴切地被表述为全球发展的"新平庸",其基本表现是弱复苏、慢增长、低就业和高风险。

作为世界经济的重要组成部分,也有越来越多的人用"新常态"来分析中国经济。2012年,国际评级机构惠誉(Fitch)表示,中国的国内生产总值(GDP)数据符合"新常态"增长率,中国经济应避免硬着陆。2014年5月,习近平总书记在河南考察时首次引用了该词,指出中国经济发展已经进入一个新的阶段。这个新阶段就是其随后在11月APEC会上所阐述的经济增速换挡、结构调整、新旧动能转换的阶段。

综上可见,全球概念的"新常态"可以看作是对未来世界经济趋势的一种悲观认识;而中国"新常态"则包含着经济朝向形态更高级、分工更复杂、结构更合理的阶段演化的积极内容。新常态指明了中国经济转型的方向与转型的动力结构。

目前虽然国内有不少学者和部门对"新常态"进行了研究,但对于其内涵和特征还未达成共识。

厉以宁认为,"新常态"是指中国经济由此前一段时间以高投资支持的不正常的高速增长的"非常态"逐步转入常态,当前要避免过去那种盲目追求超高速增长的做法,尽早使经济结构合理化。高连奎指出,新常态不仅是中国经济发展的新阶段,也是一种新型的经济治理理念。

"新常态"是由旧的状态向一种新的相对稳定的常态的转变,中国经济进入到了一个新的历史时期,它是一个全面、持久、深刻变化的时期,这转变是一个优化、调整、转型、升级并行的过程。在中国增长阶段转换的背后是经济结构、增长动力和体制政策体系的系统转换。因此,中国经济进入"新常态",面临着经济增速换挡、结构调整、新旧动能转换的多重挑战,要实现有质量、有效益、可持续的发展,既要注重 GDP 增长,更要注重民生改善、社会进步与生态效益的提高。

三、中国经济新常态的特征

2014 年 11 月,习近平在亚太经合组织(APEC)工商领导人峰会开幕式上,首次向国际社会全面阐释中国经济新常态时,指出了"新常态"的 3 个特点,包括增长速度从高速增长转为中高速增长、经济结构不断优化升级、增长动力从要素与投资驱动转向创新驱动。除结构与增速及增长动力的转变问题外,中国经济新常态的本质还在于"政府公司化"旧制度的革除。因此,它是包含经济增长速度转换、产业结构调整、经济增长动力变化、资源配置方式转换、经济福祉包容共享等在内的中国经济结构的全方位优化升级。

1. 增长速度由高速向中高速甚至中速转换

中国经济新常态的实质是,经济增长的动力、结构、运行机制等进入了一个新的调整转换期。其最重要的表征是宏观经济总量增长速度明显放慢。

从国际经验来看,后进国家的经济追赶在经历了高速的增长过程后,无一不出现经济的回落,中国也不例外。在经过多年的高速增长后,从 2010 年开始("十二五"期间),中国经济增速逐渐放缓,平均增速约为 7% 左右,比"十五""十一五"期间平均 10% 以上的增长率低了许多。2016 年,GDP 增速为 6.7%,比 2015 年又少了 0.2 个百分点。高增长之后的"增速换挡"已成为一种趋势。有专家预测,未来中国经济增长速度将在 6.5%~7% 之间运行。

虽然中国经济增速有所放缓,但这是一种更有效益、更有质量、更可持续的增长。经济进入了一个比较稳定的合理增长状态,与当前中国的整体形势变化是相适应的。同时,即使是这 6.7% 的增长,在全球主要经济体中仍位居第一,对全球经济贡献率达到 34%。

2. 产业结构由中低端向中高端转换

经济增速的放缓也正是中国日益重视经济增长质量、不断调整产业结构的结果。近年来,通过大力推动战略性新兴产业、先进制造业和现代服务业等产业的发展,中国的经济结构呈现优化迹象。工业企业的效益明显好转,高技术产业加快增长。2016

年，高技术产业增加值同比增长10.8%，比规模以上工业快4.8个百分点。战略性新兴产业发展势头良好，2016年增加值比上年增长10.5%。服务业增速持续快于工业，自2013年首次超过第三产业以来，其占GDP比重继续提高，2016年达到51.6%。单位GDP能耗逐年下降，2016年降幅为5%，清洁能源占比也由2012年的14.5提升至2016年的19.7，比2015年上升1.7个百分点。

3. 增长动力由要素和投资驱动向创新驱动转换

经济发展方式由依靠要素和投资驱动的规模速度型粗放发展方式，转向依靠创新驱动的质量效益型集约发展方式是中国经济新常态的核心内涵。

当前中国已步入中等收入国家之列，但原来支撑经济增长的一些动力也已开始衰退。要避免出现增长动力真空而陷入"中等收入陷阱"，就亟须寻求新的增长动力和替代动力。中国过去的高速增长是建立在高资源投入和高投资的基础之上的，要转变这种规模速度型的粗放式发展方式，其关键在于技术的进步与效率的提高。而创新是技术进步与效率提高的根本动力，依靠转型升级、生产率提升和多元的创新推进经济发展方式转变和经济结构调整，形成新的增长动力和竞争优势，推动经济持续健康发展已成为当前新常态下中国的重大战略决策。

4. 资源配置由市场起基础性作用向起决定性作用转换

经济体制以及社会政治体制的转变是经济发展方式转变的基础。早在"九五"（1996~2000年）计划时中国即已提出两个根本转变：一个是经济发展方式从粗放的经济增长方式转变为集约的经济增长方式；另一个是经济体制从计划经济转到市场经济。但二十多年过去，经济发展方式的转变还仍未实现。主要原因之一在于体制性障碍，而体制性障碍最重要的一点在于经济中政府的主导地位，政府在资源配置中起决定性作用。

自1992年党的十四大提出经济体制改革以来，社会主义市场经济体制已在中国初步建立。但二十多年的市场经济实践中，市场在资源配置中都是起"基础性"作用，其本质上是政府主导的不完善的市场经济，市场配置资源的效用尚未得到充分发挥，导致出现了资源配置不合理、产业效率低下、寻租腐败盛行等一系列问题。党的十八大提出了全面深化改革，为实现经济发展方式转变提供了一个体制上的基础。

十八届三中全会提出，"经济体制改革是全面深化改革的重点"，其"核心问题是处理好政府和市场的关系，使市场在资源配置中起决定性作用和更好地发挥政府的作用"。建设"企业自主经营、公平竞争，消费者自由选择、自主消费，商品要素自由流动、平等交换"的"统一开放、竞争有序的"现代市场体系，是使市场在资源配置中起决定性作用的基础。因此要"大幅度减少政府对资源的直接配置"，通过转变职能、简政放权、减税让利等途径,进一步释放市场活力、潜力和创新能力,"推动资源配置依据市场规则、市场价格、市场竞争,实现效益最大化和效率最优化","并通过区间调控、定向调控等方式来弥补市场失灵"。

5. 经济福祉由非均衡型向包容共享型转换

促进社会公平、增进人民福祉是中国全面深化改革的出发点和落脚点,让发展的成果更多、更公平地惠及全体人民,是社会主义的本质要求。随着新型工业化、信息化、城镇化和农业现代化的协调推进,中国城乡协调、区域协调得到不断完善。近几年,农村居民收入增速已明显快于城镇;主体功能区战略稳步推进,国土空间开发格局不断优化。自2008年以来,中西部地区经济增速持续高于全国平均水平;教育、医疗等优质资源也更趋均衡。

正如习近平于2015年10月,在主持党外人士座谈会时强调的"我们追求的发展是造福人民的发展,我们追求的富裕是全体人民共同富裕",因此经济新常态下,就是要经济福祉由非均衡型向包容共享型转换,坚持发展为了人民、发展依靠人民、发展成果为人民所共享,让广大人民群众在共建共享中有更多获得感。十八届五中全会将"包容性发展"首次写入了五年规划中,也正是党坚持将人民利益放在第一位的真实的思想写照。

四、绿色发展是中国经济新常态的必然选择

在新常态下,适应新常态、把握新常态、引领新常态,保持经济社会持续健康发展,必须坚持正确的发展理念,这就是绿色发展理念。"新常态"与"绿色发展"之间有着密切的关系。"新常态"的提出背景之一是单纯追求高增长率导致环境破坏和资源耗费的加剧,支撑经济发展的资源环境承载能力已达到或接近上限,亟须改变这种粗放式的经济增长方式,加快生态文明建设。而生态文明建设在经济上的本质要求就是要提质增效,实现中国经济发展的整体升级。"绿色发展"是生态文明建设的重要途径,它倡导生产方式的绿色化和生活方式的绿色化,以形成低消耗、少污染的产业结构与生产方式和绿色低碳、循环节约的生活方式与消费模式,实现经济社会与资源环境的有机协调、永续发展。因此,绿色发展既是中国经济新常态下的必然选择,也是应对新常态的主动选择。

正是充分认识到新常态与绿色发展的密切关系,党的十八届五中全会部署了未来五年"环境总体改善"的绿色发展目标,着力推进人与自然和谐共生。习近平指出:"生态环境没有替代品,用之不觉,失之难存。要树立大局观、长远观、整体观,坚持节约资源和保护环境的基本国策,像保护眼睛一样保护生态环境,像对待生命一样对

待生态环境,推动形成绿色发展方式和生活方式,协同推进人民富裕、国家强盛、中国美丽。"这充分表明,要实现国富民强的美丽中国梦,需要准确把握发展与保护的关系,推动形成绿色发展方式和生活方式,促进人与自然的和谐共生,而这正是绿色发展的本质要求。中国目前正处于全面建成小康社会决战决胜阶段和经济发展速度换挡、结构调整和动力转换的关键节点上,要破解资源环境瓶颈与经济社会发展难题,中国需要寻找由创新及具有更高附加值生产模式驱动的新的增长源。只有用绿色发展理念引领经济发展方式和生活方式变革,实现经济社会发展转型升级,才能使绿色经济与绿色生活成为新常态,让美丽与发展同行。

第四节　绿色发展与创新、协调、开放、共享的有机统一

2015年10月,党的十八届五中全会通过的《中共中央关于制定国民经济和社会发展第十三个五年规划的建议》中首次提出了创新、协调、绿色、开放、共享的发展理念。同年11月,习近平在土耳其出席G20第十次峰会时,发表了题为《创新增长路径 共享发展成果》的重要讲话,首次向国际社会阐述了这"五大理念",为中国"十三五"乃至更长时期的发展描绘出新的蓝图。

"五大发展理念"是关系中国发展全局的一场深刻变革,"是发展行动的先导,是发展思路、发展方向、发展着力点的集中体现",要准确把握"五大发展理念"科学涵义,首先需要了解其提出背景。

一、五大发展理念的理论定位

"五大发展理念"的英译全称是"Five Development Ideas",具体内涵的表述为"The Development Ideas of Innovation, Coordination, Green, Opening-up and Sharing"。它们既立足本国,又放眼世界,兼顾国内国际两个大局,勾画出未来中国经济社会和谐持续发展、与世界良性互动的宏大蓝图。

"十三五"规划,既是中国到2020年实现第一个百年奋斗目标、全面建成小康社会收官的五年规划,也是中国经济发展进入新常态后的首个五年规划。规划中提出的"五大发展理念",体现了党顺应时代潮流与发展优势,对新常态下中国经济社会发展特征所作出的精确判断,创造性地提出新常态下中国的发展模式和发展路径创新的重大战略部署,是党关于发展理论的重大升华。对此,习近平指出:"党的十一届三中全会以来,我们党把马克思主义政治经济学基本原理同改革开放新的实践结合起来,不

断丰富和发展马克思主义政治经济学，形成了当代中国马克思主义政治经济学的许多重要理论成果"，这其中之一就包括"创新、协调、绿色、开放、共享的发展理念"。它"是对我们在推动经济发展中获得的感性认识的升华"和"实践的理论总结"。

二、五大发展理念的内涵

五大发展理念"既有历史传承，又有时代创造，体现了统揽全局、放眼世界的时代特色"，在国内彰显了对于人民主体地位和公民人权的珍视与捍卫，在国际体现出对于世界人民福祉和各国主权的尊重与保障。

1. 创新是引领发展的第一动力，在国家发展全局中居于核心位置

"十三五"规划建议指出："创新是引领发展的第一动力。必须把创新摆在国家发展全局的核心位置，不断推进理论创新、制度创新、科技创新、文化创新等各方面创新，让创新贯穿党和国家一切工作，让创新在全社会蔚然成风。"因此，创新居于五大发展理念的首位。它不仅是追求科技与产业层面的创新，还涵盖了制度、文化、社会等各层次的创新。依靠创新增强中国经济的内生动力。

2. 协调是持续健康发展的内在要求

实现速度、规模、结构、质量和效益等方面兼优的全面发展，必须牢牢把握中国特色社会主义事业总体布局，正确处理发展中的重大关系；重点促进城乡区域协调发展，促进经济社会协调发展，促进新型工业化、信息化、城镇化、农业现代化同步发展；在增强国家硬实力的同时注重提升国家软实力，不断增强发展整体性。

3. 绿色是永续发展的必要条件

"十三五"规划建议提出的全面建成小康社会的目标要求，"生态环境质量"被放在了"各方面制度"之前。倡导绿色发展，建设"美丽中国"是中国为世界提供的重要的公共产品。它既有利于提升中国作为负责任大国的形象，亦有利于与各国携手共同应对全球生态危机、守护人类的共同家园。

4. 开放是国家繁荣发展的必由之路

历史经验表明，任何一个国家和民族都无法在封闭的条件下得到发展，只有积极开展与外界的经济文化交流与合作，才能顺应时代潮流，使国家繁荣昌盛。五中全会强调，"坚持开放发展，必须顺应我国经济深度融入世界经济的趋势，奉行互利共赢的开放战略，发展更高层次的开放型经济，积极参与全球经济治理和公共产品供给，提高我国在全球经济治理中的制度性话语权，构建广泛的利益共同体。"

5. 共享是中国特色社会主义的本质要求

十八届五中全会提出，"共享是中国特色社会主义的本质要求。必须坚持发展为了人民、发展依靠人民、发展成果由人民共享，作出更有效的制度安排，使全体人民在共建共享发展中有更多获得感，增强发展动力，增进人民团结，朝着共同富裕方向稳步前进。"贫穷不是社会主义，也不是绿色发展的要求，更不是全面小康社会的目标，改革开放的发展红利要公平公正地让全体民众都能得到，社会才能长治久安，国家和民族才能永续发展。

三、绿色发展与其他四大发展理念的关系

1. 五大发展理念是辩证统一、协调一致的有机整体

创新、协调、绿色、开放、共享的五大发展理念，是"坚持立足国内和全球视野相统筹，既以新理念新思路新举措主动适应和积极引领经济发展新常态，又从全球经济联系中进行谋划"，集中体现了按照"四个全面"战略布局推进中国特色社会主义"五位一体"总体布局的内在要求，从经济建设、政治建设、文化建设、社会建设、生态建设和党的建设等多个方面全面影响着中国"十三五"的发展格局和运行环境。

对于"五大发展理念"之间的关系，习近平强调："五大发展理念是不可分割的整体，相互联系、相互贯通、相互促进，要一体坚持、一体贯彻，不能顾此失彼，也不能相互替代。"也就是说，这五个方面的发展理论是辩证统一、协调一致的有机整体。坚持创新发展，着力提高发展质量和效益，形成发展的动力；坚持协调发展，着力形成平衡发展结构；坚持绿色发展，着力改善生态环境；坚持开放发展，着力实现合作共赢；坚持共享发展，着力增进人民福祉。五大发展的"核心和最终目的是实现人的全面发展"，只有五者的统一，才能全面推进中国特色社会主义事业，实现"五位一体"总体布局的科学发展与全面建成小康社会。

"十三五"时期是全面建成小康社会的决胜阶段，全面小康的概念涵盖了经济、社会、文化、生态和制度领域。五大发展理念"深刻揭示了中国全面建设小康社会的动力源泉、内在要求、必由之路、出发点和落脚点"，其中"绿色发展"理念对破解中国发展难题、增强发展动力、厚植发展优势具有重大指导意义。

2. 绿色发展在五大发展理念中的地位

绿色发展是中国"十三五"全面建成小康社会的基本保障，也是创新发展、协调发展、开放发展、共享发展的基础。正如习近平总书记所指出的，"小康全面不全面，生态环境质量是关键"。"生态环境质量总体改善"是中国全面建成小康社会新目标的核心要求，与绿色发展"以提高环境质量为核心"，都体现了生态环境质量对发展全局的重要性。

创新发展、协调发展、开放发展、共享发展中都包含着绿色发展的外延，体现了

生态文明建设融入各个方面，形成五位一体的新格局。创新发展提出"走产出高效、产品安全、资源节约、环境友好的农业现代化道路"，将使中国的经济社会发展更加协调、更加绿色和更具有竞争力。许多环境问题既是长期以来粗放发展所致，也是受到"技术匮乏""技术瓶颈"制约所致。绿色技术是实现绿色发展的关键，低碳、清洁、循环需要技术的支持。"最大限度激发市场主体的创新动力和创造活力，实现从要素驱动向创新驱动的根本转变"是推进绿色发展的强劲动力。

协调发展强调"资源环境可承载"，注重经济、社会与生态环境的均衡、整体发展，只有通过绿色发展才能有效突破资源环境瓶颈制约，推动生态文明建设，实现经济效益、社会效益与生态效益的有机统一。

当前，国际社会已日益成为"你中有我、我中有你""一荣俱荣、一损俱损"的"命运共同体"。开放发展要求"积极参与应对全球气候变化谈判，主动参与2030年可持续发展议程"。通过绿色发展推进生态文明和美丽中国建设，参与全球环境治理和为国际社会提供公共物品，即可为全球生态安全做出新贡献，体现中国负责任大国的形象，又可增强中国在全球经济治理中的话语权。

绿色发展理念以绿色惠民为基本价值取向，是以效率、和谐、持续为目标的经济增长和社会发展，体现着共享发展的核心要求。习近平指出，良好的生态环境是最公平的公共产品，是最普惠的民生福祉。坚持绿色发展、绿色惠民，为人民提供干净的水、清新的空气、安全的食品、优美的环境，关系着中国最广大人民的根本利益，更关系着中华民族发展的长远利益。

第三章 "两个转化"的基本概念

中国国内生产总值从 2000 年的 10 万亿元人民币增加到 2016 年的 74.4127 万亿元人民币（比上年 68.55 万亿元同比增长 6.7%），并从 2010 年起超过日本成为世界第二大经济体。2014 年又突破 10 万亿美元大关，成为继美国后的又一"10 万亿美元俱乐部"成员。中国的对外开放也不断深入，成为全球第一大货物贸易大国和主要对外投资大国。经济上取得的成就增强了国家的竞争力，让中国在国际上的地位日益提升，对国际事务的影响力也不断提高。

由 WEF 发布的各年度《全球竞争力报告》可见，进入 21 世纪以来，中国的国际竞争力由 2000 年的排名第 41 位曲折上升，2014 年，以 4.89 分跻身第 28 位，比 2013 年提升了一个名次，并由此后连续 3 年维持第 28 位的排名。这主要由于近年来在国家创新生态系统的一些竞争力领域，包括教育、创新、科技和商业成熟度等方面取得的新进展，使中国的竞争力总体得分得到改善。但同时也要看到，中国的竞争力仍受到低可持续性的制约。2015 年 4 月 25 日公布的《关于加快推进生态文明建设的意见》中，中共中央国务院提出，要"统筹国内国际两个大局，以全球视野加快推进生态文明建设，树立负责任大国形象，把绿色发展转化为新的综合国力、综合影响力和国际竞争新优势。"坚持生态文明理念，推进绿色发展向有利于"两个转化"的方向前进，实现经济社会生态的和谐协调发展将是今后中国较长一段时期的主要任务。

第一节 综合国力与国际竞争优势概述

通常体现一国的竞争力或实力的名词有"国力""综合国力"或"国际竞争力"。综合国力的大小强弱，反映了一个国家的整体发展水平，决定着它满足国民需求、解决国内问题的能力，也决定着它在国际社会上的地位和影响。所以，每个国家无不高度重视本国综合国力的发展与提升，力求拥有相对于别国更大的优势，以在全球竞争中占据最有利的地位。但一国的综合国力并不是静止不变而是动态变化着的，它的构成和状态随着历史条件、内外环境的变化而不断发生改变。要了解新时期下综合国力竞争的新特征，需先了解综合国力的研究起源。

一、综合国力研究回顾

综合国力即指国家的综合实力，英文直译为 comprehensive national power（简称 CNP），或 overall national strength。在国际关系英文文献中，通常表述为 national power，或直接就指 power，也就是"权力"之意，这与中文的"实力"有所差别。对综合国力的定义与衡量，国际上尚未统一，不同国家有不同的侧重点与衡量权重及计算方法。

国际上对国家实力的研究，早期主要侧重于从军事角度进行较为单一的定性分析。美国海军战略理论家阿尔弗雷德·马汉（Alfred Thayer Mahan）于 1890 年和 1897 年分别出版的《海权对历史的影响（1660~1783 年）》与《海军战略论》认为，一个国家若想在世界事务中起到重要作用，就要掌握制海权，其须具备六个条件：地理位置、领土大小、自然结构、人口数量、国民习性、政府特性。前四项为客观因素，后两项为人为因素。英国军事理论家 B. H. 利德尔·哈特（Basil Henry Liddell Hart）在其 1929 年出版的《历史上的决定性战争》（The decisive wars of history）中提出大战略理论，指出实现国家的政策目标时必须统筹运用国力的诸因素，包括政治、军事、外交、贸易、时政及民心。1948 年，美国现实主义国际关系学家汉斯·摩尔根（Hans J. Morgenthar）出版的《国家间的政治》一书将权力定义为"人对他人的意志和行为的控制"，推及国际关系上就是国力，认为一个国家的实力由三大部分九个要素构成，即物质因素（包括地理和自然资源）、人力因素（包括人口、国民性、民心、外交质量和政府质量），及人物结合因素（包括工业实力和军备）。

20 世纪 60 年代后，国力的研究由单向定性转到了综合定量上。美国国际政治家约瑟夫·弗兰克尔（Joseph Frankel）首先提出综合国力概念。J·P·考尔则首次对综合国力进行定量测算，将国力分解为人口、面积、钢消费量、国民生产总值和总军事实力等六个指标，先计算出各指标占世界总量的比重，再根据给定权数进行加权平均，以计算出一国的综合国力总得分。联邦德国物理学家威廉·福克斯（Withelm Fucks）在 1965 年发表的《国力方程》（National Power Equation）一书中提出，一个国家的国力发展过程近似于生物种类逻辑增长的变动趋势，由此提出了测定国家实力动态变化的强国公式。该公式由人口（P）、钢产量（S）和能源消费量（E）3 个要素组成，T 时期的国力指标为：$M_t = 1/2 \cdot P \cdot (S+E)$。美国乔治敦大学战略与国际研究中心主任 Ray·S·Cline（克莱因）认为，综合国力是一个国家的强制能力，即国家的权力，分为物质力量和精神力量。其中，物质力量（共 500 分）包括基本实体（C）、经济实力和军事实力。其基本实体,由人口和国土面积组成(各 50 分);经济实力(E),由 GDP(100 分)、能源、关键性非燃料矿物、工业能力、食品生产和对外贸易(各 20 分)组成,军事实力(M),由核力量和常规军事力量组成(各 100 分)。精神力量包括战略目标(S)和追求国家战略的意志(W)(标准系数各为 0.5)。其于 1975 年出版的《世界权力的评价》(*World Power Assessment*)以及其后的《1977 世界权力的评价》和《80 年代世界权力趋势与美国对外政策》中提出综合国力测算方程:$P=(C+E+M)(S+W)$。以数值最大的国家或美国为满分,其他国家按比例计算得分。这是一个综合性的国力方程,方程的第一部分是客观实力或硬实力;方程的第二部分是主观实力或软实力,而综合国力是两者的乘积。该方程反映了研究者对软实力的重视,但是如何计算软实力却比较困难,而且科技因素在该方程中未能得到体现。

日本经济企划厅综合计划局提出的综合国力指数由国际贡献能力、生存力、强制力组成。各项指标及权重设置:国际贡献能力(10),包括经济力(3),金融能力(1.5),科学技术(1.5),财政力(1.5),对外活动的赞同(1),在国际社会中的活动能力(1.5);生存力(10),包括地理(1),人口(1),资源力(1),经济力(1),防卫力(2),国民意识(2),同盟友好关系(2);强制力(10),包括军事实力(4),战略物资技术(2),经济力(2),外交力(2)。

国内研究早期也多由军事领域开始,后逐渐扩展到经济、政治等领域。丁峰峻于 1987 年提出了综合国力"质量"公式:综合国力 = 软国力×硬国力 = (政治力+科技力+精神力)×[R(自然力+人力+经济力+国防力)]。公式中的自然力指一个国家的自然条件和自然资源状况,包括国土面积(总面积、可耕地面积、地理位置)和矿藏资源(总量、种类、开采难度、自给能力等);政治力指一个国家的政治力量,包括政治制度、政治体制与政党的路线、方针和政策,以及党和国家领导人的领导决策能力等。公式中的 R 则代表硬国力的结构系数,表示硬国力各组成部分之间的相互比例关系,反映硬国力系统的结构。如果硬国力各组成部分结构合理,则 R 大于 1,其硬国力总量即大于各部分之间的代数和;如果结构不合理,则 R 小于 1,那么硬国力对国力的贡献则小于各部分之间的代数和。黄硕风大校于 1992 年出版的《综合国力论》中运用系统论、协同学、动力学原理,提出综合国力就是生存力、发展力和协调力的有机组合,设计出综合国力动态方程:$Y_t = K_t \cdot (H_t)^\alpha \cdot (S_t)^\beta$。他主张综合国力的构成包括政治力(政治决策、动员和组织能力、反应能力)、经济力(国民生产总值、人均国民生产总值、经济构成和经济发展前景)、科技力(科技研究、应用和发展水平,科技人员的状况)、国防力(军队的数量和质量、武器装备、战术技术)、文教力(文化的发展水平、教育水平和受教育者的素质)、外交力(在国际上的地位、作用、影响、外交上的能力)、资源力(人口的数量和质量、地理位置、气候、资源)等七个方面。这七种"力"又分为物质力(即"硬"指标系统,包括资源力、经济力、科技力、国防力)和精神力(即"软"指标系统,包括政治力、文教力及外交力)两类。它们加上"协同指标系统"和"环境指标系统"即共同构成综合国力体系或系统。黄硕风的"国力动态方程"比较全面,但过于复杂,其操作性差、数据难以获取或可靠性无法保障,导致实用价值不大。

国内其他比较具有代表性的综合国力研究者还有中国科学院的"可持续发展战略研究"课题组和"国际形势黄皮书"课题组,及中国现代国际关系研究所的"综合国力课题组"等,他们都各自形成了自己的一套分析框架或测评公式,如中国现代国际关系研究所"综合国力课题组"在2000年发布的《综合国力评估系统(第一期工程)研究报告》中,曾从经济、军事、科技教育、资源以及政治社会国际影响力等方面对美国、日本、中国、俄罗斯、德国、法国、英国等七国的综合国力进行了评估,认为中国综合国力全球排名第七。中国社会科学院世界经济与政治研究所发布的《国际形势黄皮书:全球政治与安全报告》系列报告,也考察了世界几个重点国家的综合实力和影响力状况。但由于目前尚缺乏公认合理的国力计算公式和方法,要素选择、测量指标、权重设置、计算方法等任一方面的不同都将导致计算结果存在差异,因此该课题组并未对各国进行综合国力排名,而仅就各项原始数据本身做出排名。

二、综合国力的含义及其构成

综合国力实际上就是国家的综合实力,它不仅仅取决于一个国家的军事能力、经济能力或某一单方面的能力,而是各种能力相互作用、相互促进的综合体现。在国内,发展综合国力是中国共产党的一个重要执政理念,在许多重要报告中都多次论及发展综合国力,但其主要侧重于从国家战略、社会发展的方向等角度进行阐述,而对综合国力的含义论述较为笼统,因此,各学者对其界定也有各自的主张。按照贾海涛的研究认为,中国综合国力的含义和理论是"现当代西方权力(power)概念(主要是国际关系学的权力概念)与理论嫁接在马克思主义的理论(尤其是生产力理论)基础之上的产物",但它与西方的权力理论又有着巨大的差异,表达的是一种实实在在的物质力量或物质力量的表现。其构成既包括基本资源、军事、经济、文化力量和软实力等五个正面因素,又包括自然和社会灾难一个负面因素。王诵芬等认为,综合国力是在一定的时空条件下从整体上来计量的社会生存发展诸要素的凝聚总和,主要包括资源、经济活动能力、对外经济活动能力、科技能力、社会发展程度、军事能力、政府调控能力、外交能力。中国现代国际关系研究所"综合国力课题组"从经济、军事、科技教育、资源、政治、社会、国际影响力等方面考察了综合国力构成因素。胡鞍钢和门洪华认为，综合国力是衡量一个国家基本国情和基本资源最重要的指标，也是衡量一个国家的经济、政治、军事、技术实力的综合性指标。

中国科学院"可持续发展战略研究组"在综合各家观点的基础上，将综合国力界定为，一个主权国家赖以生存与发展所拥有的全部实力及国际影响力的合力，其构成要素中既包含自然的，也包含社会的；既包含物质的，也包含精神的；既包含实力，也包含潜力以及由潜力转化为实力的机制，是一个国家的政治、经济、科技、文化、教育、国防、外交、资源、民族意志、凝聚力等要素有机关联、相互作用的综合体。

综上所述，综合国力是一个国家所拥有的生存、发展以及对外部施加影响的各种力量和条件的总和，是以国家为整体所表现出来的维护和获取国家利益的一种综合性的力量集合。这种力量的集合涵盖了所有可以直接和间接获取国家利益的一切要素。这些要素形成了国力的特有结构，要素之间的相互联系与作用使综合国力成为一个系统工程，其所体现出的整体实力超过了各要素实力的简单加总。在历史的新时期，综合国力已不仅包括传统上的经济、政治、军事、文化、科技、外交等实力构成，还包括在生态文明时代所特有的自然资源、生态环境等要素，它们成为了新综合国力的重要组成部分，综合体现着一个国家可持续发展、先进生产力和科技竞争优势。

三、当今世界新综合国力竞争的特点

一国综合国力的内容会随着历史条件、内外环境的变化而变化，其发展水平则要通过国际竞争，从国际体系和国际表现的角度来进行判断和衡量。20世纪90年代后，特别是进入新世纪以来，在新的国际政治经济形势下，全球综合国力的竞争呈现出了一些新特点：

（一）提升以科技为先导的经济竞争力是新综合国力竞争的强力支撑

在国际关系史上，很长一段时期内国力竞争的重点是军事力量的竞争。直至现在，它仍然是国家实力一个重要的具有威慑性的因素。但在冷战结束后，经济在综合国力中的地位不断上升，经济竞争成为国际竞争中最主要的内容。每个国家都在大力发展自己的经济，努力增强经济实力。

1. 科技创新成为经济竞争的制高点

科学技术的实力和水准，是一个国家综合国力的重要体现，又给予其综合国力以强大的影响。科技与经济的结合越来越紧密，因而对于经济的贡献率也越来越高。科学技术上的重大突破，往往能提升一国经济的竞争力，甚至为一国政治、文化发展提供动力。因此，科学技术的竞争成为国际竞争的制高点。谁占据了它，谁就能在国际竞争中占据主动地位。

2. 经济竞争的核心在于生产力的竞争

生产力是一个国家的生产能力,也是一个国家创造财富的能力。中国经济过去30多年的高速增长,依靠的是大规模的要素投入,而如今这种粗放式的经济增长日益受到了资源能源短缺和环境污染加大的制约,亟须寻找新的经济增长点。

中国社会科学院副院长蔡昉曾表示,未来中国经济发展唯一可依靠的只有生产力结构调整,从投入型转向创新型。也就是要由一般性要素拉动经济增长,转向更多依靠人才、技术、知识、信息等高级要素拉动经济增长转变,推进产业结构的高级化、服务化、绿色低碳化、信息化和智能化。这就需要通过建设生态文明制度体系,绿色发展、低碳发展、循环发展。正如习近平指出的"保护生态环境就是保护生产力、改善生态环境就是发展生产力",在当前全球资源和环境约束趋紧的情况下,将自然资源和生态环境内部化为生产力要素,不断提升生态生产力将是未来国际经济竞争的核心。

(二) 扩大以国际话语权为主导的国际影响力是新综合国力竞争的主要目标

话语权既是话语的道义力量与强制力量,也是综合实力的集中表现和国家强大的主要体现。吴贤军指出,国际话语权是指国际关系中掌握了一定资源、知识和规则的国际行为体,通过各种话语文本表达形式而对外产生的,足以改变其他行为体认识和行动的能力。如何在国际社会中树立良好的形象,维护自身的国家利益,需在当前以美国为首的西方国家主导的话语权体系中提升中国的国际话语权。

自冷战结束后,美国成为世界唯一的超级大国,一直力图保持"领导者"的地位。世界其他大国也在不断努力扩大自己的政治影响,提高国际政治地位。中国凭借强大的经济实力在国际上发挥着日益重要的作用,使西方的这些大国们感受到了"威胁"。而实际上,虽然中国的大国责任和地位在迅速上升,但在很多方面尚没有取得实质性的话语权,在一些国际事务上还缺乏决定性的影响力。为此,习近平总书记特别强调,要加强话语体系建设,着力打造融通中外的新概念新范畴新表述,增强在国际上的话语权。但在经济自由和政治民主等传统话语领域,西方发达国家长期占据强大的优势,中国等发展中国家难以与其竞争。需要在其他方面有所突破,这个突破点就是经济发展模式。随着环境、气候的急剧变化,以低碳经济为核心的绿色经济已成为世界关注的焦点。各国政府都在努力重铸经济增长模式,这也给了中国一个实施绿色发展、造就经济持续增长新动力的契机,由此也可显示中国的国际责任,从而主导国际发展话语权。

(三) 强盛以文化为代表的软实力是新综合国力提升的重要保障

文化是国民经济的一个重要产业。近年来一些国家的文化产业年增加值与增速已超过了汽车、钢铁等传统产业，成为国民经济的新增长点。文化又是意识形态的一个重要体现，人类社会的发展无不伴随着文化的传播与封锁、扩张与消亡、融合与竞争。更是一国综合国力中软实力的重要组成部分，能够促进一个国家核心价值观的形成和维持，提升一国的国民素质及其能力，增强国家凝聚力和国际影响力。

国际关系理论中新自由主义学派的代表人物约瑟夫·奈在1990年出版的《注定领导世界：美国权力性质的变迁》一书及同年在《对外政策》杂志上发表的题为《软实力》一文中，明确提出并阐述了"软实力"概念，认为一国的综合国力分为硬实力和软实力。硬实力（hardpower）是指支配性实力，包括基本资源（如土地面积、人口、自然资源）、军事力量、经济力量和科技力量等；软实力（softpower）主要包括文化吸引力、政治价值观吸引力及塑造国际规则和决定政治议题的能力。虽然软实力需要长期的积累，但成本较低，效果也更好。在2004年出版的《软实力：世界政治中的成功之道》一书中，约瑟夫·奈又对"软实力"概念进行了补充，指出实力"是对他人的行为施加影响，并达到自己目的的能力"，影响他人的方法主要有威胁强迫、利益诱惑和吸引拉拢等，前两者主要是传统的军事、经济等硬实力采用的手段，只能起到暂时的效果，而后者是软实力所起的作用，可以让人心服口服，自愿随从。2006年，他又发表文章重新思考软实力，并提出了"巧实力"的概念，认为单独靠硬实力或软实力都是错误的，应该将它们结合起来行使"巧实力"。"巧实力"既强调军事力量的必要性，也重视联盟、伙伴关系和各个层次的机制，其核心是向世界提供公共产品，目的是扩大影响力，建立国家行为的合法性。约瑟夫·奈还对中国"软实力"进行了关注，于2005年底在《华尔街日报》上发表了《中国软实力的崛起》一文。此后，软实力在中国越来越受到重视。2007年，"软实力"一词首次以"提高国家文化软实力"的形式写进党的十七大报告中。

在经济全球化日益加深的时代，各国间的相互依存相互竞争关系愈加复杂。绿色、包容、和谐的生态文化软实力是促进人与自然、人与社会、人与人的和谐共生的重要载体，是提升生态生产力、维持国家对外经济和政治关系的重要支撑，深刻影响着一国的国际影响力和综合国力竞争的主动权。

（四）获得动态的可持续性竞争优势是新综合国力竞争的主要内容

由于人口的过快增长、环境问题的加剧、生物多样性的减少和荒漠化及全球气候变化等给人类带来的严峻挑战，可持续发展自提出以来已逐步成为国际共识，世界各国都在积极推进可持续发展。资源和生态环境问题对一国综合国力各构成要素的影响不断加深，跨国环境问题导致的环境外交也日渐频繁，可持续发展综合国力的概念正是在这种背景中提出的。

赵景柱等将可持续发展综合国力定义为，一个国家在可持续发展理论下具有可持续性的综合国力。它是一个国家的经济能力、科技能力、社会发展能力、政府调控能力、生态系统服务能力等各方面的综合体现。中国科学院"可持续发展研究组"在《2003中国可持续发展战略报告》中，使用了由经济力、科技力、军事实力、社会发展程度、政府调控力、外交力、生态力等七类指标构成的可持续发展综合国力指标体系，选定13个国家进行可持续综合国力的测算和对比分析，中国排名第七。

要实现综合国力持续增长就要保护和改善生态环境，生态环境对一国"综合国力有着至关重要的影响，它直接制约着一个国家的综合国力的发展水平"。

总之，当今世界，综合国力的竞争正在以不同的方式，在各个领域日益激烈地进行。我们只有清醒地看到这种竞争，认真研究它的态势和特点，积极采取应对的措施，才能掌握自己发展的主动权，在激烈的世界竞争中立于不败之地。

同时，综合国力是动态变化与发展的。历史条件、内外环境在不断发生变化，综合国力也将随之变化。而决定综合国力变化与对比的一个重要因素是一个国家的竞争力。国际竞争力是一个国家在国际社会中与其他国家竞争所具有的相对优势，"指一定的经济体制下的国民经济在国际竞争中表现出来的综合国力的强弱程度"。综合国力是国际竞争力的发展基础，国际竞争力则是增强综合国力的重要手段，两者相互作用、相互促进。一个国家要在国际社会与其他国家竞争过程中占有或保持一定的相对优势地位，不仅要有雄厚的综合国力，还要有超群的国际竞争力。

四、国际竞争优势研究回顾

（一）相关概念及竞争优势研究溯源

在学术研究上竞争优势与竞争力并没有进行特别严格的区分，许多文献中二者是等同的，经常混合使用。但有些地方则将它们进行区分，认为竞争优势是某种不同于别的竞争对手的独特品质，是一个企业或国家在某些方面比其他的企业或国家更能带来利润或效益的优势；而竞争力是在竞争中显示的能力，它是一种随着竞争变化着的又通过竞争而体现的能力，是竞争优势的外在表现。因此有学者认为，竞争力"是指两个或两个以上竞争者在竞争过程中所表现出来的相对优势、比较差距、吸引力与收益力的一种综合力"。它包含四个方面的含义：第一，竞争力是竞争主体之间相互比较、较量才有可能存在的一个概念，没有竞争主体之间的相互较量、竞争，也就不存在竞争主体的竞争力问题；第二，竞争力是指某个竞争主体的竞争力量，从单个竞争主体自身的角度来讲，竞争过程中其所表现出来的竞争力量是他的能力或素质的表现；第三，从竞争主体争夺的竞争对象来看，竞争主体的竞争力是对竞争对象的吸引力或获取力；第四，从竞争的结果来看，竞争力是竞争主体最终取得某种收益或某种利益的能力。

各类文献对国际竞争力的研究角度、层次各有不同，有从国家的角度，也有从企业的角度，还有从竞争力的决定因素或评价标准进行，从而形成不同的分析框架与体系。从国际竞争力概念的演进看，早期的国际竞争力概念侧重指企业的国际竞争力。随后，国际竞争力概念从微观层次向中观层次乃至宏观层次发展，逐渐成为一个多层次、综合性概念。按照参与竞争主体不同可分为国家竞争力、产业竞争力、企业竞争力以及产品竞争力。由于竞争力的主体不同，其相应的理论定义、概念内涵与外延以及测度指标也不尽相同。同时在不同的历史时期，不同的研究者对国际竞争力的定义也在不断发生变化。如，美国竞争力政策委员会认为，国际竞争力是一国能提供满足国际市场检验标准的产品和服务，同时又能长期地持续提高国民生活水平的能力。之后，它提出竞争力已经不再主要取决于拥有原材料或劳动力成本，而是主要取决于是否比其竞争者更有能力去创造、获取和应用知识。经济合作与发展组织（OECD）在1986年时认为，"国家经济的竞争能力是建立在国内从事外贸的企业竞争能力之上的，但又远非国内企业竞争能力的简单累加或平均的结果。"1992年，国际竞争力被定义为"一国能在自由和公正的市场条件下生产产品和服务，而这些产品和服务既能满足国际市场的检验标准，同时又能长期保持和扩大该国人民的实际收入的能力"，并被划分为宏观竞争力、微观竞争力和结构竞争力。1994年，国际竞争力被认为是一种创新能力，其后又被定义为生产要素取得持续的高收益和高使用率的能力。

国际上，国际竞争优势的理论渊源可追溯至古典经济学的代表性理论——亚当·斯密的绝对优势论和大卫·李嘉图的比较优势论。他们认为，一国（或地区）的实力强弱取决于其劳动生产率即劳动力生产要素上的比较（绝对）优势。后来，赫克歇尔与俄林引入资本要素，提出了要素禀赋理论对一国的优势所在进行深入阐述。但他们并没有明确提出竞争优势的概念。较为完整的国际竞争力理论体系是在20世纪80年代后才逐渐形成的。世界经济论坛（World Economic Forum，以下简称WEF）和瑞士洛桑国际管理发展学院（International Institutefor Management Development，以下简称IMD）是比较著名的两大长期关注国家层面国际竞争力研究的国际机构，而美国哈佛大学迈克尔·波特（Michael Porter）教授则是该领域最具代表性的人物之一。在中国，中国人民大学竞争力与评价研究中心对中国国际竞争力的研究在国内具有较大的影响。

（二）WEF 与 IMD 的国际竞争力研究

WEF 从 1980 年开始关注国际竞争力问题，1985 年提出了国际竞争力的概念，认为国际竞争力是"一国企业能够提供比国内外竞争对手更优质量和更低成本的产品与服务的能力"。1986年，WEF初步形成了国际竞争力评价体系，于当年发布了国际竞争力的研究报告。从1989年起，WEF开始与IMD联手开展工作，合作出版了目前国际上有关国际竞争力最权威的年度报告之一的《世界竞争力年鉴》(*World Competitiveness Yearbook*)。该报告每年发布一次，对各国的国际竞争力进行测算和比较，为决策者们提供了提升国际竞争力的政策参考。1991年，它们将国际竞争力的概念定义为，"在世界范围内，一国企业设计、生产和销售产品与服务的能力，其价格和非价格特性比国内外竞争对手更具有市场吸引力。"1994年，IMD和WEF又修改了国际竞争力的定义和评价准则，认为"国际竞争力是指一国或公司在世界市场上均衡地生产出比其竞争对手更多财富的能力"。由于研究理念的差异，1996年，WEF又开始进行较为独立的研究，独自出版了《全球竞争力报告》(*Global Competitiveness Report*)，将国际竞争力定义为："一国实现人均国内生产总值持续高速增长的能力"。

随着国际竞争力的内涵变化，WEF的国际竞争力评价体系也相应进行了调整和充实。1996年，WEF的国际竞争力评价体系由国际竞争力综合指数、经济增长指数和市场增长指数等三个指数构成。1998年，增加了微观经济竞争力指数（由影响企业生产率的投入要素、需求因素、相关产业、竞争环境方面的问卷调查指标组成）。从这年开始，WEF引入了一国一系列复杂的环境变量，这些变量决定了以人均国内生产总值为核心的生产力能否高速可持续发展。2000年评价体系调整为增长竞争力指数、当前竞争力指数、经济创造力指数和环境管理制度指数。2003年开始，又修改成由增长竞争力指数（由技术指数、公共机构指数和宏观经济环境指数构成）和企业竞争力指数（由公司运行和策略指数、微观经营环境质量指数构成）两大指数系统。前者主要衡量一国经济增长的潜在前景，后者主要衡量一国当前的生产潜力。2004年，WEF首次使用了全球竞争力指数（Global Competitiveness Index，GCI指数，由Sachs与McArthur两位教授于2001年提出），以12个竞争力支柱项目对处于不同发展阶段的世界各国竞争力状态进行考察，衡量了一国在中长期取得经济持续增长的能力。

WEF用于评估全球竞争力的框架除了GCI指数外，还有一个"企业竞争力指数"（Business Competitiveness Index，BCI，由迈克尔波特于2000年提出）。在GCR的架构中，以GCI是主要指标，BCI是辅助指标。WEF的专家们认为，一个国家无论法制再健全、政治再稳定、公务员再高效廉洁、全民的科技素养再高，钱毕竟是由企业创造出来的。若一个国家的企业疲弱、能力不佳，那么这个国家不可能创造出巨额财富、该国的竞争力也不可能强大。在这样的思维下，WEF采纳了Porter教授设计的企业竞争力指标架构，用以弥补原有GCI的不足。

早年与WEF共同致力于国际竞争力研究另一代表性机构IMD也有一套比较全面

和成熟的国际竞争力综合评价体系和方法。

2003年，IMD将国际竞争力定义为，"一国创造与保持一个使企业持续产出更多价值和人民拥有更多财富的环境的能力。"因此，该研究机构的国际竞争力研究注重于一个国家提供环境与财富创造过程之间的关系，而经济运行、政府效率、企业效率和基础设施四大要素的交互作用则决定了一国创造财富的总体环境。这个环境既是一国传统、历史和价值体系变迁的结果，又是政治、经济和社会发展的产物。

IMD的国际竞争力评价体系1992年开始由最初的十大要素指标修正为八大要素指标，并于2001年进一步改进为四大要素指标，分别为经济运行竞争力、政府效率竞争力、企业效率竞争力和基础设施竞争力。四大要素指标均又分别包含5个子要素指标。其中，基础设施竞争力中引入了衡量健康和环境的系列指标。IMD评价体系的20个子要素共包含300多个指标。根据统计方法和来源不同，这些指标分为硬指标和软指标两大类。硬指标来源于国际、国家或地区的机构和非官方机构统计数据，软指标来源于高级管理人员的问卷调查结果。其中，硬指标约占总指标的2/3，软指标约占总指标的1/3。

WEF与IMD国际竞争力评价体系相比较，两者在评价体系的理论原则、指标体系、评价方法、评价基础、指标结构等存在较大的差异。在理论原则上，WEF将国际竞争力定义为一国保持人均国内生产总值持续高增长的能力，它侧重于促进经济持续增长的能力；IMD则定义为一国创造使企业有竞争力环境的能力，它强调创造和积累国民财富的能力。在指标体系上，WEF由四大评价指标体系调整为两大评价指标体系，并最终形成GCI指数；IMD则由八大国际竞争力要素调整为四大国际竞争力要素的指标体系。在评价方法上，WEF注重从国际竞争力的来源评价一国的竞争力，更多体现的是动态分析；IMD则着重于从一国竞争力的结果来评价各国的竞争力，更多体现的是静态分析。在评价基础上，WEF侧重于以未来5~10年的中长期人均GDP的增长为基础，建立了多因素评价的系统评价体系；IMD着力于国家整体的现状水平、实力和发展的潜力，从国际竞争的资产条件和竞争过程两个方面进行系统评价。在指标构成上，WEF的国际竞争力评价体系中大量使用定性指标，软指标占全部指标的绝对多数；而IMD使用了2/3的硬指标和1/3的软指标，且硬指标的权重大于软指标（表3-1）。

表3-1 1996~2016年中国的国际竞争力排名情况

	1996	1997	1998	1999	2000	2001	2002	2003	2004	2005	2006	2007	2008	2009	2010	2011	2012	2013	2014	2015	2016
IMD	26	27	24	29	31	33	31	29	24	31	19	15	19	15	18	19	23	21	23	22	25
WEF	36	29	28	32	41	39	33	44	46	49	54	34	30	29	27	26	29	29	28	28	28

除上述两大机构外，美国的商业风险评比公司、韩国的产业研究院和大宇经济研究所、日本经济新闻经济研究中心等机构和单位也对世界一些国家的国际竞争力进行评估，但各自所设置的评价体系各有不同，得出的结果也不尽相同。

（三）波特的竞争优势研究

迈克尔·波特被称为"竞争战略之父"，在 20 世纪八九十年代相继出版了《竞争战略：分析产业和竞争者的技术》（1980 年）、《竞争优势：创造和维持优良绩效》（1985 年）、《全球产业中的竞争》（1986 年）和《国家竞争优势》（1998 年）四部著作。波特将竞争优势定义为，一个企业或国家在某些方面比其他的企业或国家更能带来利润或效益的优势。从管理学的角度，他分别提出了用以解释国家竞争力的"国家竞争优势模型"、用以解释产业竞争力的"五种竞争作用力"、用以解释企业竞争力的"价值链"分析方法等理论观点，形成了一个涵盖国家、产业和企业竞争力主体的国际竞争力理论体系。就国家竞争优势而言，波特研究了特定国家为什么会成为特定产业中具有较强国际竞争力企业的母国基地。他在 1990 年出版的《国家竞争优势》中提出了"国家竞争优势模型"（也称波特钻石模型，Porter Diamond Model），认为一国的国内经济环境对企业开发其竞争优势具有很大影响。其中影响最大、最直接的因素是生产要素、需求状况、相关和支持产业及企业战略组织和竞争。除了这几种主要影响因素外，机遇和政府也对国家竞争优势产生重要影响。波特认为，一国经济地位上升的过程就是其竞争优势加强的过程。国家竞争优势的发展可分为四个阶段，即要素驱动（factor-driven）阶段、投资驱动（investment-driven）阶段、创新驱动（innovation-driven）阶段和财富驱动（wealth-driven）阶段。在要素驱动阶段，产业竞争主要依赖于国内自然资源和劳动力资源的拥有状况，具有竞争优势的产业一般是资源密集型产业；在投资驱动阶段，竞争优势主要来源于资本要素，具有竞争优势的产业一般是资本密集型产业；在创新驱动阶段，竞争优势主要来源于企业的创新，此时，技术密集型产业成为具有竞争优势的产业；在财富驱动阶段，产业竞争依赖于已获得的财富，投资、经理人员和个人的动机转向了无助于投资、创新和产业升级方面，产业竞争力逐渐衰退。

（四）国内关于国际竞争力的研究

1989 年，国家体改委经济体制改革研究院和国外经济体制司开始与世界经济论坛和瑞士洛桑国际管理学院联系，商讨关于共同开展国际竞争力的研究。1996 年，中国人民大学、原国家体改委经济体制改革研究院和深圳综合开发研究院组成联合课题组，运用 WEF 与 IMD 评价法对中国的国际竞争力展开研究，并于 1997 年出版了首份《中国国际竞争力发展报告（1996）》，此后每年出版一份年度报告。2001 年，中国人民大学竞争力与评价研究中心开始独立出版《中国国际竞争力发展报告（2001）——21世纪发展主题研究》，并把国际竞争力的研究推向产业竞争力、科技竞争力、城市竞争力、企业竞争力等领域。

五、国际竞争新优势的体现

与综合国力的发展一样，国际间的竞争愈来愈关注人类社会能否实现可持续发展，即能否持续地实现社会经济资源的优化配置，实现竞争力的动态和可持续提升。绿色发展转化为新的竞争优势主要可体现在绿色竞争力或环境竞争力上。绿色竞争力是将环境因素引入竞争力研究中，它是人类可持续发展的必然产物，是竞争力理论的进一步发展。

绿色竞争力的提出首先是从产业的角度出发的，Porter认为，基于环保、健康和可持续发展目标的绿色经济模式能够有利于企业取得市场竞争优势的能力，进而成为国家、地区和企业核心的竞争力。该观点将绿色竞争力视为一种新的竞争优势。部分国内学者也研究了企业绿色竞争力。王建明认为，它是企业通过创新改变资源利用模式，以满足保护环境的需求，并且相对于其他竞争对手能更有效地向市场提供符合绿色要求的产品和服务，从而在实现更大经济效益的同时获得可持续竞争优势的综合能力。还有学者将绿色竞争力视为一个系统的概念，如洪小瑛认为，绿色竞争力是由绿色资源、绿色技术、绿色管理、绿色生产等要素综合作用而形成的一个系统的概念。孟晓飞，刘洪认为，绿色竞争力是企业整合了企业、消费者、环境三方利益而形成的价值创造系统。但这些定义只是一些宽泛的描述。杨代友指出，企业绿色竞争力是指在合理的制度安排下，企业通过技术和管理创新改进资源利用模式，在降低对环境和健康的风险的同时所获得的市场竞争优势。

一般认为，绿色竞争力包含了环境竞争力，但环境竞争力更侧重于强调生态环境在竞争力中的地位。福建师范大学竞争力研究团队对环境竞争力进行了系统研究，他们认为环境竞争力"强调环境作为人类生产、生活的基本要素作用，注重人类与环境的协调发展。同时，也充分考虑经济系统和社会系统对环境的影响，通过经济、行政等多种手段综合反映和体现一国的环境发展能力，它是衡量一个国家综合竞争力的重要内容。"因此，全球环境竞争力是以自然环境为主体，通过技术创新增强环境开发利用效率、降低环境破坏程度、维持全球生态平衡、实现全球范围的可持续发展。它可以全面、综合、系统地反映全球各国的环境竞争能力。

绿色竞争力是生态文明时代一国核心竞争优势的新体现，是相较于竞争对手拥有的可持续性优势。它通过优势资源、先进的运作模式、更适合市场需求的产品和服务等方面的相互作用形成优于对手的可持续核心竞争力。其中，运作模式、产品和服务更多地体现为企业的竞争优势，而优势资源除可为企业提供竞争的优势基础外，还构成了一国国际竞争优势的持续性来源。这种竞争新优势不是传统的经济贸易竞争新优势，也不是单一的资源环境竞争新优势，而是融合着先进生态生产力、生态文化、生态安全和人类命运共同体的可持续性优势的深刻体现。其中，生态生产力不是传统上的人们征服与改造自然的能力，而是人在满足自身需求的基础上与自然和谐共处的能力。

六、绿色发展与"两个转化"

绿色发展是"两个转化"的前提和基础，但绿色发展并不意味着就能够转化为新的综合国力和国际竞争新优势，两者并非等同关系。要领会绿色发展的"两个转化"，需要清楚地认识到绿色发展的深刻内涵。它是一场涉及到经济、政治、社会、文化和人与自然关系的等各个层面的全方位、系统性变革；其核心目标在于维护生态平衡、提高资源环境质量和社会包容性的同时，促进经济的可持续增长和政治治理的和谐稳定。

因此，在绿色发展道路上绝不能把绿色与发展两者割裂开来，只要发展不要绿色是灰色发展的旧模式；但若只追求绿色而忽略发展又会陷入另一个极端。这两者都不是正确的绿色发展之路，都无法将潜在优势向现实生产力的可持续转化，也无法实现普惠的民生，更无法实现中华民族的伟大复兴梦。要实现绿色发展的"两个转化"需要依靠顶层设计，从绿色科技、绿色经济、绿色社会、绿色政治、绿色文化以及生态环境等各个层面共同实施，实现经济效益、社会效益和生态效益的统一。绿色科技是生态生产力和社会可持续发展的强大动力，绿色科技创新是推动潜在优势向现实生产力转化，实现"两个转化"的决定性因素。绿色经济是"两个转化"的社会物质基础，绿色物质财富的积累是新综合国力和国际竞争新优势的重要因素，绿色经济发展水平制约着"两个转化"目标的实现。绿色社会是"两个转化"的主要目标，人民富裕国家富强是世界人民的追求，但只有人与自然协调和谐、人与人的互利共生发展才能实现世代人类的持续利益。绿色政治是"两个转化"的制度保障，协调国际国内两个市场、协调经济社会与环境关系，都需要绿色政治做保障。绿色文化是"两个转化"的精神支持，人是所有社会关系的主体。人的主观能动性既能征服和改造自然亦能建设和美化自然。绿色发展要深刻反思传统灰色发展模式中资源环境瓶颈的根源，坚持资源节约环境保护的生态文明观念。生态环境是"两个转化"的自然物质基础，没有良好的生态环境，新的综合国力和国际竞争新优势就如无根之木、无源之水，无法持续。

第二节 绿色发展"两个转化"的全球战略视野

2010年4月,习近平同志出席博鳌亚洲论坛开幕式并发表演讲时就鲜明地指出:"绿色发展和可持续发展是当今世界的时代潮流。"它是一国增强综合实力和提高国际竞争力的必由之路,具有广阔的国际视野和宏大的战略视野。

一、绿色发展是形成国际竞争合力、增强综合国力的战略性举措

综合国力是国际竞争力的发展基础,只有拥有强大的综合国力才能在激烈的国际竞争中占据优势。国际竞争力则是提升综合国力的重要手段,具有较强的国际竞争力才能获得更优质的资源和市场,进而增强综合国力。获得可持续性竞争优势是当前综合国力竞争的新趋势,也是中国参与国际竞争提升国际地位的新方向。

生态环境是最普惠的民生福祉。环境问题关系到经济、社会与政治的和谐稳定。正如习近平所言"保护生态环境就是保护生产力,改善生态环境就是发展生产力"。只有坚持绿色低碳循环发展,积极保护和改善生态环境,统筹推进经济建设、政治建设、文化建设、社会建设、生态文明建设"五位一体"总体布局,促进各方面相协调,形成生产发展、生活富裕、生态良好的文明发展道路,才能实现综合国力的持续动态增长,提升中国的国际地位和影响力。

二、"两个转化"是对中国未来经济社会发展的全局性把握

2020年,中国要全面建成小康社会,其中一个重要目标就是"可持续发展能力不断增强,生态环境得到改善,资源利用效率显著提高,促进人与自然的和谐,推动整个社会走上生产发展、生活富裕、生态良好的文明发展道路"。这正是绿色发展"两个转化"的真实体现。

长期以来粗放式的增长模式,使中国一直处于全球价值链的中低端,承接了其他发达国家转移的许多高污染、高耗能产业,透支了大量的宝贵资源环境承载,在经济高速增长的同时,付出了巨大的资源与环境代价。要建设美丽中国,实现中华民族伟大复兴的中国梦,同世界各国共建生态良好的地球美好家园,亟须建立可持续发展的资源环境支撑体系。绿色发展为此指明了出路,体现着中国甚至世界发展的全局理念。它是一个社会系统工程,涉及国家经济、政治、体制、文化、军事等各个领域的变革,

涉及人类、社会与自然发展的方方面面。"两个转化"将转变当前中国不可持续性的发展格局，促进各方同心协力、高瞻远瞩，将长期规划与短期规划相结合、全局规划与部门规划相结合，在新型工业化、城镇化、信息化和农业现代化等各战略领域，以绿色发展理念为指引，积极推进中国要全面小康社会建设目标的实现。

三、"两个转化"是对世界经济社会发展规律性的全面研判

随着全球人口数量的持续攀升和人类需求的不断提高，地球资源被快速耗费。20世纪以来，世界人口增长速度逐步趋快，特别近30年来每增加10亿人仅需约12年，截至2016年，世界总人口量已达72亿多。2016年8月，联合国全球契约组织发布的《全球性目标的本土化落实》报告指出，人类活动导致了全球"气候变化、森林退化、生物多样性丧失、海洋酸化、土壤退化以及环境污染等"负面后果，给地球所供应的水、食物和能源等资源带来了巨大压力。到2050年，将需要三个地球的资源才能满足人类的消费需求。

人口、资源分布不均和经济发展不平衡更加剧了全球经济社会发展与资源环境制约的紧张关系。以淡水来说，淡水仅占全球水资源的2.5%，这些有限的可利用淡水资源，占全球人口14%的美洲地区占了其中的41%，而在占全球60%人口的亚洲，其占比仅有36%。世界能源储量分布也极不平衡，中东占了全球56.8%的石油储量，天然气和煤炭储量欧洲各占54.6%和45%，而亚洲与大洋洲除煤炭稍多（占18%）外，石油、天然气都只有5%多一点。这些差距让支撑人类生活的基本要素承受着巨大压力。如何处理好人与地球的关系已成为国际性的重大挑战。绿色发展正是应对这一挑战的重要发展出路，既是对全球经济社会发展经验教训的总结与提炼，又是对全球发展理念的深化和升华。习近平强调："中国将继续承担应尽的国际义务，同世界各国深入开展生态文明领域的交流合作，推动成果分享，携手共建生态良好的地球美好家园。"绿色发展形成了一个人类与其共同家园协调共处的美好目标，展现了一幅指引全球可持续发展的宏大蓝图。

四、"两个转化"是对促进全球生态安全的积极探索

对于全球安全问题，传统上人们主要关注的是军事、经济、意识形态和地缘政治等，但随着生态环境问题的日趋严峻，全球性环境灾难、环境难民、生态恐怖主义等问题此起彼伏，威胁到公众健康、安全和国际政治稳定。生态环境与安全问题受到了人们越来越多的关注。

生态安全可定义为人类在生产、生活与健康等方面不受生态破坏与环境污染等影

响的保障程度，包括饮用水与食物安全、空气质量与绿色环境等基本要素论。一般认为生态安全有两层含义："一是防止由于生态环境的退化对经济基础构成威胁，主要指环境质量状况低劣和自然资源的减少和退化，削弱了经济可持续发展的支撑能力；二是防止由于环境破坏和自然资源短缺引发人民群众的不满，特别是环境难民的大量产生，从而导致国家动荡。"

在国内，长期以来人们对生态安全的重要性认识并不充分，由于生态安全问题的显现需经过很长的时间，导致其常常被忽略。当发生重大生态安全问题后会被反思，但问题一过，重视度又下降了。然而事实却是，即便是小范围、局部的生态环境问题，都可能导致大范围、全局性的灾难，威胁到整个国家和民族的安全，甚至跨越国界，形成全球性生态问题。鉴于此，2014年4月15日，中央国家安全委员会第一次会议召开，明确将生态安全纳入国家安全体系，生态安全正式成为中国国家安全的重要组成部分。

西方一些学者和某些国家政府认为，由于中国经济的快速发展和人口的不断增长，中国的生态环境问题对区域和国际安全具有重要影响，甚至构成了一种威胁，进而形成一种新型的"中国威胁论"。实施绿色发展战略促进生产、生活方式的绿色化，实现"两个转化"将降低自然资源消耗、减轻生态环境压力，使经济社会形成良性健康发展，促进全球生态安全，从而破除西方国家的"中国环境威胁论"。

第三节 "两个转化"是当今世界经济发展的基本趋势

一、世界经济发展趋势

进入21世纪以来，由于2008年金融的危机影响，世界经济增速锐减。2009年，全球经济甚至出现负增长。在各国的经济刺激政策下，2010年出现强劲的反弹，但之后由于需求不振，仍然低迷，一直处于缓慢而又曲折的复苏阶段。2016年，在美国经济增长减缓、英国脱欧等事件的影响下，全球经济持续疲软。经济危机后的全球经济发展主要呈现以下特征：

（一）全球经济持续低速发展，新兴经济体增速放缓但仍引领全球增长

在增长速度上，世界经济增长由"双速增长"格局逐渐向低速增长收敛。金融危机爆发后最初几年，由于中国强有力的政策刺激，及其对大宗商品的巨大需求，带动新兴经济体快速增长，而发达经济体则总体陷入衰退，世界经济呈现双速增长格局。

随着近几年的调整，发达经济体，特别是美国实体经济发生了一些积极变化，投资和消费信心有所回升，带动经济逐渐走出衰退并出现小幅回升。与此同时，新兴经济体则因全球经济增速放缓和自身潜在增长率下降，经济增速明显回落。从长期来看，世界经济仍将继续以温和速度缓慢增长。

在地区格局上，全球经济增长重心继续由发达经济体向新兴经济体转移，发展中国家相对经济力量呈现上升态势。在危机爆发前的2004~2008年，发展中国家对全球经济增长的贡献率即已经以56%的占比超过发达国家44%的占比。危机爆发后更是明显超过了发达国家，成为拉动全球经济增长的主要动力。在危机爆发后的五年，发展中国家对全球经济增长的贡献率达到三分之二；发达国家与发展中国家对经济增长贡献率的差距扩大到了13%∶87%。相应地，发达国家和发展中国家经济总量之比，从20世纪80年代的约4∶1变为目前的约2∶1。虽然受发达国家经济持续低迷的影响，近两年发展中国家的经济增长也有所放慢，但仍明显高于发达国家。在新兴经济体当中，中国的表现尤为突出。

中国的GDP增长率多年来持续领先于世界其他经济体，成为拉动世界经济增长的第一大引擎。近几年中国经济发展进入新常态，虽然增速有所放缓，但整体趋势较为平稳，增幅仍然在全球经济大国中居于前列。"十二五"期间，中国的GDP占全球比重年均提高0.5个百分点。2016年，全年经济增速为6.7%，按2010年美元不变价计算，当年中国经济增长对世界经济增长的贡献率达到33.2%，超过欧美发达国家之和。目前，中国的GDP占全球比重约为15%，对世界经济增长的年均贡献率超过30%，以中高速平稳健康发展的中国经济将是推动21世纪世界经济持续增长的强劲动力。伴随着中国经济地位的大幅提高，在国际上受关注的程度空前提升，国际社会对中国在全球经济治理中发挥作用也提出了更高的要求。

（二）全球贸易和投资增长放缓，贸易保护加剧且形式更多样

同样受金融危机影响，国际贸易结束了危机前约30年高速增长的繁荣时代，2009年增长率大幅下跌，即使之后有所恢复但也仅在低位徘徊。2012~2015年连续四年低于同期全球经济增长率，与金融危机前的1986~2007年期间，年均贸易增速是年均GDP增速的1.8倍形成强烈反差。

在新兴经济体方面，伴随着国际经济地位的提升，中国在世界贸易中的地位也不断提高。加入WTO之后，中国对外贸易额猛增。虽然金融危机后，中国的外贸也跌破长期以来两位数的高速增长，呈现逐渐下滑趋势，但国际贸易增量仍居世界前列，2013年，取代美国成为世界第一大货物贸易国。由于汇率波动和国际大宗商品价格下跌，2016年中国的货物进出口总额持续下降，虽然仍是全球第一大出口国和第二大进口国，但未能保住已连续三年的世界第一大货物贸易国地位，全年贸易总额为 3.685 万亿美元，被美国以 3.706 万亿美元反超。在贸易增长速度下降时，全球的 FDI 规模也在下降，2010 年全球 FDI 占全球 GDP 的 4.8%，2013 年以后只占了 2.8%，下降了约 40%。联合国贸发会议 2017 年 2 月发布的最新一期《全球投资趋势监测报告》显示，2016 年全球外国直接投资 FDI 流入量大幅下滑至 1.52 万亿美元，下降了 13%。

按照 IMF 的观点认为，全球贸易投资增长疲软在很大程度上是发达经济体和新兴经济体经济增长同步放缓的结果。但同时，全球贸易下降的另一个重要因素是贸易保护主义的抬头。根据世界贸易组织发布的《G20 成员国贸易措施报告》显示，尽管 G20 经济体一直在取消贸易限制措施，但截至 2016 年 5 月中旬，仅 387 项措施被移除，与仍在实施措施的 1196 项相比仍然很低，占比不到 25%。2009 年以来，G20 经济体实施的贸易限制措施共计 1583 项，达到 G20 经济体自金融危机以来新实施的贸易限制措施的峰值。由各类经济体实施的贸易保护措施来看，新世纪的贸易保护主要呈现出几个新的趋势：

其一，贸易保护的领域呈现由传统的战略型产业向金融、高新技术和新能源等行业蔓延的趋势。高技术产业是国际市场竞争的重要领域，也是当前贸易保护的重点对象。例如，美国、欧盟和一些发展中国家如印度对中国光伏产业发起的反倾销调查。同时，各国对战略资源的博弈亦形成了新的贸易争端方向。如美国、日本和欧盟联手针对中国限制稀土、钨、钼等产品出口的贸易诉讼。此贸易争端与以往由于过多或超低价向他国出口，冲击了进口国产业所导致的贸易摩擦不同，他们起诉的是中国对这类产品实施出口关税及配额等出口管制措施违反了 WTO 相关规定。而这实际上正是由于稀土等资源是军工、新能源等许多高科技和重要新兴产业不可或缺的原料，一些国家甚至将稀土问题上升到国家安全的高度，从而成为全球贸易话语权博弈的一个焦点。

其二，贸易保护的手段也由反倾销、反补贴、保障措施和特殊保障措施等，转向更隐蔽的动植物检验检疫、技术性壁垒、低排放和环保标准等措施上。如"碳关税"、市场准入、认证制度等，它们多是出于保护环境、人类安全和健康目的而制定，但由于发展中国家的经济发展水平和技术标准与发达国家存在着差距，导致这些措施对发展中国家产品的出口形成了阻碍。

其三，出现非理性贸易保护主义趋向。从去年美国竞选的三位总统候选人对 TPP 的反对，到近期，美国总统特朗普上台后对美国利益的强烈维护，更将贸易保护主义的声势推到了一个新的水平。其在竞选时就曾宣称要撕裂 NAFTA，退出 WTO，推行贸易保护政策，并要将中国列为操纵汇率国，向中国征收高达 45% 的进口关税。上任不到一周，他就签署命令退出了跨太平洋合作伙伴协议（TPP），并将下一个目标瞄准了北美自由贸易协定（North American Free Trade Agreement，NAFTA）。虽然不再是之前所说的要退出协定，而是要与加拿大和墨西哥对北美自由贸易协定进行重新谈判。但特朗普政府对自由贸易的强硬立场也为区域贸易开放带来了诸多变数。

（三）全球产业格局大调整，产业结构进一步高级化

国际金融危机爆发后，全球经济进入大调整、大变革和大转型的时代，各国都在加快调整结构、创新技术，以争夺未来发展的制高点。在信息技术的推动下，全球产业发展呈现出"再工业化、数字化、智能化、绿色化"的趋势。

当前全球正逐渐形成第四轮产业转移浪潮，以出口或代工为主的劳动密集型产业渐渐地由中国向越南、缅甸、印度、印度尼西亚等劳动力和资源等更低廉的新兴发展中国家转移，一些较发达经济体如日本则加快全球生产布局调整，扩大向海外转移某些高端制造的关键零配件产能、研发及供应链管理等环节。美国、日本和欧洲等发达国家主要发展知识密集型产业，新兴工业化国家和地区发展技术密集型产业，发展中国家则从事劳动密集型或一般技术型产业。从分布情况看，知识产业较多地集中于服务行业，特别是金融、保险与其他服务业。然而，即使在发达国家，高技术产业所占份额仍低于中高技术产业，但产业高级化是发达国家和新兴工业国家或地区产业结构调整的主要目标。

在全球产业转移的同时，新一轮工业革命也在加快孕育中，技术的创新促进了传统产业的改造和新兴产业的兴起，推动产业向数字化、智能化、绿色化发展。主要表现，其一在于，信息产业成为各国产业发展的战略选择。日本以"信息技术立国"实施21世纪产业"新生计划"，制订以信息技术为核心的新世纪高科技赶超战略。2013年初，德国提出工业4.0计划，旨在通过智能制造，在新一轮工业革命中抢占先机。美国提出，要发展先进的信息技术生态系统，并通过人工智能、机器人以及数字化制造重塑制造业竞争力。其二，新能源成为驱动产业结构调整的重要力量。如，美国页岩气和页岩油开采技术的突破与应用，对国际能源格局就构成了巨大冲击，也为美国的全球战略布局提供了空间。

二、"两个转化"是走出世界经济低迷的有效举措

工业化以来，世界经济总量不断攀升，人口数量也急剧增加，导致气候变化、环境恶化等全球性问题日益突出。人口膨胀、资源短缺和环境恶化成为制约世界经济持续发展的重要因素。而资源短缺与环境恶化又与人类的活动密不可分，人口增长导致对自然资源的索取和生态环境的影响不断加速、加深。

(一) 人口过快增长加剧了全球资源的短缺与环境恶化，延缓经济复苏步伐

从世界人口增长历史来看，在工业革命前，世界人口增长缓慢，之后人口增长速度大大加快。联合国数据显示，世界人口总数约在1804年左右突破10亿，随后用了将近120年于1922年突破20亿，之后经过37年在1959年达到30亿，但其后仅花了15年的时间就在1974年达到了40亿，1987年又达到50亿，1999年达到60亿，2011年突破70亿，也就是说，第二次世界大战后每增加10亿人仅需约12~15年的时间。虽然总的来看，进入1970年代以来世界人口增长有放缓的迹象，但由于基数庞大，每年增加的人口数量仍然非常可观。联合国人口基金会（United Nations Population Fund, UNFPA）2016年的《世界人口状况报告》统计显示，2016年，全球人口已攀升至74亿。对未来世界人口增长趋势的预测，不同机构得出的结论有所差异。但不论是哪个机构的预测，世界人口的持续增长是不争的事实。而人口增长对全球资源环境的压力也在持续加大，粮食安全、能源资源安全等问题凸显，成为关系到世界经济持续发展乃至人类社会生存的重大问题。

人口的飞速增加，占用了大量的土地和资源，导致物种灭绝加速、环境污染加剧。据世界粮农组织的估计，为了满足人口增长的需要，过量地砍伐树木，以及毁林造田、开辟牧场，使世界热带森林面积每年减少1130公顷，而造林面积只有毁林面积的1/10，致使全球每年损失500万~700万公顷的可耕地。多数发展中国家经历着大规模的城市化，人口日益向城市集中，也使得可耕地大量减少。据联合国人口基金统计，2007年世界城市人口首次超过农村人口。据其预测，到2050年，大约66%的世界人口将居住在城市。城市化的加速导致排污量的急速增加，进而加重了环境污染和破坏。美国世界资源研究所的一份题为"世界能够得到拯救吗？"的报告指出，从20世纪初至今，全世界人口增加了3倍，世界生产总值却增长了20倍，矿物燃料使用量增加了10多倍。1900~1985年间，全球二氧化硫的年排放量增加6倍，氮氧化物增加10倍，大气中二氧化碳含量增加25%。1990年全世界农药销售额达到500亿美元，是1975年的10倍。在中国，环境退化和资源枯竭所造成的成本已经接近GDP的10%，污染导致的疾病所造成的费用也在攀升。

当前，拉动世界经济增长的主要地区却又是有着众多人口的发展中国家，给全球的资源与环境带来了更大压力。在第二次世界大战前，发达国家是世界人口增长的主力；但第二次世界大战后则以发展中国家为主。目前发达国家人口增长率普遍较低，而发展中国家增长率偏高。全球排在前列的几大人口大国也多属于发展中国家。特别是前两位的中国和印度的人口总数均超过了13亿人，约占世界总人口的36%，遥遥领先于排名第三的美国（约3亿多人）。

(二)"两个转化"为解决人类发展与资源、环境矛盾,促进经济可持续发展提供了出路

绿色发展是解决人口膨胀、资源短缺和环境恶化问题,形成可持续的发展模式的重要途径。世界经济自金融危机以来一直处于低迷状态,要实现持续增长,需要创新增长路径。习近平在土耳其安塔利亚举行的二十国集团领导人第十次峰会上,发表的题为《创新增长路径,共享发展成果》的重要讲话中,把落实2030年可持续发展议程,促进包容性增长作为世界经济复苏的发展方向和重要推动力量。包容性增长(inclusive growth)由亚洲开发银行在2007年首次提出,它包括经济、政治、文化、社会、生态等各个方面的相互协调,寻求的是社会和经济协调发展、可持续发展。

当前世界经济持续低迷的严峻困境,究其深层次原因是在于经济增长动力的不足。只有通过"两个转化",才能获得先进的生态生产力,突破资源环境瓶颈,为节能减排、保护生态环境、保障人类的生存和健康安全提供支撑。它是实现可持续经济发展的必由之路,也是未来全球经济合作的重要领域。目前一些国家和地区有良好的生态基础,但只有创新和掌握绿色、低碳技术,全面实施绿色发展,才能将生态优势转化为现实生产力,使它真正成为不可忽视的新的经济增长点。让它可以不断提高民众的福祉,实现社会的包容性、普惠性发展。

三、"两个转化"是应对气候变化的两全选择

应对气候变化是人类在21世纪面临的巨大挑战之一。工业革命的深入和人口激增导致了前所未有的城市化浪潮。城市规模的不断扩张导致自然资源被大量开采和利用,进而导致环境急剧恶化、资源日益匮乏。2014年22日在瑞士达沃斯举行的世界经济论坛所公布的风险报告,列举了当年的全球十大风险,其中就有淡水危机、气候变化、极端天气等三项与自然环境有关的人类所面临的危机。

(一)气候变化的实质

自然科学意义上的气候变化是指气候平均状态和离差两者中一个或两者一起出现了统计意义上显著的变化。离差值越大,表明气候变化的幅度越大,气候状态不稳定性增加,气候变化敏感性也增大。政府间气候变化专门委员会(IPCC)所指的气候变化指,气候随时间发生的任何变化,无论其原因是自然变率,还是人类活动的结果。研究表明,近期的气候变化主要由人类活动造成,其影响范围已由单纯的环境领域延伸至政治、经济、社会等领域,是人类当前面临的最严峻的全球性挑战之一。因此,《联合国气候变化框架公约》定义的气候变化特指自然变异之外,由于直接或间接的人类活动改变了大气的组成而造成的气候变化。

气候变化一般包括气温、降水和海平面变化三个方面。其中,备受关注的是全球

变暖，IPCC 第四次报告（2007 年）认为，人类活动是 20 世纪中期以来全球变暖的主要影响因素。人类对煤炭、石油、天然气等化石燃料的大量使用，以及对森林和草原等的加速破坏，二氧化碳和甲烷等主要温室气体浓度出现升高，导致全球平均气温升高。其中，二氧化碳对地球变暖影响最大。全球变暖对生态环境和人类社会都造成了严重的影响。研究表明，全球升温 1℃ 已经对地球上大范围的基本生物学过程造成了严重影响，包括：野生作物品种遗传多样性丧失、有害生物增加、各种疾病爆发、渔场变化、多地区农业产量降低等。

随着认识的深入，各国和国际社会都纷纷采取行动应对气候变化问题。1994 年生效的《联合国气候变化框架公约》是国际环境与发展领域中影响最大、涉及面最广、意义最为深远的国际合作应对气候变化的积极成果。

气候问题已与恐怖主义、跨国犯罪、武器扩散等非传统安全问题一样，成为各种政治力量之间的战略性博弈的对象，其背后体现的是对国家利益的争夺。国际气候排放谈判的焦点在于如何进行气候变化责任的承担，表面上是确定各国温室气体的减排问题，但实质却是各国在争夺未来能源发展和经济竞争中的优势地位问题，是各主要国家利益集团政治、经济、科技、环境与外交的综合较量。

（二）"两个转化"是解决气候变化与提升国际影响力的双赢

研究表明，历史上和目前全球温室气体排放的最大部分源自发达国家。大气中累积的人为 CO_2 排放的 80% 来源于发达国家，森林砍伐造成 CO_2 排放中的 75% 产生于发达国家。目前，人口约占世界 24% 的发达国家消费着世界能源总量的 70%，其 CO_2 排放占到全球排放总量的 60% 以上。发达国家人均 CO_2 排放量为 12.22 吨，而发展中国家人均只有 1.95 吨，不到发达国家的 1/5。但发达国家仍极力要求发展中国家承担减、限排温室气体的义务。

伴随中国人口、经济的快速增长，以及长期以来以煤为主的能源生产和消费结构，中国的温室气体排放量持续升高。一些研究显示，2009 年，中国即已成为全球第一大能源消耗国和温室气体第一大排放国。但官方的表态是在 2010 年墨西哥坎昆会议上，承认中国温室气体排放量已是世界第一。这种状况让国际社会要求中国承担更多气候变化义务的呼声越来越高，并向中国持续施压。应对气候变化需对温室气体进行限制和减排，这要求必须提高能源效率、改变能源生产消费结构和减少能源需求。但作为一个发展中国家，中国还处于工业化的初期阶段，发展还是一项长期任务。限制能源消费将对经济社会发展产生巨大的负面影响。继续保持经济的快速发展与应对气候变化维护国际形象的两难境地，给中国的未来发展带来严峻挑战。

中国政府已经意识到传统的资源耗竭、不可持续的消费和生产模式亟须改变，应对气候变化，中国必须走可持续的发展之路。十八大报告将"绿色发展、循环发展、低碳发展"作为解决当代中国可持续发展难题的必由之路。十八届五中全会将绿色发展列入五大发展理念之中，提出"建设资源节约型、环境友好型社会，形成人与自然和谐发展现代化建设新格局"。绿色发展成为中国顺应时代潮流、发展优势的战略抉择。作为全球第一人口大国和第二大经济体，中国如能通过"两个转化"把国家利益与全球利益相协调，在绿色发展领域成为创新的先行者，将不仅能形成新的综合国力，提高中国的国民福利和国际竞争优势，还能为世界减缓气候变化做出贡献，提升自身的国际影响力，成为国际事务和国际规则的倡导者与制定者，这也是重要的新优势。

第四节 "两个转化"是应对"中等收入陷阱"的必然选择

改革开放30年多年来，中国经济经持续快速增长，特别是20世纪90年代以来的近20年间，多年保持着高达两位数的年增长率，GDP总量由1990年的18872.9亿元迅速攀升至2015年的689052亿元，25年间增长了近35倍，若按不变价GDP（即扣除价格变动因素的影响）计算，年均增速9.7%。

自2010年起，中国经济总量超过日本，列居世界第二，但人均国民收入[①]排名却较靠后。世界银行数据显示，中国在20世纪末由低收入国家跨入下中等国家[②]行列，又于2010年起跻身进入上中等国家行列。但与此同时，近年来中国GDP增速开始显著下降。随着增速的放缓，对"中等收入陷阱"的讨论逐渐频繁起来，成为经济学界的热门话题之一。那么何谓"中等收入陷阱"？它如何形成？中国该如何应对？需要深入探讨。

一、中等收入陷阱的概念与实质

（一）概　念

"中等收入陷阱"（middle income trap）的概念最初由Gill和Kharas（2007）提出，在为总结亚洲金融危机十年来东亚经济表现所撰写的一份题为《东亚复兴：关于经济

[①] 人均国民收入是国民总收入除以年均人口。国民总收入（Gross National Income, GNI）即国民生产总值（Gross National Product, GNP），它是国内生产总值（Gross Domestic Product, GDP）加上国外净要素收入而得，GNI与GDP两者虽有区别，但在量上大致相当。

[②] 世界银行从1987年开始，按照现价美元计价的人均国民收入（GNI per capita）对世界各经济体的收入类别进行分组，以衡量各国的经济发展水平，通常分为低收入国家、下中等收入国家、上中等收入国家和高收入国家四组。每一年的分组标准会根据经济的发展状况进行调整，详细分组情况可参见：https://datahelpdesk.worldbank.org/knowledgebase/articles/906519。

增长的观点》研究报告中，他们指出，一个国家或经济体的人均 GDP 达到世界中等水平后，由于不能顺利实现发展战略和发展方式转变，导致新的增长动力特别是内生动力不足，最终出现经济长期停滞不前；同时，快速发展中积聚的问题集中爆发，造成贫富分化加剧、产业升级艰难、城市化进程受阻、社会矛盾凸显等。这种状态被他们称为"中等收入陷阱"。

拉美和中东的许多经济体在 20 世纪 60~70 年代即达到中等收入水平，但此后一直停滞不前。在 1960 年的 101 个中等收入经济体中，到 2008 年只有欧洲的希腊、爱尔兰、葡萄牙、西班牙，亚洲的日本、韩国、新加坡、中国香港、中国台湾，中东的以色列，美洲的波多黎各，非洲的赤道几内亚和毛里求斯等 13 个成为高收入经济体。其余的 88 个，要么继续停留在中等收入阶段，要么下降为低收入国家或地区。也就是，87% 的中等收入经济体，在将近 50 年的时间跨度里，都无法成功突破中等收入阶段进入到高收入阶段。

（二）"中等收入陷阱"的形成与特征

中等收入陷阱的形成过程一般是，后发经济体最初通过引进国际先进技术极大地提高了生产率，从而在由农业转向劳动密集型工业过程中在国际市场竞争中取得优势，经济腾飞，国家由低收入经济体迈入中等收入行列。但随着农业部门劳动力存量耗尽，吸收农业劳动力的经济扩张无以为继，导致制造业工资增长及市场份额扩大进程终结，从而通过部门间资源重新配置及技术追赶获得的生产率增长随之停止。由此，中等收入经济体的国际竞争力变弱，经济增长长期陷入徘徊、停滞的状态。一个经济体从中等收入向高收入迈进的过程中，既不能重复又难以摆脱以往由低收入进入中等收入的发展模式，同时，经济快速发展积累的矛盾集中爆发，原有的增长机制和发展模式无法有效应对由此形成的系统性风险，经济增长就容易出现大幅波动或陷入停滞，使其长期在中等收入阶段徘徊，迟迟不能进入高收入国家行列。

陷入"中等收入陷阱"的国家主要表现出十个方面的特征，包括经济增长回落或停滞、民主乱象、贫富分化、腐败多发、过度城市化、社会公共服务短缺、就业困难、社会动荡、信仰缺失、金融体系脆弱等。一个国家陷入"中等收入陷阱"的实质在于，不能顺利实现经济发展方式的转变，而导致经济增长动力不足，最终出现经济回落或停滞，长期徘徊在中等收入区间。

二、收入陷阱与经济发展

（一）世界各国国民收入状况

从世界范围来看，高收入国家集中在欧洲和北美地区，而低收入国家则集中在非洲地区。在2015年世界银行统计的218个国家（地区）数据中，高收入国家约占三分之一，其中近一半的国家位于欧洲；而将近20%的国家属于低收入国家，它们绝大多数位于非洲。目前看来，2015年，中国人均国民收入已达7930美元，按照世界银行标准，已属于上中等收入的国家，但排名第96位，离高收入国家还有较大的差距。

（二）经济发展阶段

一般来说，可以把经济发展分为三个主要阶段。第一个阶段是要素驱动阶段，人均GDP低于3000美元；第二个阶段是效率驱动阶段，人均GDP从3000美元增长至9000美元；第三个阶段是创新驱动阶段，人均GDP高于17000美元的阶段。在第一、二阶段，工业化和城市化的发展将人均GDP迅速提高，但同时也将带来了一系列问题，包括资源的消耗、环境的退化等。要由第二阶段迈向第三阶段，需要依靠自主创新来转变生产方式，形成新增长动力，这正是当前中国所面临的局面。

（三）"中等收入陷阱"的国际比较

在20世纪70年代，拉美八国（阿根廷、巴西、智利、哥伦比亚、墨西哥、秘鲁、乌拉圭、委内瑞拉）与东亚五个经济体（中国香港、日本、中国台湾、韩国及新加坡）处于相同的水平，即人均收入5000美元。然而之后东亚五经济体的收入水平扶摇直上，拉美八国却停滞不前，甚至被后发的东亚五国（中国、印度尼西亚、马来西亚、菲律宾及泰国）也赶上。比较分析成功跨越和陷入"中等收入陷阱"的两类国家和地区经济社会特征，有助于中国面对可能的"中等收入陷阱"风险。

1. 成功跨越的典型国家和地区

大部分进入中低收入的国家，只有少数能够持续增长，长驱直入进入高收入国家。国际上成功跨越"中等收入陷阱"的典型国家和地区有日本、波多黎各和"亚洲四小龙"等。若以世界银行1987年高收入国家标准（高于6000美元）来看，日本（7320美元）、中国香港（6360美元）及新加坡（6160美元）分别于1978年、1981年和1983年即进入高收入国家或地区；波多黎各与韩国则大约在21世纪初步入高收入国家。日本和新加坡人均国内生产总值在1962年时分别是610和490美元，中国香港1963年时是570美元，韩国1974年超过540美元，步入下中等国家或地区。从突破中等收入到突破高收入标准线，这些国家或地区花了大约20年的时间。

2. 陷入陷阱的典型国家

拉美地区和东南亚一些国家则是陷入"中等收入陷阱"的典型代表，包括泰国、马来西亚、菲律宾、墨西哥、阿尔及利亚、阿根廷、巴西和秘鲁等。这些国家在20世纪六七十年代即已进入中等收入国家之列，但此后收入水平增长缓慢，甚至长期停滞不前。如菲律宾1978年人均国内生产总值为500美元，2015年为3550美元，仍未能突破下中等国家的界限。还有一些国家收入水平虽然在提高,但始终难以缩小与高收入国家的鸿沟。如马来西亚 1973 年人均国内生产总值为 570 美元,到 2015 年达到 10570 美元,但仍没能跨过 12475 美元的高收入国家的门槛。阿根廷和巴西则几经反复,曾一度在下中等和上中等收入行列上下浮动,至今也仍属于中等偏上国家。

(四)跨越"中等收入陷阱"的经验分析

观察各国在中等收入阶段的发展历史,可以发现陷入"中等收入陷阱"往往不是某单个原因,而是由多方面因素造成的,这其中主要有以下几个方面:

1. 生产率低下,内生动力不足

在中等收入阶段,能源、劳动力和环境成本大幅度上升,此时效率提高如果赶不上成本提高,就会陷入低效益增长。李红艳等通过对 23 个掉入陷阱国家和 32 个跨越陷阱国家农业生产工人生产效率比较,发现在人均 GDP 达到 3000 美元和 10000 美元时跨越陷阱国家农业生产工人的生产效率分别是掉入陷阱国家的 3.5 倍和 1.8 倍,由此认为中等收入陷阱实质就是效率陷阱。IMF 的一份报告也显示,巴西、阿根廷、秘鲁、墨西哥等拉美四个国家在 20 世纪 70 年代至 80 年代的经济停滞,85% 的增速放缓要归咎于生产率的放缓。如阿根廷和巴西,两国从 1961 年至今 50 多年的时间里,均没能成功步入高收入国家,尤其在 20 世纪 80 年代,两国经济增速都大幅下滑,甚至是负增长。

要突破"中等收入陷阱",就要从依赖廉价劳动力、廉价资源的要素驱动型经济发展模式,转变到基于高生产效率和创新型产品的效率驱动和创新驱动的发展模式上。通过绿色发展,推动国民经济从主要依靠要素投入的扩张向主要依靠效率、创新提升的竞争优势转变。

2. 产业与消费结构未得到优化

低端制造业可以带来中等收入,但同时伴随着污染和环境破坏,经济增长不具有持续性。低端制造向高端制造转型,需依赖高科技解决,技术创新的不足将导致产业升级、经济转型的失败。同时,在中低收入阶段,国内消费结构若没能得到升级,而仍以生存型消费[①]为主的低消费结构,将会制约国内产业结构升级和技术创新的步伐,导致经济增长缓慢,由此陷入"中等收入陷阱"。刘伟的研究也显示,由经济发展失衡所导致的资源配置不合理、供需结构失衡是中国陷入"中等收入陷阱"的可能原因之一,因此要克服"中等收入陷阱"的关键就在于发展方式的转变。

---

① 生存型消费意指为维持基本生存而进行的消费,如衣、食支出。家庭收入越少,用来购买食物的支出所占的比例就越大,随着家庭收入的增加,家庭收入所用来购买食物的支出比例则会下降。国际上采用恩格尔系数(Engel's Coefficient)衡量一国的生活水平,它是食品支出总额占个人消费支出总额的比重。联合国根据恩格尔系数的大小,对世界各国的生活水平有一个划分标准,即一个国家平均家庭恩格尔系数大于 60% 为贫穷;50%~60% 为温饱;40%~50% 为小康;30%~40% 属于相对富裕;20%~30% 为富足;20% 以下为极其富裕。

3. 过度城市化，公共服务缺位

一些拉美和非洲国家的城市化被称为"过度城市化"，指乡村人口向城市过量转移，超过了经济发展承受能力的现象。田雪原认为，一些拉美国家农村人口向城市过度转移导致畸形的城市化，在陷入"中等收入陷阱"之前已经落入了"人口城市化陷阱"。这种由人口迁移所形成的过快城市化进程会影响经济可持续发展。由于城市建设赶不上人口流入城市的速度，教育、医疗卫生、就业、住房、社会保障等民生性公共服务短缺，导致社会不稳定因素增强，进而影响经济的持续发展。其中，最为典型的是巴西。1970年时巴西城市人口占比就超过农村，达到54%。到20世纪90年代，城市化率已达70%以上，城市化的发展水平远超经济发展水平。同时，人口分布失衡、农村规模的萎缩和农业生产率的下降进一步加剧了贫富分化，导致经济曾一度起伏。

4. 收入分配差距扩大，社会矛盾激化

在社会公平方面，跨越陷阱国家和掉入陷阱国家存在较大差异。贫富差距恶化是陷入的关键性因素。收入分配不公导致的贫富分化会对经济可持续发展形成阻碍，而公平发展却有利于收入分配失衡局面的改善，创造更为均衡的发展，而且能够缓和社会矛盾与冲突，进而促进经济的可持续发展。从世行数据看，发展中国家基尼系数总体上要高于发达国家。如日本和亚洲四小龙的基尼系数一直处于较低水平，财富在社会各阶层的分布比较均匀，各阶层能够共享经济成长的果实。在发展中国家中，通常中等收入国家的基尼系数要高于低收入国家，收入分配关系的调整相对要滞后于经济的快速增长。如拉美国家基尼系数普遍高于国际警戒线0.4的标准，在0.4~0.64之间，贫富差距较悬殊，财富集中在少数富人手中，导致中低层居民消费不足，国内需求萎靡，消费需求对经济增长的拉动作用减弱；同时社会不公，易引发社会动荡，社会不稳定，又进一步殃及经济形成恶性循环。

与拉美国家相比，中国发展初期收入差距也迅速扩大。1978年，中国的基尼系数①为0.18，此后逐年攀升。自1994年开始一直处于0.4的国际警戒线之上，2008年达到0.491的最高点，此后呈下降趋势，2015年时创下12年来的最低点0.462，但2016年回升0.003个点。中国的基尼系数虽然总体下降，但仍高于0.4的国际警戒线，在世界各国中也处于较高的位置。社会与经济发展的不协调，贫富差距的悬殊，医疗、教育机会分配的不均等，都将形成社会的不公平，激化社会矛盾。而包容性的发展将是成功跨越"中等收入陷阱"的重要条件。联合国2015年通过的可持续发展目标已将

---

① 国际上，经济合作和发展组织（OECD）、欧盟统计局（Eurostats）、世界银行、联合国以及美国、英国、日本和中国、巴西、俄罗斯、南非等国会定期测算和公布基尼系数。由于统计时期、统计口径和方法等的差异，国际组织公布的数据会和本国的官方数据略有差异，但各国间相对位次基本相同。

减少不平等列为17个重点目标之一。中国有必要采取积极的行动，减少不平等。

5. 创新能力不足

后发经济体初期高速发展的原因之一在于对发达国家的技术引进和资本投入。它们在经济增长早期阶段可以使一国很快脱离贫困陷阱，但发展到中等收入阶段后如果仍然依靠要素和资本驱动，而创新能力不足，低端制造业就会转型失败，则经济缺乏内在增长动力而回落甚至停滞，因此创新将成为这一阶段的主要驱动力。创新包括制度创新和技术创新，科技进步与制度改革在经济发展中处于重要地位。技术创新弱使内需不足，难以发现新的投资机会，难以有创新产业和新产品开发，从而使有效投资的机会不足；制度创新不足使市场化竞争严重迟缓，导致越是稀缺的资源，越不受市场控制。

研究与开发（R&D）投入的增加是科学技术发展的基础，一些发达经济体都十分重视研发投入的增长，以增强创新能力。例如，韩国在20世纪80年代确立了"科技立国"战略，政府力主为产业优化升级创造良好环境，R&D投入每年增长10%以上，2014年，R&D投入总规模居世界第六位（4.1%）。日本也一向重视新技术和新产品的研发，1998年以来，研发投入一直占GDP的3%以上，2015年实施《机器人新战略》，推动机器人与信息技术相融合。美国则是全球研发投入占比最高的国家，2014年占全球总量的30.8%。相比之下，南美等国R&D投入就很低，始终徘徊在1%以下。

总之，"中等收入陷阱"是一个发展问题，上述几方面原因的实质在于经济发展方式，要成功跨越"中等收入陷阱"需从转变经济发展方式着手，以支撑经济实现要素驱动向效率驱动乃至创新驱动的跨越。

三、中国的现实

（一）中国已进入中等收入阶段，面临着陷阱危机

中国经济目前正从90年代的超高速增长"换挡"至近几年的中高速增长。根据国家统计局初步核算数据显示，2016年，中国国内生产总值（GDP）744127亿元。以年平均人口计算，2016年人均GDP为53974元，约合8126美元，按可比价格计算，比上年增长6.7%，也就是从2011年开始中国GDP增速都在7%左右，与此前高达两位数的增速形成鲜明对比（图3-1）。

由世界银行的数据可见，中国的人均GDP增长率均低于GDP总量增长率。在人均国民收入（GNI）上，纵向来看，20世纪90年代前增长较为缓慢，其后有了较大幅度的增长。1999年时以人均860美元超过当年世界银行中等国家756美元起点标准，跻身下中等国家行列。2000年以后，人均GNI飞速增加，2010年时又以4340美元跨入上中等国家之列，2015年人均国民收入已达7930美元，按照世界银行的标准，中国

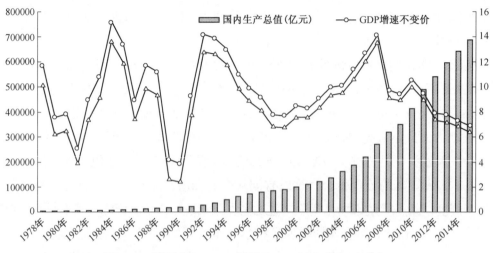

图 3-1　中国 GDP、GIVI 总量及 GDP、人均 GDP 增速

数据来源：中国国家统计局国家数据库，http：//data.stats.gov.cn/adv.htm？m＝advquery&cn＝C01

已属于中等收入偏上的国家。但横向上看，虽然中国的 GDP 总量已世界第二，但人均国民收入不仅少于同为发展中国家的巴西（平均 1 万美元左右），也比不上美国、日本、德国、英国等发达国家 5 万多美元的收入水平。而与挪威、百慕大等高达 10 万美元的国家相比，收入差距更大。

中国成为中等收入国家，同时又面临着经济增速的下滑，致使国内外对中国是否会陷入中等收入陷阱议论纷纷，其间乐观说、悲观说皆有。一些经济学家认为，人均 GDP 在大约 17000 美元的时候，多数国家经济增速将从 6.6% 降到 3.3%。中国政府的"十三五"规划中提出，到 2020 年要使中国人均国民收入接近高收入国家，则人均国民收入应接近 1.5 万美元（按照世界银行 2015 年高收入国家应不低于 12476 美元的标准，基于目前的年增速调整测算）。这与陷入"中等收入陷阱"的时点较为接近。一位美国学者即指出，2023 年以后，中国经济增速将回归到世界平均水平，大约只有 3.3%。

虽然中国是世界第二大经济体，经济增长率也还保持着接近 7% 的高位，但与陷入"中等收入陷阱"的国家和地区类似，中国目前也面临着经济增长放缓、收入分配差距扩大、创新动力不足、环境承载力压力增大等问题。中国要最终越过"中等收入陷阱"进入高收入国家行列，还须付出艰辛的努力。

（二）"两个转化"是中国跨越"中等收入陷阱"的有力保障

中国要解决国民收入的持续稳定增长，其关键在综合国力。增强综合国力是国家和人民共同关注的重大话题，也是当今和未来国家与民族永续发展的中心议题。综合国力的大小强弱是一个国家整体发展水平的综合体现，反映了它满足国民需求、解决国内问题的能力,也决定着一国在国际社会上的地位和影响力。

通过绿色发展推进综合国力的提升和国际竞争优势的增强是跨越"中等收入陷阱"的一大保障。虽然未来的发展不确定性很大,但不论怎样,一个不争的事实是,在过去 30 多年的发展中,中国经济在国际上取得成功,由低收入国家迈入中等收入国家,所依靠的比较优势产业主要是劳动力和资源密集产业。在进入中等收入水平后,劳动力成本提高和资源价格上涨,旧有的优势逐渐丧失。如未进行调整和转型,经济将缺乏进一步增长的动力,就有可能导致经济停滞甚至倒退。

实施绿色发展战略,在不断变化的全球化背景下,以科技创新引领经济发展方式的转变,提高绿色技术水平、增强绿色产业竞争力,促使经济实现要素驱动转向效率驱动乃至创新驱动,实现"两个转化"。由此不仅可以大幅减轻资源环境压力,促进人与自然和谐协调发展,还能以经济转型升级惠及民生,共享发展成果,形成国民收入水平持续提高,跨越"中等收入陷阱"。

第四章 "三个转变"是"两个转化"的关键

面对日益严峻的生态环境问题,我国提出了建设生态文明的战略任务。建设生态文明并不是不要发展,而是要推进绿色发展。中共十八届五中全会提出了创新、协调、绿色、共享、开放的五大发展理念,其中的"绿色发展理念"是生态文明建设在新形势下的最新理论成果。绿色发展的语境和落脚点是发展。中国作为发展中的人口大国,强调绿色发展,并不是只要"绿色",不要"发展",也不是只要"发展",不要"绿色",而是要将绿色与经济社会发展有机结合起来,以绿色引领发展,用发展促进绿色,也就是要把绿色发展转化为新的综合国力和国际竞争新优势(以下简称:转化)。绿色发展并不能必然地实现"转化",需要我们以"转化"为目标,自觉地努力地推进"两个转化"。推动绿色发展、加快"转化",是"十三五"乃至更长时期内事关我国经济社会发展全局的一项战略任务,是"管全局、管根本、管长远的导向",是一场关涉空间格局、产业结构、生产方式、生活方式以及价值理念、制度体制等全方位的绿色变革,其中生产方式、生活方式和体制机制的"三个绿色转变"是"转化"的关键。生产方式的绿色转变为"转化"提供物质基础,生活方式绿色转变为"转化"提供群众基础,体制机制的绿色转变为"转变"提供制度保障。

第一节 转变生产方式

转变生产方式作为"三个转变"之一,重要的是"必须构建科技含量高、资源消耗低、环境污染少的产业结构,加快推动生产方式绿色化,大幅提高经济绿色化程度,有效降低发展的资源环境代价。"在生态文明视野下,转变生产方式就是要促进传统工业化生产方式向绿色化生产方式转变。

一、绿色化生产方式的内涵、特征

生产方式是社会生活所必需的物质资料的谋得方式,是在生产过程中形成的人与自然和人与人之间相互关系的体系。工业化是人类进行社会化大生产的一种生产方式，是人类依靠科学技术改变人与自然之间物质变换关系的过程。工业化生产方式大大提高了生产效率，促进了生产力的高速发展。但与此同时，传统工业化生产方式所引起的自然环境破坏也大大超过以往的生产方式。在工业化进程中，人们物质条件的改变不仅体现在有越来越多的自然资源进入工业化生产领域，而且体现在人们生产所需的资源日益枯竭、人们生存的环境严重污染等方面。随着物质生活条件的改变，要求将工业化这种非生态的生产方式向生态化或者绿色化的生产方式转变。

"绿色化"和"生态化"这两个概念含义相近。"生态化"中的"生态"源于生物学的分支生态学的"生态"概念，由德国生物学家 E·海克尔（E. Haeckel）于1886年首次提出，体现生物与环境以及生物之间的稳定平衡关系。将"生态"推广到对人类社会的研究，强调的是如何维持人类与生态环境以及人类社会内部人们之间关系的稳定平衡关系。但关于"生态化"这一概念的含义，目前尚未形成统一的概念或定义。比较有代表性的表述有："将生态学原则和原理渗透到人类的全部活动范围内，用人与自然协调发展的理念去思考和认识经济、社会、文化等问题，根据社会和自然的具体情况，最优地处理人与自然的关系"生态化是借用生态学的基本观点、基本概念和基本方法，移植和延伸到其他领域，研究和解决有关问题，等等。有学者认为，"绿色化"和"生态化"是发展的两个阶段，从绿色发展走向生态发展是我国生态文明建设从初级阶段迈向高级阶段的发展过程。在我们看来，二者不是发展的两个阶段的问题，"绿色化"是"生态化"更具象的说法，且"绿色化"的提法更有利于我们深度融入世界绿色发展潮流中，进一步提高世界各国对我国发展道路的认同度，从全球视野加快推进生态文明建设。"绿色化"是我国近年来使用频率较高的概念，尤其是《中共中央国务院关于大力推进生态文明建设的意见》发表后，绿色化成为一"热词"。绿色是自然的本真状态，将其运用到人类社会有着更深刻的意蕴。"绿色化的绿色，代表一种精神、价值、文化、追求、目标和状态。化是一个动态的过程，绿色化就是把绿色的理念、价值观，内化为人的绿色素养，外化为人的生产方式、生活方式、消费方式；外化为企业的绿色发展模式、绿色产业、绿色产品；外化为政府部门的绿色管理、绿色治理、绿色教育方式。""绿色化"反映了人们对自然绿色的亲近，对人与自然和谐发展的目标、状态，经济社会发展与资源环境保护双赢的追求。

绿色化生产方式指的是与自然和谐共生的循环型的生产方式，即把绿色发展理念引入生产过程和劳动组织中，把经济活动组织成一个"资源—生产—消费—再生资源"的反馈式流程。其目标是自然资源的低投入、高利用和废弃物的低排放，以尽可能少的资源消耗和尽可能小的环境代价，取得最大的经济产出和最少的废物排放，并且注重新能源、新材料的开发利用,实现经济、生态和社会效益相统一,从而逐步消解人与自然之间的尖锐冲突。绿色化生产方式有其自身的特点。

第一,生产方式的循环性。传统工业化生产方式是与自然对立的非生态的生产方式。从人与自然物质变换的关系看,工业化生产方式是单方面向自然索取的"资源—产品—废物"线性的生产过程,具有非循环性。绿色化生产方式与自然的关系是双向互动的,不仅向自然索取,而且"返还"给自然,表现为循环型的生产方式。绿色化生产方式把经济活动组织成一个"资源—产品—消费—再生资源"的反馈式流程。从末端污染控制转向生产全过程资源利用最大化,污染物的低排放。

第二,技术创新的绿色化。传统的工业化科技创新考虑的是如何创造出性能良好的产品,注重的是提高经济效益,而很少考虑如何减轻环境负荷与便于回收再利用的问题。利用传统的科技与自然进行物质变换,可将自然资源快速地转化为社会财富,但往往导致资源的枯竭与环境的严重污染。绿色化技术创新是充分利用资源和减少环境污染的创新。它在技术创新过程中尽可能克服技术对资源环境的消极作用,不仅要考虑经济效益,而且要考虑生态效益和社会效益,使技术创新从传统的支持经济增长转向支持经济社会可持续发展。

第三,生产目的的全面性。传统工业化生产方式是以单个生产过程最优化为目标,注重的是如何利用科技手段最大限度地将自然资源转化为国民财富,而很少考虑生态效益问题,很少考虑资源消耗、环境污染对整个自然界的影响。绿色化生产方式的生产目的具有全面性的特征,不仅以获取人及社会所需的物质财富为目的,而且以创造良好的生态环境,实现人与自然的和谐为宗旨。

二、生产方式绿色化是"转化"的物质基础

生产方式是经济社会发展的物质基础。生产方式绿色化是将绿色发展转化为综合国力和国际竞争新优势的物质基础。如何才能实现"转化"?如果我们能"将生态优势转变为经济优势、把生态资本转变为发展资本、以绿色产业发展引领经济转型升级,我们就完全可以把绿色发展转化为新的综合国力和国际竞争新优势。因而,可以说绿色产业、绿色化生产方式是"转化"的关键。

(1) 生产方式绿色化为将绿色发展转化为综合国力奠定物质基础。经过30多年的改革开放,中国的综合国力大大提升,取得了举世瞩目的成绩,但也带来诸如严峻的生态环境等一系列问题。目前,我国进入经济发展新常态,经济增长速度正从高速增长转向中高速增长,经济发展方式正从规模速度型粗放增长转向质量效率型集约增长。从发达国家的历史经验来看,经济增长速度由高速向中高速转变的过程,是生态

转型的重要机遇期。在这一阶段，前一时期依靠资源投入产生的经济增长推动力已经完全或基本得到释放，经济发展的资源环境空间已经饱和或接近饱和。人口增长率下降，人口数量趋于稳定，高投入、高消耗的外延式经济增长方式难以为继。这一阶段，要促进经济的持续发展，提高国家综合国力必须转变以牺牲生态环境为代价的经济增长方式，推动绿色发展。因此，此时产业结构的升级和恢复自然资源生产力不仅是解决生态环境问题的需要，而且将成为经济增长新的动力来源。生产方式绿色化是产业结构升级、资源环境修复的必然要求。通过培育和发展节能环保、新一代信息技术、生物、高端装备制造、新能源、新材料、新能源汽车等产业，发展生态农业、生态旅游业、绿色生产性服务业和生活性服务业，促进经济结构调整和转型升级，形成经济社会发展新的增长点。

（2）生产方式绿色化是解决环境污染的重要途径。20世纪中叶以来，面对工业化生产方式造成的大量的废弃物，人们采取了"末端治理"的方法，但其处理废弃物的方式是非循环的。"把本应统一的生产过程分割为相对独立的两部分：一部分设备进行产品生产，一部分设备进行废弃物处理；同时，统一的生产过程由两部分人来完成：产品的生产者和环境保护工作者。这是违背生产过程的整体性和辩证法的。它既不经济又不科学；既不能解决问题，又浪费了大量资源。"就我国来说，目前生态环境形势仍然很严峻。主要"表现在3个方面：一是环境质量差，包括雾霾问题、水体富营养化问题、地下水污染问题、城市黑臭水体问题等。二是生态损失比较严重，特别是水体的生态损失。三是由于产业布局不合理，大量的重化工企业沿河、沿湖、沿江的布局带来比较高的环境风险。……从人口密度和工业化带来的单位面积排放量来讲，也就是环境排放强度，我们现在已经超过历史上最高的两个国家——德国和日本，超过他们2~3倍。所以，我们面临着一个人类历史上前所未有的发展和环境之间的矛盾。"这些问题的产生与生产方式的非绿色化密切相关。如何解决这些问题？实践证明，不进行生产方式的绿色变革，仅仅采用"末端治理"的方式不能从根本上解决问题。"末端治理"与"绿色化生产方式"反映了在不同文明模式下对待资源环境问题的两种不同的态度和方式。前者是就环境论环境，或者说是修补式、应对式的反思和调整，例如在污染造成以后进行治理，仍在工业文明框架下思考问题，不能从根本上解决资源环境问题；后者是变革式、预防式的反思和调整，例如通过变革我们的生产和生活模式，使得污染较少产生甚至不再产生。这是从文明创新与变革的视角来思考解决问题的办法。

（3）生产方式绿色化是提高国际竞争力的必然选择。从全球来看，各主要国家纷纷把"绿色化"作为增长新动力和发展的新出路。为占据先行优势，一场关于绿色发展的竞争正在全球范围展开。如，美国提出绿色新政，出台《美国清洁能源和安全法案》；日本制定"绿色发展战略"总体规划，把新型环保汽车、海洋风力发电等作为支柱产业；欧盟也在绿色经济上排兵布阵，发布"2020发展战略"，将绿色增长作为提高欧盟国家竞争力的核心战略。我国必须从全球视野加快推进生态文明建设，把绿色发展转化为新的综合国力和国际竞争新优势。国际竞争新优势是相对旧优势而言的。在新的历史条件下，我国原有的优势，如廉价的劳动力和自然资源等已逐渐丧失。绿色发展是未来中国国际竞争力的主要来源。绿色发展有助于增强经济社会的可持续发展能力。绿色发展的核心是绿色经济。绿色产业或绿色化生产方式是绿色发展的主要途径。通过对传统工业进行绿色化改造，大力发展循环经济，推行清洁生产，提高资源效率，减少污染等促进经济社会的可持续发展，从而提高国际竞争力。

三、推进生产方式绿色化的途径

生产方式包括三个层面，微观的企业、中观的产业和宏观的社会生产方式。转变工业化生产方式为绿色化生产方式，为将绿色发展转化为新的综合国力和国际竞争新优势奠定物质基础，必须从社会生产方式到产业及企业生产方式三个层面进行绿色化创新。

第一，将工业化的线性生产方式改造为循环型生产方式。即将"资源—生产—消费—废弃物排放"的单向流动的线性生产，改造成"资源—生产—消费—再生资源"的反馈式流程。循环型生产方式有三个层面：一是企业的小循环层面，主要是进行清洁生产。通过设计各工艺之间的物料循环，使企业在生产领域达到少排放甚至"零排放"的目标，在产品设计、原材料利用、生产工艺、物料循环以及产品生命周期结束后再利用等各个环节实施全方位的变革。二是区域的中循环层面。通过企业或产业之间的废弃物利用与绿色产业园区建设，形成共享资源和互换副产品的产业共生组合，使一个企业或产业产生的废气、废热、废水、废渣在自身循环利用的同时，成为另一企业或产业的能源和原料。三是在社会的大循环层面。通过发展把废弃物资源化的静脉产业，例如废旧物质回收利用、中水回用以及废热回用等，在更大的范围内建立产业间的物质交换（虚拟系统）。就循环型生产方式本身来说，有一个从浅层循环到深层循环的过程。浅层次的循环是将"天然化学资源"在生产过程中产生的废弃物资源化、再利用。深层循环是人工创造和深层循环利用"人工化学物质资源"。天然矿物资源是不可再生的，而且在开采和利用过程中对环境的污染较大。人工创造和深层循环利用化学物质资源的生产，可深入到物质元素的层面进行深层制造，形成人工材料及制品，并将其废弃物资源化进行深层循环利用。我们要在实行浅层循环型生产方式的基础上逐步推进深层循环型生产方式的形成。

第二，将工业化的技术创新体系改造为绿色化技术创新体系。绿色化技术体系是生态文明建设的重要支撑力量。自然资源的低投入、高利用和废弃物的低排放和循环利用都需要绿色化技术创新。比如尾矿废矿等资源，没有较高的技术水平是无法利用的。新能源的开发利用也需要较高的科技水平。如发展风能、太阳能等新能源。目前"信息科技、生物科技、纳米科技、新能源科技、新材料科技、生态科技、太空科技等一系列高新科技形成了一种整体的力量，推动并产生一场物质生产方式的新变革，从而形成一种崭新的物质生产力和生产方式。"在这场科技创新的绿色化转向中，一是要吸收现有技术的合理因素，推进科技创新与突破，形成与自然相融合、符合人的发展需要的生态技术，充分发挥科学技术的生态功能。不仅要进行环保技术、治理污染技术的开发和应用，而且要对传统工业化生产方式的技术基础进行绿色化改造，通过开发和应用包括循环生产技术、清洁生产技术、生态改善技术等生态技术，从生产的源头来解决对生态环境的污染和破坏。二是应当从根本上遏制反生态科学技术的开发和使用，尽可能消除科学技术的负面效应。这就需要建立技术应用的准入制度，对技术开发和应用进行有效的评估，即在某一项技术开发和应用之前，对其进行全面的影响评估，特别是对它可能产生的有害影响进行充分评价，以避免有害技术的应用，引导技术向既有利于人及其社会又有利于自然的方向发展。三是运用绿色化技术开发新能源、新材料，以解决矿物资源有限性的问题。

第三，将传统产业改造为绿色产业。传统的产业，包括农业和工业主要体现的是人从自然中获取资源，将其转化为社会财富的过程。农业是通过人们的生产实践活动促进自然作物或动物生长的生产活动，工业是通过对自然资源的加工、组合使自然物质转化为物质财富的生产活动。二者的共同点在于，都是一个单方面向自然界获取财富的实践过程。绿色产业不仅要在符合生态承受力的基础上将自然资源转化为社会财富，而且强调对自然进行生态补偿，强调既向自然索取，又要返还给自然，体现的是人与自然之间进行物质交换的双向活动。包括绿色环保产业和产业的绿色化两个方面。绿色环保产业是狭义的绿色产业，指的是利用绿色技术对自然进行生态补偿、生态治理、生态建设和污染治理、环境保护即创造绿色产品的产业。产业的绿色化即广义的绿色产业，不仅包括环保产业、生态建设等新兴产业，而且包括对工业、农业、服务业等传统产业的绿色化改造而形成的生态农业、绿色工业、绿色服务业等。如果说绿色环保产业是直接的绿色环境部门，主要任务是对已经产生的污染物进行处理，对遭到破坏的生态环境进行治理和生态恢复，产业绿色化则是间接的生态环境部门或者说是准绿色产业，主要任务是从源头上节约资源，减少废弃物的排出。通过利用生态化技术，淘汰落后产能，进行产业优化升级，对资源进行循环利用，达到在生产过程中消解废弃物，保护生态环境的目的。产业绿色化的"性质和作用与直接生态环境部门相同，但它的生产活动组织形式都是包含在第一、第二、第三、第四产业内。因此，它成了非生态环境部门与产业的生产活动不可缺少的部分。"产业绿色化与绿色产业化是相互联系、相辅相成、缺一不可的关系，二者共同构成生态文明的物质技术基础。

第二节 转变生活方式

随着我国生态文明建设的逐步推进，绿色发展理念的贯彻落实，"生活方式绿色化"概念日益凸显。学术界关于生活方式尤其是生活方式绿色化的研究逐渐增多。"践行绿色生活"的倡导不时出现在报刊及各种绿色活动中。近年来，党中央国务院对于"生活方式绿色化"的问题也高度重视，在各种重要文献中频频强调，要"实现生活方式绿色化。"要"推动形成绿色发展方式和生活方式"。环境保护部还专门出台了《关于加快推进生活方式绿色化的实施意见》，强调力争到2020年，公众要基本养成绿色生活方式习惯。可见生活方式绿色化的重要性和紧迫性。但在实际生活中，推进生活方式绿色化可谓步履维艰，能自觉践行绿色生活方式的人并不多。如何才能使公众充分认识生活方式绿色化的意义，怎样克服绿色化生活方式推进中面临的难题，如何促使公众自觉地践行绿色化生活方式，是我们必须研究的重要课题。

一、推进生活方式绿色化的意义

生活方式是指人们生活活动的各种形式和行为模式的总和，它反映的是怎样生活才是好生活的方式、方法。生活方式并不等同于衣、食、住、行、游等日常生活领域，而是包括了劳动生活方式、消费生活方式、闲暇生活方式、政治生活方式、交往生活方式、家庭生活方式、宗教生活方式等全部生活领域，是日常生活和非日常生活（不包括非生活性因素）的统一体。生活方式与生产方式相互融合共同构成人的存在方式。随着经济社会的发展，生活方式的重要性日益凸显，在社会文明的发展和转型中发挥着越来越重要的作用。任何文明形态都要求形成与其相适应的生活方式。农业文明时代，人们尊重自然，顺应自然，"日出而作，日落而息"，生产和生活融为一体，形成顺应自然的生活方式。但那时的生产力水平低下，人们的生活质量是低层次的。工业文明时代，人们征服自然，利用科学技术不断地把自然资源转化为社会财富，创造了生产力高速发展的奇迹，生活水平大大提高。但人与自然的关系处于对立的状态，形成"大量消费、大量废弃"的现代生活方式,这种生活方式是非绿色的或者说是损害自然的。如今,人类社会正处于从工业文明向生态文明转型的进程中,必须克服工业文明非绿色生活方式的弊端,形成与生态文明相适应的绿色化生活方式。

绿色是自然的本真状态,将其运用到人类社会有着更深刻的意蕴。"绿色化的绿色代表一种精神、价值、文化、追求、目标和状态。化是一个动态的过程,绿色化就是把绿色的理念、价值观,内化为人的绿色素养,外化为人的生产方式、生活方式、消费方式"等等。党的十八届五中全会提出了创新、协调、绿色、共享、开放五大发展理念。其中的"绿色发展理念"是生态文明建设在新形势下的最新理论成果,体现在人们生活中就是要求推进生活方式绿色化。所谓生活方式绿色化,就是将尊重自然、珍惜生命,追求人与自然、社会和谐共生的绿色发展理念融入生活方式中,使人们满足自身生活需要的全部活动形式和行为模式向着勤俭节约、低碳绿色、文明健康的方向转变。推进生活方式绿色化意义重大,要将绿色发展转化为新综合国力和国际竞争力,必须通过人的活动才能得以发挥作用。通过人人践行绿色化生活方式,将直接或间接地减少资源浪费和对环境的污染,构建人与自然、人与社会、人与人和谐共生的美好生活,从而为"转化"奠定群众基础。

(1)是解决生态环境问题的重要途径。生态环境问题的产生既有生产方式非绿色的问题,也有非绿色生活方式的问题。随着我国经济社会的发展,由生活方式不合理所造成的生态环境问题日益增多。推进生活方式绿色化有利于解决生态环境问题,将对生态文明建设发挥积极作用。主要表现在:一是直接作用。非绿色生活方式包括过度消费,奢侈浪费,攀比性、挥霍性消费等。目前,我国"过度消费、奢侈浪费等现象依然存在,绿色的生活方式和消费模式还未形成,加剧了资源环境瓶颈约束。"我国过度消费不仅表现在政府的公款吃喝,建豪华办公场所等方面,也表现在企业对产品的过度包装,生产大量一次性产品等。公众日常生活中的浪费也很严重。以餐厨垃圾为例,据报道,我国仅餐厨垃圾日产生量达 25 万吨。中学食堂、大学食堂都浪费严重,尤其是大型宴请的浪费已到了令人震惊的地步。"据估算,我国每年在餐桌上浪费的食物约合 2000 亿元人民币,相当于 2 亿多人一年的口粮。"再如人们对电脑、手机等电子产品快买快扔、追求新奇的攀比性、挥霍性消费,甚至出现 17 岁高中生为买 iPad2 卖肾的极端案例,不仅浪费资源、污染环境,而且扭曲了人们的消费价值观。在短短几年内,过度生产、过度消费带来生产生活废弃物的急剧增加,使我国成为世界最大的"垃圾生产"国。"垃圾围城"加剧了土地资源的匮乏,也使垃圾的处理成为一个大难题。绿色化生活方式崇尚适度消费,追求绿色、低碳、节约、环保,可直接减少对自然资源的消耗和对生态环境的破坏。二是间接作用。非绿色的生活方式如暴饮暴食、生活不规律、盲目攀比等背离了人身体的自然需要，往往导致各种疾病，造成医疗资源的巨大浪费，庞大的医疗废弃物更是对环境的污染。绿色化生活方式倡导健康、合理的生活方式，有利于提高人们的身心健康水平，从而间接减少资源消耗及对环境的污染。此外，非绿色的生活方式还通过影响生产方式而产生不良后果。有需求才有生产，不合理的需求导致生产出大量一次性、不耐用、大量消耗资源和产生大量垃圾的消费品。绿色化生活方式将倒逼生产方式的绿色转向，更多的消费者选择绿色产品，将促使企业生产出更多资源消耗少，对环境污染小，持久耐用，可回收、易于处理的绿色消费品，不仅促进产业结构的升级换代，而且节约了资源和保护了环境。生态与环境是新综合国力的重要元素，节约资源和保护环境就意味着为"转化"奠定了物质基础。

（2）是公众参与生态文明建设的重要方式。生态环境具有公共性的特征，与每一个人息息相关，每个人都应积极投身生态文明建设。公众参与生态文明建设主要有两种含义或方式，一是狭义的生态文明公众参与。狭义的生态文明公众参与是一种制度化的民主参与。作为制度化的公众参与指的是公众对那些由国家、政府承担的与生态文明相关的公共管理事务的参与，是政府和公众通过协商、合作、互动来解决相关公共事务的一系列规则。其实现方式主要有：听证会、论证会、咨询会、公示、社会公开征求意见和民意调查等。二是广义的生态文明公众参与。主要体现在公众自身环境友善行为上。生态环境问题的产生与公众的生活方式密切相关。每一个人都应从我做起，践行绿色化生活方式，积极参与生态文明的宣传教育等。作为公众的每一个成员，不仅要积极参与狭义的生态文明公众参与，而且要积极参与广义的生态文明公众参与。相比之下，狭义的生态文明公众参与往往受到诸多条件的限制，如公众参与的主体条件，政府的重视程度、制度保障等等。广义的生态文明公众参与则是每一位公民都可以随时随地做的事情，主要体现在践行绿色化生活方式上。比如节约用水、用电，坚持绿色出行，少用一次性物品，注重垃圾分类等等，将践行绿色生活作为自己的责任并贯彻到生活的全过程。如果每个人都能从我做起，将形成推动生态文明建设的强大合力。

（3）是满足人们追求美好生活愿望的需要。改革开放以来，在追求现代化的过程中，美国式的现代生活方式已成为我国一部分人羡慕、追求和效仿的生活方式，并逐渐影响大众的生活。要使绿色化生活方式为大众所接受并自觉践行，必须让人们相信绿色化生活方式比现代生活方式更能让人们过上美好生活。什么是美好生活？当今社会，许多人将美好生活与金钱挂钩，认为有了钱就有了一切，就有了美好的生活。这样的幸福观必然带来诸如物欲化，物质与精神生活失衡，价值迷失等"生活方式危机"。在生态文明视域下，美好生活不是建立在对物欲的无限追求上，而是人的精神生活和物质生活平衡，人与自然、人与社会和谐共生，人的身心健康、高质量有品位的生活。美好生活要通过美好的生活方式来展开和绽放，中国必须创造一种既无需消耗大量资源和污染环境，又能让人们过上美好生活的生活方式。绿色化生活方式即是一种有利于人们创造美好生活的生活方式。一是有利于创造精神和物质生活平衡发展的美好生活。非绿色的生活方式把人生的意义、价值、幸福建立在对物质财富的无限追求上，不仅是难以实现的愿望，也丧失了人作为人的真正追求。物质是有限的，人们对无限的追求只能建立在精神的求索上。绿色化生活方式把人的物质需求与人的精神需求融合为一体，它倡导"有限的物质追求，无限的精神追求"，强调在满足人的基本生存需要的基础上，注重人的精神生活，包括对大自然美的感受、欣赏，在优美的大自然中陶冶情操等，将引导人们重返人类的精神家园。二是有利于构建人与自然、社会和谐的美好生活。非绿色生活方式把美好生活建立在对"物欲"的无限追求上，必然导致对自然资源的大肆掠夺，不仅造成人与自然的对立，而且人们往往为了争夺有限资源而发生争斗甚至战争，从而导致人与人之间的矛盾和对立。绿色化生活方式强调节约资源，强调"有钱也不能任性"，不能"吃了祖宗粮，断了子孙路"，对自然资源要取之有度，同时要回报自然，要建设生态、保护环境，有利于重建人与自然、社会的和谐关系。三是有利于构建人与自身和谐的美好生活。非绿色的生活方式违背人身心健康的自然需要，暴饮暴食，大鱼大肉，缺乏运动和睡眠，导致许多诸如肥胖、高血脂、糖尿病等"富贵病"，同时由于对"物欲"的无限追求，驱使着人们为了票子、房子、车子紧张忙碌地工作，难以顾及生活本身的舒适，从而为焦虑和贪婪所困扰，导致许多如"无意义感"抑郁症等心理疾病。绿色化生活方式强调适度消费，简约生活，回归自然，适当地放松身心，以减少人们的焦虑感，符合人的身体和心理需要的消费，体现了人的生命的本真。

二、推进生活方式绿色化面临的难题

生活方式绿色化意义重大，但推进的过程却是步履维艰。深层的原因是，存在许多二难困境以及认识中误区和困惑。我们必须直面这些难题，分析影响推进生活方式绿色化的根源，才能对症下药解决问题。

1. 消费不足与过度消费并存

自20世纪末以来，消费不足一直是困扰我国经济发展的一个大问题。我国进入新世纪以来，"总体上看，消费增长速度长期滞后于投资增长速度，导致投资消费结构失衡。从2000年至今，投资率持续走高，并且逐年上升，从2000年的35.3%升高至

2013 年的 47.8%；而消费率却逐年下降，从 2000 年的 62.3% 降至 2013 年的 49.8%。"
引发我国消费不足的原因是复杂的，既有传统消费理念的原因，也有经济转型的原因，
其中不容忽视的是由贫困和低收入导致的消费不足。根据国家统计局公布的数据，"中
国 2014 年基尼系数达 0.469"，超过警戒线。目前我国有 7017 万贫困人口，还有部分
低收入群体的存在。对这部分群体重要的是满足他们的基本生活需求，提高他们的自
我发展能力，解决他们消费不足的问题。理论上解决消费不足有两种方法，即限制过
度生产或扩大消费。近年来，我国选择了扩大消费的路子，力图通过拉动消费来促进
生产发展，但在扩大消费的过程中往往会导致过度消费，带来诸如生态环境等一系列
问题。过度消费是一种消费主义的生活方式，它已超出了消费的基本意义，这种消费
更多的是出于身份和人生价值的体现，是人类需求的扭曲，消费模式的异化。必然造
成生态环境的破坏，人们身心健康的损害，也不利于经济社会的可持续发展。衡量过
度消费的标准是生态承载力及人的自然身体需要的度。马克思揭示了过度消费的本质，
"仅仅供享受的、不活动的和供挥霍的财富的规定在于……他把人的本质力量的实现，
仅仅看做自己无度的要求，自己突发的怪想和任意的奇想的实现。" 消费不足和过度消
费并存成为我们建设生态文明、推进生活方式绿色化面临的一道难题。我们既要解决
消费不足的问题，又要防止走向消费过度。解决这一难题，必须从生产生活两个方面
入手：一是从生产领域入手。消费不足的实质是相对生产过剩。当然，我国的消费不
足并非全面生产过剩而是结构性过剩，即无效供给过剩和有效供给不足并存。对于无
效供给过剩的问题，要采取淘汰落后产能的手段，而不能一味用拉动消费的方式解决，
对于有效供给不足的问题，则要进行产业结构的升级换代。二是从消费入手。切实提
高人民的生活水平尤其是贫困人口和低收入者的消费能力，解决贫富不均的问题，使
更多人"能够"消费。同时要改变过度消费的消费主义价值观，引导人们适度消费。
因此，必须处理好拉动消费与适度消费的关系。

2. 拉动消费与适度消费的困惑

目前，消费成为拉动中国经济增长"三驾马车"包括投资、外需中最稳定的引
擎。"2015 年我国实现社会消费品零售总额 30.1 万亿元，居世界第二位，消费对国民
经济增长的贡献率达到 66.4%"，因而，国家对消费极为重视，目前的许多政策措施，
从根本上说还是在鼓励消费，刺激消费，力图用拉动消费来解决消费不足的问题。与
此同时，面对日益严峻的生态环境问题，国家又倡导适度消费。相对于过度消费和消
费不足，适度消费提倡过简朴的生活，强调在满足人们基本生活需求的基础上，减少
物质消费，增加精神消费，要求放弃过度消费、奢侈消费和攀比消费等，试图引导人
们过一种以提高生活质量为中心的更高层次的生活。面对拉动消费和适度消费并存的

现象，人们不免产生困惑，究竟是该多消费还是少消费？解决这一困惑，必须将绿色发展理念融入生产生活方式中，把"发展"和"绿色"有机结合起来，在消费不足和过度消费中找到一个平衡点。一方面，仍要发挥居民消费对生产的推动作用。生产和消费是一对矛盾统一体，生产决定消费，消费反过来促进生产。必须引导人们改变不适应市场经济发展需要的传统消费伦理观，使更多的人"愿意"消费，从而促进生产的发展。另一方面，坚持绿色发展，就要倡导适度消费。倡导适度消费并不是不消费，不是要人们回到传统的低质量的生活中，不是要人们节衣缩食。低水平的物质生活和过高的物质追求都不是美好的生活，而是要求人们将"更高的生活质量诉求，即生活诉求不再限于对物质和日常生活的层面，而对更高的精神生活、公共生活、生态环境、公民权益、社会公益、自我表达、个性发展产生更高的诉求。"消费是满足人们生活需求的手段，生活才是目的，生活远比消费有更多的内涵。因此，要防止出现仅仅为了生产而拉动消费的现象。"当前我国消费不足治理的目的是通过扩大需求，消化过剩商品供给，为下一轮社会生产扫除障碍，这显然背离了消费的本质目的——提高生活质量、促进人的发展"在这种消费环境下，消费者常常有种被强迫消费的郁闷，这种消费不是给人们带来幸福，而是带来烦恼。因此，必须使消费回归为美好生活服务的工具性地位。

3. 利用资本和限制资本的矛盾

隐藏在拉动消费与适度消费这一难题背后的是利用资本和限制资本的二难。资本是市场经济的核心，在社会主义市场经济条件下，我国仍然需要利用资本来推动生产力的发展。改革开放以来，我国取得的经济成就与利用资本分不开，我们要实现现代化仍然离不开资本。然而，资本的本质是追求利润最大化，要实现利润最大化就要生产出大量的商品，而只有将大量的商品卖出去，才能赚取利润，这就要通过各种手段刺激人的消费欲望。马克思曾经对资本的这一特性做出过深刻的揭露：资本的本性是，"第一，要求扩大现有的消费量；第二，要求把现有的消费推广到更大的范围，以便造成新的需要；第三，要求生产出新的需要，发现和创造出新的使用价值。"因而，以资本的逻辑为主导的生产和生活方式必然是"大量生产、大量消费、大量废弃"，大量生产与大量消费紧密相连，必然导致资源环境问题以及消费主义盛行的问题。可以说，资本是造成过度生产和过度消费的元凶，因此，必须对资本加以限制。利用资本和限制资本的困境是我们在发展经济和建设生态文明中绕不过的难题。如何解决这一难题？必须使利用资本与限制资本保持合理的张力。既要利用它对经济发展的正面效应，又要限制它的负面影响，并使资本的正面效应大于负面效应。当前，我们虽然不能改变资本的本性，但可利用社会主义制度来制约和引导资本，通过政策和法律对资本给予一定的限制,将资本对生态环境的损害和对人的价值和尊严的侵袭降到最低程度。如果任由资本横行,就没有必要在市场经济前面加上"社会主义"这个定语了。

三、生活方式绿色化的推进机制

当前,我国在推进生活方式绿色化过程中,既面临着诸多的难题,也有体制机制、政策方面存在的问题以及公众生态意识不强,对生活方式绿色化的意义认识不清等问题,使得推进的过程艰难而漫长。但我们不能因此而放弃,甚至明知非绿色生活方式是一个"火坑"也要往下跳,明知"即使这样的生活不可持续,我们起码也得过把瘾,先现代化了再说。"这不仅是对子孙后代的不负责,也是对当代人的不负责。积极的态度是,从现在做起,充分揭示生活方式绿色化意义以及非绿色生活方式的危害及其根源,探寻克服生活方式绿色化推进中难题的途径。同时,建立起一套行之有效的长效机制,以促使公众逐步养成自觉践行绿色化生活方式的行为习惯,这是促进"转化"的关键因素。

1. 宣传教育机制

虽然生活方式具有个体性的特征,人们可以自由选择生活方式,但"生活方式是一门科学、学问和艺术,同样需要社会引导和进行生活教育来实现,并纳入社会整体教育体系之中。"目前,我国公众对生活方式绿色化重要性的认识还不够,绿色化生活方式尚未成为公众的自觉行动。据《中国可持续消费研究报告2012》显示,中国消费者对于可持续性消费认知度总体偏低,了解该含义的消费者不足40%。而我们的宣传教育机制在生态环境宣传教育方面却是欠缺的,因此,必须建立健全宣传教育的长效机制。一是建立健全系统化的宣传教育机制。从学校教育抓起,从娃娃抓起,将生活方式绿色化的理念渗透到各类学校的思想政治教育课堂、社团活动中,贯穿于国民教育的全过程及全社会公民教育的全过程。对于大中小学生,可以通过组织"自然体验夏令营"让学生体验与自然融为一体的感觉,培养学生热爱自然、尊重自然的生态理念。大学生还可组织环保社团,开展各种环保志愿活动,培养人们从生活小事注意环保的行为习惯。二是注重宣传教育手段的多样化。充分运用报刊、广播电视、互联网、户外广告、手机等多种传统与现代传媒的载体,生动地、立体化地宣传教育。三是采用生动的宣传教育形式。在宣传教育中要用公众易于接受的语言、形式潜移默化地使之自我内化。开展绿色生活教育活动,制定公民行为准则,充分利用各种绿色活动,如环境保护日等进行宣传教育。通过宣传教育使公众逐渐认同绿色化生活方式,并转化为内在动力,从而自觉践行绿色化生活方式。

2. 激励惩罚机制

要使人们转变一种固有的生活方式，践行一种新的生活方式，仅有宣传教育还远远不够，需要建立激励和惩罚机制。"从心理学的角度说，一种文化和价值的践行如果没有良好的激励和惩罚机制，这种文化和价值就不会被公众所长久、理性地接受。"因此，必须通过激励机制促进人们自觉地践行绿色化生活方式，通过惩罚机制制约人们非绿色行为。如对消费者的绿色生活行为进行精神和物质奖励。对此，深圳盐田通过碳币体系建立，探索减少个人碳排放的新机制，取得一定成效，值得推广。再如通过水电阶梯价格改革，使公众在考虑自身利益的基础上节约用水电，并逐步养成节约的生活习惯。同时，对消费者的非绿色生活方式采取曝光、经济制裁等方式进行制约。只有把节约资源、保护环境与自身利益相连时，绿色生活方式才会逐步形成。如对大办红白喜事的给予一定的制约，对餐桌上的浪费实行罚款，推动光盘行动进酒店、餐馆、进学校食堂。对于酒店、餐馆可以设立公众"随手拍"的公众监督方式，学校可以组织学生"光盘行动小组"，对食堂进行不定期的检查，发现问题给予一定的物质惩罚及曝光，逐步形成节约光荣的文化氛围。但奖励和惩罚机制不能停留在罚款或奖励了事，而是要促进和激发人们转化为践行绿色化生活方式的内在动力。

3. 生产生活方式绿色转变协同机制

生产方式和生活方式紧密相连，建立推进生活方式绿色化的机制应将二者协同考虑。一是建立健全绿色产品的检验认证销售机制。"目前我国由于管理机制上的不完善，许多产品至今没有统一的绿色检验标准、认证机制，导致市场上绿色产品真假难辨，使一些消费者失去购买绿色产品的信心。"有些生产者打着绿色产品的旗号，售卖的却是非绿色产品。因此，应通过建立绿色产品检验认证机制，加强对绿色产品的监测、监督和管理，使消费者愿意并放心购买绿色产品。二是形成推动循环经济运行的长效机制。如针对餐厨浪费，要推进餐厨废弃物资源化利用，既节约资源，又能防止地沟油回到餐桌危害人们的健康。建立推进科技创新绿色化的机制。促使科技人员设计可回收、能循环利用，方便拆卸的绿色产品。如 1990 年年底，柯达公司将拍完就扔的相机改造为可回收的相机生产。不仅节约了资源，减少了对环境的污染，而且使这种相机一跃成为公司销量增长最快、利润最高的产品。三是建立培育绿色消费群体的机制。如，通过环保社会组织发动消费者拒绝购买污染严重的生产企业的产品，对企业的生产行为形成倒逼。通过环保民间组织的公益行为发挥监督的作用。如环保民间组织——"公众与环境研究中心"制定了第一个"水污染公益数据库"——"中国水污染地图"，在监督企业治理污染方面发挥了很大的作用。

4. 政策支持和法律保障机制

目前，我国与绿色化生活方式相关的管理机制缺失，相关制度和配套设施不完善，缺乏有力的政策支持。如倡导人们低碳出行，在城市建设中就要充分考虑有利于人们低碳出行的道路，城市交通。目前的城市建设往往是"摊大饼式"，人们上班、购物路途遥远，公共交通不便，不得不采用高碳的小汽车出行。绿色出行离不开公共交通和人行道、自行车道的配套与完善，但目前往往是汽车道挤占了人行道和自行车道。因此，必须建立完善绿色生活的配套设施，为人们的绿色生活提供基本的保障。国家政策要大力支持企业进行绿色产品的生产。如对绿色产品、环保行为进行一定的补贴，使其在市场上具有竞争力。生活方式绿色化不能仅停留在一般号召上，要将绿色化生活方式上升为法律法规。新《环境保护法》对公民履行环保义务作了规定，强调"公民应当增强环境保护意识，采取低碳、节俭的生活方式，自觉履行环境保护义务。"需要将其细化到生活中，比如制定法律法规强制推行垃圾分类，对餐饮浪费用法律的形式进行规范等等。

第三节　转变体制机制

要把绿色发展转化为新的综合国力与国际竞争新优势，必须着力破解制约"转化"的体制机制障碍，为"转化"提供制度保障。2016年6月27日，中央全面深化改革领导小组审议通过了《关于设立统一规范的国家生态文明试验区的意见》（以下简称《意见》）及《国家生态文明试验区（福建）实施方案》（以下简称《福建方案》），明确将通过设立若干试验区，形成生态文明体制改革的国家级综合试验平台。目的是通过开展生态文明体制改革综合试验，规范各类试点示范，为完善生态文明制度体系，把绿色发展转化为新的综合国力与国际竞争新优势探索路径、积累经验。

从我国生态文明建设的历程看，如果说从20世纪90年代，我国开始重视资源环境问题，提出一系列保护生态环境的措施，可称之为中国生态文明建设的第一阶段，那么，党的十七大报告提出"建设生态文明"的战略任务，并将其作为实现小康社会的目标之一，就可以称为生态文明建设的第二阶段。自党的十八大提出加强生态文明制度建设，并将生态文明提升到"五位一体"的战略高度，党的十八届三中全会提出改革生态文明体制的战略任务，十八届四中全会进一步提出建立生态文明法律制度，用法治保障生态文明建设的战略部署。至此，可以说生态文明建设进入一个以制度体系建设推动生态文明建设迈上新台阶的新阶段，即第三阶段。这一新阶段有其新的内涵，着重强调的是要构建把绿色发展转化为新的综合国力与国际竞争新优势的体制机制。"要建设转变生产生活方式，把绿色化贯穿新型四化，把绿色发展转化为新的综合国力和国际竞争新优势的综合性体制、机制和制度；既克服"竭泽而渔"，又克服"缘木求鱼"，破解经济建设与生态文明建设"两张皮"的体制；建设"两只手"有机结合的机制，破解资源环境与生态产品的"公地悲剧"；建设"绿色餐桌"体制机制，破解食品不安全顽疾；建设有效的生态补偿制度，促进公平持续发展；建设发展生态生产力、生态化技术体系的体制机制；建设适应消费个性化、多元化新常态要求的网络订制、智能生产、物流派送、长尾效应的体制机制等。"

构建把绿色发展转化为新的综合国力和国际竞争新优势的综合性体制、机制和制度必须将生态文明建设的方方面面纳入依靠制度建设的轨道，并通过体制机制这一具体运行方式得以实现。"制度建设包含订立规则（法规）、确定执行和监督主体（体制）、建立不同主体间的互动方式（机制）、选择激励和约束方式（政策）等诸多内容。其中，体制涉及行政组织的静态权力配置结构，主要明确谁去做、谁有权去做等权力与责任的边界；而机制属于主体间的互动方式，重点解决如何做、如何有效做等资源整合问题。"体制机制是一个庞大的系统，从主体的视角看，建立健全促进"转化"的体制机制，主要是推进政府、企业和公众三大责任主体体制机制的绿色变革。

一、推进政府责任体制机制的绿色变革

在政府、企业和公众三大责任主体中，政府责任机制的绿色变革是一关键因素。生态环境的公共性以及政府作为公权力代表的特性决定了政府在绿色发展中处于主导地位。其主导地位不仅体现在政府的领导地位上，即引导、推动、监督和促进企业、公众和其他社会组织积极推动绿色发展上，而且体现在政府应承担推动绿色发展的主要责任上。但政府责任的实现往往不具有自觉性。政府作为公权力的代表，并不必然自觉地追求公共利益的最大化，因为政府也有自身利益，不受制约的权力容易偏离谋求公共利益的方向，而导致"政府失灵"。因此，要使政府能切实地履行推动绿色发展的职责，除了政府及其工作人员提高责任意识，加强自律外，还应将绿色发展理念融入政府责任机制的各个环节，从两方面入手进行绿色变革：

（一）推进政府责任保障和激励机制的绿色变革

1. 推进环境保护管理体制机制的深化改革

在政府责任机制的四个环节中，明确责任是基础，或者说是政府履职的保障机制。责任不明确，职责不清，无法履职，更无法问责、追责。推进环境保护管理体制机制的深化改革，一是要通过制定和完善规则（法规）明确责任。必须按照政府责任的主

体，分别明确政府、政府部门或单位、行政领导和公务员个人的责任范围和内容，政府和党委的责任分工，并以法律的形式加以确认。有了制度，更重要的是将其贯彻到实践中。二是要建立统一的生态环境保护管理体制机制。党的十八届三中全会提出，要"改革生态环境保护管理体制。建立和完善严格监管所有污染物排放的环境保护管理制度，独立进行环境监管和行政执法"。生态环境具有整体性的特征，建设生态文明，推进绿色发展特别需要建立全国统一的、超越任何部门和短期利益的管理体制机制，即建立环保大部委机构，将原来分散管理的资源管理、污染防治和生态保护三方面的职能统一考虑。

2. 推进政府绩效考评机制的绿色变革

在明确政府责任的基础上，还必须推进政府绩效考核评价机制的绿色变革，以形成推进绿色发展的激励机制。改革开放以来，我国一直使用 GDP 来衡量地区实力，并作为领导干部政绩考核的最强指标，在领导干部诸多责任中主要衡量的是其经济责任。干部考核评价制度就像一柄无形的指挥棒，指挥棒指到哪里，干部的劲就往哪里使，在时间、精力有限的情况下，哪项考核权重大，领导干部就会优先考虑做哪项工作。结果是，政府职能向经济增长倾斜，为了经济增长往往忽视社会建设和生态建设。要使绿色发展理念所要求的绿色执政观和政绩观落到实处，就要推进政府绩效考核评价机制的绿色变革。一是要增加环保考核权重，客观公正地反映领导干部任期内的"绿色政绩"，将其与领导干部提拔使用有机结合起来，形成用"绿色政绩"说话的用人机制。二是要根据不同主体功能区建立差异化考核评价体系。将国土空间划分为限制开发区、禁止开发区、重点开发区和优化开发区，根据不同功能区的特点和要求制定政府考核评价指标体系。目前，有些地区，如福建省永泰县采取分类考核方式取得了显著成效。三是应改变干部考核主体、考核方式单一化的现状，实现上级部门考核、公众考核和专家考核的有机结合，考核方式自上而下和自下而上考核的有机结合。

3. 推进不同主体间协调机制的绿色变革

政府绿色发展责任机制不仅包括保障政府自身能切实履行职责的激励、约束和惩罚机制，也包括政府利用自身权力、资源，采取科学的管理方法和措施，以形成政府、企业和公众互动共治的绿色发展责任机制。在绿色发展中，政府是主导力量，必须强化政府推动、引导、监督、规范、强化和促进全社会共同构建生态文明社会的管理体制和运行机制，从政府控制走向全社会共同治理。发挥企业在绿色发展中的作用，要充分利用市场机制，税收和财政政策、产业政策等手段推进和激励企业走绿色发展之路。如，建立资源环境产权制度，建立完善的能源使用税收机制，开征环境保护税收、环境污染税收等，对严重破坏生态环境、高污染、高能耗的企业提高收税标准，对新型环保企业减轻税收压力等。还要利用产业政策引导企业开发环保产品，提高绿色技术、绿色产业的财政资金投入率，对积极探寻绿色发展道路的企业给予资金帮助。同时要发挥公众在推进绿色发展中的作用。一方面，要建立健全提高公众参与能力的机制，包括建立健全公众参与的教育机制、公众参与的宣传机制、公众参与的信息公开机制等；另一方面，要建立健全保障公众参与有效性的机制，包括公众参与的反馈机制、公众参与的责任追究机制及环境公益诉讼机制等。

（二）推进政府责任约束和惩罚机制的绿色变革

1. 建立健全绿色发展政府目标责任制

目标责任制具有约束性特征。我国将环境保护的责任纳入政府责任机制，可以追溯到1996年《国务院关于环境保护若干问题的决定》提出的环境保护目标责任制和考核评价制度。环境保护目标责任制的建立及实行取得了很大的成效，但仍存在许多问题。如由于地方党政干部任期制和政绩考核制度带来的重业绩、重经济增长的政绩观，由于相对偏高的治理成本造成的地方政府缺乏足够的参与气候治理的内生动力，以至为了完成环保目标责任指标，到了万不得已时才采取极端措施。因此，一是转变执政观和政绩观。真正从思想上、理念上认识到绿色发展的意义。应将绿色发展理念融入目标责任制，把生态文明和绿色发展的各项战略目标、规划细化并纳入政府考核评价体系，包括绿色与发展的协调程度、绿色发展监测指标目标值达标情况，培育和发展生态文化、生态经济，环境质量提升，生态安全屏障的构建等工作任务完成情况。二是推动经济发展方式的转型升级，实现绿色与发展的有机统一。生态环境问题产生的本质是发展方式问题，就环保论环保往往由于治理成本过高而内生动力不足。因此，政府目标责任制应体现转变发展方式，促进生产方式和生活方式绿色化，促进绿色与发展协调发展的目标。

2. 推进政府责任监督机制的绿色变革

责任监督是政府责任机制的重要环节。在强调绿色发展的今天，需进一步推进监督体系的绿色变革。在推进绿色发展中，政府必须承担起主体责任。要求政府承担责任，必须赋予权力，权力和责任是统一的整体。不受监督的权力，不仅不能很好地履行职责，还是腐败产生的根源。因而，权力、责任和问责三者是紧密相连的。生态环境问题的产生有其利益根源。政府有否负起应尽的责任，或者因为权钱交易，对环境污染，资源破坏不作为，或者因为地方利益，不惜牺牲环境换取经济发展，等等。因此，需进一步推进监督体系的绿色变革。一是要加强各种监督力量的衔接，避免留下监督的空白。二是要加强对环保懒政、惰政的监督。环境保护容易出现说起来重要，做起来则往往流于形式的现象。近年来,中央政府加大了这方面的督察。如 2015 年 12 月 31 日至 2016 年 2 月 4 日,中央环境保护督察组对河北省开展了环境保护督察,发现河北省原主要领导对环境保护工作不是真重视,没有真抓,一些基层党委政府及有关部门环保懒政、惰政情况较为突出。这样状况不是个别现象,应将监察的重点变督企为督政,加强对各级政府的环保监督。三是要加强社会监督和舆论监督,提高权力运行的透明度。

3. 推进政府责任追究机制的绿色变革

在责任监督的基础上,对不履行责任或责任履行不到位的责任主体就需要进行责任追究,以形成推进绿色发展的惩罚机制。如果说政府目标责任制和考核评价机制是政府及其公务人员的指挥棒,政府责任追究机制则是一个"紧箍咒"。有了这样的"紧箍咒"才能对那些不认真履职的政府及其工作人员进行约束和惩罚,也才能促使政府更好地履行职责。由于生态环境问题具有滞后性,往往在领导干部在任时没有爆发,离任后才爆发。习近平总书记在中共中央政治局第六次集体学习时明确强调,要建立责任追究机制,对那些不顾生态环境盲目决策、造成严重后果的人,必须追究其责任,而且应该终身追究。终身追究尤为重要。终身追究,意味着不仅要追究在任的党政领导干部的环境保护责任,即使某地方行政首长离任了也要对环境污染后果担责。这一机制是用追责保障履职,用追责约束权力,对于规范地方政府的环境决策、环境行为具有约束和惩戒作用,从而引导各级党政领导干部既重视"发展",又重视"绿色",实现经济发展与环境保护的双赢。

政府责任激励和惩罚这两种机制既有区别,又是一个相互联系、相辅相成的有机整体。只有充分发挥政府责任激励和惩罚这两种机制的作用,才能促进政府更好地履行绿色发展的职责。

二、建立健全企业履行绿色责任的机制

传统观念认为,企业是人类借以利用自然来满足自身生存和发展需要的经济组织,是资本运行的一种社会形式和实现增值的一种方式。基于这种认识,长期以来,企业活动的目的被理所当然地定义为"最大限度地实现(股东)利益最大化,而对社会责任如绿色责任等则有意无意地漠视。权利和责任是相对应的。企业享有利用和处置社会共有自然资源的权利,理应承担生态责任。相比个人和其他社会组织,企业是资源消耗最大,最容易对环境产生污染的部门,应当承担更大份额的生态责任。问题在于如何促进企业承担起应有的绿色责任?承担绿色责任对企业的长远发展具有重要作用,是企业自我提升的一个契机。但在短期内会增加企业的成本,影响企业的短期效益,

以至有些企业为了降低成本而不履行绿色责任。因而，必须运用法律、经济和公众监督等手段，推进企业外部管理监督机制的绿色变革，通过外在的强制性力量推动企业承担绿色责任。同时，需要建立推动企业承担绿色责任的内部企业文化机制，把外部的强制力转化为企业内部的动力，以增强企业的自我约束力。通过内外部力量互动机制来增强企业生态责任意识，培育自觉履行生态责任的现代企业。

（一）建立健全企业绿色责任的管理监督机制

1. 利益协调机制

企业首先是一个经济组织，政府应充分运用经济手段，通过利益调节激励企业履行绿色责任。一是推进环境有偿使用制度改革，在经济领域内实行生态计价，将环境成本计入产品价格。督促企业将环境成本纳入企业生产成本或服务价格，实现环境污染外部成本内部化、社会成本企业化。二是要积极发挥市场调节和政府调控的作用，挖掘企业承担绿色责任的内在动力，通过完善碳汇交易、绿色技术扶持、绿色金融服务等引导激励机制。如政府每年拨出一定的资金，用于绿色技术、绿色产品的开发推广，促进企业走出一条依托绿色科技、降低绿色成本、创新绿色产品、实现绿色效益的新路，使企业承担绿色责任和收获绿色效益达到平衡发展。三是运用财政税收手段，建立生态保护奖惩机制。政府要从财政、税收方面给予优惠的经济政策，以提高企业承担绿色责任的积极性。如运用碳税征收手段，对于努力改善生态环境、进行无污染经营的企业，实行减免税收的政策；而对破坏绿色生态、环境污染严重的企业，增加征收环境成本税，从而使得绿色生产得到有效保护，并且促进了企业间的公平竞争。

2. 法律政策规制

要充分运用法律手段，严格规制损害生态环境的不良行为，促使企业承担起保护生态环境的法定责任。一是要根据时代发展要求和生态文明建设的需要，完善现有环境法律体系，加快环境法制建设。要在法律法规上落实生态补偿机制，按照"资源有偿使用"的原则，坚持"受益者或破坏者支付，保护者或受害者补偿"的原则。二是制定环境审计制度。环境审计应当以国家审计为主导，由国家独立审计机构对企业的责任和绩效进行审查和评价。三是要建立良好的处罚机制。不能让企业以牺牲环境为代价所获得的经济效益高于因法律制裁所付出的经济成本。

3. 企业社会责任标准

从20世纪90年代以来，国际上形成了一个声势浩大的社会责任运动浪潮，这一运动要求企业在赢利的同时承担社会责任，环境保护等生态责任是企业社会责任的重要内容。为了促进企业承担社会责任，国际上采用了企业社会责任认证标准，包括UNGC、GRI、AA1000、SA8000等。目前我国虽然已有行业性的企业社会责任标准，但还未形成全国统一的企业社会责任标准。因此，我们"要借鉴 SA8000 国际认证经验，组建全国性的企业社会责任统一认证机构，制定程序化、制度化的国内标准认证制度，确保我国企业社会责任标准认证的权威性和有效性。同时，要积极参与社会责任国际标准的修订与完善工作，加强与有关国际组织的对话与交流；要支持企业进行 SA8000 国际认证，总结推广国内外企业获取 SA8000 国际认证、履行社会责任的先进理念与成功经验。"在生态环境形势严峻的今天，要特别强调企业承担绿色责任的使命，在企业社会责任标准中突出企业应承担的绿色责任。

4. 社会监督机制

一是充分发挥舆论的监督作用。通过及时曝光企业非法排污、破坏生态等行为，发挥积极的舆论监督作用。二是要发挥公众参与督促企业履行生态责任的作用。一方面，通过环境保护组织的途径，将社会公众有效地组织起来，在环境保护的决策、立法、监督、宣传、教育方面发挥积极作用。另一方面，通过消费者组织的途径，培养和形成一个成熟、文明的"绿色消费"群体，消费者购买对社会负责的企业的产品的选择将成为促使企业承担生态责任的重要推动力量。三是完善企业绿色责任监督机制，要求企业定期公告其履行绿色责任执行情况、规划和措施，自觉接受利益相关者和社会公众监督。四要完善企业绿色责任沟通和对话机制，使利益相关者和社会公众的监督意见能够对企业形成反馈控制。

（二）推进企业文化创新机制的绿色转变

对于现代企业管理来说，规章制度的实施与管理其实只是外在的、被动的，而文化管理才是真正深层次的、主动的。企业本质上是社会的，它深深地扎根于特定的文化规范和价值观中。企业文化规定着企业的思维方式、价值观念及整个价值取向，从而决定了企业的行为方式。"现代企业的企业文化包括生产性企业文化和生态性企业文化这两个部分。"但企业通常比较重视生产性的企业文化，通过生产性企业文化来增强企业员工的凝聚力，而往往忽视生态性或绿色企业文化建设。虽然近年来，企业也在努力实践清洁生产、循环经济、绿化企业环境等环保行为，但大多数企业还未将其沉淀或提炼为企业绿色文化。因此，必须推进企业文化创新的绿色转变，使企业绿色文化与生产性文化一样贯穿于企业的管理理念、制度建设、科技创新中，渗透于企业的实际生产经营过程中。

1. 企业文化创新机制的绿色导向

企业绿色文化创新就是要使保护环境、维护生态平衡成为企业共同的价值观和信念，成为企业精神或风范的重要方面，并渗透于企业的实际生产过程中，其中重要的是企业生态责任。一是企业价值观的生态导向。企业破坏生态环境的行为，深层根源在于价值观。要破除那种把经济价值凌驾于社会价值与生态价值之上的工业文明价值观。二是企业管理理念的绿色化导向。企业经营管理者不仅要注重生产性企业文化，还要注重生态性企业文化；不仅自身应确立生态责任意识，还要通过舆论和教育，引导员工形成生态责任意识，并通过习惯及规章制度等载体表现出来，使其成为相对稳定的、可以约束企业和员工行为的原则和规范。三是企业环境建设的绿色化导向。要营造企业生态文化的氛围，美化企业环境，通过美化企业的生活工作环境，使员工受到企业生态文化的影响，逐步培养起生态意识和生态责任。

2. 企业科技创新机制的绿色导向

企业绿色科技创新就是在提高企业整体技术水平和创新能力的基础上，使技术向着有利于资源节约和生态环境保护的方向发展。一是要树立技术创新绿色化的观念。要改变单向性的创新观念，在技术创新活动中不但追求经济效益，而且要追求生态效益和社会效益；二是开发和广泛应用生态技术。要改变"末端治理"的思维范式，把生产技术和环保技术融合起来。不但要进行环保技术、治理污染技术的开发和应用，而且要对传统的技术进行生态改造，通过开发和应用包括循环生产技术、清洁生产技术、生态改善技术等生态技术，从生产的源头解决技术对生态环境的污染和破坏问题。同时要从根本上遏制反生态技术的开发和使用。

3. 企业生产经营绿色导向机制

一是企业生产经营制度的绿色化创新。包括企业绿色化生产制度、绿色化技术制度、绿色化投资制度、绿色化分配制度等。这些制度的建立与实施，为生态环境系统在企业生产、交换、分配、消费的再生产全过程提供一种有效的制度保证，并让这种机制使企业生存与发展对生态环境产生一种内在的需求。二是企业管理制度的绿色化创新。即把生态环境资源纳入到规范企业经济活动与发展行为和考核企业发展绩效中去，有效地实现企业经济效益和生态效益的有机结合。最终建立起市场化与绿色化内在统一的现代企业制度，这是企业制度创新绿色化并实现企业经济可持续发展的必然进程。

4. 企业内部环保监督机制

企业在其内部设立独立的生态环境审计部门或设定环境审计环节，使得企业可以结合环境会计信息，通过环境审计，对于本企业的环境状况进行客观的自我检查与评价，及时发现并解决企业生产经营过程中所出现的环境问题，有助于企业的投资决策、环境成本和环境效益的评审，从内部监督企业的生产经营活动，从而有利于企业自主调整其经营活动。

三、建立健全生态文明公众参与机制

随着我国生态环境问题的日益严峻，生态文明建设理论的提出和在实践中的大力推进，公众生态意识逐步觉醒，参与热情日益高涨，在生态文明建设中发挥了重要的作用，一定程度上弥补了"政府失灵"和"市场失灵"的问题。与此同时，因生态环境问题而引发的群体性事件也成为影响社会稳定的突出问题。解决公众参与愿望增强与制度提供空间较小的矛盾，必须将公众参与的热情和行为纳入制度化的轨道。公众参与要能取得实际成效，需要制度保障，并通过一定的机制得以实现。

如本章第二节所述，生态文明公众参与有广义和狭义之分。在生态文明建设中，我们既强调广义的公众自觉践行绿色化生活方式的参与，也强调狭义的作为制度化的公众参与制度建设。因为生态环境问题固然同公众的生活方式、消费方式有关，但生态环境问题产生的主因还是经济发展方式问题，或者说是发展不当的问题。这一层面的症结绝不是靠改变公众个人绿色活动的一般参与所能破解的，更重要的要体现在公众促进和监督政府和企业转变经济发展方式，对立法、决策、社会治理等有参与权和监督权的制度化参与上。若没有形成制度化的公众参与，政府在支持公众参与方面往往动力不足，或在公众参与过程中容易出现走形式的现象。因为公众参与立法、决策等需要政府的积极作为和让权。"只有使公众参与成为制度，才会形成倒逼政府使公众参与从虚假走向真实，从形式返归实质的态势。"

（一）建立健全生态文明公众参与的主体条件

生态文明公众参与制度能否真正建立和完善与公众参与的主体条件密切相关。作为主体的公众是否有积极参与的意识、较高的参与能力、具备参与的公共精神等关系到参与的实效性。近年来，我国公众参与生态文明的积极性有了很大的提高，但参与的总体水平不高，作为制度化的公众参与更为薄弱。从主体条件看，主要表现在：一是对公众参与的必要性认识不足；二是公众参与的能力较低；三是公众参与的公共精神不足。解决这些问题，要从政府和公众两方面入手。公众参与不仅仅是公众的事，而是如何处理好政府和公众之间的关系。因为所谓公众参与是指公众对那些由国家、政府承担的公共管理事务的参与。在公众参与过程中，政府虽处于主导地位，但应认识到政府与公众都是主体，需形成双方互动、协商、共同努力的参与模式。

1. 理念的转变

公众参与的前提是政府和公众就参与达成共识性的认识。在传统的管理模式下，政府仅将公众看做管理的对象，公众则处于被动的地位。建立生态文明公众参与制度，政府和公众都需要转换理念。对政府来说，要坚持"以人为本，执政为民"的理念，承认公众也是生态文明建设的主体，而不仅仅是被管理的对象。要认识到解决生态环境问题不仅仅是政府的事，同时也是每一个利益相关者的公众拥有的权利。从思想上真正认识公众参与的必要性，从政策制度和行动上鼓励和支持公众的参与。对公众来说，一是要实现从屈从被动的臣民意识到积极参与公共事务的公民意识转变。臣民的本性是"奴性"，缺乏独立的人格和意志，相对国家而言，臣民只有义务没有权利，因而不可能真正参与国家事务。公民是具有独立人格和意志的人。公民认为自己不仅是被管理的对象，也是管理者、自治者，是自己命运的主宰者，为此，必须参加公共事务的讨论、协商和决定。只有具有公民意识的独立人格的人，才会积极参与公共事务。因此，必须大力加强公民意识教育，推动公民社会的形成。二是要树立生态意识和环境意识。人是在意志的指导下行动，若缺乏生态意识和环境意识，也就不会自觉地参与生态文明建设。因此，必须建立健全生态文明宣传教育机制。要促进生态环境教育立法。从教育的形式上看，形成从小学到中学、大学及社会公众教育的有机系统教育模式。在学校、社区开展丰富多彩的生态文明建设主题实践活动等等。通过书刊、杂志、报纸、电视、网络等形式向公众普及宣传绿色发展理念，使每个公民自觉养成绿色生活方式的习惯，培育公共精神及制度化参与的能力。

2. 参与能力的提高

公众参与要取得实效，要使政府和公众对公众参与都有热情和动力，需提高公众参与的能力。如果公众的参与能力较弱，就会妨碍参与的效果，从而影响政府和公众的积极性。公众参与能力的提高是一个公众在掌握相关知识的基础上，通过参与将这些知识转化为能力和素质的过程。对公众来说，必须具备一定的专业知识、法律知识，需对相关政策、信息有充分的了解和把握等等。否则，公众在参与过程中就无法做出正确的判断并参与决策，也就影响了公众参与的实效。因此，必须通过建立健全生态文明教育机制，使公众掌握一定的生态文明相关专业知识。当然，生态文明涉及方方面面的知识，不可能要求公众掌握所有相关知识，这就需要政府及时地公布信息，并通过第三方的专家对信息进行解读。因而必须建立健全环境信息公开机制。环境信息公开，有利于公众准确掌握目前生态环境现状、污染源和政府管理措施与成效，形成政府、企业与公众的良性互动，并给政府、企业施加公众舆论压力。此外，公众参与能力的提高与参与效能相关。政府要积极引导、支持公众参与。若公众认为自己的参与得到政府的重视，并能对政府的决策起到一定的作用，就会提高公众参与的积极性和参与热情，从而注重提高自身的参与能力。同时，政府也有一个提高引导公众参与，提高与公众协商、合作的能力问题。

3. 公共精神的培育

公共精神的培育主要依靠参与等方式得以形成。公众参与需要公共精神，公共精神又需要在公共参与中才得以生成，二者是相互作用、互为前提的关系。在公共参与的过程中，公众寄托了情感，付出了心血，得到了尊重，公共精神也得以培育。比如，在生态文明相关事务决策中学会了协商民主的精髓；在社会组织的发展中体会到公共生活的价值。长此下去，公民就会像关心自己的事情一样关心公共事务。唯有如此，公共精神才可以获得持久的生长力量。公共精神与政治权利的行使分不开。为此，政府要着力完善制度安排，畅通参与渠道，保障公民基本政治权利，进一步推动公众参与。对公众来说，要培养参与的公共精神，不仅站在自身利益的角度参与生态文明建设，也要站在公共利益的视角参与。若仅从自身利益的角度考虑问题，就会对公共事务漠不关心，也就没有真正的公众参与。"近年来，一批具有'公共责任'的公民开始涌现。他们不再单纯以解决与自身利益直接相关的环境问题为首要目标，而是开始关注更大范围的环境问题。比如，在温室气体减排、应对气候变化方面，中国公众和环保NGO不仅积极倡导和实践，也开始在世界舞台上展示自己。"这一变化对我国生态文明公众参与制度的建立和完善将产生积极的影响。

（二）建立健全生态文明公众参与的保障机制

生态文明公众参与制度的建立和完善，除了需具备一定的主体条件，还必须有体制机制的保障。在这方面我国还存在许多问题，如，缺少参与的制度平台，公众参与借以实现的非政府社会组织不够健全，缺乏有效的反馈机制和责任追究机制导致政府不重视公众参与，公众参与的积极性受到打击等等。制度的不健全是生态文明公众参与水平较低的重要原因。对政府来说，推动和实施公众参与制度的动力，除了政府自身的觉悟外，还需制度的保障和约束。对公众来说，如果没有制度的保障，公众就会缺乏参与的真正权利和参与的热情。建立生态文明公众参与机制，核心是对公众参与权利的法律制度保障，同时还需要政府真正支持和公众的组织保障。

1. 法律保障机制

公众参与权的真正拥有，除了依赖公众的积极争取和参与能力的提高外，更依赖于国家通过立法、执法等途径提供制度保障。一是要在宪法中确立环境权。公众参与权是环境权的重要内容，环境权是公民的一项基本人权。环境权的法律确立尤其是入宪，可以为公众参与权的实现提供重要的法律依据和制度保障。环境权中既有实体性的权利，如享有良好环境的权利、使用环境的权利，也有程序性的权利，如知情权、参与权、救济权。强调其中的任何一方面都是不全面的。"确立环境权的目的是保护生态环境，使人们拥有享受良好环境的权利。但这一实体性的权利往往要通过程序性的权利得以体现。也就是说,公众往往通过知情权、参与权、救济权等程序性权利达到逐步实现享有良好环境权的目的。二是建立环境公益诉讼机制。环境公益诉讼机制是公众环境权益的保障,也是公众参与有效性的保障。加强环境公益诉讼机制建设,应使环境公益诉讼原告多元化,同时要减轻公众因诉讼而承担的费用等。2011年10月19日,云南曲靖中院受理了"自然之友"等组织就铬渣污染事件提起的公益诉讼,过程虽然很艰难,但草根NGO获得环境公益诉讼的原告资格,具有环境公益诉讼里程碑式的意义,对促进公益诉讼制度的建设起到了积极的作用。

2. 反馈和责任追究机制

反馈和政府责任机制是公众参与的重要保障。政府在支持公众参与方面往往动力不足,或在公众参与过程中出现走形式的现象。因为公众参与立法、决策等需要政府的积极作为和让权。"只有使公众参与成为制度,才会形成倒逼政府使公众参与从虚假走向真实,从形式返归实质的态势。"在公众参与过程中,如果政府不作为,不理会公众的建议建言,往往会在很大程度上挫伤公众参与的积极性,应建立相应的机制向公众及时反馈,即建立公众参与的反馈机制。同时,要建立责任追究机制。若公众的参与权未得到实现,应追究相应机构或责任人员的责任。承担行政不作为的责任等,这样才能促进政府真正地支持公众参与并调动公众参与的积极性。

3. 组织保障机制

公众具有分散性的特点,相对于政府和其他组织来说,个人力量单薄。因此,"在现代社会,公众参与的实现方式是通过一定的组织形式得以进行的"。长期以来,在社会管理方面,我们重视发挥党和政府的作用,却忽视了社会组织的作用,这是制约公众参与的重要因素。近年来,民间社会组织在生态文明建设中扮演着越来越重要的角色。如,成立不久的环保民间组织——"公众与环境研究中心"制定的第一个"水污染公益数据库"——"中国水污染地图"开通使用,这一地图在监督企业污染治理方面发挥了很大的作用。充分发挥公众参与生态文明建设的作用,必须建立和健全非政府社会组织的培育机制,为公众参与提供组织保障。

第五章 优化经济结构是"两个转化"的核心

第一节 经济结构概述

坚持绿色发展，立足国家与区域生态环境资源与经济发展状况，充分考虑国际经济结构绿色化重组趋势，对经济结构进行战略性调整优化，有助于环境的改善、国家生态安全和经济社会的可持续发展，有助于减少能源消耗，提升劳动者的健康素质，提高经济素质和效益，提高综合国力。经济结构的绿色化，能够有效地突破"绿色贸易壁垒"，提升国际形象，增加国际竞争与合作新的核心竞争力，从而形成国际竞争新优势。优化经济结构是绿色发展向新的综合国力和国际竞争新优势转化的核心。

一、经济结构的基本内涵

（一）结构及其基本特征

结构是指构成事物的各种要素及各要素之间相互关联、相互制约和相互作用的一种有规律的组合方式。它包括构成事物各要素的数量比例、排列次序、结合方式和因发展而引起的变化。一般来讲，结构具有如下三个典型特征：第一，结构具有整体性。结构是由若干要素按照一定的规则组合在一起的，并且这种组合并不是简单的加总，而是反映了不同要素之间的有机联系。第二，结构具有自调性。结构系统具有自我调整的功能，任何结构在外界的作用下都具有自我反馈的功能，为适应外部环境的变化，结构能够在一定的范围内进行自我调整，并保证结构沿着特定的方向演进。然而，当结构系统的内部或外部环境出现不协调或不适应时，结构系统的自调性会受到削弱甚至失控。第三，结构具有转换性。当某一个结构系统中的构成成分之间的数量关系变化累积到一定程度后，结构系统的功能与性质将发生重大变化，并导致结构系统演进方向的改变。

（二）经济结构的内涵

经济结构是人类社会经济系统中的核心内容，它具有非常广泛的内涵，因此不同的经济学家对经济结构给出了不同的定义。法国经济学家佩卢（F. Perroux）将经济结构定义为"在时间和空间里有确定位置的一个经济整体的特性的那些比例和关系"。荷兰经济学家丁伯根（J. Tinbergen）则认为经济结构是对经济系统变化做出反应的不可直接观察到的一些特征。马克思则认为"生产关系的总和构成社会的经济结构"。国内许多学者在马克思主义经济结构理论的基础上，对经济结构也做出了不同的诠释。如马洪认为："所谓经济结构，就是国民经济有机整体中各个方面、社会再生产过程各个环节之间的质的组合与量的比例。"综合不同专家的观点，我们认为经济结构是指经济系统各组成部分在资源配置过程中所形成的本质联系和比例关系。它不仅反映了经济系统之间的属性联系。也反映了经济系统内部各组成部分之间变化与作用的数量关系。

一定的社会经济和技术条件，要求与它相适应的一定的经济结构。经济结构的各个组成部分之间，都是有机联系在一起的，具有客观制约性，不是随意建立任何一种经济结构都是合理的。一个国家的经济结构是否合理，主要看它是否适合本国实际情况；能否充分利用国内外一切有利因素；能否合理有效地利用人力、物力、财力和自然资源；能否保证国民经济各部门协调发展；能否有力地推动科技进步和劳动生产率提高；是否既有利于促进近期的经济增长又有利于长远的经济发展。

二、经济结构演进的内在规律

经济结构是一个随着生产力发展水平不断提高而不断变化发展的过程，这一变化发展过程就是经济结构的演进过程。所谓经济结构演进，是指一个国家或地区的经济结构在技术进步和制度创新等因素的作用下，由低级向高级不断转换、内部各组成要素协调性和适应度不断增强的动态过程。它具有三个方面的内涵：第一，随着生产力水平的提高，经济结构演进表现为经济结构纵向层次的提升。如三次产业结构依次演进，传统产业向战略性新兴产业演进。第二，经济结构演进从一个较长的历史时期来看，总是表现为从不协调向协调的转变过程，反映出经济结构横向关系的协调。如三次结构由不协调到协调的演进，供给与需求的不协调到协调。第三，不同国家或地区的经济结构演进具有开放性和包容性，且在共性发展的前提下，又存在发展的差异性。如地区、国际分工的垂直到扁平化发展。这些都表明经济结构的演化或调整有其内在的规律性，这个规律只能去遵从而不能违反。

（一）经济结构演进的基本特征

从人类社会发展的历史规律来看，经济结构演进一般会表现出路径依赖性、自我调节性、非连续性和协同演进性等基本特征。

（1）路径依赖性。路径依赖是指一种制度一旦形成，不管是否有效，都会在一定时期内持续存在并影响其后的制度选择。就如"人们过去做出的选择决定了它们现在可能的选择"一样，经济结构演进是一个复杂的状态转变过程。这种过程使得经济结构演进一旦选定了某一种路径，就会呈现出前后连贯、相互依赖的特点，这种既定方向会在以后的发展中得到自我增强。按照既定的发展路径，经济结构演进既可能进入协调的轨道，促进经济和社会的发展；也可能沿着失衡的路径不断恶化，导致经济发展停滞不前甚至出现经济和社会危机。

（2）自我调节性。经济结构演进的自我调节性主要表现在它将无数分散的个别经济活动整合为统一的社会经济活动。经济结构系统是一个有机的整体，包括了家庭、企业和政府等不同主体的参与，它们在一定的规则下相互作用、相互制约和相互发展，并且经济结构系统具有很强的适应外部环境的能力。因此，在外部环境约束下，经济运行过程中的各种机制都以不同的作用力规范着经济主体的行为，从而使得经济结构系统具有较强的自我调节能力。当然，由于经济结构的自我调节能力是有一定限度的，它只能使经济结构系统在有限的范围内进行调整和转换。

（3）非连续性。所谓经济结构演进的非连续性，就是指经济结构的某一因素或部分因素的数量变化达到一定的临界水平时，结构状态就会转换到一个新的稳定状态。而当经济结构演进被锁定在某种无效率或失衡的状态时，往往需要借助于外部力量来扭转演进的方向。此时经济结构演进就不再是渐进的、平滑的变化过程，而变成了不连续的、突变的飞跃过程。经济结构演进的非连续性表明了经济结构变革的深刻含义。当经济结构系统的外部环境和内部因素出现大的变化时，往往会孕育经济结构的重大调整或变化，而这种结构调整在很大程度上会促进或阻碍经济的发展。

（4）协同演进性。经济系统的协同演进是指在一个开放的经济系统中，经济系统的各个子系统是相互联系和作用的。当某个子系统沿着合理的路径演进时，会促进其他子系统的效率提高和结构优化，从而推动整个经济系统的协调发展。反过来，当某个子系统出现不协调或者失衡时，就会制约其他子系统结构功能的正常发挥，从而制约经济结构系统的正常运行。

（二）影响经济结构演进的因素

经济结构作为一个复杂的开放系统，影响经济结构演进的影响因素很多。其中，技术进步和制度创新是决定经济结构演进的最根本的因素，对经济结构的高级化和谐调度起着决定性作用。技术进步使生产要素效率提高，导致产业结构升级，并使经济系统的产出边界向外移动；而制度创新则表现为生产要素的配置方式和激励机制的变化，提高经济结构的适应性和协调性，从而使得经济系统的产出边界向最优的方向移动。同时，工业社会以来，经济系统与外部系统尤其是资源环境系统的联系日益紧密，在经济快速增长的同时，资源消耗和环境污染不断加重，资源环境已经逐渐成为经济结构演进的重要外部约束。

(1) 技术进步是推动经济结构演进的根本动力。经济结构演进归根到底受到生产力发展水平的制约，而技术进步作为生产力系统的核心因素，成为推动经济结构不断向高级化、合理化方向演进的根本动力。技术进步对产业结构的变迁具有直接的影响，并间接影响着其他经济结构的变化。一般来讲，技术进步对产业结构演进的影响包含以下三个层次：第一，技术进步决定产业的兴起与升级。技术进步会创造出新的产品和行业，导致新兴产业的出现。第二，技术进步决定产业的有序演变。根据产业部门的发展状态，可以将产业部门分为三类：低增长产业、高增长产业以及潜在高增长产业，这三类产业的发展与更替决定着产业的发展及重心的转移。随着技术创新重心的变化，一些高增长产业的增长速度减缓，导致其在经济中的份额下降，取而代之的是潜在的高增长产业。与此同时，新一轮的技术创新又开始孕育新的潜在高增长产业，如此循环往复，形成了一个不断发展的有序变化系统。第三，技术进步决定经济结构演变的方向。在某一特定阶段，技术创新集群具有极化效应，促使那些快速成长的产业吸引和拉动其他产业的发展。当一些快速成长的产业发展成为高增长的主导产业部门时，这些主导产业或关键产业对经济发展和产业结构的演进具有引导和带动作用，从而决定了经济结构演变的方向。

(2) 制度创新是促进经济结构演进的重要因素。生产力的发展需要生产关系的适时调整，而生产关系的调整往往需要通过制度创新来实现。同时，制度创新是经济结构调整和优化的"润滑剂"，能刺激或加快经济结构演进的进程，具体表现在三个方面：第一，制度创新能够为经济结构演进提供有效的激励机制。每一种制度都有其特定的功能和价值，制度创新可以为经济主体创造有效的激励结构，从而促进经济的增长与结构的升级。第二，有效的制度创新能够为经济结构的调整与优化提供制度基础和保障。科学与技术作为一种潜在生产力，要使其转变为现实的生产力，必须进行制度上的调整和创新。以提供科学和技术由潜在向现实转化的力量，促进经济经结构的优化。第三，制度创新能够为产业更迭提供进入或退出的机制。产业结构的变化是通过产业之间优势地位的更迭来实现的。通过制度创新，可以使产业形成适宜的进入或退出壁垒，从而对市场主体的产业准入和退出提供激励和约束，促进市场主体的"优胜劣汰"，形成一个充满竞争与活力的市场环境。因此，制度创新可以提高资源的配置效率，使生产要素流向产出效率更高的部门，引导新旧产业交替，从而促进产业结构的优化与升级。

第二节 经济结构存在的问题及绿色转化

合理的经济结构是提升区域综合实力与参与国际竞争的重要基础。坚持绿色发展，重要的是经济结构的绿色化。通过产业结构、消费结构、能源结构等经济结构的绿色化，提升人的综合素质，增强创新能力，提高资源与环境资源的利用效率与可持续性，促进价值链、产业链高端化，提升综合国力的生态环境、自然资源、人的健康等诸要素质量，增加生态产品生产能力，加速潜在综合国力向现实新综合国力转化，从而将绿色发展转化为新的综合国力与国际竞争新优势。

一、目前我国经济结构存在的问题

经济结构可以从不同角度进行分类，从经济系统内部划分可以分为生产资料的所有制结构、投资消费结构、产业结构、区域经济结构、金融结构等。从经济系统与资源环境关系看，可以分为能源消耗结构、要素投入结构等。目前我国的经济结构存在诸多不合理，有以下几个主要问题需要进一步完善。

（一）第三产业比重偏低，产业结构不合理

产业结构是指各产业在其经济活动中形成的质的联系以及由此表现出来的量的比例关系。作为经济结构中最基础的内容，产业结构反映了特定的生产力发展阶段和水平。我国改革以来产业结构不断朝着合理化的方向演进。如三次产业结构中第一、二、三产业在 GDP 中所占的比重从 1978 年的 28.2%、47.9%、23.9%变成 2015 年的 9.0%、40.5%、50.5%，第三产业于 2015 年首次突破 50%。但由于市场机制的不完善及市场失灵等原因，加上竞争机制经常被扭曲，我国的三次产业结构和相同产业内部结构仍然存许多不合理的地方。表现在：第一，三次产业结构不合理。人类社会的发展总是从农业经济演变到工业经济，再由工业经济过渡到服务经济，产业结构随着社会的发展不断高级化的过程。"从世界上不同收入国家三次产业增加值比重的变化趋势可以看出，近年来全球第一、第二产业增加值比重均呈现出不断下降的态势，而第三产业增加值比重则呈现出不断上升的态势。从 2013 年世界三次产业结构具体统计数据来看，第一产业占 3.08%，第二产业 26.75%，第三产业 70.18%"（表5-1）。目前我国第一、二产业比重仍然较大，而第三产业的比重只占 GDP 总额的 50.5%，比世界平均少 19.68 个百分点，比中等收入国家 4.68 个百分点。第二，第二产业中高技术含量的产业比重偏低。高技术产业比重依然偏低，高耗能行业比重依然偏高。高技术产业比重低，表明我国工业的技术含量不高，创新能力不强。

表 5-1 2013 年世界三次产业构成

国家产业	三次产业结构的比例（%）		
	第一产业	第二产业	第三产业
世界	3.08①	26.75①	70.18①
高收入国家	1.48①	24.82①	73.71①
中低收入国家	10.41	34.57	55.07
中等收入国家	10.02	34.84	55.18
中上收入国家	7.65	36.73	55.63
中下收入国家	17.04	32.12	51.06
低收入国家	25.80	23.63	50.50

①为 2012 年数据；数据来自世界银行发展指标数据库。

高耗能行业比重偏高是我国能源消耗大、二氧化碳排放强度高的最重要原因。根据第三次经济普查之后修订的数据，2013 年六大高耗能行业的能源消费占规模以上工业能耗的比重达 79.8%，规模以上工业能耗占全部工业能耗的比重为 94.2%，全部工业能耗占全社会能源消费总量的比重为 69.8%。因此，全社会能源消费总量的一半以上是高耗能行业消费的。能耗是二氧化碳的主要排放源，我国二氧化碳排放强度高，高耗能行业比重大是最重要的原因。第三，第三产业中现代性生产服务业比重偏低。现代生产性服务业是为生产活动提供研发设计、第三方物流、融资租赁、信息技术服务、节能环保服务、检验检测认证、电子商务、商务咨询、服务外包、售后服务、人力资源服务和品牌建设等方面的服务业。从国际一般经验来看，第三产业内部产出结构往往呈现出以下变动趋势：当人均 GDP 水平较低时，批发零售、旅馆和饭店业，交通运输仓储和邮电业发展较快，其增加值占第三产业增加值的比重较高；当人均 GDP 提高到一定程度后，研发设计、第三方物流、融资租赁、信息技术服务、节能环保服务、检验检测认证、电子商务、商务咨询、服务外包、售后服务、人力资源服务和品牌建设等生产性现代服务业的产值比重将快速上升。2015 年我国第三产业增加占 GDP 达到了 50.5%，其中批发零售、旅馆和饭店业，交通运输仓储和邮政、房地产占 21.9%。金融和其他两项合计 27.1%。如果扣除这两项中的生活性服务业（文化产业、法律、家庭服务、体育、旅游、养老）部分，现代性生产性服务业所占的比例是比较低的。

（二）能源结构不合理

能源是经济发展的基础，合理的能源供给结构和消费结构有助于经济健康持续发展。能源可以根据不同的标准分成不同的类型。根据能源使用的类型，能源可分为常规能源和新型能源。常规能源是指在现有技术条件下，人们已经大规模生产和使用的能源，包括可再生的水力资源和不可再生的煤炭、石油、天然气等资源。新型能源是相对于常规能源而言的，包括太阳能、风能、地热能、海洋能、生物能以及用于核能发电的核燃料等能源。根据能源产生的方式可分为一次能源（天然能源）和二次能源（人工能源）。一次能源是指自然界中以天然形式存在并没有经过加工或转换的能量资源，一次能源包括可再生的水力资源和不可再生的煤炭、石油、天然气资源。其中，包括水、石油和天然气在内的三种能源是一次能源的核心，它们成为全球能源的基础；除此以外，太阳能、风能、地热能、海洋能、生物能以及核能等可再生能源也被包括在一次能源的范围内。二次能源则是指由一次能源直接或间接转换成其他种类和形式的能量资源，例如：电力、煤气、汽油、柴油、焦炭、洁净煤、激光和沼气等能源都属于二次能源。一个国家合理的能源结构表现在两个方面，一是能源供给结构合理，合理的能源供给结构尽可能减少不可再生能源的供给和增加可再生能源的供给。2015年，我国能源供给量原煤占72.1%，原油占8.5%，天然气占4.9%，一次性电力和其他能源占14.5%。不可再生的能源供给量合计达能源供给量的85.5%（图5-1）。二是能源消费结构合理。能源消费结构取决产业结构。合理的能源消费结构应该是第三产业的能源消耗比例不断提升，占比不断扩大；第二产业消耗的能源比例不断下降。但2015年我国总能源消费量为425806.07万吨标准煤。其中第一产业消耗8094.27万吨标准煤，第二产业消耗295686.44万吨标准煤，第三产业74813.03万吨，生活消费消耗47212.33万吨标准煤。第二产业占能源消耗的69.44%（图5-2）。第二产业能源消耗的比例约占70%，这表明我国产业结构中第二产业的比例大，能源消耗多。

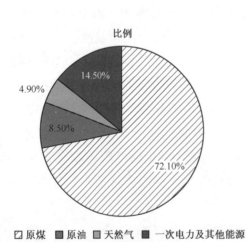

图 5-1 2015 年我国能源供给比例

数据来源：2016 年中国统计年鉴

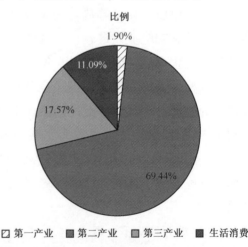

图 5-2 2015 年我国能源消耗比例

数据来源：2016 年中国统计年鉴

另外，我国单位 GDP 的能耗仍然高居不下。单位 GDP 能耗是指一定时期内一个国家（地区）每生产一个单位的国内（地区）生产总值所消耗的能源，即能源消费总量与 GDP 总量的比率。改革开放以来，我国的单位 GDP 能耗总体是呈下降趋势的，但和世界其他国家相比，我国单位 GDP 能耗仍然比较高。根据我国 2015 年能源统计公布的数据，2013 年我国单位 GDP 电耗 1.05 千瓦·小时/美元，是世界平均的 2.76 倍，OECD 国家的 4.2 倍，非 OECD 国家的 1.48 倍（图 5-3）。可见我国的单位 GDP 的能耗是比较高的。导致我国单位 GDP 能耗高居的原因是多方面的，其中一个重要的原因就是我国的经济结构不合理。

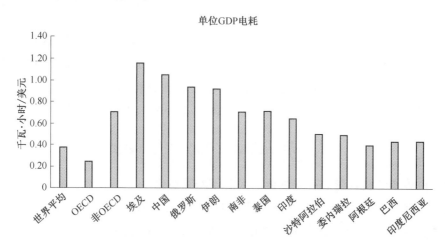

图 5-3　2013 年部分国家和地区国内生产总值电耗（2005 年价）

数据来源：2015 中国能源统计年鉴

（三）要素投入结构不合理

生产要素，又称生产因素，指进行社会生产经营活动时所需要的各种社会资源，是维系国民经济运行及市场主体生产经营过程中所必须具备的基本因素。现代西方经济学认为，生产要素包括劳动力、土地、资本、企业家才能四种。但在社会经济发展的历史过程中，生产要素的内涵日益丰富，不断地有新的生产要素，如现代科学、技术、管理、信息、资源等进入生产过程，在现代化大生产中发挥各自的重大作用。

生产要素投入结构不断优化，是人类社会经济发展的普遍规律。在原始的采集经济和狩猎经济时代，生产要素主要是由单纯的体力劳动者、原始的生产工具和自然资源（包括土地、水等）构成的。到了古代社会，社会生产要素投入结构开始有了明显的优化。劳动者拥有的生产经验和生产工具已有巨大进步，土地和水等自然资源参与社会生产的广度和深度也是过去所无法比拟的。到了以机器大工业作为社会主要物质生产基础的工业时代，社会生产要素投入结构发生了质的飞跃。在这个时代，具有一定文化程度的劳动者替代了原来的文盲，机器代替了手工制作工具。劳动者文化水平的提高，自然资源的开发和利用，特别是在生产工具方面所发生的变革，都是同自然科学的运用紧密联系的，科学也就成为了生产力。到了20世纪中叶以后，人类社会的发展又由工业化时代开始进入现代化时代。在这个时代，单纯的体力劳动者几乎在所有的经济领域都已绝迹，代之而起的是体力劳动和脑力劳动在不同层次上相结合的劳动者。目前世界发达国家在经济结构中，知识要素的投入量远远在于物质要素的投入量，通过知识要素的投入使生产获得了巨大的发展，同时又节约了物质资源，在国际竞争中处于优势地位。

我国随着生产力的发展，在要素投入中，知识要素的比重也越来越大，出现了一大批像华为、中星微这样的靠知识要素投入获得竞争优势的企业。但总体靠知识要素投入提高生产效率，靠知识要素投入获得核心技术优势和品牌优势的企业数量和世界相比还远远落后。因此我国目前只能是一个制造业大国，而不是制造业强国。

二、经济结构绿色化是时代的必然

（一）资源和环境容量的有限性要求经济结构绿色化

过去30多年，我国的经济获得长足的发展，但这种发展很大程度上是靠拼资源消耗所获得的。在经历了30多年的高速增长之后，这种拼资源消耗的粗放型的增长模式现在难以为继。我国不少资源型城市陷入到经济增长的衰退之中。另一方面是严重的环境污染，近年来我国发生了多起重特大环境污染事故。如2015年8月天津市滨海新区天津港的瑞海公司危险品仓库爆炸事件，造成165人遇难、8人失踪、798人受伤，304幢建筑物、12428辆商品汽车、7533个集装箱受损，已核定的直接经济损失68.66亿元，并造成周边严重的环境污染。我国大型淡水湖中，太湖、滇池、巢湖、洞庭湖、洪泽湖都不同程度地处于被污染状态，许多河流的水源已无法饮用。据经济参考报报道，近些年，全国惊现了许多癌症村、死亡村，在这样的村庄，因污染而导致的死亡人数大幅上升。大多数城市的地下水也受到了污染，对城市居民的饮用水安全也造成很多的负面影响。可以说，随着经济的增长，我国的环境污染也得到了同步增长。这种污染的增长使我国环境资源的承载能力已达到了极限。严峻的资源环境危机迫切要求经济发展模式的绿色化，这是历史的必然。

（二）结构性产能过剩要求经济结构绿色化

产能过剩和有效需求不足是经济发展现阶段面临的突出问题。一方面是大量的产能过剩，根据现有的统计数据，"我国实体制造业产能过剩达60%。在24个重要工业行业中，有 19 个出现不同程度的产能过剩，有的过剩程度严重。钢铁、电解铝、铁合金、焦炭、电石、水泥、电子通讯设备制造等重工业行业及纺织、服装等轻工行业产能过剩都是比较严重的。像钢材产能过剩 40%，电解铝过剩 58.4%，焦炭过剩 200%，家电过剩 30%，电视机过剩 90%，纺织、服装产能过剩超过 100%。绝大多数加工制造业生产能力利用率不到 70%，有些行业利用率不到 40%。前些年，全国积累下来的积压商品达 4 万亿元，相当于当年国内生产总值的 40%。有 900 多种工业产品的产能利用率低于 60%。"但另一方面，大量的绿色环保、科技含量高的产品又无法满足广大老百姓的需要。比如高科技马桶盖、铁胆的电饭煲，乃至日本的牙膏、眼药水等都成为国人的抢购品。

经过了改革开放 30 多年来的发展，我国的需求总量有较快的增长，需求结构也发生了深刻变化。表现在：对第一、第二产业的产品需求增长较慢，对服务业的劳务需求增长较快；对传统产业产品的需求增长相对较慢，对新兴产业和高技术产业产品的需求相对较旺，尤其是高档和奢侈品需求增长更快。随着科技进步和经济增长方式的转变，对高污染、高碳排放产品的需求在不断减少，对那些低污染、更清洁、更环保的能源产品需求则更为迫切。

（三）共富共享要求经济结构绿色化

早在 1985 年邓小平就提出"鼓励一部分地区和一部分人先富起来，带动和帮助其他地区、其他的人，逐步达到共同富裕"。改革开放 30 多年来，我国的经济建设取得了巨大进步，GDP 已位居全球第二。但这样的成果并未惠及到每一个公民和每一个地区。很多经济发达地区经济增长是建立另一些地区的廉价的资源输出基础之上，一部分人的富裕建立在另一部人恶劣的工作环境及身体健康付出代价的基础上。很多农民工进城务工获得工资收入，但另一方面却付出了健康的代价；因为健康的受损而又使家庭变得贫穷。这使得邓小平同志提出的让一部分地区一部人先富起来，带动和帮助的其他地区和其他人走向共同富裕的目标难以实现。在新世纪，以习近平为核心的党中央又提出要让人民共享经济发展成果。良好生态环境，是最公平的公共产品，是最普惠的民生福祉。我国经过 30 多年的发展，广大人民的物质生活水平有了根本性的改变和提高，目前从"求生存"转到"求生态"，从"盼温饱"转到"盼环保"，人民群众对干净水质、绿色食品、清新空气、优美环境等生态的需求显得更为迫切。因此，通过经济结构的绿色化，为广大人民群众创造一个良好的工作环境，生活在一个优美绿色的环境之中，让全体民众喝上干净的水的，呼吸新鲜的空气是真正能够惠及到生活在这一环境中最广大民众的，是经济发展全民共享的最直接最大的体现。

三、经济结构绿色化在提高新的综合国力和
国际竞争新优势中的作用及其对策

(一) 经济结构绿色化在提高新的综合国力和国际竞争新优势中的作用

所谓新综合国力是指一国经济、政治、文化、军事、科技、环境、可持续发展、外交、国防和教育系统的综合实力。与传统综合国力相比，新综合国力具有以下特点：一是新综合国力突出了环境因素，把环境因素作为考察综合国力水平的硬性指标，并作为一个独立的系统而存在。二是强调了自然系统和生态系统是综合国力系统的基础。自然系统和生态系统是综合国力系统运行的基础，第一次被纳入新综合国力理论系统，从本质上讲，这是对传统综合国力理论的一个重大突破。三是将环境效益作为衡量一国或地区综合国力的硬性指标，实现了与新国民经济核算体系的接轨。这是对传统综合国力理论的又一新的突破。四是强调可持续发展。经济社会发展既要满足当代人的需要，又不损害后代人满足需要的能力。由于新的综合国力，突出了环境因素，突出了自然系统和生态系统在国力中的基础性地位，强调可持续发展且成为综合国力一个硬指标，因此，实现经济结构的绿色化，改善经济发展的资源消耗，减少因经济发展带来的对环境和人类的损害，对提高新的综合国力和国际竞争新优势具有重大的现实意义。

1. 经济结构的绿色转化有助于提高新的综合国力

第一，实现经济结构的绿色化，能减少对能源消耗和对外依赖。能源问题是目前制约世界经济发展的重要问题。随着世界经济的不断发展，对能源的消耗量越来越大。同样随着我国经济的发展，对能源的需求量也呈现激增的趋势。2016 年，我国的能源消耗量 3053Mtoe（百万吨油当量），居世界第一（表 5-2）。2006~2016 年 10 年间我国的能源消耗量增长了 54.6%。目前支撑世界经济发展的能源仍然主要是一次性石化能源占主导地位。2016 年，我国能源消耗总量中一次性石化能源所占比例达到 87.%（其中 61.8%），清洁能源（核能+水力发电+再生能源）只占 13%。而我国一次石化能源的储存量非常有限，特别是石油资源。主要依赖进口，这种能源消耗量和对外能源依赖，对我国经济持续健康发展是极为不利的。因此，通过经济结构的绿色转化，减少对能源的消耗和对外能源依赖，对于提升我国新的综合国力具有非常重要的意义。

第二，经济结构的绿色化有助于劳动者身体健康，提升国民素质。一个国家的国力与国民素质是紧密相关的。国民素质中国民的健康素质具有基础性的重要地位。只有有了健康的身体，人的各项素质才能有提升的基础。所以，世界上不同的国家都非

表 5-2 2016 年世界主要国家能源消耗量

国家	能源消耗量（百万吨油当量）	占世界能源消耗量的比例（%）
中国	3053.0	23.0
美国	2272.7	17.1
印度	723.9	5.5
俄罗斯	673.9	5.1
日本	445.3	3.4
加拿大	329.7	2.5
德国	322.5	2.4
韩国	286.2	2.2
伊朗	270.7	2.0
沙特阿拉伯	266.5	2.0
法国	235.9	1.8
英国	188.1	1.4
世界	13276.3	100

数据来源：根据《BP Statistical Review of World Energy June 2017》整理，http://www.bp.com/content/dam/bp/en/corporate/pdf/energy-economics/statistical-review-2017/bp-statistical-review-of-world-energy-2017-full-report.pdf

常重视国民的健康。早在 1948 年，世界卫生组织就提出健康是人类的一项基本权利。2015 年，联合国可持续发展峰会上通过的《2030 年可持续发展议程》，将"确保健康的人生、提升各年龄段所有人的福祉"列为可持续发展的一个重要目标。世界许多国家，如美国、加拿大、墨西哥、巴西、芬兰、英国、德国、爱尔兰、瑞士、丹麦、澳大利亚、日本、新加坡等制定了自己的国民健康计划。我国国民经济发展第十三个五年规划，也明确提出要推进健康中国建设。之所以健康会引起世界各国的广泛关注，这是因为国民的健康素质是国家综合实力的表现，又是提升国家综合实力的基础。实现经济结构的绿色化，能够为劳动提供一个优美的劳动环境，同时又为人全面发展提供了广阔的发展空间。既能避免因生产不绿色给劳动者带来身体伤害，又能为人的身心健康提供社会条件，因此能最大限度持续发挥各类人才在生产中的作用，降低人才和劳动者因不健康因素的成本，从而有助于综合国力的提升。

第三，经济结构的绿色化有助于提升国家的生态安全。"生态安全是指维系人类生存和社会经济文化发展的生态环境不受侵扰和破坏的一种状况。"生态安全是国家的重要安全战略，直接关系到一个国家的粮食安全、能源安全、食品安全甚至国家的存在与否。生态安全的破坏往往会导致一个国家灭亡。楼兰古国的消失就是一个例证。

同时，生态安全对一个国家的粮食安全产生重大影响。外来物种的入侵，转基因及农药的滥用都对我国的生态安全带来巨大的风险，对粮食的安全生产巨大的隐患，直接危害人的身体及人类自身的繁衍。因此经济结构的绿色化，把对环境破坏降至最低，有助于构建我国的生态安全战略，提升我国的国家安全和综合国力。

第四，经济结构的绿色化有助我国经济社会的可持续发展。可持续发展是人类社会生存发展的基础。人类社会的存在和发展首先离不开人，人类要生存发展就必须有吃穿住行等这些生存资料。这些生存资料必须通过人类生产获得，并消耗现存的社会资源。随着世界人口的不断增长和人们生活方式奢侈化，需要越来越多的资源来满足人类的需要，并且给环境带来很大的破坏。生态的破坏、土地的污染、沙漠化使地球的承载能力越来越小，使人类的生存空间也越来越小。因此，必须转变经济增长和人们的消费方式，实现经济结构的绿色化，才能使一国经济和社会发展具有持续性，才能增强其在这个世界上竞争力。

总之，经济结构的绿色转化，能减少能源消耗，降低产品成本，提升劳动者的健康素质，有助于环境的改善、国家生态安全和经济社会的可持续发展，从而有利于提高我国新的综合国力。

2. 经济结构的绿色化有助于提升我国参与国际竞争的新优势

第一，经济结构的绿色化，有助于突破发达国家设置的"绿色贸易壁垒"，在国际竞争中获得新优势。随着经济全球化和世界分工的发展，世界各国经济越发紧密地相互交织在一起。国与国之间的贸易不断扩大之势。但在国际贸易中为了使本国产品在国际竞争中获得优势或避免它国产品对本国产品或产业造成冲击，往往对进口商品设立一系列的障碍，这种障碍表现为贸易壁垒。贸易壁垒分为关税壁垒和非关税壁垒。非关税壁垒又表现为限制进口壁垒和技术壁垒两个方面。限制进口壁垒如进口配额限制、进口许可、外汇管制等。技术壁垒是由各种标准和法规等技术要求形成的贸易壁垒。但是随着多轮的贸易谈判和贸易的全球化，各国的平均关税都有所下降，各国通过区域的自由贸易协定及各双边谈判，限制性壁垒也在减少。但各国为了解决进出口贸易的不平衡，保护本国或本地区的利益，纷纷由关税和限制性壁垒转向更为隐蔽的技术壁垒。技术壁垒中的"绿色贸易壁垒"越来越多。通过引用各种技术法规对各种涉及劳动安全、环境保护、卫生健康、无线干扰、节约能源与材料等来限制进口。并且不断地提高有关绿色方面的标准，并把这标准中的技术差别作为贸易保护主义的措施。特别是在保证食品安全、保护环境和人身健康方面制定了更为严格的技术标准。这些"绿色门槛"不但遏制了我国产品的出口，而且往往与人民币汇率、市场准入、知识产权、碳关税等问题交织在一起，削弱了我国商品的国际竞争力。为了应对这些歧视性"绿色贸易壁垒",只有通过经济结构的绿色化,采用国际通行的 ISO190011 等标准,才能有效化解国际贸易中对我国不利因素,提升我国产品在国际市场的竞争力。

第二,经济结构的绿色化,有助于减少外部国际环境对我国经济的影响。前面谈到目前我国为第一能源消耗大国,而一次性石化资源我国存储量有限,特别是石油和天然气资源,主要依赖进口。这种能源依赖局面极易受到国际环境的影响。目前我国能源进口的通道主要是马六甲海峡,一旦国际安全形势发生变化,马六甲海峡通道被切断,将对我国经济产生极大的影响。尽管近些年我国从战略安全需要出发,优化了能源进口的各种通道,如中巴经济走廊的瓜达尔港的开通,中亚输管道运输的开通等。这些虽然能够降低国际环境变化对我国经济所造成的风险,但只要大量的能源对外依赖,就不能从根本上解决问题。因此,通过经济结构绿化化,减少对外能源依赖,才能有效化解国际社会在非常时期对我国的围堵,使经济发展减少因外部因素而带来的波动,提升我国在国际社会竞争中的新优势。

第三,经济结构的绿色转化有助于提升我国的国际形象,更好地发挥我国在国际组织中的作用,提升我国在国际社会的话语权和软实力。一个国家在国际舞台上的形象是一国参与国际竞争的软实力。环境问题是世界各国面临的共同问题,因此世界各国都非常重视。早在 1972 年联合国就在瑞典斯德哥尔摩召开了人类环境会议及通过了《人类环境宣言》,强调我们在决定世界各地的行动时,必须更加审慎地考虑它们对环境产生的后果。1992 年,联合国又在巴西里约热内卢召开环境发展大全,并通过了《环境与发展宣言》及《21 世纪议程》;大会提出"人类应享有以与自然相和谐的方式过健康而富有生产成果的生活权利"。为了这个权利近年来世界各国不断努力,并向世界各国特别是发达国家提出了相应的义务。对积极参与并履行《联合国气候变化框架公约》及世界气候变化大会达成的协议的公约国家,得到世界大多数国家的支持和赞许,在国际上树立了良好的国际形象。因此,我国经济结构的绿色化,有助于我国履行世界气候变化大会上达成的相关协定,树立我国在国际上的良好形象,增强我国在国际舞台的话语权和软实力,从而提升国际竞争能力。

第四,经济结构的绿色化有助于我国在国际高端人才聚集竞争中获得新优势。未来经济的发展不再是拼资源投入,而是拼科技,拼智力,智力要素的投入将决定一个国家在世界经济中的竞争力。而科技和智力要素的投入,关键是高级的专门的人才拥有量。拥有良好的工作环境,清洁的空气,优美的自然环境是目前世界各国高级专门人才的企盼与追求。通过经济结构的绿色转化,创造一个宜人温馨优美的自然环境,自然能够吸引更多的优秀人才加入我们的团队,从而使我国在国际竞争中获得新的优势。

总之，经济结构的绿色化能够有效地突破"绿色贸易壁垒"；能够减少我国经济对其他国家的依赖；能够提升我国的国际形象，增加我国的软实力；能够有利于吸引世界高端人才到我们国家工作，从而能够在新的国际竞争中发挥新的优势。

（二）促进经济结构绿色化转化为新的综合国力和国际竞争新优势的对策

1. 进一步优化产业结构

不同的产业结构对资源和能源的消耗是不同的。第三产业的发展能够有效减少能源消耗，一方面能有效降低经济对能源的依赖，另一方面又能减少污染的排放。从而有效节约资源，改善环境。因此，要进一步优化三次产业结构，特别是要大力发展生产性服务业，积极参与国际生产的分工，加大对国际生产的产前、产中、产后的生产服务，延伸自己的产业链条。在国际生产链条上不断赢得利润的同时，又能很好地保护环境，从而有效增加我们的综合国力和国际竞争力。在一、二产业中通过绿色生产，清洁生产，打造绿色产品，能有效降低能耗成本，从而转化为竞优势。

2. 大力发展和使用清洁能源

一次性能源受贮藏的限制越来越少，而且对国际一次性能源的依赖还要受制于国际环境的影响，因此对一次性能源的依赖会给经济的持续健康发展带来了许多不可确定的因素。同时一次性能源使用不当（像煤炭）往往会给环境带来很大的污染。可再生的水电、风电、太阳能等清洁能源不受资源约束性限制，且对环境不存在排放污染。大力发展和使用清洁能源，一方面能减少我国对国际一次性能源的依赖，有效化解经济发展受制于别国的因素。另一方面通过改善能源结构，发展和使用清洁能源，能够减少环境污染，为国民营造一个绿水青山的美丽环境。这些都有利于我国综合国力的提高和增强我国的国际竞争力。

3. 改善经济发展的要素投入结构

过去30多年来，我国的经济取得快速发展，但这种发展是一种粗放型的发展模式，是依靠资本、土地、劳动力的扩张的外延扩大再生产，这种外延扩大再生产一方面充分利用我国大量廉价劳动的优势，承接国际产业转移发展了大量的劳动密集型产业，使经济获得长足的发展；另一方面这种发展模式也消耗了大量的资源，产生了严重的环境污染，导致了劳动力再生产的日益萎缩。同时，这种外延扩大再生产的模式使我国在国际价值的链条上，获得的回报不能与资源环境的付出相匹配。随着环境承载能力和劳动力成本的散失，这种外延扩大再生产的方式难以为继，削弱了国际竞争力。

通过经济发展的要素结构的调整，增加知识要素的投入，发展有自主知识产权的核心技术和自主知识产权的优势品牌，由外延扩大再生产转化为内延扩大再生产，能有效化解资源环境的约束，及劳动力成本优势散失对经济发展产生的矛盾。通过增加知识要素的投入能够充分发挥我国知识产权要素在国际竞争中的作用，又能有效保护好我们的环境，从而提高我们的综合国力和国际竞争力，在国际竞争链条上获得更多的利益。

第三节　传统产业和新兴产业的绿色发展及"两个转化"

产业结构是经济结构中最基础的内容，其绿色化水平是经济结构绿色化与生态文明发展水平的重要表征，也是绿色发展的重要显性指标。加快传统产业与新兴产业绿色化，深入推进供给侧结构改革，增强有效供给，强化国家生态安全与能源安全，扩大消费规模与提升消费层次，强健人的健康素质，突破"绿色贸易壁垒"，形成国家新的硬与软综合国力，增强能与国际竞争与合作新优势在产业绿色化中实现"两个转化"。

一、传统产业的绿色发展及"两个转化"

（一）什么是传统产业

传统产业，一般是指在工业化进程中由初级阶段高速增长发展而保留下来的以传统技术为基础，依靠劳动力、资本、自然资源等大量投入，来逐渐积累并以外延的方式来促进经济增长的一系列产业。传统产业主要是工业，同时还包括历史悠久的农业和第三产业的一部分，如纺织、机械、轻工、煤炭、钢铁、农林牧业、食品加工、石油化工等。概括地说，传统产业主要指劳动力密集型的、以加工制造业为主的行业。传统产业的特征主要有以下四个方面：产品需求收入弹性低，生产技术成熟，投资少、见效快，综合竞争力减弱；传统产业部门是社会经济发展的主体，对我国经济发展及社会稳定极为重要；传统并不意味着落后，也不代表不规范；在历史的任何时期，传统产业总是占有着最大的比重。只要传统产业保持创新，实现绿色化，就可保持竞争优势，可永不衰落。传统产业对我国经济社会发展作出了巨大的贡献。在工业化进程中，传统产业面大量多，在规模以上工业企业中，制造业 33 个行业中有 17 个行业属于传统产业，占比 51.52%。传统产业不论是在创造产值、解决社会就业方面还是在增加财政税收方面，其贡献率均超过 50%，因而对我国经济社会发展起着支撑作用。

（二）传统产业存在的问题

（1）面临人力成本上升的压力。传统产业主要集中在纺织、机械、轻工、煤炭、钢铁、玻璃、陶瓷、水泥、农林牧业、食品加工、石油化工等行业，这些行业主要是劳动密集型产业。改革开放以来,这些行业抓住国际产业梯度转移的机会,并充分利用我国大量廉价劳动力的条件,使这些行业获得了充分的发展,并在国际竞争中充分发挥了劳动力成本的优势,取得了很好的经济效益。但是,近年来随着我国劳动力工资水平的上升,劳动力成本优势逐渐散失,加上世界金融危机的影响,大量劳动密集型的传统产业遇到了前所未有的困难,不少企业纷纷破产倒闭。2008年,金融危机暴发以来,大量的劳动密集型的企业破产,没破产的企业在面对劳动力成本上升,资源等外在条件约束的情况下,效益下降,面临很大的生存压力。

(2) 产能大量的过剩。目前我国工业24个行业中,产能过剩达到19个,绝大多数都是传统产业。钢铁、电解铝、铁合金、焦炭、电石、水泥、电子通信、设备制造等重工业行业及纺织、服装等轻工业行业产能过剩都是比较严重的。像钢材产能过剩40%,电解铝过剩58.4%,焦炭过剩200%,家电过剩30%,电视机过剩90%,纺织、服装产能过剩超过100%。绝大多数加工制造业生产能力利用率不到70%,有些行业利用率不到40%。前些年全国积累下来的积压商品达4万亿元。相当于当年国内生产总值的40%。有900多种工业产品的产能利用率低于60%。

(3) 能源消耗过高。传统产业大量是高能耗、高污染、高排放的行业。如有色金属冶炼及矿山开发、钢铁加工、电石、铁合金、焦炭、垃圾焚烧及发电、制浆、化工、造纸、电镀、印染、酿造、味精、柠檬酸、酶制剂、酵母等工业。2013能源峰会暨第五届中国能源企业高层论坛上指出,2012年我国一次能源消费量36.2亿吨标煤,消耗全世界20%的能源,单位GDP能耗是世界平均水平的2.5倍,美国的3.3倍,日本的7倍,同时高于巴西、墨西哥等发展中国家。中国每消耗1吨标煤的能源仅创造14000元人民币的GDP,而全球平均水平是消耗1吨标煤创造25000元GDP,美国的水平是31000元GDP,日本是50000元GDP。

(三) 传统产业的绿色优化在提高新综合国力和国际竞争新优势中的作用

面对传统产业存在的劳动力成本、产能过剩,特别是高能耗、高排放、高污染问题,在世界市场上竞争优势逐渐丧失,导致不少传统产业已开始向东南亚、印度、非洲转移及回流美国。因此,必须对传统产业进行转型优化升级。通过转型优化升级,能够有效降低成本、减少能源消耗,降低排放,大大改善我国环境的承载能力,从而有效地提高我国新的综合国力,使传统产业在国际竞争中增添新的优势。

(1) 通过对传统产业的优化升级,能够很好地节约劳动力成本。传统产业通过科技创新,采用自动化等先进生产线,用机器人代替人工,能很好地减少对劳动力的需求,从而化解招工难和劳动力成本低的压力。

(2) 通过转型优化升级,能够更好地开发出适销对路的新产品,化解产能过剩。

随着社会经济的发展，不管是生产消费还是生活消费，消费层次都在不断地更新，如钢铁产业中对普通钢材的需求在不断萎缩，而对耐高温、耐腐蚀、轻质、环境适应强的特种钢材的需求不断提高。生活消费中人们对健康环保的日常用品，绿色食品、节能产品更加青睐。

（3）通过对传统产业的优化升级，能减少能源消耗，减少污染排放，更加有利于保护环境。通过科技创新，采用清洁生产能够有效消除生产过程和产品对人类及其环境的危害，同时又能充分满足人类需要，使社会经济效益达到最大化。因此传统产业的绿色化能够有效提高我国的综合国力，提升我国在国际竞争中的新优势。

（四）传统产业的绿色转化的对策

1. 运用高新技术改造传统产业，提升产品质量

传统产业生产的产品与广大人民群众的生活消费息息相关，永远不存在没有市场的概念，关键是产品是否顺应时代的需要。如纺织行业，现在广大人民群众不愁穿，但希望穿得更好，这就要求纺织行业生产出更高档、更环境、更舒适的面料。不少厂家都开发出了许多各自特色的高端面料，从而在国际市场竞争中立于不败之地。如泉州海天材料科技股份有限公司开发出轻量化且具有吸湿发热效果的功能性面料而受到追捧。常州强声纺织有限公司也根据市场的需求和国际上功能面料兴起的潮流，在不断地进行产品结构调整，先后开发了易烫、免烫、纳米、抗菌、抗紫外线、易去污、吸湿快干等功能性面料。这些高端的面料，帮助企业在当前的市场环境下避开了常规的生产途径，走出了差异化生产的道路，在竞争中立稳了自己的脚跟，取得了一席之地。江苏丹毛纺织股份有限公司开发出的"丹毛弹"出色的弹性功能，在市场上博得了众多好评。其弹性功能并非来自于莱卡纤维，而是工艺的调整，最重要的是生产过程低碳环保，符合高端面料环保的理念。而日常家用电器方面"让世界爱上中国造"的格力电器制造出大松多段IH智能电饭煲能与日本电饭煲一比高低，受到消费者的热捧。而美的集团开发制造的IH（即电磁加热）高端电饭煲也进军日本市场。这些传统产业的绿色化，能有效提高我国的综合国力和增强我国产品的国际竞争力。

2. 培育自主知识产权的优势品牌

品牌是消费者对某一企业及其生产的产品、售后服务、企业文化及其产品文化价值的一种认知程度。知名品牌是得到大众普遍认可、信任，知名度高的企业及其生产的产品。所谓品牌优势就是借助品牌，在市场竞争中获得有利地位的一种优势，它能有效提高产品的国际竞争力。特别在传统产业中能够在市场竞争中赢得主动地位。像香奈儿、雅诗兰黛、爱马仕、迪奥、宾利、卡地亚、蒂芙尼、路易威登、劳力士、普拉达、轩尼诗、古驰等奢侈品品牌；麦当劳、可口可乐、百事、宜家、高露洁、星巴克、雅芳、UPS、万事达等大众消费知名品牌，这些品牌在市场竞争中都处于优势领先地位。

优势品牌之所以在市场竞争能占据有利地位，关键在于品牌里面所蕴含的产品质量、价值、文化、利益、属性等得到消费者的认可。在知识经济时代，品牌已成为企业生产的一种重要资产，这种无形的资产在当今社会越来越重要。许多知名跨国公司，其企业财产中，品牌和专利等无形资产已超出其有形资产的份额，比重已高达80%以上。没有品牌和专利，即使有资金、土地、机器、厂房等固定资产，生产也无法进行。相反，拥有了品牌和专利，却可以轻松地配置相关的有形资产。可口可乐、麦当劳、肯德基就凭借其品牌和配方专利，通过品牌和专利运营推广，把业务拓展到全球，用无形资产配置有形资产，把其他国家和地区的资源（水、劳动力、土地、厂房、原材料）源源不断地转化为他们的利润。国内的海尔之所以能在市场竞争中占有一席之地，与他们早期的砸掉不合格的冰箱树立了企业品牌形象，到今天"真诚到永远"，人人都是CEO，全方位进行品牌建设和塑造的企业精神是紧密相连的。而品牌的培育不需要消耗太多的物质资源，也不会给环境带来污染，却又能有效提升产品的国际竞争力。目前，我国所拥有的自主知识产权的优势品牌在世界市场处于弱势地位。世界著名品牌咨询公司BrandZ公布的2012年全球最具有价值的品牌排行榜中有13家中国企业入榜。而入榜的13家企业中，传统产业仅有茅台一家。且13家上榜品牌价值合计为2555.05亿美元，而美国苹果一家品牌就达1829.51亿美元，约占中国上榜13家企业总量的71.6%。而另一家世界著名品牌咨询公司Interbrand发布的全球最佳品牌排行中，到2012年，我国还没有一家企业进入。由此可见，我国自主知识产权的优势品牌塑造和培育任重而道远，特别是实体制造业和服务业。

二、新兴产业的绿色发展及"两个转化"

（一）新兴产业的定义

新兴产业是指随着新的科研成果和新兴技术的发明、应用而出现的新的部门和行业。世界上讲的新兴产业主要是指电子、信息、生物、新材料、新能源、海洋、空间等新技术的发展而产生和发展起来的一系列新兴产业部门。2016年，我国国务院印发的《"十三五"国家战略性新兴产业发展规划》中，强调"十三五"期间中国的战略性新兴产业代表新一轮科技革命和产业变革的方向，是培育发展新动能、获取未来竞争新优势的关键领域。规划中高效节能、环保、新一代信息技术、生物（生物医药产业、生物医学工程产业、生物农业产业、生物制造产业、生物服务）、高端装备制造（智能制造装备产业、航空装备产业、卫星及应用产业、轨道交通装备产业、海洋工程装备产业、智能制造)、新能源(核电技术产业、风能产业、太阳能产业、"互联网+"智慧能源产业、生物质能产业)、新材料、新能源汽车等战略性新兴产业。主要特征体现在七个方面：

一是地位战略性，因其关系企业核心竞争力构建、区域产业安全甚至国家安全，其地位突出重要，是一般传统产业所不能替代；二是影响全局性，因其战略地位突出，影响面广、波及面大，对整个经济社会发展能产生重要影响，即战略性新兴产业的带动效应相比一般产业要大；三是技术前瞻性，突出表现在技术创新和技术领先上，通常表现为技术发明及专利，如 LED 产业的封装、电源控制及芯片技术等，还包括科学界的重大科技发明及发现，它代表了一国乃至全人类的科技进步，如量子通讯技术、量子反常霍尔效应等重大发明发现等都将催生新兴产业或高新技术产品的出现；四是市场风险性，因新兴产业处在技术酝酿阶段和范式构造及探索阶段，未来市场培育和拓展与市场现实需求的匹配度如何具有不确定性，产业生命周期顺利延续的难度不小；五是发展可持续性，指战略性新兴产业虽然具有市场风险性，但其发展具有不断成长性直至成为主导产业和支柱产业的可能，它是后两种产业形态的萌芽，有望实现产业发展上的星火燎原之势；六是产业生态性，指战略性新兴产业一般是技术含量高，污染和能源消耗低的产业，通常表现为技术密集型产业，具有较好的亲生态性特质，符合国家节能减排、产业转型升级以及绿色、低碳产业政策和要求的新产业，符合"两型社会"的发展要求；七是区域竞争性，指战略性新兴产业通常在技术先发地区和技术先入地区形成，如大学和科研院所集聚区或产学研资源高效整合区域，在该地区专业化程度相对较高。因此，新兴产业对一国经济具有引领作用，同时又是在世界经济中具有竞争力的产业。

(二) 新兴产业存在的问题

(1) 新兴产业同样存在高能耗的问题。新兴产业特别是战略性新兴产业虽然是对经济社会全局和长远发展具有重大引领带动作用，知识技术密集、物质资源消耗少、成长潜力大、综合效益好的产业，但并不意味着不需要绿色化。这是因为新兴产业同样存在高能耗问题。以新能源产业的太阳能和核能为例，太阳能是世界和我们国家都倡导的新源能产业，太阳能的利用可以有效解决一次能源有限性对经济社会发展的制约，同时又可以解决一次性能源利用时带来的排放污染问题。但太阳能的利用必须依赖太阳能电池。而目前太阳能电池制造的上游产业之一是多晶硅料的提纯。多晶硅提纯产业是典型的高耗能产业。国内多晶硅生产还原电耗一般在 150~200 千瓦·小时/千克，综合电耗在 230~300 千瓦·小时/千克，电耗占多晶硅成本的 35%~60%，是国外先进技术厂商生产电耗的 2.0~2.5 倍。

（2）新兴产业同样存在污染问题。新兴产业中不仅存在高能耗的问题，而且也还存在环境污染问题。随着一大批新兴产业的崛起，为提高材料或产品的性能，对一些特殊化学品的需求也在不断增加。以全氟辛烷磺酸（PFOS）为代表的氟碳表面活性剂即是其中一种重要的材料。PFOS 及相关物质是一类人工合成的含氟精细化学品。因其具有疏水疏油、优异的表面活性和化学稳定性等特点，除被纺织染整、消防、电镀、石油开采、清洁剂、橡胶和塑料、皮革整理、涂料、感光材料、油墨和纸张表面处理等传统产业采用外，也被广泛应用于航天航空、光电子、纳米材料、医疗器材、电子半导体等一些新兴产业中。然而，PFOS 具有持久性、长距离传输及广泛分布的特性，可在生物体内蓄积与放大，对动植物以及人体产生毒性效应。中国是目前少数生产 PFOS 类物质的国家之一，也是全球最大的生产国和使用国，且 PFOS 的生产和使用主要集中在工业发达、新兴产业密集的东部沿海地区。同样在太阳能产业中，多晶硅生产过程的最大的副产品四氯化硅是一种具有强腐蚀性的有毒有害液体。国内多晶硅生产企业中，每生产 1 吨多晶硅将产生 10~20 吨的四氯化硅。目前，我国多晶硅生产规模已突破 1 万吨/年，意味着每年至少有 10 万吨的四氯化硅必须进行处理。我国目前对四氯化硅废物处理尚无硬性规定，大部分四氯化硅采取存储方式处置。虽然少数企业已成功实现将四氯化硅回收制取气相白炭黑。但白炭黑消费市场容量小，四氯化硅产生量大，完全依赖该项工艺技术来消化其全部的四氯化硅副产物并不现实。多晶硅生产实际是个提纯过程，采用化学方法提纯处理时，氯元素起到重要的媒介转换作用，而氯本身并不进入产品。据调查，采用改良西门子法生产多晶硅时，每生产 1 千克多晶硅需要消耗氯气 0.9~3.4 千克，是典型的"吃氯"产业。多晶硅生产企业在布局时，很少考虑与原料链的配套问题，绝大多数均为单一多晶硅生产企业，没有配套氯气生产装置。因此，多晶硅产业的扩张加速了氯碱行业的发展。目前，氯碱行业已出现产能过剩的势头，并且小型氯碱企业生产过程中污染很严重。氯碱生产为多晶硅生产提供液氯和尾气处理所需要的烧碱。氯气与烧碱都是不适宜长距离运输和大量储存的危险化学品，而现在各地上马多晶硅项目并没有相应的配套原料链，由此将会引发一系列安全问题，延伸环境风险。

（三）新兴产业绿色转化在提高新综合国力和国际竞争新优势中的作用

新兴产业代表了经济社会发展的方向，但是并不代表完全绿色环保。因此新产业也有一个绿色化的问题，通过绿色化，能增加新兴产业的国际竞争优势和提升我国的新的综合国力。

（1）通过绿色化，能降低新兴产业某些环节的能源消耗。在新能源产业中，太阳能由于其安全可靠、分布广泛等独特优点，必将在未来能源结构中占据重要地位。对太阳能利用的最优价值途径即为光伏发电。由于其技术相当成熟,世界各国都在大规模发展光伏产业。但光伏发电应用过程中的瓶颈就是生产太阳能级硅的成本过高以及高品质的太阳能级多晶硅生产能力不足,导致多晶硅市场乃至光伏产业受制于人。如前所述,目前我国太阳产业中的上游企业的多晶硅提纯电耗占多晶硅成本的 35%~60%,是国外先进技术厂商生产电耗的 2.0~2.5 倍。如果采用绿色化的冶金法提取太阳能级多晶硅,其能耗成本仅仅只有化学法的 50% 左右,总成本仅仅只有化学法的 56% 左右。而我国中铝宁夏能源集团公司经研究与实践,采用冶金法替代化学法生产太阳能多晶硅,大大降低了能消耗,减少了对环境的污染,对我国太阳能产业产生了重大影响,有效提高了我国太阳能产业在国际上的竞争力。

(2) 新兴产业通过绿色化,能减少对环境的污染,有效提高我国新的综合国力。通过上面的分析,新兴产业也存在环境污染问题,如果能减少新兴产业对环境的污染,同样能有效转化我国新的综合国力和增添我国新兴产业在国际上的竞争力。前述的 PFOS、POFA 等材料广泛应用于航天航空、光电子、纳米材料、医疗器材、电子半导体等一些新兴产业中。但在 2006 年,欧盟就发布了《关于限制全氟辛烷磺酸销售及使用的指令》,2009 年又被列入《斯德哥尔摩公约》新增的持久性有机污染物优控名单。如果我们的高新技术产品中存在这些物品,必然在国际贸易中处于不利地位。因此用新的全氟丁基磺酰氟 (PFBS),全氟乙基磺酰氟 (PFHS),代替 PFOS、POFA,能有效减少对环境的污染,同时又能不受《斯德哥尔摩公约》的影响,增强我国新兴产业的国际竞争力。

(四) 新兴产业的绿色转化的路径

1. 发展具有自主知识产权的核心技术

缺乏自主知识产权的核心技术,要发展高新技术产业只能是一句空话。拥有了自主知识产权的核心技术,就可以打开潜在的多种不同类型产品的市场大门,并通过专利把竞争对手在一定时间内挡在市场的门外,从而在竞争中获得优势地位。一个企业如果拥有了具有自主知识产权的核心技术,并且这种核心技术支撑的产品具有广泛的市场运用前景,就能从中获得非凡的价值回报。我国的中星微电子有限公司,坚持自主创新,先后突破了七大核心技术,成功地开发了具有自主知识产权的"星光中国芯"系列芯片。这种芯片广泛运用于移动通讯、电脑、数字信息家电、宽带多媒体通讯、数码影像等行业。其产品被索尼、中兴、华为、三星、惠普、富士通、飞利浦、罗技、联想等大批国内外知名企业采用,成功地占据了国际市场。而太阳能产业虽然被列为战略性新兴产业的一个重要方向,但目前世界上太阳能电池技术领先的是澳大利亚、美国、德国和日本,我国在太阳能电池转换效率方面的研发力量和自主创新能力相对薄弱。另外，在光伏产业上游，太阳能级多晶硅的提炼技术仍以中低端为主，国内企业多采用国外逐步淘汰的技术，对环境污染严重。在光伏产业下游，太阳能发电系统的并网发电要求的智能电网等各方面技术和国外相比也有很大差距，没有自主知识产权的先进的电网调控和调度技术，因而整个行业在国际竞争上处于不利地位。

2. 构建绿色环保新兴产业链

新兴产业本身是物质资源消耗少的产业，并不意味着新兴产业整个产业链都是绿色环保的。因此，只有做到新兴产业整个产业链的绿色、低能耗才能转化为新的综合国力和新的国际竞争力。如新能源产业中的太阳能产业，其产业链包括涵盖上游技术研发、多晶硅料提纯，中游的多晶硅或单晶硅锭（棒）切片、光伏电池片生产、光伏电池组件生产封装，下游的光伏应用系统集成及运营等。其中的多晶硅提纯环节目前就是一个高能耗、高排放的污染行业。因此，要真正发挥太阳能这个清洁能源的优势，就必须进一步开发太阳能利用装备生产新工艺和新设备，提高太阳能光伏电池转换效率，降低电池组件成本关键技术。必须进一步开发太阳能光伏发电新材料、新一代太阳能电池、太阳能热发电和储热技术、太阳能热多元化利用技术等。在高效利用核能的同时，要进一步发展核燃料后处理和废物处置等技术研究。如果核废料处理的关键技术得到突破，在利用其高效清洁能源的同时，核废料对环境的污染将彻底抵消其发电环节所有效用。

3. 对新兴产业进行合理规划布局

由于新兴产业并非都是无污染、绿色环保的，因此对新兴产业进行合理的统筹规划和布局就显得特别重要。新兴产业的发展要从资源、市场、技术、贸易、环保等诸多方面进行统筹，摒弃部门和地方为发展经济、片面追求GDP的狭隘利益观，科学地、前瞻性地进行规划。研究某一新兴产业的准入标准，要结合上下游相关产业的发展现状与相应的区域环境状况，用循环经济和可持续发展的理念，合理科学地规划布局，减缓环境影响与风险。这样才能最大限度发挥新兴产业对经济发展的带动作用和引导作用，通过新兴产业的发展来增强我国的综合国力和提升我国新的国际竞争力。

第六章　围绕"两个转化"推进供给侧改革

"两个转化"是供给侧改革的目标指向。围绕"两个转化"推进供给侧改革的本质要求：一是根据经济新常态进行供给侧结构性改革，这是实现"两个转化"的充分条件；二是围绕国内、国际两个市场（以下简称"两个市场"）的变化进行供给侧改革，这是实现"两个转化"的必要条件；三是必须遵循生态文明经济的运行方式，这是实现"两个转化"的保障。

第一节　根据经济新常态推进供给侧结构性改革

我国经济新常态的一个重要维度是：改革开放30多年来，我国经济发展取得了举世瞩目的成就，成为世界第二大经济体。遗憾的是，在发展经济过程中，仍然沿袭了工业文明的思维方式、生产方式和生活方式，一方面肆无忌惮的向自然索取，另一方面又毫无顾忌地向自然排放大量废弃物。我们所采用的是高投入、高排放、低产出、低效益的发展模式，因此出现了资源趋于枯竭、环境污染严重、生态系统退化、公众工业病蔓延等问题。我国的GDP占全球的13.3%，但能源消耗占21.8%。2014年，我国石油对外依存度达到60.39%，大大超过国际警戒线；600多个城市中有三分之二城市缺水，其中110个城市严重缺水，全国地表水10%左右为劣V类；74个重点城市仅8个空气质量达标；水土流失面积占比达37%；80%以上草原出现退化，沙化面积占比超过18%；生物多样性锐减，濒危动物达250多种，濒危植物达350多种。资源能源枯竭、生态环境恶化已经达到或接近临界点，已经成为严重制约经济社会发展的新常态。30多年来，主要依靠大规模自然资源和环境要素来推动的经济发展模式已经不可持续，必须以习总书记的生态文明理论为指导，推进供给侧结构性改革，破解经济发展与生态环境保护的"二律背反"，达到经济效益、社会效益和生态效益相统一、最优化与可持续化。习总书记指出：生态文明是人类社会进步的重要成果；生态文明建设是我们党对于建设有中国特色社会主义规律认识的深化和升华，必须以生态文明观来指导供给侧改革,推动经济结构、要素投入结构和消费结构的绿色化进程,为"两个转化"提供充分条件。

一、促进经济结构的绿色化改革

在生态文明视野下,生态是生产力之基,保护生态环境就是保护生产力,改善生态环境就是发展生产力。良好的生态环境是供给侧结构性改革的题中应有之意,也是评价供给侧结构性改革成效的重要标准。这就要求供给侧结构性改革要通过经济结构优化,向绿色高效转型升级,使绿色理念贯穿到工业化、信息化、城镇化、农业现代化的始终,把绿色发展转化为新的综合国力和国际竞争新优势,实现中华民族的永续发展,为全球经济发展和生态好转做出更大贡献。

优化经济结构要坚持问题导向。从生态文明视野,目前我国经济结构存在诸多问题:产业结构方面,低附加值、高消耗、高污染、高排放的"三高一低"产业比重偏高,而高附加值、抵消耗、低污染、低排放性质的绿色低碳产业比重偏低。在要素投入结构方面,劳动力、资源、土地等生产要素投入过多,人才、技术、知识等非自然资源的高级生产要素投入不足,尤其是环境要素,长期被排除在生产要素之外。经济增长动力结构方面,我们过度依赖大规模投资等要素投入来推动,对资源能源、生态环境造成很大的破坏。能源结构方面,石化能源资源占比较大,新能源和可再生能源占比较小,基本上是以煤炭为主的能源结构,造成温室气体排放、生态环境恶化等问题。生态结构方面,产权制度、空间开发保护、治理体系、环保市场等方面有待于进一步发展完善。

这些结构性问题需要通过改革来解决。一方面必须坚持走新型工业化和农业现代化的道路,加快转变生产和生活方式,推动高新技术产业、环保产业等战略性新兴产业、智能型先进制造业、现代服务业健康发展,实现产业的转型升级和结构优化,提升经济发展质量和水平。另一方面,必须推动现代生态化技术体系的发展与应用,推进要素的有效投入和升级,重视环境约束,树立生态环境也是生产力的理念,把生态保护放在更突出的位置,把生态保护贯穿到供给侧改革的各个环节,促进生态型的经济增长;推进能源结构升级,坚持生态优先,加快能源代际更迭步伐,大力发展可再生能源,安全高效发展核电,构建优质、经济、清洁、安全的供应体系;不断完善生态文明建设制度并充分付诸实践落实,积极推进生态结构优化。

二、要素投入结构的改革

生态文明建设的重点是提高全要素生产率,通过资源重新配置提高经济质量和资源利用效率。比如,自然资源从粗放型低端型生产流向智能型高端型生产,从工业文明的末端治理转变为生态文明的过程治理,既提高经济质量和效益,又从源头控制和减少资源能源消耗和污染排放。而提高全要素生产率正是供给侧结构性改革的主要目标。在经济新常态下,传统的依靠资本和劳动要素投入推动经济增长的方式,是与绿色发展理念背道而驰的,而且依赖资本劳动比增加来提高劳动生产率,也会遇到资本报酬递减这一瓶颈。提高全要素生产率是新常态下唯一可持续的增长动力。如果我国不能把经济增长转到全要素生产率驱动的轨道上来,那么我们将会面临经济减速乃至停滞从而落入"中等收入陷阱"的风险。

提高全要素生产率需要建立相应的关键性考核指标,需要建立国内生产总值与全要素生产率并重的"双目标"考核体系。跨越"全要素生产率下滑陷阱",充分激发中国经济增长潜力,破解"经济-资源-发展"的三角困境。生态文明观认为,资源利用效率与污染排放是一个统一体的两个侧面,资源利用效率提高了,污染排放必然就减少了。所以要求通过培育新生主体、产业绿色转型、增加要素有效供给、推进制度变革、优化结构、要素升级、调整存量和培育增量来提高全要素生产率,降低能源资源消耗,减少污染排放,形成解决资源环境问题的新常态和新的经济增长点。这是建设有质量有效益的资源节约型、环境友好型、公众健康型社会的必经之路,也是供给侧结构性改革的重要目标。

三、消费结构的改革

绿色消费、健康消费、循环消费、低碳消费等是生态文明型的消费新常态。随着经济持续快速发展,我国居民消费水平不断提高。根据马斯洛需求层次理论,我们可以知道,在物质需求得到满足之后,人们会追求更高层次的需求。在全面建成小康社会的攻坚阶段,居民消费结构优化升级,需求发生变化,呈现需求新常态。具体表现为从数量向质量的升级、从温饱向健康的升级、从物质向精神的升级、从致富向生态的升级、从生计向生活的升级。国务院《关于积极发挥新消费引领作用加快培育形成新供给动力的指导意见》指出,我国消费结构正在发生深刻变化,以消费新热点、消费新模式为主要内容的消费升级正在进行。不管是生活消费还是生产消费,这些消费新热点、新模式的一个重要特征是绿色、健康、循环、低碳等生态文明型消费。人民群众对健康的渴望,对于干净的水、清新的空气、安全的食品、优美的环境等的需求越来越迫切,对优质生态产品的消费正在成为老百姓对小康生活的新需求。这就要求供给侧结构性改革要与需求相衔接,把此作为重要内容进行顶层设计和具体实施:坚持绿色发展,树立生态文明消费观;以科学绿色智能健康引领消费新常态;促进和引领消费转型升级，培育绿色、健康、循环、低碳等消费热点；提高生态文明型消费能力，扩大满足消费新需求的产品的供给，拓展消费新业态，充分发挥消费新需求在提高经济质量和效益中的作用。

第二节　围绕国内、国际两个市场的变化进行供给侧改革

通过供给侧改革，满足变化了的国内、国际两个市场的需求，占领"两个市场"的更大份额，是实现"两个转化"的必要条件。

一、国内市场

分析国内市场的变化，首先必须分析公众需求的变化，然后审视生产目的的变化。为供给侧改革指明方向，才能切实实现"两个转化"。

供给侧结构性改革的根本是使我国供给能力更好地满足广大人民群众的需要。这就需要重新审视生产目的的内涵：在工业文明观的视野下，生产目的是满足人民群众日益增长的物质文化生活需求。这种不断增长的物质生活，实际上是以数量的上升为标志，以质量的下降为代价的。这是一种不可持续的增长，是无法满足人的全面发展和生态系统繁荣的需求。在生态文明语境下，生产目的有更加全面深刻的意蕴，即是满足全体人民群众日益优化的物质、文化和生态产品的需要以及自然生态系统自身发展的需求。

1. 满足市场需求的优化是生产目的的基本内容

在社会经济发展的现阶段，我国人民群众的物质与文化的需求已经发生了很大的变化。需求变化的最大特点，一方面是从物质生活的数量型向质量型转变，另一方面是从比较单一的物质生活需求向物质生活、文化生活以及良好的生态环境等多元化需求的转变，特别是对生态产品和生态文化产品的需求不断增强。而与这样的需求结构变化相比，供给的结构没有能够及时调整以适应需求结构的变化要求，市场供给跟不上需求升级，无法满足人民群众需求结构优化的需要，于是就出现了供求之间的结构性矛盾。因此需要通过供给侧结构性改革，培育并形成新供给新动力扩大内需，同时改善需求结构。推进供给侧结构性改革，就要去库存去过剩的产能，减少无效供给，扩大有效供给，提高供给结构对需求结构的适应性。所以，发展生态生产力，加快产业绿色转型，更加注重形成绿色化生产和消费方式，通过提高环境准入门槛，智能化的先进制造，促进新增产能更优，新增产品更加环境友好，不断满足全社会日益增长

的对高质量产品和服务的需求，是"两个转化"视野下供给侧改革的基本内容。

2. 扩大生态产品的市场供给是生产目的的新增内容

习近平总书记指出："良好的生态环境是最公平的公共产品，是最普惠的民生福祉。"供给侧结构性改革要"着力增加有效供给，不断满足新增需求"。但是，长期以来，我们采用的是工业文明发展方式，对资源环境造成了严重的破坏。雾霾天气、沙尘暴、酸雨、土壤污染、饮用水安全、食品安全等问题凸显，生态空间日益缩小，生态产品品质和供给质量不断下降。可以说，良好的生态产品供给已成为制约我国公众生产、生活和健康的突出"短板"。正是呼应这样的民生，十八届五中全会《中共中央关于制定国民经济和社会发展第十三个五年规划的建议》强调，坚持绿色富国、绿色惠民，为人民提供更多优质生态产品。

这就要求推进供给侧结构性改革，要加快产业绿色转型，努力构建科技含量高、资源消耗低、环境污染少的产业结构，坚持"基本、优质、高效、永续"的标准，建立生态产品的绿色供应链，坚持经济发展与环境保护相互融合，以生态产品多样、服务品质提升为导向，建设好城乡生态、森林生态、海洋生态、湿地生态、草原生态和沙漠生态，增强生态产品的生产能力，扩大优质生态产品的有效供给，促进生态效益、经济效益和社会效益同步增长，更好地实现"两个转化"。

3. 促进自然生态自身的繁荣是生产目的不可缺少的重要内容

在工业文明时代，"极端人类中心主义"思想占据主导地位，人类贪婪地向自然界进行了疯狂的掠夺，使自然生态环境遭到了严重的破坏，人与自然的关系发生了深刻的变化，以致自然界对人类实施了无情的报复和严厉的惩罚，自然—人—社会复合生态系统面临覆灭的巨大危机。生态与环境的问题引发了人们对于工业文明生产方式和发展方式的深刻反思，保护人类赖以生存发展的生态环境成为全球共识。促进自然生态系统自身繁荣，成为生态文明语境下生产目的的重要内容。"五位一体"的总体布局和"四个全面"的战略布局以及创新、协调、绿色、开放、共享的发展理念都体现了我国对尊重自然、顺应自然、保护自然的高度重视。推进供给侧结构性改革，必须树立生态环境也是生产力的思想，坚持把生态环境保护放在更突出的位置，作为调结构的重要抓手，将以改善环境质量为核心贯穿到生产生活各领域，紧紧抓住改善生态环境质量的核心，补齐生态环境短板，重视资源环境约束，寻求生态增长。

特别需要强调的是要树立反哺自然的理念，把它作为绿色供给侧结构性改革的重要内容，这是协调人与自然关系的根本之策。从这样的观点出发，对于循环经济的3R（减量化、再利用、资源化）原则也需要有新的认识。3R原则只是对于经济子系统的物质循环转化而言的，它起到了节约资源与减少污染的作用。但是，这只能减缓资源枯竭的步伐，而且在静脉产业的发展中，还会出现二次的能源消耗和污染。所以从根本上说，应当从自然—人—社会复合生态系统的层面来保护自然，自然、人、社会是共同存在于地球生态母系统之中的，它们必须协同演进，才能共同发展。在协同演进中必须形成复合生态系统的大循环，即人类、社会和自然界的大循环（而不单单是经济子系统内的循环）。人类不但需要从自然界中获取物质资源，而且要反哺自然界，发展自然力，进行生态建设，发展可再生资源，让自然界能够保持生机、蓬勃发展，增加资源的存量，提高资源的质量，增强生态系统功能；同时又要善于把生态与环境的优势转化为经济社会发展的优势，以形成自然—人—社会的良性循环和协同演进的态势。笔者把它称为增量化原则，这个原则和减量化、再利用、再循环形成4个原则。这样才能保持自然生态系统的永续繁荣，子孙后代永续受益，这是实现"两个转化"的根基。

二、国际市场

国际市场对绿色产品的需求和绿色产业的发展主要集中在发达国家和新兴经济体。当然，其他许多国家对绿色发展的意识也在不断增强。正如其他各章所述，绿色发展是国际发展的大趋势，顺其者昌，逆其者衰，是历史发展的必然规律。只有瞄准这一变化了的国际市场实施供给侧改革，才能占领国际市场的更多份额，实现"两个转化"。

第三节 围绕"两个转化"实施供给侧改革必须发展生态文明经济

一、发展生态文明经济是占领"两个市场"，实现"两个转化"的必经之路

围绕"两个转化"实施供给侧改革也要遵循生态文明经济的运行方式，特别要正确处理好以下关系：

1. 生产与消费的辩证关系

习近平总书记在中央财经领导小组第十三次会议上指出，中国要实现更高质量、更加持续的增长，发展方式和经济结构必须向消费型增长转变。在工业文明时代，供给侧通过大量生产、大量促销，刺激消费者大量购买，形成了以即买即弃、大量浪费为荣的消费文化，不但浪费了大量的宝贵资源和污染了环境，而且经济发展过程中还

发生了周期性的产能过剩的经济危机。随着生态文明建设的日益深入,人们开始对工业文明消费文化进行了深刻的反思。人们认识到,消费是生产的终点,生产应该以消费为中心,产品的设计和生产必须随着消费偏好（包括生活消费和生产消费）的转移而转移。这是防止产能过剩,实现资源节约环境友好的必由之路。所以,从生态文明的角度看,应当非常重视以消费引导生产,这在某种程度上决定了供给侧改革的成败。这也是工业文明与生态文明不同的经济运行方式。

2. 消费领域共性与个性的关系

随着我国人均收入水平的提升和中等收入群体的扩大,居民消费需求不断升级。根据国家统计局数据,2016年一季度社会消费品零售总额78024亿元,同比增长10.3%;但在新业态方面,一季度全国网上零售额10251亿元,同比增长27.8%,其中实物商品网上零售额8241亿元,增长25.9%,占社会消费品零售总额的比重为10.6%。因此有学者认为,相对于传统消费而言,新消费是与经济新常态和供给侧结构性改革大背景相适应的一种消费形态。生态文明视野下,居民的消费模式从模仿型排浪式的粗放消费向个性化、多样化、高品质的精细消费转型,是重要的消费新常态。生产决定消费、皇帝的女儿不愁嫁的短缺经济时代早已经过去了,现在不是需求不足或者没有需求,而是供给跟不上需求的变化,供给无法满足需求。市场无法提供老百姓需要的商品,以至于出现了"海淘"购物、出境购物盛行的现象,到日本购买马桶盖、电饭煲等。供给侧结构改革已刻不容缓,通过减少无效供给和低端供给,扩大有效供给和中高端供给,实现由低水平供需平衡向高水平供需平衡转变,供给侧供给从统一模式向多元模式转变,从而更好地满足人们个性化、多样化的消费需求。

3. 环境治理从"末端治理"到"过程治理"的转变

西方国家传统工业文明走过了"先污染后治理"的老路,付出了很大的代价。这种末端治理的模式成本高、收效微、时间长,而且有许多被破坏的自然还是不可恢复的,历史的教训非常深刻。而发达国家在一两百年发展过程中出现的生态环境与健康问题,在我国30多年的经济快速发展中就已经集中体现了。旧的环境问题还未解决,新的环境问题接踵而至。先污染后治理,以牺牲环境换取经济增长,注重末端治理的工业文明运行方式走不通。必须以生态文明理念为指导,探索一条环境保护的新路子:正确处理经济发展同生态环境保护之间的关系,绝不以牺牲环境、浪费资源为代价换取一时的经济增长。必须从源头抓起,更加自觉遵循生态法则,以生态化技术体系武装,实施过程治理。过程治理是人类师法自然的重要成果。在自然生态系统中,一切事物都有其去向,都在循环利用之中。所以自然界中资源得到最充分的利用,是没有垃圾的。人类把自然界的这种智慧运用到生产中,遵循生态法则,利用生态化高新技术体系，使生产中上一个环节的"流"变成下一个环节的"源"，加强全过程节约管理，直至资源最充分利用，最后是零排放，同时增加了产品的数量和质量，提高了附加值，实现了生态效益与经济效益的相统一与最优化。政府和企业投资的资金到过程治理，同比末端治理，生态效益与经济效益都会极大地提高。这应当成为"两个转化"视野下供给侧结构性改革的重要运行方式。

二、努力发展生态文明经济

围绕"两个转化"推进供给侧结构性改革，实质上是转变经济发展方式和生活方式。以绿色化推动经济结构优化、产业结构升级，提高全要素生产率，降低资源能源消耗，减少污染，以生产结构的调整来适应人们消费需求结构的变化，这就需要大力发展新的经济业态——生态文明经济。

1. 生态文明经济形态是推进供给侧改革的有效路径

廖福霖教授在《生态文明学》中这样定义生态文明经济：在经济发展过程中，能够实现生态效应、经济效应和社会效应相统一和最大化，从内生力量解决能源资源、生态环境和人类健康等危机，推动自然—人—社会复生生态系统全面、协调、可持续发展的新兴经济系统。发展生态文明经济是优化经济结构、实现产业升级、转变发展方式的主要途径和有效载体，当然也是推进供给侧结构性改革的有效路径。

生态文明经济形态主要包括创新经济、体验经济、绿色经济、循环经济和低碳经济等。

2. 生态文明经济的各个形态协同推进供给侧改革

生态文明经济的各个主要形态之间有着各自不同的形态和运行方式，它们在各自不同的领域中发挥着推动供给侧改革的作用。

（1）创新经济是生态文明经济的核心形态。包括生态文明理念创新、生态化科技创新、绿色管理创新和绿色市场创新。

（2）体验经济是生态文明经济的高级形态。它把消费需求作为导向，把服务作为附加价值，通过理念上的创新与互动式的营销活动，来满足消费者的情感和自我实现的高层次需要、满足个性化和多样性需求。信息时代中，差异化、个性化、精细化、多样化的消费需求为互联网定制服务的发展提供了机遇。而互联网定制服务只有充分利用信息网络技术才可能顺利实现。体验经济具有极强的"长尾效应"，是多样性的组合，形成"长尾集"，并出现规模效应。着眼于数字化和网络化为支持的智能化生产，确保生产流程的灵活性和资源利用效率，生态友好，并且在生产流程的不同阶段中纳入个性化的、用户特定的标准，例如3D打印技术。现在随着客户个性化需求越来越多，产品生产也逐渐呈现出少量、多样等新特征，进而逐步转向个性化定制生产。

体验经济侧重于科技知识、情感文化、生态产品等的消费，关注健康、休闲和生活质量的提高，通过发展体验经济，促进传统农业、工业、服务业的转型升级和结构优化，是推进供给侧结构性改革，建设资源节约环境友好型社会的有效路径。

（3）绿色、低碳经济是生态文明经济的基本形态。绿色经济是以将生态、资源、环境和人类健康要素纳入经济活动系统为基本前提，以促进经济活动过程和结果的全面"绿色化"为重点内容和途径，以实现自然、人和社会的全面协调可持续发展为目标的全新经济形态。党的十八届五中全会明确提出了绿色发展理念，这为绿色经济的发展提供了理论指导和更为广阔的空间。绿色经济追求的提高人民福祉、促进社会公平、最大限度降低资源与环境风险的经济发展方式。

低碳经济是指在经济社会生态发展过程中，通过转变发展方式，技术创新、产业结构优化等战略性措施，一方面积极发展可再生能源和清洁能源，另一方面提高能源利用效率、减少温室气体和污染气体排放，同时增加温室气体的吸收、回收和利用，以获得经济效益、社会效益、生态效益相统一与最优化的发展模式。低碳经济的本质是能源问题。

中国现在已经是世界第一碳排放大国。中国承诺："计划2030年左右达到二氧化碳排放峰值，到2030年，非石化能源占一次能源消费比重提高到20%左右"。为履行这两项承诺，我们别无选择，必须积极并加快发展可再生能源。党的十八届五中全会提出，"加快发展风能、太阳能、生物质能、水能、地热能，安全发展高效核电"。发展可再生能源对能源结构调整具有重要意义，还可以有效减少温室气体的排放。其中，生物质能的生产和消费都是低碳的，生物天然气和沼气的生产更是负碳，而且能够使植物营养物质最大限度地回归土壤，这对于发展低碳经济大有裨益。

（4）循环经济是生态文明经济的方法论形态。循环经济是一种全新的经济形态和经济增长方式。它在可持续发展思想指导下，遵循"减量化、再利用、资源化"的原则，把清洁生产、资源综合利用、生态设计和可持续消费融为一体，追求人与自然的协调和谐发展，逐步形成"低投入、高产出、低消耗、少排放、能循环、可持续"的循环经济增长方式，合理配置资源，不断提高资源利用效率，以尽可能小的资源消耗和环境成本，获得尽可能大的经济效益，实现生态效益、经济效益和社会效益相统一和最优化。循环发展是从末端治理转向源头控制、过程治理的有效方法；是提高供给体系的质量和效率，补齐生态短板，破解"环境悬崖"难题，增加环境要素的有效供给的重要方法；是在消费领域推行绿色低碳，形成生产与消费的良性互动的主要方法。实际上，循环发展也是推进供给侧结构性改革的方法论形态。

第七章 实现"两个转化"的创新性、引领性、持续性

第一节 创新突破,占领绿色科技制高点

一、占领绿色科技制高点,是"两个转化"的内在要求

1. 为"两个转化"提供战略支撑

2016年《国家创新驱动发展战略纲要》(以下简称《纲要》)出台。《纲要》提出了"三步走"的创新驱动发展战略目标,计划在2050年建成世界科技创新强国。指出:创新驱动是世界大势所趋。全球新一轮科技革命、产业变革和军事变革加速演进,科学探索从微观到宏观各个尺度上向纵深拓展,以智能、绿色、泛在为特征的群体性技术革命将引发国际产业分工重大调整。颠覆性技术不断涌现,正在重塑世界竞争格局,改变国家力量对比。创新驱动成为许多国家谋求竞争优势的核心战略。

面对新一轮科技革命和产业变革大势,世界主要国家纷纷制定新的科技发展战略,抢占科技创新和产业变革制高点。习近平总书记敏锐地指出:"在新一轮科技革命和产业变革大势中,科技创新作为提高社会生产力、提升国际竞争力、增强综合国力、保障国家安全的战略支撑,必须摆在国家发展全局的核心位置。"在新一轮的科技革命中,谁抢占科技创新和产业变革制高点,谁就走在了世界前列,赢得发展主动权。科技创新是提高社会生产力和综合国力的战略支撑,占领绿色科技制高点,也就为绿色发展转化为新的综合国力和国际竞争新优势,提供了战略支撑。

2. 有利于解决"两个转化"的瓶颈、深层次矛盾和问题

党中央站在发展全局的高度,把科技创新作为国家发展战略的核心,作为破解发展难题、创新发展模式、抢占未来制高点的关键。当前,要把绿色发展转化为新的综合国力和国际竞争新优势,与创新驱动发展一样,已具备发力加速的基础、优势、保障。但也还存在"两个转化"的瓶颈、深层次矛盾和问题。《纲要》指出,我国许多

产业仍处于全球价值链的中低端，一些关键核心技术受制于人，发达国家在科学前沿和高技术领域仍然占据明显领先优势。我国支撑产业升级、引领未来发展的科学技术储备亟待加强。适应创新驱动的体制机制亟待建立健全，企业创新动力不足，创新体系整体效能不高，经济发展尚未真正转到依靠创新的轨道。科技人才队伍大而不强，领军人才和高技能人才缺乏，创新型企业家群体亟须发展壮大。激励创新的市场环境和社会氛围仍需进一步培育和优化。资源能源耗竭、生态系统恶化、环境污染严重、公众工业病蔓延这些影响绿色发展的"四大瓶颈"难题，需要从源头上整体上破解。在全球经济治理体系和规则面临重大调整的新形势下，根本出路就在于创新。关键要靠科技力量，通过占领绿色科技制高点，在绿色发展领域抢占先机，增强我们解决"两个转化"的瓶颈、深层次矛盾和问题的能力，增强新的综合国力和国际竞争新优势。增强参与全球绿色发展规则制定的实力和能力。

3. 抓住科技创新的重要历史机遇，实现"两个转化"

"历史的机遇往往稍纵即逝，我们正面对着推进科技创新的重要历史机遇，机不可失，时不再来，必须紧紧抓住。"20世纪70年代以来，绿色技术逐渐进入人们的视野。《21世纪议程》等文件指出，绿色技术是获得持续发展，支撑世界经济，保护环境，减少贫穷和人类痛苦的技术。充分认识绿色技术，促进绿色技术的推广与有效应用是实现生态文明的关键。绿色技术发展至今，长则三四十年，短则不过数月，大多处于"胚胎"时期。由研发到可推广阶段，再到技术的广泛应用，直至各类配套设施的跟进，绿色技术还需要漫长的转化期，推广绿色技术任重而道远。世界各国为实现发展转型升级，纷纷以绿色技术为突破口，寻求建树。如英国的绿色建筑、日本绿色增长战略的三大支柱产业、巴西重点发展的生物能源和新能源、印度太阳能资源的推广。对我国而言，既面临科技创新赶超跨越的历史机遇，也面临差距拉大的严峻挑战。必须抓住绿色科技创新的重要历史机遇，把绿色发展转化为新的综合国力和国际竞争新优势，才能顺利完成《纲要》要求的第二步，2030年跻身创新型国家前列，发展驱动力实现根本转换，经济社会发展水平和国际竞争力大幅提升，为建成经济强国和共同富裕社会奠定坚实基础。

二、绿色科技制高点的主要领域

当今世界，科技创新不仅广泛地影响着经济社会发展和人民生活，科技发展水平更加深刻地反映出综合国力和核心竞争力。2016年，中共中央、国务院印发了《国家创新驱动发展战略纲要》，《纲要》提出"三步走"的创新驱动发展战略目标，计划在2050年建成世界科技创新强国，引领在新一轮的科技革命和产业变革中，占领绿色科技制高点。重点是在推动产业技术体系创新，创造发展新优势，建立具有国际竞争力的现代产业技术体系，以技术的群体性突破支撑引领新兴产业集群发展，推进产业质量升级。特别是针对经济社会发展的现实需求和重大瓶颈制约问题，纲要提出要加快构建结构合理、先进管用、开放兼容、自主可控、具有国际竞争力的现代产业技术体系，以技术的群体性突破支撑引领新兴产业集群发展，促进经济转型升级。具体在信息、智能制造、现代农业、现代能源、生态环保、海洋和空间、新型城镇化、人口健康、现代服务业等9个重点领域进行了部署。同时提出要发展引领产业变革的颠覆性技术，不断催生新产业、创造新就业。

（1）信息领域。要发展新一代信息网络技术，作为增强经济社会发展的信息化基础。突出了通过加强类人智能、自然交互与虚拟现实、微电子与光电子等技术研究，为我国经济转型升级和维护国家网络安全提供保障。

（2）智能制造领域。发展智能绿色制造技术，推动制造业向价值链高端攀升。突出了对传统制造业全面进行绿色改造，由粗放型制造向集约型制造转变。发展高端装备和产品。

（3）现代农业领域。发展生态绿色高效安全的现代农业技术，确保粮食安全、食品安全。促进农业提质增效和可持续发展。突出了推动农业向一、二、三产业融合，实现向全链条增值和品牌化发展转型。

（4）现代能源领域。发展安全清洁高效的现代能源技术，推动能源生产和消费革命。突出了清洁能源和新能源技术开发、装备研制及大规模应用，节能、智能等技术的研发应用，攻克关键技术。

（5）生态环保领域。发展资源高效利用和生态环保技术，建设资源节约型和环境友好型社会。突出了发展绿色再制造和资源循环利用产业，完善环境技术管理体系，环境检测与环境应急技术研发应用，提高环境承载能力。

（6）海洋和空间领域。发展海洋和空间先进适用技术，培育海洋经济和空间经济。突出开发海洋资源高效可持续利用适用技术，大力提升空间进入、利用的技术能力，完善卫星应用创新链和产业链。

（7）新型城镇化领域。发展智慧城市和数字社会技术，推动以人为本的新型城镇化。突出推动绿色建筑、智慧城市、生态城市等领域关键技术大规模应用。加强重大灾害、公共安全等应急避险领域重大技术和产品攻关。

（8）人口健康领域。发展先进有效、安全便捷的健康技术，应对重大疾病和人口老龄化挑战。突出研发创新药物、新型疫苗、先进医疗装备和生物治疗技术。推进中华传统医药现代化。提高重大疾病的诊疗技术水平。发展一体化健康服务新模式，显著提高人口健康保障能力，有力支撑健康中国建设。

（9）现代服务业领域。发展支撑商业模式创新的现代服务技术，驱动经济形态高级化。促进技术创新和商业模式创新融合。突出提升我国重点产业的创新设计能力。

令人非常关注的，还有发展引领产业变革的颠覆性技术，不断催生新产业、创造新就业。高度关注可能引起现有投资、人才、技术、产业、规则"归零"的颠覆性技术。前瞻布局新兴产业前沿技术研发。

这些关键领域的突破，占领了绿色科技制高点，也就实现了绿色发展转化为新的综合国力和国际竞争新优势，在世界范围内新一轮科技革命和产业变革加速演进中。推动产业技术体系创新，创造发展新优势，建立起具有国际竞争力的现代产业技术体系。

三、创新绿色科技需关注的几个问题

1. 发挥知识产权的作用

知识产权就是知识财产权。知识产权是人类智力劳动产生的智力劳动成果所有权，它是依照各国法律赋予符合条件的著作者、发明者或成果拥有者在一定期限内享有的独占权利。在绿色发展，在占领绿色科技制高点的过程中，知识产权无疑起着不可或缺的纽带作用。知识产权制度通过赋予创新成果的创造者以产权保护，也促使我国的知识产权工作要为绿色科技创新提供全过程、全方位的服务。充分发挥知识产权在科技创新中的激励作用和纽带作用，为加快创新型国家建设提供强大支撑。

2. 研究国际市场走向，技术走向

视野是最重要的战略资源。只有全球的视野，才能使国家在世界民族之林中立于不败之地。由此，国际市场预测是指以世界范围内国际市场的发展动态和趋势为对象的市场预测。在新一轮的科技革命浪潮中，随着世界经济一体化进程的加快，越来越多的企业进入世界市场开展国际化经营，占领科技制高点，走在世界的前沿，就需要研究和把握国际市场走向、发展趋势，做出正确的预判和调整。世界科学技术走向发展预测，是指对世界各国科学技术的未来发展及其对社会、生产、生活的影响，特别要预测与企业产品、材料、工艺、设备等有关学科的世界科技发展水平、发展方向、发展速度和发展趋势等方面的情况。

3. 重视基础科学研究

李政道认为，一个国家科技的强盛，必须有一个完整的国家知识创新体系，否则会不堪一击，且失去后劲。只有重视基础科学研究，才能永远保持自主创新的能力。谁重视了基础科学研究，谁就掌握有主动权，就能自主创新。他举了互联网的例子：

现在恐怕只有少数人知道，互联网技术是来源于高能物理这一基础科学研究，而且时间上是相当近的事情，距现在只不过十几年。要占领绿色科技制高点，就要重视基础科学研究，基础科学研究绿色科技自主创新能力的建设和提高将起到十分重要的推动作用。我们要立足新的基础科学前沿，用整体统一的科学方法，做好规划，认真实施。

4. 发挥企业的作用

在 2016 年全国科技创新大会、两院院士大会、中国科协第九次全国代表大会上，习近平总书记指出了企业是科技和经济紧密结合的重要力量，应该成为技术创新决策、研发投入、科研组织、成果转化的主体。从世界各国创新经验看，许多重大科技创新项目，基本上都由大企业承担和完成。在绿色发展中，一是政府要优化创新驱动发展的体制机制与政策环境，布局建设以企业为主体的协同创新中心，突破企业转型升级瓶颈，用经济、政策杠杆吸纳企业集团增加科技创新投入，增强企业对绿色科技成果引进、消化、吸收的能力。二是要充分发挥企业在绿色技术创新中的主体作用，全面提升企业的自主创新能力。要把创新企业家精神和工匠精神结合起来，在研发投入、技术创新上，在成果转化上发挥提升自主创新能力。三是用市场机制加以引导，允许高校科技人员拥有技术产权和企业股权，充分调动他们的积极性。当前，作为技术创新主体的企业创新竞争力还不够强，特别是国际竞争力在整体上还较弱，但我国企业创新能力提升速度较快，将逐步形成自己的竞争优势。

第二节　创新性、引领性、持续性的关键在人才

一、培养集聚"两个转化"的人才

1. 培养集聚人才是绿色发展的目标实现的支撑与保障

中共中央、国务院 2016 年印发了《国家创新驱动发展战略纲要》，"人才"是《纲要》中出现的高频词汇之一，前后共出现 32 次。中国人事科学研究院助理研究员吴帅博士认为，要让科技创新的"轮子"更好地转动起来，必须培养、造就和集聚一大批能够转动"创新之轮"的各类人才。实现绿色发展，人才是关键，实现"两个转化"，更离不开人才。人才是绿色发展的愿景与目标实现的支撑和保障。"当前，各国在国际组织竞争的背后，是各国国家实力的博弈，而归根到底是人才的竞争。"在绿色发展的浪潮中，各国处在大发展大变革大调整时期，都十分重视创新型人才的问题，创新型人才成为各国竞相争抢的对象。谁掌握了标准和规则，谁就

有话语权。在转化过程中，加强国际组织人才的培养和国际组织的参与度无疑有助于实现中国与世界的"双赢"。加强"两个转化"教育，要择天下英才而用之，实施更加积极的创新人才引进政策，集聚一批站在行业科技前沿、具有国际视野和能力的领军人才。我国要把绿色发展转化为新的综合国力和国际竞争新优势，培养、集聚、用好创新型人才，就抓住了在日趋激烈的国际竞争中掌握战略主动、实现发展目标的第一资源。

2. 在人才培养主阵地中突出绿色教育

高校是培育各类人才的主阵地。针对绿色发展的要求，在人才的培育过程中，针对大学生这样未来社会的建设者，要突出绿色教育。一是注重绿色理念和知识传授及能力培养，在教学课程中应加强各学科的综合和渗透式教学，这不仅有助于走出学科壁垒的困境，而且能培育大学生生态文明的意识，树立正确的生态价值观，调动大学生学习探索绿色发展理论和知识的热情，以及提升大学生参与生态文明建设的行为能力。二是通过建立设置与各学科相关的自然资源、生态环境普及性的绿色教育教学课程体系，加强各学科的综合，充分发挥学科课程渗透的主渠道作用。三是要开设绿色教育相关的公共必修课，通过进行系统的绿色教育，使大学生树立尊重人与自然平等、和谐、互利的价值观，并自觉成为生态文明理念的倡导者、实践者。在创新意识、创新精神和创新能力的培育中，还应注重对学生进行绿色精神的培育。

3. 政府的政策引领推动人才培养

新理念才会有新格局，规划先行才能在面对国际化变革中崛起。近年来，政府非常重视以政策引导推动创新型人才的培养。2011年，教育部、财政部联合发布《关于实施高等学校创新能力提升计划的意见》，启动了"中国高等学校协同创新能力提升计划"，即"2011计划"。"2011计划"是继"211工程""985工程"之后，我国高等教育领域又一项重大战略举措。教育部、财政部关于印发高等学校创新能力提升计划实施方案的通知（2012年5月4日）实施方案。福建省在实施"福建2011计划"中，围绕福建省经济社会发展总体规划，面向主导产业、战略性新兴产业以及经济社会发展重大需求，充分发挥高等学校学科、人才和科研等优势条件，有效整合各种创新资源，以重大问题为导向，大力推进高校之间，高校与科研院所、行业企业、地方政府之间的深度融合以及国际合作，建立一批"2011协同创新中心"，构建协同创新模式与新机制，聚集和培养一批拔尖创新人才，攻克一批制约福建省产业发展的技术难题，取得一批重大的标志性成果，力求通过重大技术突破促进传统产业的崛起，带动新兴产业的发展，支撑福建省经济和社会发展方式的转变。2017年，教育部、中组部启动的国家"万人计划"，就是经党中央国务院批准，面向国内高层次人才的重点支持计划，准备用 10 年左右的时间，重点遴选支持一批自然科学、工程技术和哲学社会科学领域的杰出人才、领军人物和青年拔尖人才，形成与"千人计划"相互衔接的高层次创新创业人才队伍建设体系。这些政策必将给创新、"两个转化"的人才的培养集聚形成有力的引领推动。

二、引进、构筑国际人才资源高地

1. 构筑国际人才资源高地

在绿色发展的浪潮中，各国处在大发展大变革大调整时期，世界各国相互之间的竞争与合作日益加强。创新型人才作为引领经济社会发展的重要人才资源，应按照"国家急需、世界一流"的要求，采取多种方式积极引进集聚相关人才。一是创新国际交流与合作模式，深化国际间的合作，积极吸引国际创新力量和资源，集聚世界一流专家学者参与协同创新，合作培养国际化人才。二是在促进我国青年优秀人才脱颖而出的同时，拓宽国际视野，吸引国外优秀青年人才来华从事博士后研究。为青年学生提供到各种政府间和非政府间国际组织实习锻炼的机会也是促进青年人才熟悉国际组织运作、理解国际规则以及促进其专业成长的重要途径。在构筑国际人才资源高地时，政府层面上应进一步加大对高校学生到海外实践的支持力度。三是借鉴国际上对于高层次人才培养的经验。在国际化和全球竞争加剧的背景下，欧美国家诸多理工科大学通过战略联盟与合作的方式，优势互补，形成合力，不仅竞争实力增强，人才培养质量也得到提升，极大地推进了工程教育、研究与实践的创新，尤其是高层次工程人才国际合作培养十分值得探索与发掘。

2. 在政府搭建的创新平台中集聚

"国家平台成就国家品牌"。人才是创新的根基，创新驱动实质上是人才驱动。谁拥有一流的创新人才，谁就拥有了科技创新的优势和主导权。一是做好规划，我国《国家中长期教育改革和发展规划纲要（2010~2020 年）》明确指出："坚持以开放促改革、促发展。开展多层次、宽领域的教育交流与合作，提高我国的教育国际化水平。"2003 年，中国科协和 35 个海外科技团体共同发起，2004 年 2 月启动实施"海外智力为国服务行动计划"（简称"海智计划"），是中国科协贯彻国家科教兴国，人才强国战略的重要举措。同海外科技团体及科技工作者建立经常、密切、畅通和便捷的联系，建立规范有效的工作机制，其主要目的是动员、团结和组织广大海外科技工作者为促进我国科技创新，推动经济社会发展，实现中华民族的伟大复兴贡献智慧和力量。自海智计划实施以来，一大批优秀的海外学子通过各种方式实现为国服务。二是积极改进高层次人才、战略科学家和创新型科技人才培养支持方式。更大力度地实施国家高层次人才特殊支持计划即国家"万人计划",进一步完善支持政策,创新支持方式。三是构建科学、技术、工程专家协同创新机制。建立统一的人才工程项目信息管理平台,推动人才工程项目与各类科研、基地计划相衔接。按照精简、合并、取消、下放要求,深入推进项目评审、人才评价、机构评估改革。以上这些,都离不开政府搭建的相关专项或综合平台的推动和政策支持。

三、对人才的使用要创造良好环境

1. 尊重人才,要创造宽松环境

习近平总书记在全国科技创新大会、两院院士大会、中国科协第九次全国代表大会上的重要讲话中强调"要尊重科学研究灵感瞬间性、方式随意性、路径不确定性的特点,允许科学家自由畅想、大胆假设、认真求证",充分体现了我们党对科研规律的深刻把握,赢得广大科研人员的强烈反响。站在新的历史起点上,我国科学研究的触角需要向基础前沿的更深更远处加快延伸。必须深化对科研规律的认识,加大科研体制机制改革力度,给科学家和科研人员创造更大空间,让科学之花更加自由地绽放。尊重人才,就应该避免让他们为"事"、为"人"、为"钱"伤神,政府应该深化科研领域"放、管、服"一体化改革。政府还应更多把管理寓于服务之中,为科学研究营造友好环境。尊重人才,就要进一步完善科研资源配置、支持和管理方式,包括解决好简单地用行政预算和财务管理方法来管理科研经费的传统模式,力求科研活动效率最大化。

2. 使用人才,要避免急功近利

习近平指出:在基础研究领域……不要以出成果的名义干涉科学家的研究,不要用死板的制度约束科学家的研究活动。很多科学研究要着眼长远,不能急功近利,欲速则不达。要让领衔科技专家有职有权,有更大的技术路线决策权、更大的经费支配权、更大的资源调动权,防止瞎指挥、乱指挥。建立符合科技规律的管理模式,是中国科技走向成功的关键一环。在基础研究领域,科学发现不是管理出来的。在部分的应用研究领域,技术创新不是计划出来的。中国科学院中国现代化研究中心主任何传启认为,科学是一项艰难的事业,需要超常的勇气和付出。在任何一个基础研究的领域里,都有大批科学家在从事探索和发现,他们都面临严峻的科学竞争:成功者进入"科学的天堂",失败者进入"科学的墓地"。因此,在使用人才时,应该尊重科学研究的规律,尊重人才自身发展的规律,避免急功近利。

3. 创新引领,要发挥团队的作用

科学研究是一项复杂、艰巨的群体劳动,绿色科技创新更需要多学科的融合交汇。

在加快人才聚集，占领绿色科技制高点，实现"两个转化"的创新性、引领性、持续性的过程中，绿色科技创新团队的建设与发展是非常重要的。一方面打造一批综合性强的，优势学科互补的科技创新团队，在重点学科领域具有明确主攻方向，团结协作、优势互补、竞争有力，使其发挥群体效能，争取重大科技项目，解决重大科技问题，产生重大科技成果。另一方面，伴随着科技创新团队的建设与发展，有利于造就科技领军人才、战略科学家、优秀学科带头人和青年科技创新人才。对于推动绿色发展而言，破解绿色发展难题，生态恢复治理防护、生物多样性、全球变化和碳循环机理等，也需要多学科合作，协同创新，才能造就具有世界前沿水平的绿色科技创新人才队伍，引领实现绿色科技创新的持续发展。

第三节 实现中华民族永续发展是最大的共享

一、中华民族永续发展是最大的共享

1. 永续发展是人类的共同愿望

2012年，国际上对永续发展的定义中，最被广泛引用及被官方采用的，是1987年联合国环境与发展世界委员会（World Commission on Environment and Development，WCED）在《我们共同的未来》报告中所提出的定义：一个满足现在的需要，而不危害未来世代满足其需要之能力的发展（sustainable development）。由此可见，永续发展一是涉及经济、社会与环境的综合概念，以自然资源的永续利用和良好的生态环境为基础；二是以经济的永续发展为前提，并以谋求社会的全面进步为目标；三是追求公平，除了同一世代之中的公平，还要追求世代间的公平，体现了永续发展是人类的共同愿望。

一部人类文明的发展史，就是一部人与自然的关系史。自然生态的变迁决定着人类文明的兴衰更替。习近平总书记在阐述生态与文明的关系时指出："生态兴则文明兴，生态衰则文明衰。"放眼世界，人类文明都不可能脱离这条社会发展的普遍定律。生态文明建设、绿色发展关系人类的福祉和未来。建设好美丽中国的美好蓝图，就能够给子孙后代留下蓝天绿水青山。为人与自然的永续发展赢得美好未来，也是实现永续发展的根本要求。

2. 建设良好生态环境是共享的基本要求

良好生态环境是人类生存和发展的必备条件，是社会健康发展的重要标志。改革

开放以来，我国取得了举世瞩目的发展成就，但是在追赶现代化的征程上，面临生态窘境，长期被忽视的生态环境问题全面显现。生态空间遭受持续威胁；生态系统质量和服务功能低；生物多样性加速下降的总体趋势尚未得到有效遏制。面临的挑战也是严峻的：一是经济发展与生态保护之间的矛盾依然存在，传统发展方式带来的资源环境约束日益趋紧，生态环境风险逐步凸显。二是人民群众对优质生态产品需求不断增加与现有供给能力不足之间的矛盾日益明显。三是生物多样性丧失速度短期内难以根本遏制，国际履约压力不断加大。

建设良好生态环境是共享的基本要求。没有良好的生态环境，一切发展最终都是以人民的健康为代价。党和政府高度重视生态与环境问题，"绝不能以牺牲生态环境为代价换取经济的一时发展"，习近平总书记从让人民群众过上更加幸福美好生活的目标出发，把良好生态环境作为最公平的公共产品、最普惠的民生福祉。"人民对美好生活的向往，就是我们的奋斗目标""努力建设美丽中国，实现中华民族永续发展"，这是中国共产党对人民追求美好生活的庄严承诺，是党为实现中华民族永续发展作出的郑重宣言，也是引领中国长远发展的执政理念和战略谋划，为我国生态文明建设确定了目标指向。

3. 永续发展是最大的共享

长期以来，人类掠夺式的开采方式给生态系统的健康和可持续发展造成了极大的威胁，最终将影响人类自身的生存。加强生态保护促进生态系统的健康可持续发展，成为了全人类的共同责任。永续发展是建构在经济发展、环境保护以及社会正义三大基础上的，必须寻求新的经济发展模式，不因为追求短期利益，而忽略长期永续。强调经济发展的同时，必须与地球环境的承载力取得协调，保护好人类赖以生存的自然资源和环境，而非对环境资源予取予求。而且在发展的同时还必须兼顾社会公理正义。因此，要在看似冲突的经济、环境以及社会的三个面向上寻求动态永续的平衡，使人类能够永续发展。

永续发展主要包括自然资源与生态环境的永续发展、经济的永续发展以及社会的永续发展这三个面向。永续发展是以自然资源的永续利用和良好的生态环境为基础，以经济的永续发展为前提，并以谋求社会的全面进步为目标，协调三种发展方能符合永续发展的要求。我国长期处于全球价值链的中低端，承接比较多的是一些高污染、高耗能产业。历史遗留的环境问题尚未解决，新的环境问题接踵而至。生态破坏严重、生态灾害频繁、生态压力巨大等突出问题，已成为全面建成小康社会最大的短板。生态环境保护是功在当代、利在千秋的事业。要使生态环境永续发展，让人民共享良好的生态环境，就要"站在全球视野加快推进生态文明建设，把绿色发展转化为新的综合国力和国际竞争新优势",因此,实现永续发展,才能从时空上保障人民的利益,保障国家民族的健康发展,永续发展是最大的共享。

二、提高综合国力是共享的根本保障

1. 综合国力增加了新内容

综合国力(national power)是衡量一个国家基本国情和基本资源最重要的指标,也是衡量一个国家的经济、政治、军事、文化、教育、技术实力的综合性指标。许多人都曾经把传统 GDP 视为综合国力的主要标志。新的历史条件下,生态与环境已成为新综合国力的重要元素。新的综合国力含义极其深刻,从生态文明角度看,至少有以下几个方面:生态是综合国力的基础;资源与环境是综合国力的重要元素;公众健康是综合国力的核心,它关系到劳动力素质、社会和谐、民生幸福等。给后代人留下优良的发展空间是综合国力的持续性表现。党的十八大以来,人民生活水平有新提高、生活质量有新改善,人民利益愈发成为发展的,更多人的幸福感由期盼慢慢成为现实。优美的生态环境给老百姓带来的幸福感和满足感,这种充溢于内心的幸福感和满足感,是我们党砥砺前行的群众基础和不竭动力。所以公众幸福指数不断提高也是新综合国力的标志。衡量美好生活的重要指标是幸福指数,公众幸福指数的提高是综合国力强盛的结果,同时又会促进综合国力的不断提高。

2. 综合国力给人民提供更多的保障

保障和改善民生是改革发展的最终落脚点。正如习近平总书记所说,"我们一切工作的出发点、落脚点,都是让人民过上好日子。这就必须有强大的综合国力做保障。习近平指出,综合国力竞争说到底是创新的竞争。要深入实施创新驱动发展战略,推动科技创新、产业创新、企业创新、市场创新、产品创新、业态创新、管理创新等,加快形成以创新为主要引领和支撑的经济体系和发展模式。供给侧结构性改革,重点是用改革的办法推进结构调整,减少无效和低端供给,扩大有效和中高端供给,增强供给结构对需求变化的适应性和灵活性,提高全要素生产率。其最终目的在于让人民群众通过改革更多获得优质的物质保障,更好地获得良好的民生服务。建立公平的分配机制,提供优质生态产品和公共产品、更加公平的教育机制,建立生态补偿机制及综合性补偿机制。

三、"绿色福利"是共享的主要内容

1. 绿色转型带来"生态红利"

生态福利是因居民生存和发展需要,而由政府向居民提供的一种以生态利益为内容的新型社会公共福利。生态福利作为一种新型公共福利,具有普惠性、政府主导性、整体性、非排他性的新型特点。因为是以生态利益为内容,也常常被称为"生态红利""绿色红利"。2017生态文明试验区贵阳国际研讨会以"走向生态文明新时代共享绿色红利"为主题。会议认为"绿色红利来自于创新趋动的绿色转型,绿色产业、绿色城镇和绿色消费不仅带来了国民生产总值的更高效率、更高产出的红利,而且带来了自然生态系统的更好修复、更好循环、更高产出的红利。绿色红利的最终表现是人与自然的和谐共生。"

党的十八大以来,生态文明理念深入人心,生态文明实践广泛展开,取得了很多阶段性成果。老百姓越来越多地关注环保、关心生态,也期盼分享更多绿色红利和生态福利。李克强总理在2017年政府工作报告中陈述:2016年,我国强化大气污染治理,二氧化硫、氮氧化物排放量分别下降5.6%和4%,74个重点城市细颗粒物(PM2.5)年均浓度下降9.1%。优化能源结构,清洁能源消费比重提高1.7个百分点,煤炭消费比重下降2个百分点。这些相关数据说明过去一年加强生态文明建设,绿色转型、绿色发展取得了新进展。中国国家发展和改革委员会副主任张勇公布的数据也是令人鼓舞的:"2013年到2016年,我国GDP能耗累计下降17.8%,以年均2%的能耗增速支撑了国民经济年均7.2%的增长,清洁能源比重15.3%上升到17.7%,完成造林面积3.72亿亩(相当于2480万公顷),大气等环境质量进一步好转。"体现了政府强有力的主导性。而这个努力推进的结果,必将改善人民的生存环境,造福人民。绿色发展不断释放着"生态红利"。

2. "绿色富民"共享使人们有获得感

《中共中央 国务院关于加快推进生态文明建设的意见》提出了主要目标之一是生态环境质量总体改善:主要污染物排放总量继续减少,大气环境质量、重点流域和近岸海域水环境质量得到改善;重要江河湖泊水功能区水质达标率提高到80%以上,饮用水安全保障水平持续提升;土壤环境质量总体保持稳定,环境风险得到有效控制;森林覆盖率达到23%以上,草原综合植被覆盖度达到56%,湿地面积不低于8亿亩,50%以上可治理沙化土地得到治理,自然岸线保有率不低于35%;生物多样性丧失速度得到基本控制;全国生态系统稳定性明显增强。这个目标数据显示出了中央从改善生态环境质量的角度,来提高人民的生活质量,让人民群众从环境改善中,从绿色发展中,富足起来。习总书记指出了实现百姓富、生态美有机统一的途径。良好生态环境的外在特征就是生态美。良好生态环境既是人民生活质量的重要衡量标准,也是人民生活富裕的重要衡量指标。"生态环境一头连着人民群众生活质量,一头连着社会和谐稳定;保护生态环境就是保障民生,改善生态环境就是改善民生""小康全面不全面,生态环境质量是关键。正确处理好生态环境保护和发展的关系,也就是绿水青山和金山银山的关系。"习近平总书记这一重要论述,深刻揭示了百姓富、生态美两者间有机统一的辩证关系,指出了良好生态环境可以创造财富,带来金山银山。

生态兴则文明兴,生态衰则文明衰。现在,人民更加注重追求物质富、精神富,更加注重彰显自然美、人文美。共享绿色红利,意味着不同国家、不同社会、不同职业的人群共同参与绿色转型、共享生态文明的成果,享受绿色发展、绿色就业和绿色生活。正如习近平总书记所强调的,"我们的人民热爱生活,期盼有更好的教育、更稳定的工作、更满意的收入、更可靠的社会保障、更高水平的医疗卫生服务、更舒适的居住条件、更优美的环境"实现人民的期望,才能让改革发展成果更实在地惠及广大人民群众,才能让改革给人民群众带来更多不一样的获得感。此外用"生态疗法"实现"绿色脱贫",也使许多贫困地区走出了一条绿色健康可持续的发展道路。

3. 优质的绿色产品是共享的新要求

绿色产品的特点在于节约能源、无公害、可再生。绿色产品是一个新兴的概念,涉及材料学、物理学、化学、环境学、生理学等多门学科领域。因此,目前对绿色产品的理解存在着不同,关于绿色产品的定义也就不同。把良好生态环境作为公共产品向全民提供,努力建设一个生态文明的现代化中国。绿色发展、绿色生活是民心所向。李克强总理在2017年政府工作报告中坚定地提出要"坚决打好蓝天保卫战"彰显了政府对治理空气污染的决心。近年来,政府治理雾霾、水污染、生活环境污染、餐桌污染的力度越来越大,抓源头治理,抓过程管理,健全法制、机制,生态产品有了较大的改善。前些年的毒大米、毒牛奶、苏丹红、地沟油、过期月饼事件等等并未走远,极大地损害了人民的利益、政府的形象。拥有天蓝、地绿、水净的美好家园,是每个中国人的梦想,是中华民族伟大复兴中国梦的重要组成部分。

人民群众对清新空气、清澈水质、清洁环境等生态产品的需求越来越迫切,生态环境越来越珍贵。我们必须顺应人民群众对良好生态环境的期待,推动形成绿色低碳循环发展的新方式,并从中创造新的增长点。生态环境问题是利国利民利子孙后代的一项重要工作,决不能说起来重要,喊起来响亮,做起来挂空挡。习总书记的这些新观点以人民幸福为目标,从民生的角度重视生态环境保护,旨在保护民众的生存条件和生活质量,维护民众的发展机会、能力和权益。

第八章 绿色产业:"两个转化"的主线(上)

产业是支撑一国经济增长的基础,产业升级也是经济转型的基础。当前,自工业革命以来世界各国的高速工业化进程,给全球自然生态环境带来了巨大压力,也给人类自身发展带来了安全与健康威胁。金融危机的爆发,进一步给世界经济带来沉重打击。发展绿色产业成为了全球应对环境恶化和资源耗竭等多重危机挑战,同时促进经济的复苏与绿色转型,实现经济、社会和环境协调发展的必然选择。绿色产业代表先进生产力发展的方向。发展绿色产业,是绿色发展转化为新的综合国力与国际竞争新优势,增强生态生产力的重要途径和环节。

第一节 绿色产业概述

随着全球绿色运动的蓬勃兴起,催生了以节能减排技术、环保技术、低碳技术、清洁能源技术等为代表的绿色技术革命。各国纷纷对产业结构进行"绿色"调整,极大地带动了绿色产业发展。

一、绿色产业兴起背景与原因

绿色产业的兴起有着深刻的时代背景和主客观原因,它是解决当今经济社会发展瓶颈的有效路径。

(一) 资源与环境制约

1. 产业发展所面临的资源危机

资源供给是产业发展的根本基础和重要条件。自然资源的永续利用是经济可持续发展的基本物质前提。由于一直以来世界各国为了获得短期利益追求更快的经济增长速度,不惜过度开发自然资源生产产品,从而导致了自然资源日益消耗和破坏,包括淡水、土地、森林、海洋、化石燃料和矿产资源等日益稀缺。据统计,20世纪后几十年,人类消耗了地球上三分之一的可利用资源。地球的森林覆盖面积减少了12%,大约35%的红树林和约20%的珊瑚礁已经消失。1970年,大西洋里大西洋鳕鱼的储藏量为27.4万吨,而现在剩下不到6万吨。在此期间,欧洲河流和湖泊里的生物种类减少了55%。

作为世界人均资源严重不足的中国,传统产业的增长已受到自然资源短缺的制约,产业的"绿化"势在必行。

2. 生态环境遭到巨大破坏

传统产业的快速增长在耗费大量自然资源的同时,还导致了众多生态环境问题,包括气候变暖、环境污染、生物多样性丧失等。

工业革命以来,由于化石燃料的大量消耗,全球大气中的二氧化碳含量增长了近1/3,二氧化碳等温室气体形成的温室效应引起全球变暖、臭氧层的破坏等。而二氧化硫等导致的酸雨已成为一个世界性的环境污染问题。联合国《千年生态系统评估报告》显示,在其评估的24项生态系统服务中,有15项(约占60%)正在退化或处于不可持续利用状态。其代价非常巨大,且还在上升。

人类活动对生态环境的改变还直接导致了全球生物多样性的巨大丧失。过去几百年中,人类造成的物种灭绝速度比地球历史上物种自然灭绝速度快了约1000倍。目前可确定地球上约有10%的物种发生变化,预计21世纪,将"约有12%的鸟类、25%的哺乳类动物以及32%的两栖类动物面临灭绝的威胁"。WWF的《生命地球报告2016》中"生命地球指数"也显示,1970~2012年间,全球鱼、鸟、哺乳动物、两栖动物和爬行动物的数量下降了58%。假设1970年地球生态系统的质量指数为100,那么现在该指数已下降为65。

(二)环境保护与绿色意识的增强

随着经济社会的进步以及生态环境的变化,人们的价值观也在发生改变。人们要求保护环境、促进人与自然和谐发展的生态价值观愈来愈强烈。政府的可持续发展观念、消费者的绿色消费意识,以及生产者的绿色生产意识等绿色观念的增强,促使绿色产业兴起与迅猛发展。

政府注重本国经济的可持续发展,采用包括法律、税收、财政等方面的产业政策大力扶植绿色产业,大大促进了绿色产业的发展。消费者用"绿色观点"来选择商品,并向生产者施加影响。这种新的"绿化"的需求结构引导了"绿化"的生产和产业结构,从而推动了绿色产业的发展。企业界迫于各方压力以及受诱于种种利益而进行绿色生产,采用绿色营销策略,并且进行整个企业的"绿化"。企业的"绿化"必然推动整个产业的"绿化"。

（三）国际"绿色浪潮"的推动

在全球资源趋紧、环境污染加剧、生态系统退化的背景下，国际社会以保护资源、改善环境为目标的绿色浪潮风起云涌。为探寻可持续的经济发展道路，自联合国环境规划署于2008年推出全球"绿色新政"概念后，美欧等发达国家纷纷响应，推出各自的绿色经济发展计划，力图在新一轮全球产业升级中垄断绿色产业的核心技术，进而继续掌控其在全球经济政治舞台上的主导权。

绿色产业是绿色经济的一个重要组成部分。在开放的经济环境中，一国的产业发展与世界上其他国家紧密相连。进出口贸易以及国际技术转移方面的"绿色浪潮"极大地影响了各国的产业结构，为了在国际竞争中占据有利的地位，各国政府及企业也纷纷促使本国产业向"绿色"方向发展。

二、国内绿色产业研究

从研究阶段上看，中国绿色产业的研究大致经历三个阶段：一是概念导入阶段，由对绿色产品的关注转向绿色产业，形成第四产业（或第五产业）假说；二是泛定义阶段，认为绿色产业泛指与环保相关的产业，是生产环境友好型产品的产业；三是评价体系构建阶段，开始界定绿色产业内涵与特征，从经济、生态、社会层面上构建绿色产业指标体系。

从研究领域上看，多集中于农业或工业领域的绿色发展研究上。在农业领域，早期学者主要关注国外经验对中国农业污染治理的影响和农业绿色GDP核算，之后开始研究农业绿色生产率，考察农业与资源、环境之间的关系。工业领域，不少学者认为产业实现绿色发展在很大程度上依赖于工业绿色转型，提出绿色工业革命或中国工业绿色转型的机制，还有学者研究了影响工业绿色发展的因素，如环境规制，对外开放及技术引进，等。在具体细化的行业，主要有能源、造纸、钢铁、石化、住宅、建材、水泥等产业方面的绿色转型研究等。

三、绿色产业的概念

绿色产业目前并没有统一的定义，不同组织机构和学者有不同的界定角度。在国内，绿色产业有许多相近的叫法，比较常见的有环境产业、生态产业、环保产业、节能环保产业、低碳产业等。国外也有不少类似的称呼，如在经济合作与发展组织（OECD）文献中，被称为 environment industry 或 environmental industry（即"环境产业"），是 environmental goods and services industry（即"环境物品与服务产业"）的简称。还曾使用 eco-industry（生态产业）这一名称。在日本，被称为"生态的产业"，英译为 eco-business。一些学术论文中也有使用 environmental protectionIndustry（环境保护产业）、green industry（绿色产业）、sustainable development industry（可持续发展产业）、environmental-friendly industry（环境友好产业）等等。尽管各家对绿色产业的称呼与表述内容不尽相同，但其核心内涵基本相同。概括来讲，其代表性的定义主要有以下几个角度（仅选择一些比较典型的概念进行阐述）：

1. 从可持续发展的角度

揭益寿认为"只要产业对环境与人无害或少害，符合可持续发展要求，无论其作用对象是否绿色均可认为是绿色产业"，它包括绿色农业、绿色工业、环保工业、绿色服务业等。曾建民指出，"绿色产业是以绿色资源开发和生态环境保护为基础，以实现经济社会可持续发展，满足人们对绿色产品消费日益增长的需求为目标，从事绿色产品生产、经营及提供绿色服务活动并能获取较高经济与社会效益的综合性产业群体"。

2. 从环境保护或生态环境友好的角度

从狭义上说，绿色产业主要指直接与环境保护相关的产业。如在一些地方将资源再生利用类的产业称为绿色产业。从广义上看，绿色产业指各种对环境友好的产业。刘兴先认为，绿色产业是指"那些采取低能源、无污染的生产技术，因而产品在生产、使用和回收过程中不对环境造成污染和破坏的产业"。日本将该类型产业称为"生态产业"，并概括为是"潜在的有助于减少环境负担的产业部门"。联合国发展计划署 2003 年将绿色产业定义为"防止和减少污染的产品、设备、服务和技术，如太阳能、地热能、风能、公共交通工具和其他可节省能源以及减少资源投入、提高效率和产品的设备、产品、服务与技术"。国际绿色产业联合会（International Green Industry Union）于 2007 年发表声明，"如果产业在生产过程中，基于环保考虑，借助科技，以绿色生产机制力求在资源使用上节约以及污染减少的产业，我们即可称其为绿色产业"。台湾经济部工业局也认为举凡对环境友善、低污染、低耗能、低耗水，且能提供或运用环保技术及管理工具，大幅降低环境污染及地球资源使用之行业均属绿色产业。

3. 从产业划分范畴

一些学者所界定的绿色产业是渗透于第一、二、三产业之中的。而刘景林、刘思华分别提出第四产业和第五产业的概念。刘景林将绿色产业界定为"第四产业"，认为其是"生产经营过程及产品符合环保要求或对自然资源及生态环境进行保护和维修的产业"。刘思华在研究生态产业时指出，生态产业是"在保护环境、改善生态、建设自然的生产建设活动中，从事生产、创造生态环境产品或生态环境收益的产业和为生态环境保护与建设服务的产业及其符合生态环境要求的绿色技术与绿色产品相关的部门和产业的集合体"（这里的生态产业定义实质上就体现了绿色产业的特征）。他认为，如同将知识产业（即第四产业）从第一、二、三产业中分离成为单独的产业部门一样，需将生态产业也从第一、二、三、四产业中分化出来，成为单独的产业部门，即第五产业。

4. 从生态、社会和经济效益统一的角度

史瑞建等将绿色产业定义为，"以可持续发展为宗旨，坚持环境、经济和社会协调发展，尊重自然规律，科学合理地保护、开发、利用自然资源和环境容量，生产少污染甚至无污染的，有益于人类健康的清洁产品，加强环境保护，促进人与自然和谐发展，达到生态和经济两个系统的良性循环和经济效益、生态效益、社会效益相统一的经济模式"。

由上可见，目前对绿色产业的定义并不统一，但人们对其认识在不断完善和深化。虽然各个定义的各自表述内容不尽相同，但它们都有着一些本质的内容，即都与资源的节约、环境的保护、人类的健康密切相关。绿色产业为社会提供绿色产品（包括有形的物质产品以及无形的技术和服务产品），其产品在生产、流通和消费过程中要符合资源节约、环境友好和有利于人体安全健康的要求，要实现产业发展与生态环境的相互协调、良性循环的目标。因此，综合各家的定义，笔者认为，绿色产业应是在产业的经济活动中采用无害环境的绿色技术或工艺，旨在减少产业的碳足迹、降低自然资本损耗率，有着正社会与环境外溢效应的各类行业集合，其所生产与经营的产品应是符合绿色标准的产品。

四、绿色产业基本特征

（一）绿色产业坚持"绿色发展"理念，将"绿色"贯穿于产业产品生产、销售、使用和处置的全生命周期过程

自从联合国环境署在1989年提出了清洁生产的理念后，各国企业的生产过程逐渐走向清洁化、绿色化。绿色就是健康、和平、活力与生命，代表着可持续发展；绿色蕴涵了经济与生态的良性循环，意味着人与自然的和谐，是社会文明的标志。绿色产业是绿色发展的重要实践，要走"绿色化"发展道路的中国，就要加速推进产业生产方式的"绿色化"。生产方式的绿色化，就是要通过生态文明建设，构建起科技含量高、资源消耗低、环境污染少的产业结构，大力发展绿色产业，培育新的经济增长点。

发展绿色产业的关键要以绿色技术为保障，以整个产业链的"绿色化"为基础，以生产绿色产品为主要内容，将"绿色"理念贯穿于产业产品设计、生产、销售、使用和处置的全生命周期过程。产品设计决定了生命周期经济和生态成本的80%~90%（Hawken等，1999）。在产品设计时不仅考虑产品的生产和消费过程，还延伸至产品使用结束后的处置对生态环境的影响问题。在产品生产中尽量避免使用有害原料，尽可能提高资源的利用率，减少对不可再生能源的利用、降低废弃物排放和对环境的污染，并尽可能地延长产品的生命周期；产品消费过程和使用结束后对环境影响低，且便于回收处置或再利用。

（二）绿色产业是环境友好型产业，有着较高的环境绩效

据统计，中国每年因环境污染和生态破坏造成的经济损失，约占当年GDP的6%左右。发展绿色产业有助于降低生态环境代价。

绿色产业应注重环境保护，提高资源利用率、减少污染和废物排放量。不仅产品本身及生产过程资源消耗少、安全环保，而且产品的使用过程也低耗、低排放，同时易回收和再利用。发展绿色产业是解决产业发展与环境资源瓶颈，应对全球气候变化、环境污染、生物多样性丧失等生态环境问题的重要途径。气候变化最受关注的就是以二氧化碳为首的各温室气体浓度升高而导致的全球变暖问题。发展绿色产业的目的之一在于减少产业活动的温室气体排放，降低碳足迹，提高产业的环境绩效。

（三）绿色产业是资本节约型产业，有着较低的生态足迹

自然资本是经济活动的基石。产业发展需要消耗一定量的自然资本。自然资本包括自然资源和生态系统，前者涵盖水、土地、矿产、生物等人类能作为生产和生活资料利用的一切自然物，后者是生物与环境之间相互影响、相互制约的一种统一的相对稳定的整体，如森林生态系统、草原生态系统、湿地生态系统、海洋生态系统、淡水生态系统、农田生态系统等。人类日益频繁的活动导致自然资源被极大地耗费，同时也破坏了某些生态系统的自我调整能力，极大地影响了生态系统的稳定性，导致生态系统退化，全球生态足迹扩大。自20世纪70年代年以来，人类的生态足迹已超过了地球的生物承载力。目前，大约要1.5个地球才能提供人类所需的生物承载力。生态赤字也不断加剧如水土流失、土地沙漠化、气候异常、自然灾害日趋严重、生物多样性丧失等生态环境问题。

低自然资本损耗率是绿色产业的一个重要特征。绿色产业应致力于改善资源的利用效率，使单位产出的自然资本损失和消耗量减少通过精确有效的技术或方法减少生态足迹，甚至降为零生态足迹。

（四）绿色产业具有积极的社会经济与环境效应

国际上已有众多的事实证明，绿色产业使人们在追求经济利益时不以牺牲社会利益和环境利益为代价。绿色产业的发展不仅蕴含着巨大的经济潜力，可以创造新的经济增长点和就业机会，同时还能改善社会公共环境，使其他社会主体受益，有着正外部性。

一方面，发展绿色产业可以带来显著的经济效益。据国际能源署测算，对能源使用效率普遍较低的发展中国家而言，在电力节能工程中每投入1美元，就可以在发电过程中节省3美元能源消耗。另一方面，发展绿色产业还可以创造绿色就业机会，绿色就业已成为新时代就业发展的新趋势，也必将引领未来就业市场的新潮流。由国际劳工组织、联合国环境规划署、国际雇主组织（IOE）和国际工会联合会（ITUC）共同组成的"绿色工作倡议"伙伴关系2012年5月31日发布的报告称，全球经济若向"绿色"转型，将有望创造6000万个新的就业岗位。同时据国际劳工组织估计，全球的绿色职业在20年内可多达1亿个，大约占2030年全球50亿劳动人口的2%。

在中国，绿色产业市场也蕴藏着巨大的经济效益和就业潜力。"十一五"期间，中国通过经济绿色转型，节能6.3亿吨标准煤，减排二氧化碳14.6亿吨，带来了相当于600亿元人民币的税收收入，新增1800万就业人口，以及两万亿元左右的消费。2010年《互联世界中的低碳工作》报告显示，风能、太阳能和水电等绿色产业将给中国创造679万个绿色就业岗位。中国的林业改革不仅使大量林业工人获益，而且还增加了100多万个新就业机会。按国际劳工组织的估计推算，中国到2030年的劳动人口达到10亿，绿色职业可多达2000万个。"十二五"前期（2011~2013年），中国环保投入共计2.33万亿元，拉动GDP增加2.56万亿元（占同期GDP的1.64%），拉动国民经济总产出8.87万亿（占同期总产出的1.84%），增加居民收入1.09亿元（占同期居民总收入的1.56%）。而据测算，新实施的大气、水污染治理也将带来可观的经济效益。"大气十条"的实施将拉动我国GDP增长1.94万亿元，增加就业196万人。"水十条"的实施，需要环保总投入4.6万亿元，但可带动GDP增加5.7万亿元，累计增加非农就业约400万人，带动节能环保产业产值超过1.9万亿元。

此外，绿色产业还有着很强的正外部性。绿色产业是经济社会与自然环境和谐发展的产业，它的发展能降低对资源的消耗，并减少污染，保护和改善人类的生存环境，使其他社会主体受益。

五、绿色产业的范围

绿色产业的概念非常宽泛，导致其所包含的范围也十分广泛，产业界限也比较模糊。它并不是由某个或某几个具体的产业组成，无法像传统产业分类法那样按照产品本身的特性来进行区分，而需考察产业与资源、环境间的关系，及产品的设计、生产、消费和回收对资源、环境的影响。它既包括直接与节约资源、保护环境密切相关的新兴绿色产业，又包括社会现有产业的绿色化。

(一) 环境产业

绿色产业的主力军是环境产业（或称环境保护产业，简称环保产业），其具有巨大的发展潜力。

经济合作与发展组织对环保产业的定义，狭义上主要是针对环境问题的"末端治理"而言的。认为是为污染控制与减排，污染清理及废弃物处理等方面提供设备与服务的企业；广义上则是针对"产品生命周期"（即"从摇篮到坟墓"的生命周期）而言的，既包括能够在测量、防止、限制及克服环境破坏方面生产与提供有关产品与服务的企业，还包括能使污染和原材料消耗最小量化的洁净技术与产品。在OECD国家中，欧洲国家（如德国、意大利、挪威、荷兰等）大体采用较狭的定义，日本、加拿大则采用较广的定义，美国的定义居于两者之间。目前，狭义的环保产业被视为环保产业的核心，但由于世界环境保护越来越重视对产品的生命全过程的环境行为控制，采用广义的环保产业是一个必然趋势。

中国环境保护部认为，环境产业是国民经济结构中以防治环境污染、改善生态环境、保护自然资源为目的而进行的技术开发、产品生产、商业流通、资源利用、信息服务、工程承包、自然保护开发等活动的总称，主要涉及环境保护产品、资源综合利用、环境保护服务、洁净产品四个领域。

在中国《"十二五"节能环保产业发展规划》中节能环保产业分为环保产业、节能产业以及资源循环利用产业。其中，资源循环利用产业包括矿产资源综合利用、固体废弃物综合利用、再生资源利用及水资源利用等。而按照《绿色债券支持项目目录》中的界定，绿色产业包括污染防治、节能、清洁能源、资源节约与循环利用、生态保护和适应气候变化、清洁交通等方面。其中，资源节约与循环利用包括尾矿伴生矿再开发及综合利用、工业固废、废气、废液回收和资源化利用、再生资源再加工及循环利用等。

(二) 传统产业的绿色化

传统产业可以通过技术创新进行升级改造而形成产业绿色化。绿色技术是促使传统产业绿色化的关键因素，它既包括污染治理技术，还包括清洁生产及资源节约技术。传统第一、二、三产业可采用可持续的生产方式或绿色技术改造，而达到资源节约、环境友好的绿色产业发展目标，促进经济、社会与环境效益的统一。

1. 绿色农业

绿色农业是在可持续的基础上，在保障农产品供给与生态系统服务的同时，保持并提高农业生产力，降低农业的负外部性甚至产生积极的外部效应。它是有着生态、安全、优质、高产、高效等特征的新型现代农业，包括有机农业、生态农业、无公害农业等内容。

2. 绿色工业

工业是传统产业绿色化的重要领域。工业部门所耗费的资源和排放的污染、废物等超过了其他产业。制造业占到全世界能源消费的近三分之一、二氧化碳排放的36%，工业还会导致其他温室气体排放（如甲烷、一氧化二氮、氟氯烃）。工业领域的绿色化可实现的相对收益巨大。

减少温室气体排放，最具效益和最快速的方式是通过转而采用更加有效且体现绿色产业途径的生产方式重点提高资源生产率。就工业而言，能源效率关乎生产流程内外能源利用的优化，即从单位能源中获取最大价值或能源服务。采用绿色技术和工艺，在工业产品的制造和服务过程中形成从原料、中间产物、废弃物到产品的物质循环的模式，使资源、能源、投资得以最优利用。

3. 绿色服务业

绿色服务业指服务流程中充分考虑资源节约、环境保护与人类身心健康等因素的服务产业模式，如绿色物流、绿色金融、绿色旅游等。

绿色服务业在绿色产业中占的比重最大，也是未来产业发展的方向。《绿色经济报告》即指出，绿色产业将以服务行业为主导。

（三）集群化的绿色产业

绿色产业不仅是从末端到全程乃至循环的线性绿色产业链，还包含绿色产业区的面状绿色产业网，形成绿色产业区域集群。

绿色产业区域集群指某一区域内的农业、工业与服务业，按照绿色发展模式而形成的绿色产业集聚区，实现区域内生态环境与经济、社会的协调持续发展。包括绿色产业示范区或绿色产业园（如绿色农业示范区、再生资源产业园区、生态工业示范园区）、生态省市县、生态文明试验区等。

第二节　全球绿色产业发展概况

在经济发展过程中，由于分工越来越细，产生了越来越多的产业部门，这些产业之间的联系与比例形成了国民经济的产业结构，它随经济发展而不断变动。当前全球产业正向高级化方向发展，产业重心逐渐向东半球转移，以中国为代表的新兴经济体已成为全球制造中心。2008年的金融危机给世界经济带来沉重打击，加之旧有发展模式所带来的资源环境压力的增加，促使各国在反思中积极探索增长方式转型和寻找新的增长点，以形成新的竞争优势。

一、全球产业发展新方向

工业革命以来，产业变革的中心在不断发生转变。第一次工业革命以机器代替手工劳动，开创了蒸汽时代，英国成为世界工业中心；第二次工业革命，将人类社会带入了电气时代，内燃机的发明推动了石油开采和化工产业的发展，美国开始暂露头角，并逐渐取代英国的地位；第三次科技革命，原子能、电子计算机和空间技术的突破，以电子计算机为核心的现代信息技术将人类社会带入自动化、信息化时代，美国成为无可争议的全球霸主。日本、中国凭借承接欧美等国产业转移，先后成为全球发展最快的经济体。

前三次革命在给世界带来空前繁荣的同时，也造成了大量能源、资源的消耗，付出了巨大的环境代价和生态成本。人类社会面临着资源能源、生态环境、气候变化等多重危机的空前挑战。为应对挑战，全球产业面临新的重大调整，进入21世纪以来，以信息技术为核心的高新技术推动着世界经济由工业社会加速向信息社会转变，全球产业日趋服务化和技术密集化。孕育中的第四次科技革命，将开启绿色革命，形成以人工智能、新能源、量子信息、生物技术等为代表的绿色化、智能化时代。绿色产业将成为此次革命的引领力量，绿色经济将成为经济增长的新动力。

二、全球绿色产业发展现状与趋势

1. 环保产业市场状况

伴随世界环保产业的迅速发展，其在各国经济中扮演着越来越重要的角色。智研咨询发布的《2017~2022年中国环保市场分析预测及投资前景预测报告》显示，2015年全球环保产业市场规模将达到7998.43亿英镑。

细分领域中，水供应/废水处理、回收/循环和废弃物管理市场规模分列全行业的前三位，分别为2841.55亿英镑、2294.1亿英镑和1714.1亿英镑，三者合计占比高达85.64%（表8-1）。

从地域分布看，全球广义环保产业（包括低碳产业和可再生能源产业）市场中亚洲占据的市场份额为38%；美洲和欧洲位居其后，分别占据30%和28%的市场份额。从广义环保产业规模来看，世界环保市场上发达国家和地区占有绝对的优势，排名前十位的国家中，有七位皆为发达国家。目前世界上环保产业发展最具有代表性的是美国、日本、加拿大和欧洲。美国是当今环保市场最大国家，约占全球环保产业总值的1/3。新兴市场国家虽然在全球的份额中比重较小，但其需求增长极为迅速。前十位中处于发展中国家范围内的中国、印度和巴西分别位居第二、第四和第八位。

表8-1 2010~2015年全球环保行业市场结构（亿英镑）

项　　目	2010年	2011年	2012年	2013年	2014年	2015年
水供应/废水处理	2447.31	2517.72	2600.8	2689.23	2763.52	2841.55
回收/循环	1947.08	2016.13	2082.66	2153.47	2225.24	2294.1
废弃物管理	1466.33	1512.75	1562.67	1615.8	1660.41	1714.1
空气污染	289.01	295.79	305.55	315.94	331.4	346.2
污染土地复垦和整治	278.45	288.19	297.7	307.82	319.92	328.24
环境咨询及相关服务	245.18	254.46	262.86	271.79	281.44	293.36
噪音和振动防治	66.19	68.88	71.15	73.57	76.34	79.58
环境监测、仪器仪表和分析	45.36	47.18	48.74	50.39	53.22	56.71
海洋污染防治	36.73	38.16	39.42	40.76	42.73	44.59
总计	6821.64	7039.26	7271.56	7518.79	7754.22	7998.43

资料来源：Low Carbon Environmental Goods and Services（LCEGS）Report，https：//www.gov.uk/government/publications/low-carbon-and-environmental-goods-and-services-2011-to-2012

从世界环保产业发展趋势看，环保装备将向成套化、尖端化、系列化方向发展，环保产业由终端向源流控制发展，其发展重点包括大气污染防治、水污染防治、固体废弃物处理与防治、噪声与振动控制等方面。

2. 有机农业发展状况

产业的转型升级，一方面要培育和发展战略性新兴产业，另一方面要用绿色技术改造和提升传统产业。全球"绿色革命"的兴起就从农业领域开始，由农业生产技术改革扩展到保护和优化生存环境上。为最大限度地减轻农药和化肥的环境危害，许多国家在生态农业的基础上，充分利用现代技术提升农业的耕作水平和农产品绿色化水平，形成了有机农业。

有机农业在第二次世界大战以前就开始在一些西方国家实施，但其发展极为缓慢。20世纪70年代后，一些发达国家伴随着工业的高速发展，由污染等导致的生态环境破坏和人类生存所面临的前所未有的威胁，美国、日本以及欧洲国家开始掀起了以保护农业生态环境为主的各种替代农业思潮。20世纪90年代后，特别是进入21世纪以来，可持续发展战略得到全球的共同响应，可持续农业的地位也得以确立，有机农业作为可持续农业发展的一种实践模式和一支重要力量，进入了一个蓬勃发展的新时期，无论是在规模、速度还是在水平上都有了质的飞跃。这一时期，全球有机农业由单一、分散、自发的民间活动转向政府自觉倡导的全球性生产运动。

目前，全球约有1%的农业用地为有机农地。截至2015年年底，全球以有机方式管理的农地面积为5090万公顷（包括处于转换期的土地），比2014年增加了650万公顷，是1999年（1100万公顷）的将近四倍。有机农地面积最大的两个洲分别是大洋洲（2280万公顷，占世界有机农地的45%）和欧洲（1270万公顷，占比25%）。有机农地面积最大的三个国家分别是澳大利亚（2269万公顷）、阿根廷（307万公顷）和美国（203万公顷）[①]。2015年，全球有将近240万个有机生产商，有机食品市场总额已达约750亿欧元。美国是领先的有机市场，总额达359亿欧元；其次是德国（86亿欧元）、法国（55亿欧元）和中国（47亿欧元）。

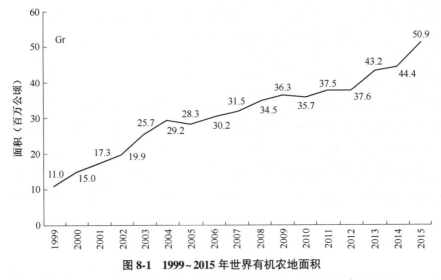

图8-1　1999~2015年世界有机农地面积

来源：有机农业研究所（FiBL）、国际有机农业运动联盟（IFOAM）《世界有机农业2017》http://www.organic-world.net/yearbook/yearbook-2017.html

3. 绿色制造业发展状况

制造业是一国经济发展的支柱产业，其可持续发展对整个国民经济的持续健康发展具有重大意义。为解决工业生产造成的一系列环境和资源问题，各国纷纷出台国家战略和计划发展绿色经济，把绿色制造作为赢得未来产业竞争的关键领域。美国提出回归实业，欧洲也在再工业化。智能制造、低碳发展成为各国绿色制造发展的共识。

绿色制造业目标是通过更多的能源-物料高效型制造工艺减少制造成品需要的自然资源量，减少与废弃物和污染有关的负面外部效应，并提高运输和物流的效率。1996年，国际环境管理体系标准ISO4001和ISO4004相继颁布，成为各国企业发展绿色制造业的准则。进入21世纪后，绿色制造业更是得到了各国政府的大力支持。

美国在奥巴马执政时期即强力推进绿色工业的发展。2009年，《美国复兴与再投

[①] 中国当年为161万公顷，低于西班牙的197万公顷，屈居世界第五位。

资计划》将发展清洁能源作为重要战略方向，并鼓励发展新能源汽车。2011 年、2012 年，美国总统科技顾问委员会（PCAST）先后发表了《保障美国在先进制造业的领导地位》以及第一份"先进制造伙伴计划（AMP）"报告《获取先进制造业国内竞争优势》。2014 年 10 月，PCAST 又发布了题为《提速美国先进制造业》的报告（俗称"先进制造伙伴计划 2.0"），欲利用技术优势谋求绿色发展新模式。

2013 年，德国政府推出定义为第四次工业革命的《工业 4.0 战略》，旨在提升制造业的智能化水平，提高德国工业竞争力以在新一轮工业革命中占领先机。随后"工业 4.0"概念受到世界各国高度关注，成为世界各国的热门词汇之一。日本率先响应，2015 年 1 月 23 日推出《机器人新战略》以掌控世界机器人产业及应用的主导权，强化制造业与服务业领域的国际竞争力。2015 年 5 月，中国也出台了《中国制造 2025》，将可持续发展作为建设制造强国的重要着力点，高度重视绿色制造水平的提升和绿色低碳产业的发展，以推动中国制造业向高端制造业转型升级，提升其在全球供应链中的地位和全球竞争力。

4. 环境服务业发展状况

环境服务业（environmental service）是现代服务业的重要分支，也是环境保护产业的一个重要组成部分，是指与环境相关的服务活动。世界贸易组织（WTO）将其定义为，指那些通过服务收费的方式获得收入的同时又对环境有益的活动。环境服务业的范围主要包括环境技术与产品的研发、环境工程设计与施工、环境监测、环境咨询、污染治理设施运营、环境贸易与金融服务等，它们可分为环境污染治理服务和与环境管理相关的服务两大类。20 世纪 90 年代以后，全球环境服务业得到迅速发展，其发展水平成为环保产业成熟度的重要标志。

国外环保行业首先得到发展的是空气污染治理、水处理以及垃圾处理等行业。故而废物处置服务和污水处理服务是当前全球环境服务业的主要项目。2010 年，这两个项目占全球环境服务市场的份额达到 74%，其中废物处置服务占 45%，污水处理服务占 29%。近年来，全球环境服务业年均增速均略高于经济增长速度，其产值约占环境产业总产值的一半。在区域分布上，主要集中于美国、西欧和日本市场，约占全球总市场的三分之一。亚洲和非洲地区的环境服务市场占比低，但增长速度快，年均达到约 10% 的增长率。

三、各国绿色产业政策与投资

面对经济发展的环境制约，联合国环境规划署与世界各主发经济体纷纷制定了绿色发展战略。1989 年，加拿大政府首次在官方文件中提出了"绿色计划"，在宏观层面上把"绿色"同整个社会经济的发展结合起来，之后，其他工业化国家也相继提出了多项绿色计划。绿色计划的实施导致了绿色产业在发达国家的兴起。

2009年，联合国环境规划署在20国峰会之前发表了《全球绿色新政政策概要》，呼吁各国领导人实施绿色新政，将全球GDP的1%（大约7500亿美元）投入提高新旧建筑的能效、发展风能等可再生能源、发展快速公交系统、投资生态基础设施以及可持续发展等5个关键领域。随后，绿色经济得到了20国峰会的支持并写入联合声明。2014年6月，首届联合国环境大会强调，绿色发展是全球发展的主流和当代人不可推卸的责任。

绿色产业是一种政策引导型产业，即需要通过环境政策和法规规范企业行为，政府要加强监督管理、严格执法，并出台相关扶持政策。目前，美国、日本、德国、意大利、加拿大、英国、韩国等已经在绿色产业方面取得了较大的发展（表8-2）。从具体地域上看，欧盟各国对绿色产业的扶持范围广泛，涉及节能、环保产业，及新能源等产业。此外，欧盟于2008年通过《气候行动和可再生能源一揽子计划》设定可再生能源发展目标、制定关于碳捕获和封存及环境补贴等规则促进绿色产业的发展，承诺到2020年将其温室气体排放量在1990年基础上至少减少20%，将可再生清洁能源占总能源消费的比例提高到20%，将煤、石油、天然气等一次性能源消耗量减少20%。其中，德国是世界上最早发展绿色产业的国家之一，于20世纪80年代后期，成立了世界上第一家"绿色银行"，取名为"生态银行"，专门贷款给"绿色工程"；政府还拨专款用于扶植绿色产业，其发展核心在于绿色能源产业的技术革命。法国绿色产业的重点在于发展核能和可再生能源，但其能源政策的总体发展趋势是在不否定以核能为中心的前提下，逐步减少其比例，将核能发电的比例从目前的75%降至50%；大力推动以电动汽车为代表的"清洁汽车"的发展；同时，加强对其他新能源的研究开发与利用。英国也将绿色能源置于绿色战略的首位，投资风能、潮汐能和太阳能等清洁能源，同时还重视低碳产业以及二氧化碳储存技术的发展。计划到2020年二氧化碳排放量在1990年基础上减少26%至32%，到2050年减少60%。

美国、日本、韩国也无一不注重绿色能源产业的发展，出台多项政策进行扶持。为降低能耗，美国先后颁布了《国家节能政策法规》《国家家用电器节能法案》《国家能源政策法2005》《美国清洁能源安全法案》等多部法律，通过税收、补贴、交易机制设置等多种形式推动绿色产业的发展。2009年，韩国公布了绿色增长国家战略及五年计划，欲争取在2020年跻身全球七大"绿色大国"行列。

表 8-2 世界各主要国家绿色发展政策与目标情况

国家/地区	绿色经济计划或项目	政策目标
美国	2009年2月15日，出台投资总额达到7870亿美元有"绿色经济复兴计划"之称的《美国复苏与再投资法案》（ARRA）中，用于清洁能源的直接投资及鼓励其发展的减税政策涉及金额1000亿美元。奥巴马宣称，未来10年将斥资1500亿美元大举发展太阳能、风能和生物能源等	将美国传统的制造中心转变为绿色技术发展和应用中心，在2015年前将新能源汽车的使用量提高到100万辆；到2012年使可再生能源占到电力供应的10%，2025年达到25%；到2025年减少80%的温室气体排放；在10年内，创造500万个新能源、节能和清洁生产就业岗位
美国	出台"绿色就业与培训计划"，投入40亿美元用于公共住房的节能改造	鼓励风险投资进入绿色能源领域，以创造出大量"绿色就业岗位"
欧盟	先后于2007年、2014年提出了"欧盟2020年气候与能源一揽子计划"和"欧盟2030年气候与能源政策框架"	实现减排的机制化进程，到2021年创建一个碳配额市场稳定储备体系
欧盟	2009年3月9日，启动绿色经济发展计划，在2013年前斥资1050亿欧元，支持各国推行"绿色经济计划"。其中，540欧元亿用来帮助各国执行欧盟环保法规，280亿欧元用于改善废弃物的处理技术，改善水质	使"绿色经济"成为带动欧盟经济的新的增长点，最终保持欧盟在环保领域的领先地位与竞争优势，同时缓解困扰多年的就业问题
欧盟	2010年提出了"欧洲2020战略：实现智能、可持续性和包容性增长"。引导着欧洲未来的低碳化、智能化、甚至去碳化发展趋势	到2020年欧盟将达到"20-20-20"目标：在1990年基础上减排20%；能耗减少20%；可再生能源在能源消耗中所占份额达到20%
欧盟	2011年3月8日，欧盟委员会出台了《欧盟2050低碳经济战略》，加大对低碳经济的投入，未来平均每年增加2700亿欧元的投资，即相当于欧盟成员国国内生产总值的1.5%	欧盟成员国在2050年时将温室气体排放减少80%～95%（以1990年为基准年），实现向低碳经济转型
英国	2008年11月，出台《气候变化法案》	2050年的六种温室气体的总排放量至少比1990年的总量减少80%
英国	2009年7月15日，提出"低碳转型计划"，涉及能源、工业、交通和住房等多个方面。并辅之以《低碳工业战略》《可再生能源战略》及《低碳交通战略》三个配套方案。预计至2015年每年的增长率将超过4%	2020年的温室气体排放量较1990年减少三分之一；2020年实现可再生能源的产量占全部能源产量的15%的总目标，其中电力供应总量的30%、热能供应的12%及交通系统耗能的10%以上来自新能源。创造40万个绿色工作岗位，到2020年，有120万人从事绿色工作

(续)

国家/地区	绿色经济计划或项目	政策目标
德国	在 2009 年和 2010 年推出 110 亿美元的经济刺激计划，继续实施建筑节能改造	到 2020 年增加 100 万个就业岗位
	2009 年 6 月，德国发布"经济现代化战略"，强调生态工业政策应成为德国经济现代化的指导方针	
	推出了"绿色经济"研究议程，计划到 2018 年总共资助该项目 3.5 亿欧元	为产业发展寻求对环境友好同时有竞争力的解决方案
法国	2005 年和 2006 年出台两项法规，对采取各种有效的房屋节能措施，安装高能效供暖设备和使用可再生能源的居民给予一定的税收减免	
	2007 年 10 月提出《Grenelle》环保倡议，强调建筑节能的重要性和潜力，以可再生能源的适用和绿色建筑为主导	2020 年前既有建筑能耗降低 38%，可再生能源在总的能源消耗中比例上升到 23%
	2008 年初推出"以旧换新"政策，购买环保车辆将享受一定额度的补贴或低息贷款。2008 年 12 月公布了一揽子旨在发展可再生能源的计划，涵盖了生物能源、太阳能、风能、地热能及水力发电等多个领域。除大力发展可再生能源外，还投资 4 亿欧元用于研发电动汽车等清洁能源汽车。2012 年，公布了"扶持汽车工业计划"，即"伊尔兹曼项目"，加大对环保车的补贴力度，购买电动车最多可享受 7000 欧元（约合 9036 美元）的补贴；政府拨 5000 万欧元专款，支持发展电动车的充电配套设施，同时简化补贴的申办手续	促进新能源汽车产业的发展，在 2020 年将清洁汽车的总产量增至 200 万辆，为法国创造 20 万到 30 万个就业岗位
	2011 年启动投资总额为 100 亿欧元、规模达 300 万千瓦的海上风电项目；成立法国海洋能源研究所——"法国低碳能源研究所"，该研究所将在未来 10 年得到政府 3400 万欧元的资助；为海上风力发电、潮汐发电等五个科技项目投入 4000 万欧元	加强科技创新，推进海洋能源开发利用，到 2020 年可再生能源占能源总量的 23% 以上，海洋可再生能源比例大约占能源总量的 3.5%

(续)

国家/地区	绿色经济计划或项目	政策目标
日本	2009年4月,公布了名为《绿色经济与社会变革》的政策草案,提出了日本版的"绿色经济复兴计划",为投资于环保领域的企业创立无息贷款制度,还将新推促进人们购买节能家电和电动汽车等新一代汽车的政策,并制定普及节能住宅的政策。政府向住宅和办公场合设置太阳能光板提供补贴,对购置新车时购买环保型汽车提供10万日元援助,以及通过购买时返还现金来普及清洁家电的使用	通过实行削减温室气体排放等措施,强化日本的"绿色经济"。2015年之前把环保商业市场规模扩大至100万亿日元,达到2006年的约1.4倍,并创造220万人的就业岗位
	2010年6月,发布经济新增长战略	2012年创建超过5000亿美元价值的新市场,到2020年把全球温室气体排放量减少13亿吨二氧化碳当量,创造1.4万个新的就业岗位
韩国	2008年9月,出台低碳绿色增长战略,提出提高能效和降低能源消耗量,从能耗大的制造经济向服务经济转变	依靠发展绿色环保技术和新再生能源,以实现节能减排、增加就业、创造经济发展新动力三大目标。到2030年,韩国经济的能源强度将比目前降低46%。争取2020年前跻身全球七大"绿色大国"
	2009年1月6日,韩国政府又提出"绿色工程"计划,将在未来4年内投资50万亿韩元(约380亿美元)用于实施包括绿色交通网络、200万绿色家庭计划及清洁主要河流在内的36个生态友好型项目	创造大约96万个工作岗位,用以拉动国内经济,并为韩国未来发展提供新的增长动力
	2009年7月,发布《绿色增长国家战略及5年计划》,预计5年累计总投资将达107万亿韩元(1美元约合1273.5韩元)	创造156万~181万个就业岗位
	2010年4月14日推行《低碳绿色增长基本法》(于2013年修订)。将对绿色产业施行绿色认证制,可获得认证的项目包括新生和再生能源、水资源、绿色信息通信、环保车辆和环保农产品等10个项目、61项重点技术。对于大型建筑物,将实行"能源、温室气体目标管理制",严格限制能源的使用。此次低碳绿色增长计划的预算总额为310亿美元	在2020年以前,把温室气体排放量减少到"温室气体排放预计量(BAU)"的30%

(续)

国家/地区	绿色经济计划或项目	政策目标
南非	2012年5月宣布,在未来两个财年内投入8亿兰特(1美元约合8兰特),建立一个"绿色基金"	使当年新增就业岗位达到6.3万个
	2012年,政府与当地企业界签署了一项大力发展可再生能源的协议。政府和企业将在未来5年内投入220亿兰特,用以建设可再生能源项目,并投入30亿兰特用以生产绿色能源产品	在未来10年为南非提供30万就业机会

资料来源:根据《中国-东盟绿色产业发展与合作——政策与实践》《多国经济向"绿色"转型》《绿色就业助推经济复苏》《韩国的低碳绿色增长》《基于主要政策维度的我国绿色产业政策体系》《法国绿色产业政策与影响》《欧盟绿色经济发展路径、战略与前景展望》等资料整理。

四、全球绿色认证与标识

当前绿色产业在全球的迅速兴起,国际市场上"绿色产品"日益多样化,从食品、日用品、服装、家电,到汽车、建筑、旅游等,涉及各行各业。据统计,1990年新产品中仅有5%的"绿色产品",但1997年已提高到80%。如何将这些形形色色的绿色产品与普通产品相区别,就需要依靠一些绿色标准或标志(标识)来进行辨别。绿色标志亦称环境标志、生态标志,一般由政府部门或公共、私人团体依据一定的环境标准向有关厂家颁布证书,证明其产品的生产使用及处置过程全都符合环保要求,对环境无害或危害极少,同时有利于资源的再生和回收利用。

1978年,联邦德国最先在全球推行"蓝色天使"(Bluenage)绿色产品标识。至今,德国批准使用的绿色标志已覆盖60多门类共4300多种产品。绿色标识在全球迅速发展,各类绿色标志不断增加,各国的国内绿色标志制度也逐渐趋于国际化,出现了加拿大的"环境选择方案"(ECP)、日本的"生态标志制度"、北欧4国的"白天鹅制度"、奥地利的"生态标志"、"法国的NF制度"等绿色标志制度。中国的环境标志则由青山、绿水、太阳和10个环组成。中心结构表示人类赖以生存环境,外围的十个环紧密结合,表示公众参与,其寓意为"全民联合起来,共同保护人类赖以生存的环境"。

在农业领域,农产品质量认证始于20世纪初美国开展的农作物种子认证,并以有机食品认证为代表。到20世纪中叶,随着食品生产传统方式的逐步退出和工业化比重的增加,国际贸易的日益发展,食品安全风险程度的增加,许多国家引入"农田到餐桌"的过程管理理念，把农产品认证作为确保农产品质量安全和同时能降低政府管理成本的有效政策措施。于是，出现了 HACCP（食品安全管理体系）、GMP（良好生产规范）、欧洲 EurepGAP、澳大利亚 SQF、加拿大 On—Farm 等体系认证以及日本的 JAS 认证、韩国亲环境农产品认证、法国农产品标识制度、英国的小红拖拉机标志认证等多种农产品认证形式。

虽然全球的绿色认证和产品标示形式多样，但无一不体现了产品的生态安全特性，不仅对保护环境和自然资源起到了重要的作用，还满足了消费者对健康、绿色生活的追求。

第九章 绿色产业："两个转化"的主线（下）

中国的产业发展方向基本符合世界产业结构演进的一般规律，总体从第一产业为主向以第二、三产业为主依次转变，目前已初步形成以第三产业为主的产业结构。但与发达国家相比，还存在进一步优化的空间。2015年，中国第三产业增加值占比首次突破50%，而全球该比重一直保持70%水平，与美国第三产业占GDP总量接近80%的水平相比，差距更是甚大。中国经过30多年的发展，在经济社会中取得了举世瞩目的成就，但以对自然资源掠夺式的发展方式已日益难以持续，水土流失、土地荒漠化、环境污染、极端气候频发等生态环境问题，严重影响了经济社会的可持续发展。当前资源和环境危机将长期存在，自然资源禀赋与绿色发展理念，要求中国走绿色产业道路。通过大力发展绿色产业，依靠新技术革命大幅提升资源利用效率、降低环境污染，将成为解决资源环境问题的重要途径。

第一节 中国绿色产业发展形势分析

人类面临的多重危机尽管各自的起因不尽相同，但根本上在于资本配置的不当。在我国现行的经济模式中，大量资本投向了房地产、化石燃料、结构性金融资产及其衍生品。要扭转这种局面，需要适当的法规、政策创造新的条件，引导公共投资与私人投资流向可再生能源、能源效率、公共交通、可持续农业、生态系统和生物多样性保护，以及水土保持等方面。

一、国内与绿色产业发展相关的主要政策与制度

为促进生态环境保护与产业转型升级，中国政府出台了众多环境保护政策和法律法规。根据笔者粗略统计，截至2016年年底有关污染防治、节能减排、自然资源和生态环境保护等方面的法律有40多部，由国务院发布的管理条例、办法达80多项，而由各部委下发的部门管理规章制度近500项，各级各类的产品行业标准或技术要求更

是不胜枚举。总体来看，主要形成了以下几种典型产业或领域的相关政策与制度。

1. 绿色食品制度

20世纪70年代末开始，中国引进和研究"生态农业"，提出生态农业和可持续发展模式，开展生态农业试点；90年代，提出了绿色食品概念，推行绿色食品工程，形成比较完整的绿色食品统计指标与商标管理制度。2001年4月，农业部启动了"无公害食品行动计划"，并在北京、天津、上海和深圳四城市进行试点；2002年4月，农业部颁布了《无公害农产品管理办法》，7月，在全国范围内全面推进"无公害食品行动计划"，并提出绿色食品、有机食品、无公害食品"三位一体，整体推进"的战略部署。为加快绿色食品国际化进程，扩大绿色食品标志商标产权的国际保护，又相继在日本和香港地区开展注册，并制订了AA级绿色食品标准。2002年10月，中国绿色食品发展中心组建了"中绿华夏有机食品认证中心（COFCC）"，制订的《有机食品生产技术准则》列入2003年农业部行业标准制定项目。2005年8月，农业部出台了《关于发展无公害农产品绿色食品有机农产品的意见》，在南京召开了全国无公害农产品绿色食品工作会议，第一次将无公害农产品、绿色食品和有机食品工作一起研究部署。由此，中国形成了比较完善的绿色食品制度。

2. 清洁生产政策

2002年颁布的《清洁生产促进法》和2004年8月由国家发展和改革委员会和国家环保总局联合发布的《清洁生产审核暂行办法》是中国清洁生产政策取得重要突破的标志。同时，国家先后发布了两批清洁生产技术导向目录，涉及9个重点行业和113项清洁生产技术。2003年国家还发布了石油炼制和炼焦行业的清洁生产标准。目前，中国的清洁生产已形成包括法律、法规、技术指导目录及标准和能力建设等政策体系。

3. 绿色能源政策

从20世纪90年代中期开始，节约能源、提高能源利用效率逐渐成为中国能源政策的主体。1997年，国家颁布了《能源节约法》，并陆续发布了主要行业和部分产品的能效标准，开展了各种节能降耗活动，制定了五年能源节约规划。进入21世纪，在全面建设小康社会面临资源能源和环境"瓶颈"约束的严峻形势下，节约能源和再生能源开发政策得到前所未有的加强。《能源发展战略行动计划（2014~2020年）》，提出把发展清洁低碳能源作为调整能源结构的主攻方向。至今已有多项各部委出台的与节能、能效、可再生能源等相关的规章制度，并先后颁布了《中华人民共和国节约能源法》和《中华人民共和国可再生能源法（修正）》，为构建清洁、高效、安全、可持续的现代绿色能源体系奠定了坚实的法制保障。

4. 环境保护政策

为解决环境污染特别是工业污染的问题，1978年，国务院召开第一次全国环境保护工作会议，通过了中国第一个环境保护文件《关于保护和改善环境的若干规定》。1979年，确立了排污收费制度，颁布了《中华人民共和国环境保护法（试行）》，自此中国的环境立法迅速发展。20世纪90年代，开始推行以清洁生产为中心的工业污染综合防治战略，并逐步建立起了重点行业清洁生产标准和评价指标体系。21世纪，初提出了大力发展循环经济，十六届五中全会明确提出："发展循环经济，是建设资源节约型社会、环境友好型社会和实现可持续发展的重要途径。"目前针对污染防治、资源节约和生态保护等方面已制定颁布并修订了多项环境保护专门法和相关的资源法，以及环保产品行业标准或技术要求，初步建立起了保护环境、节约资源的法律法规体系和环保行业市场准入、注册环保工程师、环保设施运营操作人员职业培训上岗等制度，对加快绿色产业发展起到了积极的推动作用。

5. 绿色标志（标识）制度

中国目前较为普遍应用的标志（识）制度主要包括绿色食品标志制度、有机食品标志制度、无公害食品标志制度、环境标志制度等。

1992年，中国制订并颁布了《绿色食品标志管理办法》等有关管理规定，对绿色食品标志进行商标注册；1993年，在外交部、财政部和农业部的联合支持下，中国绿色食品发展中心加入了"有机农业运动国际联盟"组织。

中国环境标志制度诞生于1993年，当年国家环保局和技术监督局批准并发布了中国环境标志图案；1994年，国家环保总局、国家质量技术监督局和国家进出口商品检验局联合组成了中国环境标志产品认证委员会；1997年，国家技术监督局成立的"全国环保标准化技术委员会"，宣布从4月1日起采用ISO14000标准，作为中国国家标准（GB/T24000）；同年5月，国家环保总局等33个部委局联合组成了"中国环境管理体系认证国家指导委员会"，统一指导环境管理系列标准认证工作。目前已经开展了56项环境标志产品认证，种类涵盖建材、家具、汽车、电子产品、办公用品、纺织品等各类领域。已有1200多家企业的20000多种产品获得中国环境标志认证，形成了1000多亿产值的环境标志产品群体。

此外，为推动节能技术进步、提高产品能源效率，国家发展和改革委员会、国家质检总局2004年8月联合发布了《能源效率标识管理办法》（2005年3月实施。2016年修订并于当年6月1日正式施行），并制定了多批《中华人民共和国实行能源效率标识的产品目录》。绿色服务标准是经常被人们所忽视的领域，2008年环境保护部启动了服务业领域绿色标志认证，颁布《住宅装饰装修工程施工规范》和《环境标志产品

技术要求 生态住宅（住区）》两类行业标准，以保障人类身体健康、保护环境和节约各类资源。另外，2010年，工业和信息化部、财政部和科技部决定在工业领域组织开展资源节约型、环境友好型企业（即"两型"企业）创建工作，但环境友好型企业标志制度并没能推广开。

二、绿色产业发展状况

绿色产业在中国起步较晚，但发展迅速。据《中国环境保护产业协会关于"十二五"期间环保产业发展的意见》，中国环保产业从业单位约3.5万家，产业收入总额近10000亿元。2015年，被誉为中国绿色产业"元年"，国家陆续出台多项重大举措和政策，为绿色产业发展带来新的战略机遇，"十三五"期间绿色产业将呈现加速增长的趋势。发改委、环保部印发《关于培育环境治理和生态保护市场主体的意见》提出"十三五"绿色环保产业产值年均增长15%以上的目标，远高于GDP的增长目标，绿色产业将为中国经济增长注入新的动力。

在现有统计体系下，由国家认可，且能够获得比较完整数据的绿色产业，主要包括绿色食品产业、节能环保产业（环境产业）、环境服务业、新能源产业等，以及国家鼓励发展的若干战略性新兴产业也与绿色产业有所交叉。下文主要针对上述产业进行分析。

（一）中国的绿色产业起步晚，但发展速度快、覆盖范围广

1. 从整体上看，中国的绿色产业发展速度较快

中国的绿色产业发展并没有现成可遵循的成功道路，一般是通过以点带面的示范带动作用，促进示范地区的先进经验在全国推广。据统计，截至2014年，中国已有各级各类产业园区6000多个，但专业做环保产业的园区数量屈指可数，约53个，它们主要集中在江苏和浙江两省，约占全国的29%和13%。

多年来，中国已在多个领域进行绿色产业试点。如，自1996年联合国工业发展组织（UNIDO）就在中国开始推动绿色经济与绿色产业的发展。1996~2004年，UNIDO中国投资与技术促进处在全国范围内开展了绿色产业示范区的建设认证工作，共建设了19个绿色产业示范园区，总面积7万多平方米，总人口约为1200多万。全国还建有生态工业示范园、示范基地等约27个。这些示范区分布于全国各个省份，成为中国发展绿色经济和农民增收的成功途径，为中国发展绿色产业，促进生态效益、经济效益和社会效益的统一和良性循环提供了宝贵的经验。

在林业领域，为促进林业现代化，走出一条生态保护、资源节约、环境友好的绿色发展之路，给全国其他地区的生态保护脱贫、产业特色脱贫提供借鉴参考，国家林

业局于2016年开始开展"国家林下经济及绿色特色产业示范基地"建设工作,首批认定河北省临城县等225家单位为"服务精准扶贫国家林下经济及绿色产业示范基地"。

此外,"十二五"期间,国家先后批准4批共661家绿色矿山建设试点,树立了一批绿色矿山建设典型模式。截至2016年,国家海洋局已确定两批共24个国家级海洋生态文明建设示范区,对引领带动沿海地区海洋生态文明建设、推动全国沿海地区经济社会发展方式转变、促进沿海地区经济社会与海洋生态协调发展具有重要意义。

经过多年的发展,中国绿色产业的整体规模不断扩大,产业利润稳步增长。《中国绿色产业景气指数报告2016》显示,2015年和2014年的绿色产业利润总额分别同比增长10%和25%。截至2016年11月底,环保专用装备产量818648台套,同比增长25.8%,行业利润总额达到202.1亿元,同比增长9.1%,利润率较2015年略有降低,约为6.5%;环保装备进出口总额217亿元人民币,顺差9.5亿元人民币。

2. 从区域分布上看,中国绿色产业地域分布不均衡

中国绿色产业主要集中于发达省份,特别是环保产业更是90%集中在东南沿海及长江流域发达地区,仅在津、京、沪、浙、粤等省份就占了接近70%的比例。

中国环保产业聚集于东部沿海地区,已初步形成了"一带一轴"[①]的总体分布特征,区域发展极不平衡。东部地区在环保技术研发、环保项目设计和咨询、环保企业投融资服务等高端领域处于领先地位。其中,长三角地区是中国环保产业最为聚集的地区,环渤海地区在人力资源、技术开发转化上有明显优势。中西部地区的环保产业发展相对滞后,规模小、速度慢,但武汉、重庆、西安等经济发展水平、产业基础较好的城市将有望成为承接东部地区环保产业尤其是环保制造业转移的区域示范城市。东部环保产业产值占全国产值的六成以上,主要集中在江苏、浙江、山东、广东、上海、北京、天津等省市,而西部的广西、四川、贵州、云南、甘肃、青海、新疆、宁夏八省区环保产业总产值还不及江苏省的二分之一。在环境服务业领域,2015年浙江、广东和江苏三省的从业单位均超过500家,三省的总收入占全国环境服务业收入总额的40%以上。

绿色食品产业区域竞争优势的空间分布也呈现从东部到中、西部,从北到南递减的特征,山东、浙江、江苏、黑龙江、福建、辽宁等省地区竞争优势较明显,绿色食品有效认证企业数、产品数、出口额较多。

在绿色建筑领域,由于经济发展水平、气候条件等因素影响,截至2016年9月,

[①] "一带",即以环渤海、长三角、珠三角区域发展的环保产业"沿海发展带";"一轴",即上海沿长江至中部省份的环保产业"沿江发展轴"。

4515项绿色建筑标识项目中，江苏、广东、山东、上海、河北等东部省份绿色建筑标识项目数量和项目面积均高于其他中西部地区。

3. 绿色产业投资

在资源趋紧、环境恶化、生态系统退化的严峻现实下，实施全方位的绿色发展离不开资金的支持。当前国家除出台众多鼓励政策外还逐步加大对绿色产业的投资力度，产业投资规模逐渐扩大。国家的政策与资金支持也拉动了大量的社会资本投资。

（1）环境污染治理项目投资逐年上升，但占GDP比重仍较低。十多年来，全国环境污染治理项目投资稳步增加，从2000年的1014.9亿元增长到2015年的8806.3亿元。2014从环境保护投资占当年GDP的比重看，在1%~1.84%之间，2015年占比为1.28%，仅比十五年前多0.27个百分点（图9-1）。而GDP在万亿美元以上的发达国家中，美国、日本、德国、英国、法国、意大利等国家环境保护投资占GDP的比重均保持在2.3%~3%。由此可见，中国的环境保护投资比例仍然略低。

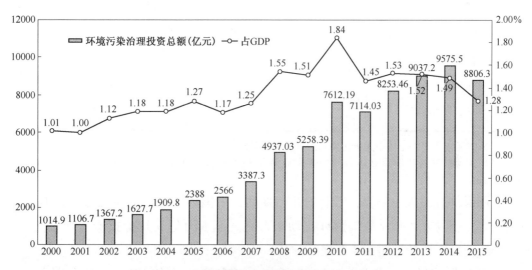

图9-1 环境污染治理投资总额及占GDP比重

来源：国家统计局数据 http://data.stats.gov.cn/easyquery.htm?cn=C01

（2）中央财政节能环保支出。推动绿色发展，迈向生态文明新时代，离不开财政支持。在财政直接投入方面，中央财政主要对绿色产业给予直接资金支持，设立了"节能减排补助资金""可再生能源发展专项资金"、大气、水、土壤污染防治等多项绿色环保领域专项资金。根据2015年中央一般公共预算支出情况，2015年中央本级的节能环保支出为400.41亿元人民币（2016年295.49亿元），比上年增长16%；2015年，全国环保财政支出为4803亿元，比2014年增长26%。

自国务院2013年发布《大气污染防治行动计划》以来，2013~2016年中央分别安排中央大气污染防治专项资金 50 亿元、106 亿元、107 亿元和 112 亿元。2015 年、2016 年，国务院先后出台了《水污染防治行动计划》和《土壤污染防治行动计划》，并分别设立了"水污染防治专项资金"和"土壤污染防治专项资金"，截至 2016 年，下达的资金总额分别达 323 亿元和 201 亿元（表 9-1）。

表 9-1　中央财政对地方转移支付的节能环保支出情况（亿元）

		2013	2014	2015	2016	2017
节能环保支出	预算数	2007.57	1818.42	1910.18	1598.24	1683.81
	执行数	1731.32	1629.44	1477.86	1685.75	—
其中：节能减排补助资金	预算数	204.63	383.1	478.5	340.66	340.66
	执行数	433.03	340.77	442.09	344.64	
可再生能源发展专项资金	预算数	171	172.46	173	75	54
	执行数	133.71	165.5	92.33	72.45	—
大气污染防治资金	预算数	—	100	115.5	111.88	120
	执行数	50	105.5	107.38	111.88	
水污染防治资金	预算数	—	—	130	140	120
	执行数	—	70	121.51	131	—
土壤污染防治专项资金*	预算数	—	37	37	90.89	112
	执行数	37	37	37	90.89	—

*：2015 年前主要为土壤中无机污染物的重金属污染防治。
资料来源：根据财政部预算司各年中央财政预算相关资料整理 http：//yss.mof.gov.cn/zhengwuxinxi/caizhengshuju/

据环保部有关人士测算，"十三五"期间，中国环保产业的全社会投资有望达到 17 万亿元。其中，"水十条"预计拉动 4 万亿元至 5 万亿元社会投资；而"土十条"发布带动的投资预计远超 5.7 万亿元。

（3）环保等固定资产投资情况。水利、环境和公共设施管理业全社会固定资产投资额，及其占全社会固定资产投资总额的比重除 2011 年外逐年增加，年增长率基本在 20% 以上（图 9-2）。

（4）绿色技术投资情况。近年来，绿色产业已成为中国一个投资的新热点，绿色技术领域的投资呈持续式增长。

中国的绿色技术产业创业投资发展还处于初级阶段，但势头迅猛，2008 年已经成为第三大创投领域。自 2006 年以来，各类投资基金（VC/PE）对中国大陆绿色技术市场的投资处于不断上升状态。清科研究中心的数据显示，2006~2008 年间，中国绿色技术市场投资年均增长率为 67.0%。投资案例从 2007 年的 20 笔激增到 2008 年的 55

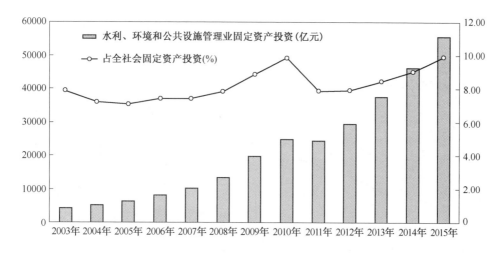

图 9-2　水利、环境和公共设施管理业全社会固定资产投资额及占比
来源：国家统计局相关资料整理

笔；投资金额从 2006 年的 4.67 亿美元上升到 2007 年的 5.90 亿美元，2008 年投资额达到 13.00 亿美元，同比增长 120.3%，是 2006 年投资额的 178.7%，2009 年的投资额有望超过 20 亿美元。另外，绿色技术投资占总创业投资的比重从 2007 年的 18.18% 上升到 2008 年的 30.88%，绿色技术产业有望成为国内第一大创投领域。创业投资机构主要以政府出资或大企业出资组建，民间资本和机构投资者还未能成为主流。投资地域分布不平衡，在 2006~2008 年三年间总共 97 个绿色技术投资项目分布在全国 18 个省级地区，其中，江苏和北京的投资数为 35 个，占到总数的 36.1%，而中、西部和东北地区鲜有投资，甚至为零。

在科技投入方面，中国研究与开发（R&D）经费近几年持续保持高速增长态势，大大快于全球平均增速（图 9-3）。2015 年，中国科技经费投入保持增长，全国研究与试验发展（R&D）经费支出 14169.9 亿元，比上年增加 1154.3 亿元，增长 8.9%。R&D 经费中 70% 以上来自于企业，其作为技术创新主体的作用愈加凸显。

研发经费投入强度（研发投入与国内生产总值之比）也呈现逐年上升的趋势。2015 年达到 2.07%，比上年提高 0.05 个百分点，虽与部分发达国家 3%~4% 的水平相比还有差距，但高于欧盟平均 1.94% 的投入强度，达到中等发达国家 R&D 经费投入强度水平。虽然中国研发经费增长快，总量已高居世界第二，却只占美国研发经费的一半不到，且投入效率还有待进一步提升。

（二）绿色农业蓬勃发展

2016 年培育新型农业经营体系，新增高效节水灌溉面积 2000 万亩以上，农业综合

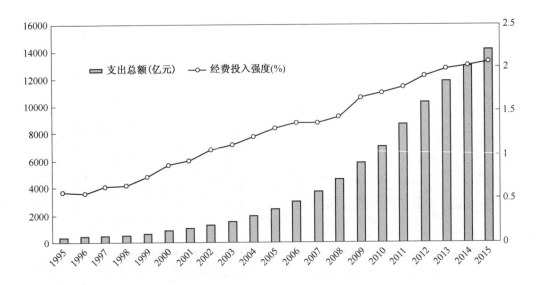

图 9-3 中国研究与试验发展（R&D）经费支出总额及投入强度

数据来源：根据中华人民共和国科学技术部各年度《全国科技经费投入统计公报》整理 http://www.most.gov.cn/kjtj/

开发建设高标准农田 2800 万亩。启动新一轮草原生态保护补助奖励政策，涉及草原面积 38.11 亿亩。2017 年，将落实《建立以绿色生态为导向的农业补贴制度改革方案》，发展壮大农业新产业新业态。

1. 绿色农业示范地区众多

据农业部公布的数据，当前中国已有国家级生态农业示范县 160 多个，带动省级生态农业示范县 500 多个，建成生态农业示范点 2000 多处。并连续多年实施了 10 个循环农业示范市建设。一些省还逐步发展成为生态农业省，其中浙江成为中国第一个现代生态循环农业试点省。

此外，绿色农业与旅游结合而成的农业生态旅游已逐渐形成一条新的产业链，许多新城规划把生态旅游作为完善城市功能、聚集新城人气的重点。农业部、国家旅游局也从 2010 年起在全国范围内开展休闲农业与乡村旅游示范县、示范点创建工作。截至 2016 年，全国已有休闲农业与乡村旅游示范县 328 个[1]和示范点 636 个[2]。

2. 有机农业显露生机

中国有机农业从 20 世纪 80 年代中后期开始发展，最初利用国际有机农业运动联合（IFOAM）进行有机认证，之后成立了国内自己的认证机构开展相应认证工作，并

---

[1] 32+38+41+38+37+68+74

[2] 100+100+100+83+100+153

不断完善有机产品的相关法律规范。近年来，中国有机农业发展迅速。2014年，中国有机生产面积已达272.2万公顷，世界排名第四，居亚洲首位，有机产品总产值达800多亿元。2015年，全国已建成有机农业示范基地19个，形成了水稻、茶叶、畜产品、水果等示范模式，已成为全球第四大有机产品生产消费国。

3. 绿色食品发展迅速

中国绿色农业的实践发展以绿色食品业尤为突出。根据中国绿色食品发展中心的定义，绿色食品在中国是对具有无污染的安全、优质、营养类食品的总称，是指按特定生产方式生产，并经国家有关的专门机构认定，准许使用绿色食品标志的无污染、无公害、安全、优质、营养型的食品。1972年，在瑞典首都斯德哥尔摩的联合国"人类与环境"会议上，首次提出了"生态农业的发展战略"，随后提出了"食品安全"的思想，提倡生产无公害、无污染的食品。绿色食品在有些国家或地区被称为诸如"生态食品""自然食品""蓝色天使食品""健康食品""有机食品"等。虽然称呼不同，但其含义基本相同：食品生产加工过程中限制化学肥料、农药和其他化学物质的使用。为了突出这类食品产自良好的生态环境和严格的加工程序，以下统一称作"绿色食品"。

绿色食品产业在中国发展迅速。当前，绿色食品产地已覆盖全国绝大部分省区，产品种类涉及粮食、食用油、水果、蔬菜、畜禽产品、水产品、奶类产品、酒类和饮料类等。据中国绿色食品发展中心的最新统计数据：全国绿色食品原料标准化生产基地数665个，国家现代农业示范区556个。截至2015年12月10日，有效使用绿色食品标志的企业总数为9579个，产品总数为23386个，其中农林及加工产品占比高达75.4%。绿色食品销售额由2001年的500亿元增长至2015年的4383.2亿元，出口额由2001年的4亿美元增长至2015年的22.8亿美元（表9-2）。

表9-2 2001~2015年中国绿色食品产业发展情况一览

指标	2001	2002	2003	2004	2005	2006	2007	2008	2009	2010	2011	2012	2013	2014	2015
当年认证企业（个）	536	613	918	1150	1839	2064	2371	2191	2297	2526	2683	2614	3229	3830	3562
当年认证产品（个）	988	1239	1746	3142	5077	5676	6263	5651	5865	6437	6538	6196	7696	8826	8228
认证企业总数（个）	1217	1756	2047	2836	3695	4615	5740	6176	6003	6391	6622	6862	7696	8700	9579
认证产品总数（个）	2400	3046	4030	6496	9728	12868	15238	17512	15707	16748	16825	17125	19076	21153	23386

(续)

指标	2001	2002	2003	2004	2005	2005	2007	2008	2009	2010	2011	2012	2013	2014	2015
年销售额（亿元）	500	597	723	860	1030	1500	1929	2597.2	3162	2823.8	3134.5	3178	3625.2	5480.5	4383.2
年出口额（亿美元）	4	8.4	10.8	12.5	16.2	19.6	21.4	23.2	21.6	23.1	23	28.4	26.04	24.8	22.8
监测面积（亿亩）	0.58	0.667	0.771	0.894	0.98	1.5	2.3	2.5	2.48	2.4	2.4	2.4	2.56	3.4	2.6

数据来源：根据中国绿色食品发展中心发布的各年《绿色食品统计年报》资料整理 http://www.greenfood.org.cn/zl/tjnb/lssptjnb/

（三）绿色建筑增长强劲

为创造舒适的居住环境，降低环境破坏率和能源消耗，绿色建筑在世界范围内应运而生。美国的 LEED 认证，英国的 BREEAM 认证成为世界第一代绿色建筑认证体系，目前占据了世界大部分市场。在第一代基础上借鉴并发展起来的有德国 DGNB 认证和中国 ESGB 认证。

中国的绿色建筑概念由建筑节能深化而来。随着节能建筑的发展，政策法规、技术规范逐步推行，绿色建筑标准体系初步建立。"十二五"时期，中国建筑节能和绿色建筑工作取得了重大进展，建筑节能标准不断提高。城镇新建建筑执行节能强制性标准比例基本达到 100%，累计增加节能建筑面积 70 亿平方米，节能建筑占城镇民用建筑面积比重超过 40%。北京、天津、河北、山东、新疆等地开始在城镇新建居住建筑中实施节能 75% 强制性标准。可再生能源建筑应用规模持续扩大，截至 2015 年年底，可再生能源替代民用建筑常规能源消耗比重超过 4%。

"十二五"时期，中国绿色建筑也呈现跨越式发展态势。从 2008 年开始，中国正式启动绿色建筑已将近 10 年时间，中国的绿色建筑从无到有、从少到多、从地方到全国、从单体向区域化规模化发展。2012 年 4 月《关于加快推动我国绿色建筑发展的实施意见》、2013 年《绿色建筑行动方案》发布，中国绿色建筑迅速增长，各地政府纷纷制定推动政策。北京、天津、上海、重庆、江苏、浙江、山东、深圳等地开始在城镇新建建筑中全面执行绿色建筑标准，推广绿色建筑面积超过 10 亿平方米。截至 2016 年 9 月底，全国绿色建筑评价标识项目总数已达 4515 个，累计建筑面积为 52291 万平方米。从绿色建筑品质星级比例上看，一星级、二星级占比较大，且呈快速增长之势，而三星级占比相对较少（图 9-4）；从地域分布看，夏热冬冷地区与寒冷地区绿色建筑数量占比较大，均超过总量的 1/3，此外，江苏、广东等沿海地区的项目数量遥遥领先于其他地区。

2013年，《"十二五"绿色建筑和绿色生态城区发展规划》发布，各地积极展开绿色生态城区建设实践，江苏、贵州、浙江、江西等部分省份还制定绿色建筑发展条例，从法制上推动绿色建筑的发展。自2012年年底，包括中新天津生态城在内的8个项目成为全国首批绿色生态示范城区之后，全国各地各类名目的生态城、绿色新区项目陆续涌现，目前已达上百个，成为世界绿色生态城区建设数量最多、规模最大、发展速度最快的国家之一。这些新建的绿色生态新区项目主要集中在环渤海、长三角、珠三角等沿海发达地区和湖南、湖北等中部城市群，多数为经济发达地区规划建设的大规模新区。

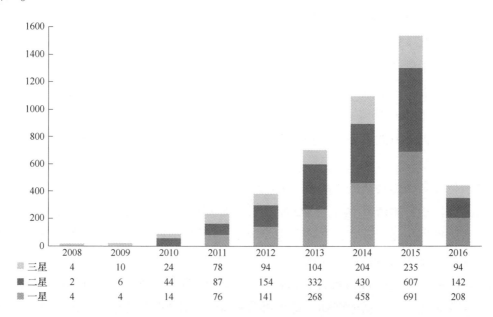

图9-4　2008~2016年绿色建筑评价标识项目数（单位：个）
来源：根据绿色建筑评价标识网相关资料整理，2016年数据截至9月
http://www.cngb.org.cn/cms/view/index.action?sid=402888b44f81b20f014f81dd5b21000c

此外，绿色建材、绿色电器和绿色能源等行业也借助国家节能减排的东风实现了较大的突破。

（四）节能环保产业

节能环保产业是绿色产业的重要组成部分。联合国发展计划署（UNDP）在2005年4月发表的《全球环境保护前景展望》中指出：过去人们所指的环保产业，仅限于治理空气污染、废水、垃圾、噪音、土壤及海洋污染和环境检测的相关产品、设备、服务及技术项目；但实际上，现代社会的环保产业，其领域已经扩大到发展可能具有防止和减少污染、节省能源和减少资源投入等效应的新领域。由此衍生出多种新的产业部门和服务，诸如新能源产业中的太阳能、风能、氢能、生物能等。因此，节能环保产业有的地方也以环保产业一词代替。按中国国家《节能环保产业发展规划》的定义，节能环保产业指"为节约能源资源、发展循环经济、保护生态环境提供物质基础和技术保障的产业"，涉及节能环保技术装备、产品和服务等。2010年，《国务院关于加快培育和发展战略性新兴产业的决定》将节能环保产业列为七大战略性新兴产业之首。2013年8月，国务院印发《关于加快发展节能环保产业的意见》，明确此后三年节能环保产业产值年均增速达到15%以上，成为国民经济新支柱产业。2015年，国务院《关于加快推进生态文明建设的意见》要求发展的绿色产业，主要是指"大力发展节能环保产业"，包括节能环保技术、装备、材料和服务，以及有机农业、生态农业，以及特色经济林、林下经济、森林旅游等林产业。

多年来，中国节能环保产业取得了长足发展，产业规模快速扩大，成为国民经济发展的新增长点。产业总产值从2012年的29908.7亿元增加到2015年的45531.7亿元，与上年相比增长16.4%，从业人数达3000多万。已经初步形成了门类较为齐全的产业体系，涵盖了节能、环保、资源循环利用等领域，相关的服务业也得到较快发展。

1. 节能产业

建筑行业是中国经济的重要组成部分，也是社会节能减排治理的首要对象。国家统计局数据显示，2015年建筑行业总产值为18万亿元，占GDP比重为26.6%。但建筑能耗的总量也在逐年升高，在能源总消费量中所占比重约34%。目前全球建筑能源消耗已超过工业和交通，占到总能源消耗的41%。因此，未来需通过发展绿色建筑来降低建筑能耗。据相关资料统计，目前中国绿色建筑节能效率可以到40%~50%。若按人均建筑能耗423千克标准煤，每年可节约能耗181.89千克标准煤，约合1485.4千瓦·时。按照每度电0.6元计算，每年节约891.26元。

2. 环境保护产业

环境保护产业不仅服务于传统的污染防治和生态保护，且正在成为清洁生产、资源节约、引领产业升级和各行业技术进步的重要物质技术手段。经过多年的发展，中国环境保护产业规模不断扩大，结构逐步优化。目前，已经形成包括环境保护生产、环境保护服务、资源循环利用、洁净产品生产等的门类比较齐全且具有一定规模的环境产业体系。"十一五""十二五"期间，环保产业以15%~20%的年均增长速度快速发展，高于同期国民经济的增长速度，成为中国发展最快的产业之一。2015年，产值约为9600亿元，可再生能源领域的投资已达677亿美元，居全球之首。2004年，中国环境服务业在环保产业中的比例仅为5.8%。2010年，该比例上升到15%，收入总额达 1500 亿元。2015 年，中国环境服务业[①]财务统计口径内从业企业共计 4080 家，年营业收入超过 2100 亿元，营业利润约 161 亿元。收入和利润分别同比 2014 年增长 27% 和 24% 左右，年度平均利润率 7.4%。环境服务业的产值首次超过环保装备制造业。

根据环境保护部、发展改革委、国家统计局 2014 年 4 月发布的一份环境保护相关产业的全面调查报告《2011 年全国环境保护相关产业状况公报》数据显示，2011 年，全国环境保护相关产业从业单位 23820 个，从业人员 319.5 万人，年营业收入 30752.5 亿元，年营业利润 2777.2 亿元，年出口合同额 333.8 亿美元。其中，环境保护服务和资源循环利用产品生产两个行业的从业单位数最多，而环境友好产品行业的从业人员数、营业收入、营业利润及出口合同额等指标都远超于其他行业。除从业人员数外，其他三个指标皆占总环保产业各指标值的 65% 以上，特别在出口占比上高达 82.95%。

经过一系列努力，"十二五" 期间，中国主要污染物减排效果较为明显。2015 年，全国化学需氧量、二氧化硫、氨氮和氮氧化物排放总量为 2224 万吨、1859 万吨、230 万吨和 1852 万吨，分别比 2010 年下降了 12.9%、18.0%、13.0% 和 18.6%，顺利完成了 "十二五" 的减排任务。

3. 资源循环利用产业

随着人口的增长和城镇化的推进，中国的垃圾产量已居世界第一。据中国再生资源回收利用协会与中国环境卫生协会及相关领域内专家的专项调研发现，2010 年，全国城市生活垃圾产生量 2.21 亿吨。到 2015 年，全国城市生活垃圾产生量增长到 2.58 亿吨，6 年间城市生活垃圾平均年增长 3%。"可再生垃圾" 回收再利用产业市场潜力巨大。但中国再生资源回收行业并没有市场准入门槛，从业人员素质普遍较低，多为粗放型经营方式，且回收企业政策依赖度高、抗风险能力差，导致整体产业竞争力弱、创新能力不足。当前应充分利用 "十三五" 时期的产业转型升级，促进城市环卫系统与再生资源系统的 "两网融合"，并引导资源循环利用产业开展国际产能合作，使之成为中国的新兴优势产业。

《全国环境统计公报（2015 年）》显示，2015 年，全国废水排放总量为 735.32 亿吨。其中，废水中化学需氧量排放量 2223.5 万吨，氨氮排放量为 229.9 万吨，分别比 2010 年下降了 12.9% 和 13%；二氧化硫排放总量为 1859.1 万吨，氮氧化物排放总量为 1851.8 万吨，分别比 2010 年下降 18.0% 和 18.6%；全国一般工业固体废物产生量 32.7 亿吨，综合利用量 19.9 亿吨，综合利用率为 60.3%。

[①] 统计范围包括从事环境治理业（不含排放污水的搜集和治理活动等）、环境与生态监测（不含高空大气监测等）、生态保护（不含林业自然保护区管理、野生动物保护和野生植物保护）三大领域的环境服务业务活动。

调查统计，城镇污水处理厂6910座，全年共处理污水532.3亿吨。生活垃圾处理厂2315座，全年生活垃圾处理量共2.48亿吨。可以看出，中国的垃圾治理业还有较大的发展空间。

在美国，再制造产业规模已达2700亿美元，超过计算机和钢铁产业，而中国的再制造业才刚起步。商务部《中国再生资源回收行业发展报告》显示，截至2015年年底，中国废钢铁等十大类别的再生资源回收总量约为2.46亿吨，同比增长0.3%；回收总值为5149.4亿元，同比下降20.1%。回收量和回收值增幅最大的是报废汽车，降幅最大的是报废船舶。

4. 节能服务业

发展低能耗、低排放、高知识含量、高附加值的现代服务业已成为社会共识。在国外，节能服务行业兴起于20世纪70年代中期，经过40多年的发展，已成为欧美发达地区比较成熟的新兴产业。在中国，节能服务行业产生于20世纪90年代，自1997年国家发改委同世界银行、全球环境基金共同开发和实施了"世界银行全球环境基金中国节能促进项目"开始，合同能源管理模式成为中国节能服务产业的主导运作模式。中国节能服务范围主要涵盖工业、建筑及交通领域。随着国家对节能减排相关财政奖励资金、税收优惠政策及产业扶持政策的出台和落实，国内节能服务产业将从"十一五""十二五"的快速发展，迈进"十三五"的创新发展阶段。

据中国节能协会节能服务产业委员会（EMCA）不完全统计，2015年全国从事节能服务业务的企业总数达到5426家，比"十一五"期末增长了近6倍。行业从业人员达到60.7万人，比"十一五"期末的17.5万人增长了近2.5倍。节能服务产业总产值从2010年的836.29亿元增长到2015年的3127.34亿元，年均增长率为30.19%。合同能源管理投资从2010年287.51亿元增长到1039.56亿元，年均增长率为29.31%。截至2015年年底中国节能服务企业产值超过10亿元的公司有25家，超过5亿元的有142家，超过1亿元的有286家；"十二五"期间，合同能源管理（EMC）累计投资超过10亿元的有34家，超过5亿元的有112家，超过1亿元的有385家。

中国节能服务产业的快速发展，形成了显著的节能和减排效果。"十二五"时期，节能服务业累计合同能源管理投资3710.72亿元，实现节能能力1.24亿吨标准煤，相应减排了二氧化碳3.1亿吨。

（五）绿色金融异军突起

与欧美等发达国家相比，中国绿色金融起步晚但发展迅速。2015年被称为中国绿色金融的政策元年，绿色金融领域出台了多项政策，如银监会和国家发改委印发了《能效信贷指引》，国家发改委办公厅印发《绿色债券发行指引》等。随着2016年10

月《关于构建绿色金融体系的指导意见》的出台，中国成为全球首个政府推动的建立了比较完整的绿色金融政策体系的经济体，绿色信贷、绿色债券、绿色发展基金、绿色保险等绿色金融市场也将迎来重大发展机遇。

中国是全球仅有的三个建立了绿色信贷指标体系的经济体之一，信贷资源在生态环境保护和产业转型升级中的杠杆作用不断凸显。目前，银行是绿色投资的主要融资渠道。2015 年，全球可再生能源领域的债务融资达 1040 亿美元，中国约有 10% 的银行贷款被列为绿色贷款。中国银行业协会数据显示，截至 2015 年年底，银行业金融机构共计支持 2.31 万个节能环保项目，绿色信贷余额 8.08 万亿元。其中，21 家主要银行业金融机构绿色信贷余额达 7.01 万亿元，较年初增长 16.42%，占各项贷款余额的 9.68%。贷款所支持项目可带来极其可观的资源节约与污染物减排效果，据测算，预计可节约标准煤 2.21 亿吨，节约水 7.56 亿吨，减排二氧化碳当量 5.5 亿吨、二氧化硫 484.96 万吨、化学需氧量 355.23 万吨、氮氧化物 227.00 万吨、氨氮 38.43 万吨。

绿色债券是为有环境效益的绿色项目提供融资的一种债务融资工具。相较于早期发行的绿色信贷，中长期项目的绿色债券可以解决企业和银行的期限错配问题。债券市场在全球企业融资总量中约占 1/3，但绿色债券发行量在全部绿色融资中所占比重还比较小，仅有不到 1% 为贴标"绿色债券"。在 G20 国家中贴标的"绿色债券"年发行量从 2012 年的 30 亿美元增至 2015 年的 420 亿美元，覆盖了 G20 中的 14 个市场。

中国绿色债券市场则从无到有，发展迅猛。截至 2016 年年底已占到全球绿色债券总发行规模的近四成，成为世界最大的绿色债券市场。目前国内绿色债券规模占全国总债券发行量的 20%，交易所市场成为绿色实体企业实现债市直接融资的主流场所。绿色债券所募集的资金全部投向绿色和气候相关项目，对推动绿色环保产业发展发挥着重要作用。2016 年，中国国内共发行绿色债券 83 只，金额总计 2095.19 亿元，其中贴标绿债 77 只，发行金额合计 2052.31 亿元，占比高达 97.95%。贴标绿色债券中，进行绿色认证的债券数量占比达到 86.79%。自 2016 年以来，中央结算公司先后发布了中债—中国绿色债券指数、中债—中国绿色债券精选指数、中债—中国气候相关债券指数、中债—兴业绿色债券指数等 4 只中债绿色系列债券指数。其中的气候债券指数被气候债券倡议组织（Climate Bonds Initiative，CBI）评为全球首只非贴标绿色债券指数。截至 2017 年 3 月 27 日，中债—中国气候相关债券指数总市值达 1.3 万亿元，指数成分债券数量 300 只。

绿色发展基金是绿色产业重要的绿色金融资金来源之一，其不仅可以拓宽绿色发展资金渠道，还能避免政府拨款所存在的层层审批繁杂程序。《关于构建绿色金融体系的指导意见》明确提出，中央财政整合现有节能环保等部分专项资金设立国家绿色发展基金，投资绿色产业，以发挥国家对绿色投资的引导和政策信号作用。同时鼓励有条件的地方政府和社会资本共同发起区域性的绿色发展基金，支持地方绿色产业发展。绿色基金与PPP的融合，成为解决长周期绿色产业项目融资困难的有效手段，驱动绿色产业的快速发展。

《中国证券投资基金业公募基金管理公司社会责任报告（2015年度）》显示，截至2016年7月中旬，国内已有以低碳、环保、新能源、清洁能源、可持续为主题的基金96只，规模约978.2亿元。内蒙古、云南、河北、湖北等地已经纷纷建立起绿色发展基金或环保基金，以推动绿色投融资。2016年4月，全国首支绿色经济发展基金在普洱国家绿色经济试验示范区注册成立，为提升生态与环境保护水平、加快国家绿色产业发展起到了积极作用。

近年来新兴的一种公私合作的公共项目投融资模式——PPP（public-private-partnership，政府和社会资本合作）通过引入市场因素和私人投资，为公共产品和服务供给的资金需求开辟了一种有效的投融资模式。据财政部PPP中心发布的《全国PPP综合信息平台项目库第五期季报》数据显示，截至2016年12月末，全国入库项目中绿色低碳项目6612个、投资额5.5万亿元，分别占全国入库项目的58.7%、40.5%。其中，已签约落地项目792个，投资额8296亿元。社会资本的加入促进了中国绿色金融的发展，极大地满足了国内旺盛的绿色投资需求。

PPP资产证券化在环保行业也有着广阔的空间。据中国证券报社记者不完全统计，2017年以来，环保类上市公司中标PPP项目金额超350亿元。2017年2月3日，"太平洋证券新水源污水处理服务收费收益权资产支持专项计划"发行，成为国内首单落地的PPP资产证券化项目；截至3月10日，上交所、深交所受理的4只PPP资产证券化产品全部获批发行，其中有3只来自环保领域。资产证券化作为一种创新融资方式实现了PPP项目与资本市场顺利对接，有效降低了绿色产业融资成本。

此外，中国绿色金融国际合作也取得进展。2015年，中国农业银行在伦敦证券交易所发行总额为10亿美元的绿色债券，用于清洁能源、生物发电、城镇垃圾及污水处理等领域。2016年6月，金砖国家新开发银行在中国境内发行了绿色金融债券，这是多边开发银行首次获准在中国银行间债券市场发行人民币绿色金融债券。2016年11月11日，由中国银行发行的首支中国绿色资产担保债券在伦敦证券交易所上市，募集资金5亿美元，推进了中国绿色金融市场与国际资本市场的融合，助力国内绿色产业发展。据统计，2016年，中国在境内外市场共发行贴标绿色债券2300亿元人民币，占全球绿色债券发行量的40%。

环保领域的海外并购也备受热捧，呈增长迅速。根据21世纪经济报道的不完全统计，2015年环保领域15起海外并购案累计交易额51亿元。2016年前三季度，环保并购案例约67起，涉及交易金额超410亿元，其中海外并购案13起，涉及金额达191.9亿元，是上一年全年的近四倍。绿色环保企业通过海外并购向国际市场进军，海外标的企业的先进技术和产品成为并购的核心需求，加速了中国绿色技术的引进与创新，为中国绿色企业获得行业领先地位、促进环保产业升级奠定了基础。

三、中国产业绿色认证情况

在中国，绿色认证已在许多企业和行业中实施，涵盖农产品、家具、家电、汽车等多个领域（表9-3）。其中，在农产品质量安全认证方面，始于20世纪90年代初农业部实施的绿色食品认证。20世纪90年代后期，国内一些机构引入国外有机食品标准，实施了有机食品认证，成为农产品质量安全认证的一个组成部分。2001年，在中央提出发展高产、优质、高效、生态、安全农业的背景下，农业部提出了无公害农产品的概念，并组织实施"无公害食品行动计划"，各地自行制定标准开始开展当地的无公害农产品认证。在此基础上，2003年形成了"统一标准、统一标志、统一程序、统一管理、统一监督"的全国统一的无公害农产品认证，并从2009年5月1日起，不再受理《实施无公害农产品认证的产品目录》范围以外的无公害农产品认证申请。

此外，中国还在种植业产品生产推行GAP（良好农业操作规范）和在畜牧业产品、水产品生产加工中实施HACCP食品安全管理体系认证，基本上形成了以产品认证为重点、体系认证为补充的绿色农产品认证体系。

在对外环保合作方面，自21世纪初以来，中国的环境标志国际互认工作已取得了实质性的进展。目前，中国已与包括澳大利亚、韩国、日本、新西兰、德国、美国、东盟等多个国家签署了环境标志互认协议或互认谅解备忘录，实现环境产品认证结果的国际协调互认，有力地促进了绿色产品的对外贸易。

由表9-3可见，目前中国国内尚未形成统一的标准和体系，各类标识为绿色的产品各自有一套独立的认证标准和标识，并由多个组织机构分头设立、分散管理，除由国家认监委管理或与相关部委联合管理的外，由第三方机构自主研发和推广的绿色相关认证数量也不少。由于概念不清、种类繁多、标准不一，有些认证并不被消费者所熟知，导致社会认知与采信度低，影响了绿色产品的推广和绿色市场的发展。

有鉴于此，2015年国务院发布《中国制造2025》行动纲领，提出全面推行绿色制造，强化产品全生命周期绿色管理，构建高效、清洁、低碳、循环的绿色制造体系；同年9月，又印发《生态文明体制改革总体方案》，提出"建立统一的绿色产品体系"。2016年12月，国务院办公厅发布《关于建立统一的绿色产品标准、认证、标识体系的意见》（国办发〔2016〕86号）提出建立统一的绿色产品标准、认证、标识

表 9-3 国内开展的主要绿色认证类型

名称	定义	规章制度	证书	颁证机构	主管机构	标志	实施日期
中国环境标志认证				第三方认证	环保部	中国环境标志	
中国环境保护产品认证		《关于调整环境保护产品认证有关事项的通知》（环发 [2000] 130 号）	环境保护产品认证证书	中环协（北京）认证中心		中国环境保护产品认证 CEP	
节能低碳产品认证	包括节能产品认证和低碳产品认证。节能产品认证是指由认证机构证明用能产品在能源利用效率方面符合相应国家标准、行业标准或者认证技术规范要求的合格评定活动；低碳产品认证是指由认证机构证明产品温室气体排放量符合相应低碳产品评价标准或者技术规范要求的合格评定活动	节能低碳产品认证管理办法（国家质量监督检验检疫总局国家发展和改革委员会令第168号）	节能、低碳产品认证证书	由国家认监委确认的认证机构	认监委与发改委	节能产品认证标志 低碳产品认证标志 其中ABCDE代表认证机构简称	2015年11月1日

第九章 绿色产业:"两个转化"的主线(下)

(续)

名称	定义	规章制度	证书	颁证机构	主管机构	标志	实施日期
有机产品认证	指使用安全的投入品,按照规定的技术规范生产,产地环境、产品质量符合国家强制性标准并使用特有标志的安全农产品	有机产品认证管理办法(国家质量技术监督检验检疫总局令第155号)	有机产品认证证书	经过国家认证认可监督管理委员会(国家认监委)认可的认证机构	认监委		
有机食品认证				国内有机认证机构			
无公害农产品认证	指产地生态环境、生产过程和产品质量符合国家有关标准和规范的要求,经认证合格获得认证证书并允许使用无公害农产品标志的未经加工或初加工的食用农产品	无公害农产品管理办法(农业部、国家质检总局令第12号)	《无公害农产品产地认定证书》、《无公害农产品证书》	省级农业行政主管部门、农业部农产品质量安全中心			
绿色食品认证	指产自优良生态环境、按照绿色食品标准生产、实行全程质量控制并获得绿色食品标志使用权的安全、优质食用农产品及相关产品	绿色食品标志管理办法(农业部令2012年第6号)	绿色食品标志使用证书	中国绿色食品发展中心	农业部		2012年7月30日
国家节水标志认证					水利部		2001年

（续）

名称	定义	规章制度	证书	颁证机构	主管机构	标志	实施日期
国推RoHS认证	即电子信息产品污染控制自愿认证，其为由企业自愿申请，通过认证机构证明相关电子信息产品符合相关污染控制标准和技术规范，由国家推行、统一规范管理的认证活动	电子信息产品污染控制管理办法		国家认监委、工信部确认的认证机构	认监委与工信部	RoHS	2014年5月
		绿色建材评价标识管理办法			住建部和工信部	生态设计产品 Eco-Design Product (a) 国家节水标志 (b) 绿色食品 (c)	
		关于开展工业产品生态设计的指导意见			工信部、发改委、环保部		2013年

(续)

名称	定义	规章制度	证书	颁证机构	主管机构	标志	实施日期
绿色印刷产品认证		关于实施绿色印刷的公告		第三方机构	国家新闻出版广电总局、环保部		2011年
绿色建筑ESGB认证	俗称为"绿色三星认证",采用节地与室外环境、节能与能源利用、节水与水资源利用、节材与材料资源利用、室内环境质量、运营管理和施工管理等技术指标对绿色建筑进行考评。	《绿色建筑评价标准》(EvaluationStandardforGreenBuilding,以下简称ESGB)GB/T50378-2014			住房和城乡建设部		2015年1月1日
绿色市场认证		绿色市场认证管理办法 GB/T19220—2003《农副产品绿色批发市场》、GB/T19221—2003《农副产品绿色零售市场》	绿色市场认证证书	国家认监委批准设立的机构	国家认证认可监督管理委员会、商务部		

名称	定义	规章制度	证书	颁证机构	主管机构	标志	实施日期
ISO14000 环境管理体系列标准认证	用来制定和实施其环境方针，并管理其环境因素，包括为制定、实现、评审和保持环境方针所需的组织机构、计划活动、职责、惯例、程序、过程和资源。	ISO14001：2004 环境管理体系——要求及使用指南	ISO14000 系列证书	第三方认证机构	ISO/TC3207 的环境管理技术委员会		2004 年
能源管理体系认证		能源管理体系要求（GB/T23331－2012/ISO50001：2011）	能源管理体系认证证书	国家认监委批准设立的机构			2012 年 12 月 31 日

资料来源：

中国农产品质量安全网 http://www.aqsc.agri.cn/wghncp/

中国绿色食品发展中心 http://www.greenfood.org.cn/zl/zdgf/

中国绿色食品网 http://www.agri.cn/HYV20/lssp/xfzpd/lsspzs/hjyq/

中国国家认证认可监督管理委员会 http://www.cnca.gov.cn/bsdt/ywzl/flyzcyj/

中国环境保护产业协会 http://www.caepi.org.cn/certification/index.html

中国质量认证中心 http://www.cqc.com.cn/www/chinese/cprz/gjtx/gtrohs/jianjie/

体系，认为其"是推动绿色低碳循环发展、培育绿色市场的必然要求，是加强供给侧结构性改革、提升绿色产品供给质量和效率的重要举措，是引导产业转型升级、提升中国制造竞争力的紧迫任务，是引领绿色消费、保障和改善民生的有效途径，是履行国际减排承诺、提升我国参与全球治理制度性话语权的现实需要"。

因此，当前要"将现有环保、节能、节水、循环、低碳、再生、有机等产品整合为绿色产品"，使"绿色产品内涵应兼顾资源能源消耗少、污染物排放低、低毒少害、易回收处理和再利用、健康安全和质量品质高等特征"。并继续推进国际环境标志认证和互认工作，形成以国际合作为基础的绿色标志制度，为中国产品积极打造进入国际市场的"绿色通行证"，促进对外绿色贸易的发展。

第二节 绿色产业是增强国际竞争新优势的重要途径

绿色经济部门是绿色发展的重要支柱。坚持绿色发展，加快发展绿色产业，推进经济转型升级，促进产业链高端化，增强绿色高附加值产品生产能力，抢占新常态下国际产业发展制高点，拓展国际市场，形成经济社会发展新的增长点，增强国内产业的国际竞争力，形成新的综合力与国际竞争新优势，促进产业的可持续发展，对中国加快推进生态文明建设具有重要意义。

一、发展绿色产业是中国经济转型升级的主要推动力

多年来，由于依靠资源要素投入的粗放型经济增长模式，中国的经济迅速发展起来，但生态系统却造成了严重破坏，环境污染问题日益突出。在当前，资源约束和环境压力日益加剧的情况下，加快经济转型升级势在必行。2009年，中央提出把加强环境保护、振兴绿色产业作为应对国际金融危机、扩大内需的重要措施，并把生态环境建设培育成新的经济增长点。绿色产业已经不再是单纯的能减轻环境污染和资源浪费问题的公益事业，而是能够创造经济效益的产业。

长久以来，曾存在这样的观念，发展环境保护与经济发展间存在此消彼长的关系。虽然随着人们环境保护意识的增强，该认识已有所转变，但就在2015年，由于中国经济增速持续下降，有段时间里还有部分人质疑中国的环境治理影响了经济增长。中国环境保护部为此专门组织专家进行调研，并发布报告《新常态下环境保护对经济的影响分析》指出，环境保护在短期和小范围内可能对经济产生负面影响，但并不是中国经济下行的主要因素。与此相反，环境治理对经济发展具有较好贡献和优化作用，可倒逼经济转型升级，释放"绿色驱动力"①。

---

① 环境保护部.《新常态下环境保护对经济的影响分析》2015年9月9日发布。

产业是国民经济发展的基础和保障。绿色产业倡导资源节约和环境友好,发展绿色产业能够带来新的经济增长点。因此,大力发展绿色产业,积极推动供给侧结构性改革,加快调整产业结构,转变"高投入、高能耗、高污染、低产出"的发展模式,是促进中国经济转型升级并最终实现绿色发展的主要推动力量,也是经济可持续发展的基石。

二、发展绿色产业是中国生态文明建设的内在要求

1961年,碳足迹占中国生态足迹的10%。到2008年,这一比例上升到54%。尽管中国的人均生态足迹比全球平均水平要小,但它仍然超过了2010年中国人均可得生物承载力的2倍。面对资源约束趋紧、环境污染严重的严峻形势,必须树立尊重自然、顺应自然、保护自然的生态文明观,把生态文明建设放在突出地位。有鉴于此,"十三五规划"中明确提出加大环境治理力度、加强生态文明建设的要求,把改善生态环境作为全面建成小康社会决胜阶段的重点任务,节能环保行业也成为"转变经济发展方式和产业结构调整"的关键突破口。这是党坚持创新、协调、绿色、开放、共享的发展理念,准确研判国内外形势,作出的重大决策部署,意义重大、影响深远。

促进产业发展方式由高增长、高消耗向高质量、高效益转变,形成人与自然和谐发展是促进经济社会可持续发展,推进生态文明建设的内在要求。绿色产业和绿色产品以其减量化、再利用、再循环和正外部性为可持续发展和生态文明建设提供了产业载体和支撑。

2015年4月,国务院《关于加快推进生态文明建设的意见》明确提出"要发展绿色产业,加快培育新的经济增长点"。绿色产业是经济增长的新增长点,当前中国正处于全面建成小康社会的关键时期,2015年5月国务院印发《中国制造2025》,开始全面推进实施制造强国战略,提出促进制造业朝向高端、智能、绿色、服务方向发展。在新一代信息技术、高端装备、新材料、生物医药等重点领域提高创新发展能力和核心竞争力。绿色发展成为《中国制造2025》指导思想的核心内容之一。文件提出要加强节能环保技术、工艺、装备推广应用,全面推行清洁生产;发展循环经济,提高资源回收利用效率,构建绿色制造体系,走生态文明的发展道路。因此,加快发展低耗、高效、高科技含量、高产品附加值的绿色产业,促进产业结构升级和经济发展方式转变,形成新的经济增长点,是中国生态文明建设的重要内涵,对实现经济、社会与环境的协调永续发展,以及推进环境公共服务均等化,具有重大的意义。

三、发展绿色产业是增强国际竞争力的重要抓手

从国际市场需求的发展趋势看,消费者对绿色产品的需求越来越强烈,绿色产品

在市场上占有相当重要的地位。绿色产业的发展将影响一国企业进而产业的国际竞争力。企业只有适应绿色市场需求，积极主动地参与绿色产业的发展进程才能在国际竞争中处于有利地位。形成绿色产业的发展观念能够对企业节约资源消耗、降低成本起到积极推动作用，并在长期内将其转化为企业内部收益的重要源泉。

绿色产业的发展还将影响一国的整体国际竞争优势。一方面，绿色产业的发展能极大提高内部资源的利用效率和降低对国际不可持续产品的依赖，既可以保护环境，形成可持续生产力，又有利于国内经济和产业更易应对全球资源型大宗商品市场价格波动的影响，提高资源特别是能源安全性；另一方面，绿色产业的发展直接涉及一国在国际舞台上良好形象的维护，发展绿色产业有利于提高本土产业的国际竞争力和吸引外资与对外投资，从整体上提高国家的综合竞争力。绿色产业还为解决长期困扰全球的气候变化问题带来了机遇，增强国家应对气候变化的能力。

技术是产业结构优化的核心，也是发展绿色产业的根本推力。当前，全球竞争的核心在于科技创新的竞争，而科技创新的竞争，又主要体现为绿色科技的竞争，国际竞争中心已逐渐转向占领世界绿色产品市场、争夺绿色技术制高点。为了在竞争中获得优势，美、日和欧洲一些国家，还在绿色产业中应用生物技术、计算机技术和新材料，使其变成了一个高科技行业。新技术不仅让绿色发展成为可能，还将使其成为未来经济增长的驱动力。绿色发展反过来能刺激技术创新，创造出新的商机，增强一国绿色产业的国际竞争力。中国绿色产业的自主研发和创新能力较弱，绿色产业技术多为引进，导致产业核心竞争力不足。建立和健全绿色技术创新机制，培育绿色技术创新能力，推动传统产业升级和新兴绿色产业发展，不仅是占领 21 世纪全球科技发展制高点的迫切需要，更是提升中国产业国际竞争力的重要支柱。

四、发展绿色产业是突破国际绿色贸易壁垒的有利武器

目前，国际上已有大量与环境和资源保护相关的国际条约和协定，还有许多各国间的双边或多边环境协定。在众多的国际环保条约和协定中，约有将近 20 项含有与贸易有关的条款。同时，越来越多的自由贸易协定中规定有环境条款，由此对国际贸易产生日益广泛的影响。国际市场上由于世界贸易组织（WTO）的推动，贸易领域的传统关税壁垒和配额、许可证、进口管制等非关税壁垒被不断削减、限制或取消，各国逐渐转向隐蔽性强、技术含量高而又灵活多变的技术性贸易壁垒。其中，以 WTO 例外所允许的保护环境和国民安全的绿色贸易壁垒最为突出。一些发达国家凭借先发优势，利用较高的环保标准和市场准入条件，将发展中国家的许多产品拒之门外。

中国虽已成为世界第二大经济体和第一大货物出口国、第二大服务贸易国，但出

口产品的技术含量并不高,各类产业多数处于价值链的低端。尽管国内目前已经出台多项环境保护的法律法规和技术标准,绿色认证也有了相应的发展,但由于起步晚,环保法规和标准仍较一些发达国家宽松。同时,由于绿色产业和技术刚起步,实力薄弱,许多企业和产品无法达到国际设定的绿色标准,在贸易竞争中处于不利地位,给国际贸易的可持续发展带来了不利影响。例如,在中国对外贸易的主导产品纺织服装的出口上,国际环保纺织协会(OEKO-TEX)实施的2016版OEKO-TEX100标准大幅更新。2016年,中国出口纺织服装被国外实施通报召回的事件超过百起。因此,加快发展绿色产业,提升绿色技术水平,形成新的产业竞争优势,是突破国际绿色贸易壁垒的有利武器,更是实现对外贸易可持续发展的现实需要。

第三节 中国绿色产业竞争优势的培育

发展绿色产业是中国生态文明建设的内在要求,对中国经济转型升级起着重要的推动作用。以发展绿色产业为抓手,突破国际绿色贸易壁垒,参与国际竞争,夺取国际话语权的关键领域,形成国际竞争新优势,是对外贸易可持续性的保障,也是中国增强国家实力,参与国际竞争,夺取国际话语权的关键领域,对中国的和平崛起,实现中华民族的伟大复兴有着战略性的意义。

一、科学合理的体制机制是提升绿色产业竞争力的强有力的制度保障

科学合理的体制机制有利于绿色生产力的形成,从而驱动传统产业的绿色转型升级及新兴绿色产业的发展壮大,构建绿色产业体系,不断扩大经济系统中的绿色比重。

(一) 健全绿色产业激励机制,逐步完善风险投资、产权激励制度

1. 市场化激励,完善资源环境价格体系

发展绿色经济,离不开环境保护激励机制。培育绿色新兴产业主要应当加强三种制度激励。

一是资源产权制度激励。通过确立和明晰各种环境资源的产权关系,使环境资源的所有者和使用者之间借助市场机制建立最直接的绿色经济关系,增加生产者的环境保护成本,从而推动环境资源的合理利用,减少或消除环境污染的过程。

二是政府绿色引导制度激励。政府用相应的产业政策和法律、法规对生产者的收益比例进行调节,以弥补市场上绿色生产者与非绿色生产者直接经济效益之间的差距,消除"劣币驱逐良币"的逆向激励现象。同时,由于任何绿色产品的社会经济效益都

会高于生产者的直接经济效益，因此还要弥补市场上绿色生产者直接经济效益与社会经济效益之间的收益差距，使绿色产品生产者的收益率接近社会收益率。

三是企业环境制度激励。通过制定和实施企业发展的绿色化规则或指标体系，规范、引导和推动企业及其内部财产制度和管理制度的绿色化安排。绿色企业内部应当实行绿色的财产权制度，组织形式、产权结构、治理结构等都要坚持环境保护理念；实行绿色的分配制度，利益分配形式和职工福利形式要体现绿色要求；实行绿色的管理制度，生产管理、组织管理、核算制度、审计制度等也要体现绿色要求，形成信息透明、公平竞争的绿色创新环境。

2. 公共财政激励，扩大公共绿色投资规模

绿色产业的激励政策除采用价格、税收、信贷、补贴等经济手段外，还可提高政府本身的公共投资比重。虽然绿色产业和绿色技术的大部分新增投资需要依靠市场来进行，但投资的高成本和高风险让许多企业望而却步。同时绿色产业的正外部性还未能内部化，使追求私利的企业并不愿涉足。因此，还需要政府进行更多的公共绿色投资。目前，虽然中国每年工业污染治理投资占 GDP 的比重与欧洲高收入国家大致相当，但总环保支出的比重，比欧洲低 0.3~1.1 个百分点。未来公共绿色投资不仅应在减少污染上增加，更应在具有更高经济回报率的生态修复、循环利用、自然灾害预防等领域上加大投资力度，提高环保投入的资金利用效率。同时加强对绿色技术研发、人才队伍建设和中小企业绿色创新的公共扶持。

（二）健全绿色产业监管约束机制，逐步完善法律法规与政策体系

将保护生态作为重大政治责任，加快培育绿色产业竞争优势。探索建立绿色政绩考核机制，加快完善资源环境成本核算体系，把环境绩效纳入地方政绩考核的硬指标。通过明晰资源环境产权、确定资源环境价格完善资源环境成本核算体系，实现绿色经济考核有据可依。理顺绿色经济的监督管理体制，明确监督管理部门和其他相关部门的职责，从机制上做到权责一致、分工合理。把万元国内生产总值能耗、水耗、主要污染物和二氧化碳的排放强度等环境绩效指标作为考核官员的硬约束性指标，以督促地方发展模式的全面转型。

（三）健全绿色产业统筹协调机制，逐步完善绿色政策体系

由于绿色产业渗透性强、交叉面广，涉及的产业部门和管理机构较多，部门间和机构间的协调性尚需完善。

要促进跨部门、跨地区和跨领域管理协调与分工协作，解决政策体系的结构性失衡，形成资源共享、协同推进的工作格局。切实加强组织协调，各部门强化协调配合，实现各项政策的效益最大化。以信息化推动政策的统筹协调，打破各部门间政策的

"信息孤岛",各级主管部门要加强对工作的指导和督促检查,确保各项绿色政策措施落到实处。

二、绿色技术是增强绿色产业竞争优势的驱动力

要将生态资源优势转化为生态资本,进而转化为绿色产业竞争优势,都离不开绿色技术的推动。国家确定的引领未来增长的战略性新兴产业,包括节能环保产业、新能源、新能源汽车、新材料、新一代信息技术产业、生物技术、高端装备制造等,它们大部分都是含有高附加值和出口潜力的"绿色技术"。这些领域的成长不仅能让产业本身获得技术进步的收益,如新技术转让费、节能技术降低能耗节约成本,还能形成高外部价值。如采用绿色技术能降低碳排放和污染排放,使人们获得健康、国家获得声誉,它们还将使中国经济结构更具竞争力。

1. 加大基础科研投入,引导同类企业、科研机构集中资源联合研发,实行风险共担、利益共享

近年,中国的研发经费投入快速增长,目前总研发经费仅次于美国,居于世界第二,但研发投入强度仅2.07%,离发达国家3%左右的平均水平还有较大距离。2015年,中国基础研究经费也有大幅提高,比上年增长了16.7%达到716.1亿元,其占研发费用的比重突破性地攀升至5.1%,但与发达国家15%左右的平均水平也差距甚大。基础研究是科技进步的原始动力,其投入规模与水平更能反映一个国家的科技实力,切实加强原始创新和关键领域的战略性创新,才能为中国的创新驱动发展提供强大的科技支撑。

绿色技术与高效、节约、环保密切相关,是开展环境保护和生态建设,促进人类长远生存和可持续发展的重要技术保证。然而,绿色技术的研发成本高昂,不确定性和风险性较高,与其他类型技术相比,绿色技术的增长偏缓。比如,绿色技术相关的发明专利授权量逐年增加,但其数量仍然偏小、占比偏低,与美国、日本等发达国家平均20%以上的水平还存在差距。在与绿色技术相关的节能环保、新能源等PCT国际专利量占比也较低,且绝大部分为外国人申请,本土的绿色技术研发落后。

2. 完善法律制度,加强知识产权保护

虽然国家知识产权局2012年8月1日开始实施《发明专利申请优先审查管理办法》,对涉及节能环保、低碳技术节约资源等有助于绿色发展的重要专利申请采取优先审查制度,但这仅涉及技术保护的申请效率,在实质审查标准上并无区别,且未上升到法律层面。研究发现,"绿色通道"的实施并不能大幅提高绿色专利授权量,绿色技术判定标准的缺失、地方专利局的保护主义倾向、审查资源的不足等都将对绿色专

利授权数量和质量造成不利影响。

现行的与技术相关的许多法律法规并未涉及到技术的生态性，如《知识产权法》对技术仅规定了新颖性、创造性和实用性等。同时，国内对技术的保护力度还不够，也降低了社会对绿色技术创新的积极性。因此，应从技术标准和立法上鼓励绿色技术创新，如可对绿色技术进行明确规定，建立绿色技术分类体系，并在《专利法》中引入绿色技术条款，增加专利授权的生态性要求。

3. 加快技术转移与成果转让，促进绿色技术推广和应用

《促进科技成果转化法》的实施为技术转移与成果转化提供了制度保障，带动中国创新技术的发展。2015 年，全国技术交易总额 9835.79 亿元，比上年增长 14.67%。其中，与绿色技术相关的新能源与高效节能技术，及环境保护与资源综合利用技术交易额分别为 1064.29 亿元和 800.42 亿元，比上年的 927 亿元和 694 亿元增长了 14.82% 和 15.37%，占全国交易总额的 10.82% 和 8.14%。按技术交易的社会经济目标分类，2015 年涉及环境保护、生态建设及污染防治的技术交易额为 711.47 亿元，同比增长 30.18%，占比 7.84%。但绿色技术增幅偏小，占全国技术交易市场的比重变化不大。2015 年，新能源与高效节能技术及环境保护与资源综合利用技术两类合计成交额占比为 18.96%，比 2007 年的 19.25% 反而略有下降。同时，从技术卖方主体来看，外商投资企业、境外企业的交易额分别为 1011.29 亿元和 446.90 亿元，占企业法人主体总成交额（8476.92）比重 10.28% 和 4.54%。因此，在税收政策等方面可向绿色技术适当倾斜，加快技术转移与成果转让，促进绿色技术推广和应用，加快绿色技术转化为现实绿色生产力，形成国际竞争新优势。

三、建立完善高效的绿色金融体系助力绿色产业发展

建立与完善高效绿色金融体系，发挥资本市场优化资源配置、服务产业的功能，对环保、节能、绿色建筑等领域投融资提供金融服务，促进、支持中国绿色产业发展、生态文明建设。2016 年，人民银行等七部委联合发布的《关于构建绿色金融体系的指导意见》明确提出，构建覆盖银行、证券、保险金融等各领域绿色金融体系，标志着中国绿色金融体系建设的全面启动。

虽然中国的绿色金融市场发展迅猛，绿色创新型产品也不断涌现，绿色融资渠道持续拓宽，但一些地方和领域仍存在融资成本高、资金供求双方信息不对称、中长期绿色项目融资工具较少、绿色金融人才缺乏等问题。

1. 构建积极的激励机制，降低绿色融资成本

中国发展绿色产业需要巨额的资金，但许多绿色项目由于正外部效应未完全内生

化，投资回报期长、融资成本高等原因，导致现有金融市场并不能满足实际资金需求。按国务院发展研究中心的预测，"十三五"期间，中国绿色资金需求每年将达2万亿元到4万亿元人民币。其中，财政资源只能覆盖不到15%（约3000亿元），即约有85%左右的绿色投资需求需要引入社会资本来满足。绿色投资项目多为提供公共产品和服务的公共项目。传统公共项目的资金来源限于公共财政，民间资本只能通过信贷、置换等资本运作的方式介入。目前，一些绿色信贷项目大多依靠银行类金融机构，但容量并不够。《中国低碳金融发展年度报告》显示，绝大多数银行绿色信贷总额与其总资产的比例低于2%。因此，要通过贴息、担保、再贷款、PPP等模式引导和激励更多的社会资本投入到绿色产业。其中，政府和社会资本合作的PPP投融资模式可充分发挥财政资源对调动市场力量、优化资源配置方面的杠杆作用，将成为推动绿色产业发展的重要驱动力。

完善金融投融资渠道，发展绿色金融，吸引天使投资、风险投资和股权基金等股权投资来发展绿色经济，通过绿色信贷政策引导社会资金流向绿色产业。发展以"天使投资—风险投资—股权投资"为核心的投融资链，吸引天使投资、风险投资和股权投资聚集对绿色经济领域的投资，扶持创新型绿色中小企业。除利用直接融资工具外，鼓励国家政策性金融机构对绿色产业进行重点扶持，针对可再生能源项目定向发放无息、低息贷款。实施积极的绿色信贷政策，对商业银行实施信贷窗口指导。通过加强对节能减排、新能源研发企业的信贷支持，严格控制对高耗能、高污染和产能过剩行业的贷款和对污染企业实施惩罚性高利率等措施，引导金融机构将资金投入到绿色经济领域。

2. 构建环境大数据，持续提升绿色金融市场透明度，降低企业与金融机构的环境风险

环境大数据对环境保护和治理的作用日益凸显，其在金融领域的应用有助于打破信息不对称所导致的绿色投融资瓶颈，也为绿色金融研究与政策制定提供标准和依据。但当前环境数据的可得性和可用性水平并不高，要提升绿色金融市场透明度可从以下方面入手：

一方面，加大环境监管与执法力度，强化企业环境信息披露要求，形成统一的企业环境信息披露数据库。目前，上市公司强制性环境信息披露制度初步建立，企业年报、社会责任报告、可持续发展报告和环境报告书等均涉及环境信息披露，但有些公司在披露信息时仅进行宏观叙述，缺乏详细的环境信息，特别是关于资源消耗、污染排放、碳排放、环保处罚等方面的信息较少有企业涉及。有的企业所披露的信息甚至没涉及环保内容，环境信息整体披露水平仍然比较低。复旦大学经济学院企业环境信息披露研究小组《企业环境信息披露指数（2017中期综合报告）》显示，所观察的

170家上市公司的环境信息披露总平均分仅39.67，远未达到及格线。相关部门应针对环境信息披露制定更具针对性、更为精细化的政策措施和标准，并逐步将其上升到法律层面，完善环境信息披露和环境监管制度。

另一方面，建立公共环境数据平台，推动政府部门、科研院所和非政府组织等进行公共环境数据共享、环境风险分析和环境成本与收益分析方法共享，鼓励各类金融机构利用大数据技术开展环境风险识别与量化评估，降低金融风险，提升绿色发展竞争力。

3. 构建人才培养机制，培养和造就更多绿色金融领域专业人才

中国的绿色金融市场尚处于初步发展阶段，绿色金融高端专业人才稀缺，要建立支持绿色产业的产学研合作体系和绿色金融领域人才培养激励机制。绿色技术的学习和扩散必须建立在一定的知识积累和人才储备基础上，通过"内培外引"的方式，形成多层次人才体系。一方面要积极引进国内所稀缺的海外高端人才，另一方面要完善绿色创新人才的培养激励机制，建设绿色技术研发队伍。

四、积极推进绿色产业产品和技术统一认证与国际互认，深入开展区域绿色发展交流与合作

1. 加快建立全国统一的绿色产品认证体系

绿色产品的生产与经营是绿色产业的核心，但目前绿色产业还没有统一的定义，而且有许多相近的叫法，如环境产业、生态产业、环保产业、节能环保产业、低碳产业等。同时由于绿色产品种类繁多，各产品概念、标准各不一致，社会对其认知度与采信度也不高。因此，加快建立全国统一的绿色产品标准、认证、标识体系是当前规范绿色产业发展的迫切需要。

通过构建统一的绿色产品内涵和评价方法，建立统一的绿色产品标准、认证和标识体系、实施统一的绿色产品评价标准清单和认证目录、创新绿色产品评价标准供给机制、健全绿色产品认证有效性评估与监督机制、加强技术机构能力和信息平台建设等方法，将现有环保、节能、节水、循环、低碳、再生、有机等产品整合为绿色产品，建立系统科学、开放融合、指标先进、权威统一的绿色产品标准、认证、标识体系，健全法律法规和配套政策，实现一类产品、一个标准、一个清单、一次认证、一个标识的体系整合目标。

2. 加强国际间环境合作

加强国际间环境合作是促进绿色发展转化为新的综合国力与国际竞争新优势的重要途径，对推动绿色产业发展提供了机遇与动力。

一要积极推进与国际接轨的绿色技术标准。不同区域间对绿色产品范畴的认定和标准都存在差异,要在尊重差异性的基础上,寻找合作点,构建国际间具有互惠性、包容性的协作体系。

二要积极推动国际合作和互认。形成相对统一的绿色技术标准或者范围,以及绿色专利审查程序,推进绿色技术国际合作。

围绕服务对外开放和"一带一路"建设战略,推进绿色产品标准、认证认可、检验检测的国际交流与合作,开展国内外绿色产品标准比对分析,积极参与制定国际标准和合格评定规则,提高标准一致性,推动绿色产品认证与标识的国际互认。建立绿色技术数据库,实现国际间信息共享,提高绿色技术国际专利(PCT)申请率。合理运用绿色产品技术贸易措施,积极应对国外绿色壁垒,推动我国绿色产品标准、认证、标识制度走出去,提升我国参与相关国际事务的制度性话语权。

第十章　绿色能源："两个转化"的新引擎

能源是人类活动的物质基础，也是一国经济社会的命脉。能源产业部门是国民经济最重要的部门之一，为其他产业部门提供动力来源，绿色能源是实现"两个转化"的引擎、占领国际绿色经济科技制高点的重要领域。但现行的褐色经济模式过度依赖化石能源，化石能源消耗量的增加与获取难度的加大，导致其成本越来越高，能源需求压力增大、供给制约增多。

第一节　能源安全与生态安全

能源是一个国家的重要战略资源，也是国家间竞争与冲突的重要根源。世界能源中心影响着世界地缘政治格局，历来是各种政治力量争夺的焦点。获得和维护对本国经济发展、社会生活和国家安全至关重要的能源资源，成为各国政府维护国家安全的重要任务。未来各国在世界能源市场的角逐将更趋激烈，保障我国未来能源安全迫切需要认真应对。

与此同时，快速增长的能源生产和消费对生态环境造成了严重的影响。由能源引发的生态安全主要表现为环境污染和气候变化。它们不仅对一国的国内政治经济和环境造成极大损害，还给全球的环境治理带来了挑战。

一、能源安全

传统意义上的能源安全是指以可支付得起的价格获得的充足的能源供应。能源供应的充足与稀缺成为影响一国国民经济和国家安全稳定与动荡的关键因素。因此，传统的能源安全主要关注点在保障能源的充足供应。但随着世界能源的大规模开采和利用，能源安全不仅面临着化石能源日益枯竭的局面，还面临着环境退化和污染不断加剧的生态环境安全问题。生态环境安全与能源供应安全和经济发展稳定性共同构成了保障国家能源安全的三个基本要素。

在当前资源危机、环境恶化等背景下，开发和利用清洁的、可再生的能源备受各国政府重视，发展绿色能源对一国能源安全进而国家安全具有重要的战略意义。丹麦提出到2050年要全部摆脱对化石能源的依赖；德国提出到2050年可再生能源占能源消费的60%，占电力消费的80%。

"石油安全"一直被各国视为能源安全的核心。美国前国务卿基辛格曾说，"如果你控制了石油，你就控制住了所有国家。"过度依赖石油等传统能源是全球能源安全的长期挑战。对中国而言，不可忽视的事实是，国家的发展受到能源价格波动的影响正日益加强。对外原油依存度每年以2%~3%的速度增长，当前石油的对外依存度已超过了60%，该比例远高于其他能源。逐渐摆脱对石油的依赖，发展绿色能源将成为中国保障能源安全的必然选择。

二、能源与生态安全

随着全球气候变暖和大气环境质量的下降，人们对环境保护和可持续发展及能源安全问题逐渐达成共识。环境问题是经济活动和社会发展综合作用的结果。自工业革命以来，煤炭、石油、天然气等化石能源支撑了世界经济的飞速发展，但与此同时，它们也成为了气候变化和环境污染的重要因素。

引起气候变化的温室气体的主要来源是能源生产和消费以及农业生产过程中产生的二氧化碳和甲烷等气体。而能源和农业生产是国民经济和社会发展的基础产业部门。同时能源安全也是国家安全的重要组成部分，是关系国家经济社会发展的全局性、战略性问题。能源问题造成的生态系统严重退化，对国家和区域生态安全构成了威胁。中国作为世界能源消费大国，更应在保护生态环境安全的前提下提高能源服务水平，将解决能源开发利用造成的生态环境安全问题提升到国家安全的战略高度。

三、中国的全球治理主张

人类活动造成的气候变化主要由于燃烧化石能源引起。发展绿色能源有助于大量减少温室气体和污染物排放，同时有利于提高能源利用效率，解决能源安全和生态安全问题。

中国当前以煤为主的能源结构尚未改变，能源供需矛盾也日益突出。2015年，中国煤炭占一次能源消费的比重仍高达64%。要实现全球气候变化协议的控制目标，有效控制温室气体排放和解决环境污染问题，必须将生态安全作为国家能源安全的重要内容。

中国一向对气候变化问题高度重视，始终坚持共同但有区别的责任原则、公平原则和各自能力原则，坚持绿色发展的理念，在全球气候变化治理方面做了许多努力，并将积极行动实现自己的承诺。2015年6月发布的《强化应对气候变化行动——中国国家自主贡献》提出，二氧化碳排放在2030年左右达到峰值并争取尽早达峰，单位国内生产总值（GDP）二氧化碳排放比2005年下降60%~65%，非化石能源占一次能源消费比重要达到20%。中国的承诺既体现了负责任有担当的大国形象，又彰显了中国特色大国外交之气候外交的魄力与魅力。

当前中国的目标是到2020年非化石能源占一次能源消费比重达到15%，风电、太阳能等可再生能源从补充能源向替代能源转变。为此，中国已在不断优化能源结构，把新能源技术和产业的发展作为能源安全的长期战略要点，大力发展清洁、可再生的绿色能源，促进国家能源独立和能源自给，以形成有竞争力的可持续能源体系。

由于美国特朗普政府对绿色能源的消极态度，作为全球最大能源消费国，中国有必要在绿色低碳能源和全球气候治理上发挥更大的影响力。兼顾本国国情和国际发展趋势，继续推进能源结构变革，加强国际合作与交流，逐步提高绿色能源技术水平和产业竞争力，引领并推动全球绿色低碳能源转型，实现经济的持续繁荣、能源供应安全与生态健康安全。

第二节 绿色能源概述

一、能源的分类

目前人们对能源的分类有多种角度，比较常见的分类方法主要有三种（表10-1）。

表10-1 能源的分类

使用类型	是否污染环境	是否可再生	
		可再生能源	不可再生能源
常规能源	污染型能源		煤炭（固体燃料）、石油（液体燃料）
	清洁型能源	水能	天然气（气体燃料）
新型能源	清洁型能源	太阳能、风能、生物能、海洋能、地热能、氢能	核能

注：表中带灰底色的能源即为绿色能源。

1. 根据产生的方式可分为一次能源和二次能源

一次能源，即天然能源，指自然界中以天然形式存在并没有经过加工或转换的能量资源，包括煤炭、石油、天然气、太阳能、风能、水能（河流）、生物能（或称生物质能,是太阳能以化学能形式贮存在生物中的一种能量形式)、海洋能(包括潮汐、波浪、温度差、盐度梯度、海流等形式)、地热能以及核能等。其中煤炭、石油和天然气三种能源是一次能源的核心,它们构成全球能源的基础。

人们根据一次能源是否可再生,又进一步划分为可再生能源和不可再生能源(或称再生能源和非再生能源)。凡是可以不断得到补充或能在较短周期内再产生的能源称为可再生能源(renewable energy),反之称为不可再生能源。太阳能、风能、水能、生物能、海洋能、地热能等都属于可再生能源;而煤炭、石油、天然气和核能等则是不可再生能源。

二次能源则是人工能源,指由一次能源直接或间接转换成其他种类和形式的能量资源,如电力、煤气、汽油、柴油、焦炭、洁净煤、沼气、激光和氢能等。

2. 根据能源使用的类型可分为常规能源和新型能源

常规能源(也称传统能源)主要是指一次能源中可再生的水能和不可再生的煤炭、石油、天然气等资源。新型能源是相对于常规能源而言的,包括一次能源中除水能以外的其他可再生能源以及核能、激光和氢能等。

1980年,联合国新能源和可再生能源会议对新能源的定义是,以新技术和新材料为基础,使传统的可再生能源得到现代化的开发和利用,用取之不尽、周而复始的可再生能源取代资源有限、对环境有污染的化石能源。之后,联合国开发计划署(UNDP)把新能源分为三大类——大中型水电、新可再生能源(包括小水电、太阳能、风能、现代生物质能、地热能、海洋能)和传统生物质能。

3. 根据能源消耗后是否造成环境污染可分为污染型能源和清洁型能源

污染型能源主要指常规能源中的煤炭、石油等,而水能、天然气以及新型能源都属于清洁型能源。

另外,按能源的形态特征或转换与应用的层次,世界能源委员会推荐将能源类型分为:固体燃料、液体燃料、气体燃料、水能、电能、太阳能、生物质能、风能、核能、海洋能和地热能。其中,前三个类型统称化石燃料或化石能源。

二、绿色能源的概念与特征

绿色能源,也被称为清洁能源,指在生产和使用过程中不产生有害物质排放的能源。国内有不少人将清洁化利用的化石能源,如洁净煤(或油)等,也归为绿色能源。但此做法还存在争议。

洁净煤指煤炭从开采到利用的全过程中,采用减少污染物排放和提高利用效率的加工、燃烧、转化及污染控制等新技术,其侧重点在于减少污染和提高效率。但严格来说，洁净煤和洁净油实质上应该称为"绿色化"的能源，而非绿色能源。有研究表明，持续增长的煤炭消耗带来的二氧化碳增加，使得地球温室效应加剧。二氧化碳使得海水的酸度增加。与此同时，煤炭燃烧产生的二氧化硫及其他一些有毒化学物质，导致了建筑物结构的损伤以及人类肺部的损害。根据某种计算方式，煤炭发电厂所排放的辐射物质，甚至比核电厂所排放的物质还要多。

自 2015 年 12 月，全球 190 多个国家在巴黎通过《巴黎协定》，约定改造化石燃料驱动的经济以应对全球气候变化后，一些发达国家纷纷宣布全面停运煤炭发电站以减少碳排放，并设定了时间表。如，"德国政府计划在 2016 年中期至 2050 年间，逐步摆脱化石燃料，并在 2050 年左右实现较 1990 年二氧化碳排放量减少 95% 的目标"。德国的这些举动旨在推动可再生能源的发展。英国政府计划到 2023 年限制燃煤电站的使用，到 2025 年关闭所有的燃煤电站。2015 年 8 月，奥巴马政府公布的《清洁能源计划》提出，将减少美国对煤电的依赖程度，同时进一步发展风能太阳能等可再生能源。2015 年，美国发电用燃料中，煤炭和天然气份额持平，均约 33%。目前，煤电正在退出美国，各能源中心都在进行从煤炭到天然气的发电燃料转换。此外，加拿大的安大略省在 2014 年即宣布，全省已关闭所有燃煤电厂。因此，顺应全球能源发展方向，降低煤炭的开发利用量、增加绿色能源的利用应是中国长期不变的能源策略。

由前述能源的分类以及绿色能源概念可见，绿色能源包括水能、天然气和新型能源，它们既有"可再生"的太阳能、风能、水能等，又有"不可再生"的天然气和核能。

天然气虽然一直以来由于投资少、成本低、污染少的优点而被作为清洁能源推广，但美国哈佛大学 2013 年 11 月 25 日的一份报告（《国家科学院院刊》）称，在全球甲烷气体排放量中，人为排放的甲烷气体占 50% ~ 60%，其中最大的部分来自畜牧业和天然气行业。虽然燃烧天然气所产生的二氧化碳是燃烧煤的一半，但天然气大部分由甲烷（第二大温室气体，其温室效应等于 30 倍的二氧化碳）构成，在天然气供应链中甲烷可能会被泄漏，从而影响大气。此外，燃烧不完全产生的不饱和碳氢/碳氧化物也会形成酸雨和温室效应，而氮氧化物（即光触媒）则是形成雾霾天气的主要元凶之一。

核能又称原子核能或原子能，是原子核结构发生变化时释放出的能量。虽然核能无空气污染、运输存储方便、发电成本低，但需消耗铀燃料，其属不可再生资源，而且开采成本和污染性高，目前的核电价中并未完全计算铀矿石开采和矿渣、核废料处理的成本。有些国家已开始计划关闭核电站，如德国在 2011 年日本福岛核事故发生后，即已宣布将于 2022 年前关闭国内所有的核电站[①]，成为首个不再使用核能的主要

---

① 这里的弃核，指的是放弃利用核裂变反应的发电站。而核聚变发电技术是包括德国在内的全世界都在研究的课题。

工业国家。

由此可见，天然气与核能并非理想的绿色能源。而可再生能源分布广泛，消耗后可得到恢复补充，且只要处理得当，极少产生污染物，对环境无害或危害极小，因此可再生的清洁能源将是绿色能源的发展重点（表10-2）。

表10-2 可再生的清洁能源种类与特征

能源类别	来源	优点	缺点	应用技术
太阳能	太阳	分布广，用之不竭，污染极小	波动性高，太阳光照射不稳定，受季节、地点、气候影响大，能流密度低，转换效率低，发电成本高；研发投入大；太阳能电池板的生产能耗高、污染大	光热转换-太阳能热水器，光电转换-太阳能光伏电池、固体发光，光化学转换-光合作用
风能		用之不竭，投资成本低，污染极小	涡轮噪音大，受地域气候限制	提水、风力发电、风帆助航、利用风能加热
水能		对水和空气污染小	受地域气候限制，水坝会影响生态环境	发电
生物能	植物的光合作用	分布广、储量大、环保、技术要求低	热值及热效率低，产量小，利用率低	直接燃烧、热化学转化、生物化学转化
海洋能	海洋	用之不竭，空气污染低，土地干扰少	适当位置少、造价高（发电成本高），能源输出不稳定，破坏正常潮汐可能会影响河口水生生物	潮汐能发电、波浪发电、海水温差能发电、盐差能发电、海流发电
地热能	地球的熔融岩浆和放射性物质的衰变	用之不竭、成本低	分布分散，开发难度大，利用率低	直接燃烧、热化学转化、生物化学转化
氢能	二次能源	热值高、可循环利用、基本无污染	制氢技术还比较低效；贮存和运输的安全性要求高	直接燃烧、通过燃料电池转化为电能、核聚变

三、绿色能源的应用

能源产业的生产环节多、工艺流程复杂，从上游的原材料和原料的开采加工，到中游的设备制造，再到下游的输变电和最终的能源消费，产业链条非常长。其应用领域也很广，主要包括发电、采暖（制冷）、新能源汽车、储能电池、城市绿色交通、生产工艺改造、节能建筑、节能照明、低碳家庭等。其中，新能源汽车的发展备受关注，但由于电池与储能技术还不成熟，成本仍然十分昂贵，限制了产业的发展与扩张。

第三节 全球能源发展形势

一、全球能源发展与消费结构变动特征

伴随世界经济中心的转移，以中国为代表的新兴经济体成为全球能源需求增长的主要市场。但整体能源需求增速变缓，全球能源结构也逐渐向清洁化、低碳化转变。下文根据《BP 世界能源统计年鉴》的数据进行分析，如无特殊说明，各数据均来源于此。

(一) 能源市场状况

1. 全球能源价格变动情况

由于受全球经济增速放缓和经济转型的影响，全球能源需求也增长缓慢，市场价格在起伏中呈现普遍下跌趋势。2015 年，所有化石燃料的价格均有所下跌。按美元计算的原油即期布伦特平均价格为每桶 52.39 美元，比 2014 年下降了 46.56 美元，是 2004 年以来的最低年平均价格，为 1986 年以来最大跌幅。2015 年，所有地区天然气价格也均下跌，其中北美地区跌幅最大，全球煤炭价格则已连续四年下跌。

2. 全球主要化石能源产量

2015 年，除煤炭产量为负增长外，石油和天然气都有较大增长，全球减煤化趋势愈加明显。石油产量增速连续两年超过消费增速，达 280 万桶/日，上升 3.2%，高于 2014 年的水平，是自 2004 年以来最快增速。其中，美国仍是世界最大石油生产国，2015 年度增量全球最大，伊拉克和沙特阿拉伯的产量也涨至历史高位。天然气产量增长 2.2%，快于消费增速但略低于其十年平均值 2.4%。其中，美国、伊朗和挪威增长量最大；欧盟则再次大幅减产，下跌 8%，而荷兰出现全球最大降幅 (−22.8%)。

3. 全球能源贸易情况

2015 年，全球原油和成品油贸易增长了 300 万桶/日 (+5.2%)，是 1993 年以来最大增幅。其中，中东和美国分别是原油和成品油出口的主要增长者，而欧洲和中国的进口增幅则最大。在俄罗斯、挪威、墨西哥和法国各地管道贸易增长，以及澳大利亚、巴布亚新几内亚和中东地区液化天然气贸易增长的推动下，全球天然气贸易 2015 年开始反弹，增长 3.3%；国际天然气贸易量占全球消费量的 30.1%。其中，管道运输

量增长4%（占总贸易额的比重升至67.5%），液化天然气贸易增长1.8%。

4. 全球能源发电情况

全球电力市场仍以化石能源发电为主，但绿色能源发展迅速，中国居主导地位，其次为美国、印度和日本。2015年，全球总发电量23111.3 TW/h，中国发电量持续增长，仍居全球首位，但增速减缓。从发电技术看，全球化石能源发电量占比最高，但比重持续下降，2015年降为66%；新能源发电则高速增长，2015年同比增长18.1%，占全球总发电量的7.3%。其中，核能发电量的所有净增长均来自于中国的贡献，中国超越韩国成为全球第四大核电生产国。此外，中国还是全球最大的水电生产国。

（二）全球能源消费情况

1. 全球能源消费市场仍集中在传统化石能源上，但占比不断下降

在化石能源价格震荡的情况下，其消费量不断增长，但增速放缓，能源结构从煤炭为主转向更低碳能源为主。近年来，全球一次能源消费持续保持低速增长，2016年增长率为1%，低于过去十年1.8%的平均增长率。石油一直以来都是世界的主要燃料，约占全球一次能源消费的三分之一，所占份额在2016年和2015年已连续两年上升，结束了自1999年以来长达十五年的下滑趋势。其中，中国再次成为全球石油消费增长贡献最大的国家，而印度是全球第三大石油消费国。

全球第二大能源消费是煤炭。与其产量一样，由于美国和中国消费的下降，2015年，煤炭消费量也下降了1.8%，占全球能源消费量比重降至29.2%，为2005年以来的最低值。2015年，煤炭消费的增长率创历史新低：全球煤炭消费降低1.8%，远低于其2.1%的十年平均增长率。2015年，煤炭在全球一次能源消费中占比降至29.2%，刷新自2005年以来的最低纪录。

天然气为全球第三大能源，2015年，天然气在一次能源消费中的市场份额为23.8%，消费量比上一年有显著提高，增加了1.7%，但仍低于十年平均值2.3%。伊朗和中国的消费增幅最大，而俄罗斯的消费量降幅最大（为5%）。

2. 亚太地区的能源消费量与增量居全球之首，各地区的主导能源各不相同

亚太地区的一次能源消费量占全球最大份额（2014年为41.3%），也是全球增量最大的区域。2014年，该区域占全球煤炭消费总量的份额首次超过71%，且煤炭仍然是该区域的主导燃料，在总能源消费中所占份额比较稳定。工业部门是主要的能源消费大户，占总消费量的40%以上，煤炭是其主要能源。运输部门的能源消费增长快速，2014年比1971年增长了12倍，其消费类型以石油为主。欧洲及欧亚大陆和中东天然气占主导地位，北美洲和非洲则以石油为主。

3. 全球能源强度

能源强度指每单位 GDP 增长需要消耗的能源。故能源强度愈低，代表经济生产过程中使用的能源越少和效率越高。世界能源强度持续下降，在 1990 年至 2015 年期间下降了近三分之一，全球几乎所有区域的能源强度都有所下降。近几年世界能源强度的改善主要得益于新兴经济体能源效率的提高和能源需求的下降。国际能源署（IEA）发布的《能效市场报告 2016》（Energy Efficiency Market Report 2016）指出，中国在能效方面取得的进步对全球能效市场做出了巨大贡献。在 2000~2015 年，在能效提高的带动下，中国的能源强度降低了 30%。如果没有中国能效的提升，2015 年全球能源强度的下降将只有 1.4%，而不是 1.8%。

（三）全球能源发展趋势与特征

1. 能源供给扁平化、离散化和智能化趋势增强

以页岩油气、光伏发电为代表的技术突破，将使"集中式""单点式"的传统能源供给模式，日渐被"分布式""矩阵式"取代。同时，传统能源供给和消费市场分布不均衡的矛盾，使能源供给系统智能化发展成为必然。信息技术的高速发展也使以智能电网为主要内容的全球能源电网互联成为可能。通过能源系统智能化建设，将能源的生产、运输、消费各环节融合为一体，并实现各能源品种协调互补、能源流和信息流高度化。

2. 能源消费电气化

所有的一次能源都可以转换成电能，电能可以较为方便地转换为机械能、热能等其他形式的能源，并实现精密控制。由于其清洁、高效、便捷的优势，电能在终端能源消费中的比重日益提高，清洁能源汽车等新兴产业在国民经济中也占据着越来越重要的地位。

随着各国对应对气候变化和清洁能源应用的日益重视，能源消费电气化趋势也将更加明显。衡量一个国家电气化水平的指标主要有两个，一是发电用能占一次能源消费的比重，二是电能占终端能源消费的比重。中国电力企业联合会刘振亚理事长认为，"以电代煤、以电代油气"才能"根本解决对化石能源的过度依赖及碳排放等世界难题""电能占终端能源比重每提高 1 个百分点，能源强度下降 3.7%"。

3. 能源开发的低碳化与可再生化

虽然石油、煤炭仍然是全球能源市场的主导，但随着全球碳减排意识和环境保护意识的增强，各国各地区鼓励绿色、清洁能源发展政策的纷纷出台与实施，能源清洁化技术与工艺得到不断提高而成本却不断下降，导致以可再生能源为代表的清洁能源的供给和消费份额逐年增加，成为全球仅次于煤炭的第二大电力来源。其在能源市场中的地位也快速提升。

得益于能源消费增长放缓和全球能源结构向清洁化转型，2015年能源消费的二氧化碳排放量仅增长了0.1%，这是除2009年经济衰退时期外，1992年以来的最低增速。

4. 能源市场与金融市场相互渗透趋势加强，能源金融化凸显

一方面，由于传统化石能源特别是石油资源的有限性和不可再生性，其市场价格受成本、供求关系的影响日益减弱，而呈现出越来越强的金融属性；另一方面，石油（黑金）与黄金、美金（美元）被并称为"三金"。长期看，它们与美元之间的走势具有很强的负相关性，石油也由此常成为国际投资者应对美元风险的重要工具，变成了一种金融投资和投机品种。

5. 全球能源格局变动剧烈

从供需关系与价格看，全球能源格局正发生重大变革，供给市场竞争加剧，能源价格波动剧烈，新兴经济体日益成为消费市场主力。在供给上，能源领域一些新技术的大规模应用逐渐改变着全球能源格局，中东、俄罗斯等传统油气生产国正不断受到以美国为代表的非常规油气生产国的挑战。供给格局的变动也造成了国际能源价格的震荡，市场竞争加剧。需求方面，欧美发达国家对能源的新增需求在很大程度上被能源使用效率的提升所抵消，能源消费增势显著趋缓，而中国、印度等新兴经济体的能源需求与日俱增，成为全球能源消费市场的主要力量。

二、绿色能源迅速发展成为全球经济新引擎

截至2015年年初，已有至少164个国家设定了可再生能源发展的目标，约有145个国家颁布了可再生能源扶持政策。目前，各国可再生能源政策主要有研发补贴、验证补贴、设备引入补助、售电补助、税收支持等。其中，售电补助包括电力配额制（RPS）和固定价格制或上网电价补贴政策（FIT）两种类型。在支持政策的刺激下，全球绿色能源及其相关产业的市场快速扩张，投资占比迅速增大，金融化特征凸显，正成为全球经济发展的新引擎。

（一）绿色能源市场规模扩大

根据《BP世界能源统计年鉴》数据显示，2015年全球可再生能源发电量增长了15.2%，稍低于其十年平均水平15.9%。但增量创历史新高，有力地推动了清洁能源消费的增长。其中，中国和德国的增速都超过了20%，取得了可再生能源发电的最大增量，可再生能源在全球发电中占比已达6.7%。

1. 光伏市场

全球光伏产业稳步上升，2015年新增装机容量创新高，达56.4吉瓦，累计达到

242.8 吉瓦。中国、日本和美国处于市场的主导地位。中国连续三年成为全球第一大光伏市场，并首次超过德国成为累计装机容量最大的国家，也超越德国和美国成为世界最大太阳能发电国。

2. 风电市场

全球风电市场大幅增长，截至 2015 年年底，全球累计装机量 427.4 吉瓦。2015 年新增 63.6 吉瓦，同比增 30.1%。其中，陆上风电为 59.2 吉瓦。由于技术与成本的影响，海上风电占比小，市场开发尚不成熟。整体来看，风能仍是目前全球可再生能源发电的最大来源，占比超过了 50%。

3. 水力与核能发电市场

全球水力发电量增长 1%，低于其十年平均值 3%。水力发电占全球一次能源消费的 6.8%。尽管增速大幅下降，中国仍是世界最大的水力发电国，全球水电净增长全部来自中国。2016 年，全球核能发电量 24900 亿千瓦，比上年（24410 亿千瓦）增长 2.01%，同水能一样，几乎所有增长都来自中国（已超越韩国成为第四大核能发电国）。欧盟的核能发电量持续下降，跌至 1992 年以来的最低纪录。核能在全球一次能源消费中占比为 4.4%。

4. 生物质能

全球生物燃料产量仅增长 0.9%，远低于其十年平均值 14.3%。整体来看，全球生物质液体燃料产量有缓慢增长。其中，全球乙醇产量 2011 年前增长较快，但2012~2013 年出现下降，其后有所恢复，2015 年同比增长 6.8%。生物柴油 2015 年则一改以往的增势，较上年下降 2.3%，为近十年来的首次下降。地域上看，生物质液体燃料市场集中在北美和南美地区。全球生物质及垃圾发电市场波动较大，但 2015 年实现大幅增长，新增装机容量同比增长 77.8%，发电量同比增长 12%。近年来欧洲、美国、巴西和中国基本占据全球前四大市场的地位，是增长的主要驱动力。

5. 地热能与海洋能

地热市场发展规模相对较小，截至 2015 年年底，有 25 个国家利用地热发电，直接利用地热能的有 82 个国家。由于亚太地区的发展放缓，2015 年全球地热发电新增装机容量仅 333 兆瓦，同比降幅达 62.5%，累计装机容量达 13 吉瓦。地热能的融资量和分布区域每年波动比较大。

由于技术和成本的局限，海洋能的发展规模也偏小，几乎处于停滞的态势。目前，除潮汐能发电技术较为成熟外，其他形式的海洋能应用大多停留在探索阶段。潮汐能发电成为潮汐能的主要利用方式。截至 2015 年年底，海洋能发电累计装机容量仅 529.7 兆瓦，主要由韩国和法国的两个大型潮汐能电站项目构成。

(二)绿色能源投融资强劲增长

1. 全球能源投资向清洁能源领域倾斜

国际能源署 2016 世界能源投资年度报告指出,自 2000~2015 年间,除 2009、2015 年外,全球对能源领域的投资一直呈增长态势。由于受原油和天然气价格下跌的影响,2015 年的世界能源投资总额比 2014 年减少 8%,从上一年的 2 万亿美元下降至 1.8 万亿美元。2016 年,受石油和天然气上游投资持续减少影响,全球能源投资继续下降 12%。与油气领域的投资相反,可再生能源发电、核能、电力网络和能源效率等领域的投资比例均有所增长,全球投资正在向清洁能源领域倾斜。截至 2016 年年底,全球对煤炭、石油、天然气等传统化石能源的研发和生产投资增长近两倍,对太阳能、风能等可再生能源的投资则增长近三倍,太阳能发电和风力发电融资成为全球新能源产业融资的主要组成部分。

2. 风电是全球清洁能源的主要投资领域

可再生能源还成为电力领域最大的投资来源。IEA 数据显示,2011~2015 年间,全球已有可再生能源电力开支保持平稳,由于风电和太阳能光伏成本下降,新增发电能力增加三分之一;而全球燃气发电投资却大幅下跌了近 40%。

2015 年,全球可再生能源领域共投资 3130 亿美元,占能源领域投资总额的近五分之一。但受设备价格特别是光伏设备价格锐减,及中国和日本两个关键市场投资活动放缓的影响,2016 年,全球清洁能源领域的总投资额较 2015 年同比下降 18%,为 2875 亿美元。受欧洲海上风电项目的推进,海上风电总投资额创下了新的历史纪录,达到 299 亿美元,较 2015 年增长了 40%。

2016 年,可再生能源仍是最大的新增电力来源,但融资市场出现较大变化。自 2015 年可再生能源装机容量激增连破纪录后,可再生能源的投资就开始逐步下降,从 2015 年创纪录的 3485 亿美元降至 2875 亿美元,下降 18%。从地域上看,中国的投资总额为 878 亿美元,占全球投资额的三成,较 2015 年 1191 亿美元的最高纪录下降了 26%,而日本投资了 228 亿美元,同比下降了 43%。从行业上看,太阳能和风能领域分别以 1160 亿美元和 1110 亿美元占可再生能源投资市场的前两位,但都同比下降了 32% 和 11%;生物能获得 67 亿美元的投资,也同比下跌 37%;而智能技术的投资为 416 亿美元,同比增长 29%。

此外,由于研究人员利用更大的风力涡轮机及其他技术的进步,改善了海上风电系统的经济性,海上风电成为了 2016 年可再生能源领域的投资热点,吸引到了 300 亿美元的投资,同比增长 40%。除了技术因素外,丹麦东能源公司(Dong Energy)在英国海岸附近耗资近 60 亿美元建设 Hornsea 风电场的项目也带动了海上风电投资的大幅增长。英国海上风电的装机容量已超过世界上其他国家的总和，海上风电的技术在欧洲其他国家及中国沿海也得到了广泛传播，北美和中国台湾等新市场也陆续开放。2016 年，超过 14 个大型海上风电场项目分别在英国、德国、比利时、丹麦和中国的海域上获批。

3. 在区域分布上的情况

欧洲市场新能源融资额逐年下降，其他地区却急速增长。2015 年，亚洲清洁能源投资首次超越欧洲。其中，中国已成为全球清洁能源投资增长最快、占比最大的国家。在投资领域上，光伏总融资额 1431.9 亿美元，亚太地区占比达 67.4%，中国占了其中的大约一半额度。风电市场融资额为 1096.4 亿美元，中国和欧洲仍是全球最主要的风电市场。

4. 可再生能源投资受政策影响大

但由于全球最大可再生能源市场的中国和日本减缓清洁能源的政策支持，将重点转向消化产能库存，美国特朗普政府也一改奥巴马政府的《清洁电力计划》，反对给予清洁能源高额的政府补贴，使得风电等可再生能源的前景更加不明朗，发展速度放缓。据彭博新能源财经（BNEF）统计，2017 年第一季度，可再生能源、效率和电动汽车等清洁能源项目的投资额为 536 亿美元，是 2013 年以来投资最少的一个季度。其中，中国投资下降了 11% 至 172 亿美元，而美国的投资减少 24% 至 94 亿美元。投资的大幅下滑一方面反映了清洁能源的政策依赖性，另一方面也反映出可再生能源资本成本正在下降。如太阳能电池板和其他设备价格持续下跌。

（三）全球清洁能源汽车

1. 电动车辆销售

电动汽车（electric vehicle，EV）作为清洁能源的代表备受人们关注。各国政府对电动汽车实施的免税、补贴等扶助政策和激励措施大大促进了全球电动汽车的发展。国际清洁交通委员会（ICCT）[①] 的相关数据显示，全球电动车辆销售量在 2010 年的缓慢起步以来以年均超过 42% 的增长率高速发展，占全球汽车销量的比重由 2010 年的 0.01% 迅速提升至 2016 年的 0.86%，增速比汽车市场整体快 20 倍。截至 2016 年 12 月底，路上行驶的新能源汽车已超过 200 万辆，其中 61% 是纯电动汽车，39% 是插电式混合动力汽车。

不论是在电动汽车总量上还是在市场品牌上，中国都取得了巨大的进步。2015 年，中国以 37 万辆首次超过了美国，成为电动车销量最高的国家。其中，中国市场电

---

① http：//www.theicct.org/electric-vehicles

动乘用车销量达到 207382 辆，比美国的 115350 辆高出近一倍，占全球总销量的 37.7%比重。插电式混合动力汽车的市场份额达到 1.4%，远远高出美国和欧洲等市场。但中国纯电动车超强于插电车，2016 年，新能源乘用车中插电车占比 25%，纯电车占比 75%。中国不仅成为全球最大的电动汽车市场，同时也是增长速度最快的一个。2016 年是中国电动汽车市场快速发展的第三年，中国本土品牌占据了 95%的市场份额，使得中国电动汽车品牌在全球所占的市场份额从 2015 年的 31%增长到 43%。在电动公交市场上，目前全球销量的 98%在中国。

中国新能源汽车品牌也突飞猛进，其中比亚迪从 2013 年的第 40 名跃升至 2015 年的第四位（2014 年第七位）。比亚迪汽车制造商还获得当年度综合销量冠军，这也是中国汽车制造商首次赢得年度销量第一。EV Sales Blog[①]数据显示，2016 年，比亚迪以全年 100183 台的销量再次成为全球新能源汽车霸主，远超特斯拉的 76243 台和宝马的 62148 台。从企业总体销量统计来看，前二十名中，共有九家企业来自中国。

2. 天然气汽车（natural gas vehicles，NGVs）

天然气汽车以天然气为燃料，提供动力，主要包括 CNG（compressed natural gas 压缩天然气）汽车和 LNG（liquefied natural gas 液化天然气）汽车。据国际天然气汽车协会（Natural Gas Vehicles，IANGV）统计（表 10-3），截至 2017 年 2 月，全球天然

表 10-3 全球天然气汽车数量前十国家

排名	国家	天然气汽车			加气站数量（座）
		保有量（辆）	占整体汽车市场比重（%）	占全球 NGVs 比重（%）	
1	中国	5000000	2.00	21.69	7950
2	伊朗	4000000	14.89	17.36	2360
3	巴基斯坦	3000000	33.04	13.02	3416
4	阿根廷	2295000	9.93	9.96	2014
5	印度	1800000	1.13	7.81	1053
6	巴西	1781102	2.18	7.73	1805
7	意大利	883190	1.72	3.83	1104
8	哥伦比亚	543000	5.58	2.36	749
9	泰国	474486	1.46	2.06	502
10	乌兹别克斯坦	450000	22.50	1.95	213
	十国合计	20226778（87.76%）			21166（73.55%）
	全球	23047419	1.32	100.00	28779

来源：根据国际天然气汽车协会相关数据整理，截至 2017 年 2 月。http：//www.iangv.org/current-ngv-stats/

---

① www.ev-sales.blogspot.ch

气汽车保有量达 23047419 辆,加气站 28779 座。从全球市场看,天然气汽车最多的前十位国家中除意大利(世界天然气汽车的发祥地)外都为发展中国家。前十位国家的天然气汽车总量占全球总量达 87% 以上。其中,中国发展最为迅猛,2016 年以高达 500 万辆保有量居世界全球天然气汽车市场首位,占比达 21.69%。

第四节 中国能源市场状况与发展趋势

中国目前已成为世界上最大能源消费国、生产国和净进口国。传统化石能源以煤为主,石油、天然气等相对不足,而可再生能源的开发潜力巨大,当前已形成了以煤炭为基础,电力为中心,石油、天然气和可再生能源多元发展的能源供应和消费体系。

一、中国能源结构与消费状况

从总量上看,虽然中国的各类能源总储量比较丰富,但储产比较低,人均占有量也低于世界平均水平。

(一)能源供给结构持续改善

煤炭是中国的基础性能源,剩余储量居世界第三位。煤炭发电装机容量居世界第一,是世界最大的燃煤发电大国;但石油、天然气等相对不足。近年来,煤炭产量持续下降,石油产量较为平稳,天然气产量增长快速,电力结构趋向清洁化,可再生能源在全球总量中的份额从十年前的 2% 提升到了 17%,水电、风电、太阳能发电装机容量世界第一。

传统化石能源产能减少,2016 年全国能源生产总量 34.3 亿吨标煤,同比下降 5.1%;清洁低碳能源产能明显增加。其中,煤炭下降 8.5%(高于 2015 年 2.0% 的下降幅度),原油下降 6.9%,天然气增长 2.4%(是唯一一种连续多年保持增长的化石能源),非化石能源增长 11.5%。2016 年,全年发电量 61425 亿千瓦时,比上年增长 5.6%;非化石能源发电持续增长,比重进一步提升。其中,水电增长 5.6%,核能、风力和太阳能发电保持高速增长,增速分别为 24.9%、27.6% 和 58.8%。当年电力装机为 16.5 亿千瓦;非化石能源发电装机比重达到 36.1%。

(二)能源消费情况

中国是世界第一大产煤国,也是第一大煤炭消费国,生产与消费量均约占世界总量的一半,同时还是世界第二大石油消费国和第三大天然气消费国。从整体上看,中国能源消费结构中煤炭所占比重虽然总体呈现下降态势,但一直是一次能源消费的主体；排第二位的是石油，消费占比相对平稳，在18%~20%之间；天然气增长明显，处于能源消费结构的第四位。具体来看，中国的能源消费主要呈现以下几个特征：

1. 能源消费总量持续增长，但增速放缓

据BP统计，2015年中国能源消费量仅增长1.5%，该增速是自1998年以来的最低值，煤炭消费量持续下降。整体上看，除石油的增长率稍高于其十年平均水平外，天然气和煤炭的增长率都远低于其各自十年平均水平。在行业分布上，能源消费集中在工业领域，其次为交通运输、餐储和邮政业。终端煤炭消费逐渐向工业集中，工业用电结构呈现明显的重型化趋势，而交通行业是最大的终端石油消费行业。

2. 能源消费结构仍以煤炭等化石能源为主，绿色能源占比低

中国石油和煤炭的消费量占一次能源消费总量的比重逐年降低，而天然气、水电及其他可再生能源增长迅速。但整体上仍以煤炭等化石能源为主，绿色能源占比低（表10-4）。

表10-4 中国各类能源消费占比　　　　　　　　　　　　　　单位：%

	煤炭	石油	天然气	水电	核电	可再生能源
2003	69.3	22.1	2.4	5.3	0.8	
2004	68.7	22.4	2.5	5.6	0.8	
2005	69.9	20.9	2.6	5.7	0.8	
2006	70.2	20.4	2.9	5.7	0.7	
2007	70.5	19.5	3.4	5.9	0.8	
2008	70.2	18.8	3.6	6.6	0.8	
2009	71.2	17.7	3.7	6.4	0.7	0.3
2010	70.5	17.6	4.0	6.7	0.7	0.5
2011	70.4	17.7	4.5	6.0	0.8	0.7
2012	68.5	17.7	4.7	7.1	0.8	1.2
2013	67.5	17.8	5.1	7.2	0.9	1.5
2014	66	17.5	5.6	8.1	1.0	1.8
2015	63.7	18.6	5.9	8.5	1.3	2.1

数据来源：国家统计局网站 http://data.stats.gov.cn/easyquery.htm?cn=C01

煤炭消费占比缓慢下降，2015年降为63.7%，为历史最低，但未能改变其主体地位。2015年，中国能源消费量约为43亿吨标准煤，占全球能源消费总量的22.9%，连续十五年保持全球一次能源消费第一的地位。石油是中国的第二大能源消费品种，占一次能源总消费量约20%左右，除2015年有所上升外，基本呈现缓慢下降趋势。2015

年，石油消费量5.43亿吨，占比又回升至18.6%。

2015年，除天然气与核能外的绿色能源占比仅约为11%。由于天然气需求放缓，2015年天然气消费增速创下十年新低。2016年由于成品油价格下调和环保趋严，将拉动天然气需求的增速回升。

3. 国内能源供需矛盾突出，对外依存度高

中国原煤的生产量和消费量居世界之首，剩余可采储量次于美国和俄罗斯，居世界第三位。但储采比仅为30年，远低于俄罗斯、美国、澳大利亚和印度。从2000到2014年十五年间，中国煤炭产量年均增长12%，消费年均增长13.6%。自2009年起，由煤炭净出口国转变为净进口国。2011年煤炭进口量超过日本，成为世界上最大的煤炭进口国。2014年煤炭对外依存度已缓慢升至6.94%（表10-5）。

表10-5　中国能源自给率与对外依存度　（%）

指标 年份	煤炭		石油		天然气		电力	
	自给率	依存度	自给率	依存度	自给率	依存度	自给率	依存度
2000	102.01	-3.90	72.46	33.68	111.02	-12.82	100.62	-0.62
2001	101.82	-6.05	71.63	30.90	110.57	-11.08	100.57	-0.57
2002	101.81	-4.77	67.37	32.80	111.93	-10.97	100.45	-0.45
2003	101.61	-4.59	62.52	39.26	103.27	-5.51	100.39	-0.39
2004	102.26	-3.28	55.48	47.48	104.51	-6.15	100.28	-0.28
2005	97.18	-1.87	55.72	43.86	105.47	-6.35	100.25	-0.25
2006	99.13	-0.99	52.98	48.25	104.29	-3.47	100.24	-0.24
2007	98.69	-0.08	50.83	50.40	98.18	2.01	100.32	-0.32
2008	99.68	-0.18	51.05	53.80	98.78	1.66	100.37	-0.37
2009	100.50	3.50	49.37	56.60	95.25	4.94	100.31	-0.31
2010	98.23	4.70	46.03	57.50	88.17	11.56	100.33	-0.32
2011	102.52	4.88	44.71	60.55	78.67	21.42	100.28	-0.27
2012	95.82	6.78	43.41	61.10	73.24	26.77	100.23	-0.22
2013	93.64	7.53	42.01	60.21	70.87	29.20	100.21	-0.21
2014	94.12	6.94	40.81	61.69	69.65	30.24	100.20	-0.20

注：能源对外依存度以一个国家某类能源净进口量占本国该类能源消费量的比例表示。

数据来源：根据国家统计局相关数据整理计算所得 http://data.stats.gov.cn/easyquery.htm?cn=C01

美国的石油依存度已经从2005年的66%降至2015年的24%，而中国目前的原油进口依存度却相当于美国十年前的水平。1993年中国成为石油净进口国，随着经济规

模不断壮大,石油进口量也持续高速增长,2011年超过美国成为世界第一大石油进口国和消费国。石油的对外依存度也逐年攀升,2014年已达61.69%,远超50%的国际警戒线,自给率也不到一半,仅为40.81%。中国的原油进口来源市场主要集中在中东,根据BP公司《世界能源统计评论》可以看出,中东向中国的出口量逐年增高,2014年已经达到中国原油总进口量的46%。

中国天然气能源产量在十五年间年均增长25.24%,而年均消费增长高达44.19%。自2007年起,由净出口国转变成为净进口国,对外依存度也从当年的2.01%攀升至2014年的30.24%,当前自给率下降至69.65%。

4. 能源利用率低,生态破坏和环境污染严重

长期以来,粗放式的经济增长方式、落后的能源技术装备水平导致了较低的能源利用率和严重的生态破坏与环境污染。首都经济贸易大学特大城市经济社会发展研究院2012年的《特大城市承载力研究》报告显示,在城市化过程中,由于城市人口膨胀、汽车增加、工业发展等原因,使得城市资源紧张、环境恶化。中国每增加单位GDP的废水排放量比发达国家高4倍,单位工业产值产生的固体废弃物比发达国家高10多倍。

从世界范围看,中国能耗强度在全球仍然偏高。2015年,中国创造了世界14.9%的GDP,却消耗了全世界22.9%的能源,单位GDP能耗达到3.89吨标准煤/万美元,高于同期的世界平均水平,是美国的2.15倍,英国的4.08倍。该指标虽低于同为发展中国家的印度,但仍高于巴西的2.32(表10-6)。

表10-6 2015年世界主要国家单位GDP能耗比较

项目	世界平均	中国	美国	日本	德国	英国	印度	巴西
消费量	13147.3	3014.0	2280.6	448.5	320.6	191.2	700.5	292.8
GDP	741887.01	110646.65	180366.48	43830.76	33634.47	28610.91	20888.41	18036.53
能源强度	2.53	3.89	1.81	1.46	1.36	0.95	4.79	2.32

数据来源:能源消费总量(百万吨油当量)来自《BP Statisticalreview of World Energy 2016》http://www.bp.com/zh_cn/china/reports-and-publications/bp_2016.html,GDP(亿美元)数据来源于世界银行 http://data.worldbank.org/indicator/NY.GDP.MKTP.CD;能源强度(吨标煤/万美元)为一次能源消费总量与国内生产总值之比,能源消费总量以"1吨油当量=1.4286吨标准煤"进行折算。

但可喜的是,近几年中国节能降耗和生态建设成效显著,与此前相比能源消费强度已明显下降,万元GDP消耗由2000年的高达1.47吨标准煤,降至2015年的0.62吨标准煤,降幅达57%。"十二五"期间,实现万元GDP能耗累计下降18.4%,超额完成16%的规划目标。中国在"十三五"规划《纲要》中明确,"十三五"全国单位GDP能耗下降15%、2020年能源消费总量控制在50亿吨标准煤以内,则未来5年能源消费年均增速需保持在3.1%以下。"十三五"的开局之年已初步达到了节能减排目标,据《2016年国民经济和社会发展统计公报》初步核算,中国2016年全年能源消费总量43.6亿吨标准煤,比2015年增长1.4%,水电、风电、核电、天然气等清洁能源消费比重比上年提高1.7个百分点。按当年GDP总量744127亿元计算,则2016年单位GDP能耗为0.59吨标准煤/万元(0.5859),比上年下降6.11%。

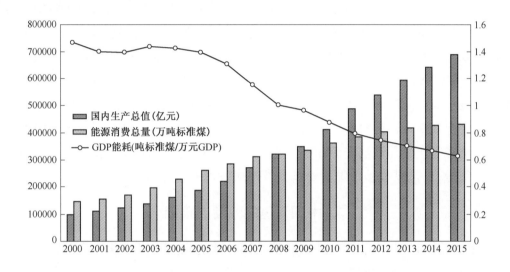

图10-1　2000~2015年中国单位GDP能耗

数据来源:国家统计局网站http://data.stats.gov.cn/easyquery.htm?cn=C01

(三)中国能源产业发展方向

2017年两会的政府工作报告中,将调整能源结构、使用清洁能源作为治理大气污染、保护生态环境的重要举措。在政府的"2017年重点工作任务"中明确提出,"要淘汰、停建、缓建煤电产能5000万千瓦以上,……提高煤电行业效率,为清洁能源发展腾空间",并要"打好蓝天保卫战",调整优化汽车能源结构,发展清洁能源汽车。由此可见,中国能源产业正坚定不移地向清洁化、绿色化方向发展。

1. 能源产业的绿色转型升级是中国实现经济社会可持续发展的关键

中国的生态环境问题主要源于化石能源的生产与消费,以煤为主的能源消费结构尚未改变。煤炭的燃烧,不仅排放大量温室气体,也是城市空气的主要污染源。同时,化石燃料的生产也越来越受到水资源短缺的制约。能源产业的绿色转型升级成为中国解决气候变化、空气污染和水资源短缺问题的关键所在,影响到未来中国经济与社会的可持续发展。

2. 绿色、安全、高效的能源体系是未来能源竞争的核心

随着环境污染的加剧、能源消费量的不断增长和各类能源特别是石油和天然气对外依存度的不断增加，中国能源安全问题日趋严峻。大力发展绿色、安全、高效的能源产业，保护生态环境，占领绿色、低碳发展战略制高点，是中国能源保持可持续竞争力的核心，也是保障国家能源安全的长远大计。

3. 绿色清洁能源产业是培育新兴支柱产业的需要，是获取未来竞争新优势的关键领域

能源需求压力巨大、技术水平总体落后等成为行业可持续发展的严峻挑战。为此，中国积极推动能源生产和消费革命，强化节能和能源消费总量控制目标，计划2020年能源消费总量控制在45亿吨之内，各类可再生能源供热和民用燃料总计约替代化石能源1.5亿吨标准煤。2020年非化石能源占比15%（其中天然气达到10%），力争2030年大于25%。《"十三五"国家战略性新兴产业发展规划》提出的新能源汽车、新能源、节能环保和新一代信息技术、高端装备、新材料、生物、数字创意等战略性新兴产业都直接或间接地与清洁能源相关，它们"是培育发展新动能、获取未来竞争新优势的关键领域"，也是推动中国"经济持续健康发展的主导力量"。

二、中国绿色能源发展政策

中国已成为世界最大能源生产国和消费国，政府在大力推进化石能源特别是煤炭的清洁高效开发和利用的同时，积极发展新能源。十八大以来，贯彻创新、协调、绿色、开放、共享的发展理念，实施一系列政策措施，优化能源结构，大力发展清洁能源，初步形成了传统能源和新能源、可再生能源全面发展的能源供应体系，并积极向绿色低碳能源体系过渡。其在许多领域引领着世界绿色能源的快速发展，在全球能源体系中扮演着越来越重要的角色。

早在1992年，中国政府就已重视环境与发展问题，明确要"因地制宜开发和推广太阳能"，并制定了"乘风计划""光明工程"等风能、太阳能开发应用项目与计划。但由于面临经济发展需要、能源需求压力巨大、清洁能源技术水平总体落后等多方面因素的挑战，绿色能源并未取得突破性的发展。

传统化石能源供给制约日益增多，传统发展模式对生态环境损害日趋严重等问题不仅对经济可持续发展构成阻碍，还成为了中华民族永续发展的绊脚石，甚至成为了全球治理所亟待解决的难题。因此，进入21世纪后，特别是"十一五"以来，中国政府不断加大推进清洁能源发展的力度，目前已陆续出台了一系列节能减排和与清洁能源相关的法律法规、规划及产业政策，为清洁能源费用补偿提供政策支撑，保障清洁能源的优先发展。如《中华人民共和国可再生能源法》《可再生能源中长期发展规划》《核电中长期发展规划》《天然气利用政策》《中国的能源状况与政策》，以及水电、风电、太阳能、生物质能、地热能和可再生能源等"十三五"专项规划。

此外，国家发改委、财政部和国家能源局还于2017年2月3日发布了《关于试行可再生能源绿色电力证书核发及自愿认购交易制度的通知》（发改能源〔2017〕132号），在全国范围内试行可再生能源绿色电力证书核发和自愿认购，以便进一步完善风电、光伏发电的补贴机制，引导全社会绿色消费，促进清洁能源消纳利用。

三、中国绿色能源发展

（一）绿色能源投资增长快速

在政府的高度重视下，中国的清洁能源投资快速增长，对世界绿色能源发展起到了巨大的推动作用。"十二五"时期，中国在可再生能源和能效领域的投资持续增加，累计投资额分别达到3618美元和3248亿美元，约为"十一五"时期的2.7倍。2005年时中国清洁能源领域的投资金额还不足30亿美元，到2012年在不到十年的时间内就以638亿美元超过美国，成为了全球最大的清洁能源投资国。2015年，更是高达1110亿美元，接近同期美国和欧洲的投资总额，占全球清洁能源投资总额的33.6%。虽然2016年投资额较2015年下降21%，为878亿美元，但仍连续五年稳居世界第一位。从投资领域看，中国光伏和风电投资额最高，2015年为510亿美元和477亿美元，占比分别达到46%和43%。

政府政策的推动和清洁能源投资的强劲增长也带动了中国绿色能源产业的飞速发展。

（二）绿色能源利用状况

1. 总体概况

绿色能源除了天然气、生物质能、氢能等可直接进行燃烧加热外，大部分都要通过转化为电能以为人们所利用。为实现全球温升控制在2℃以内，以及尽早实现中国碳排放达峰目标，中国必须大力推动能源结构向可再生能源转型。其中电力部门的转型至关重要。根据WWF《中国的未来发电2.0》报告，到2050年，中国约84%的电力生产可以通过可再生能源实现。

经过"十一五"以来的持续政策推动，中国清洁能源产业从小、无到大，发展迅猛，风电和光伏发电的应用规模均居全球首位。2005~2015年的十年间，中国可再生能源在全球总量中的份额从2%提升到了17%，二氧化碳排放也出现自1998年以来的首次负增长。"十二五"期间，中国太阳能发电、风电、水电、核电装机规模分别增长168倍、4倍、1.4倍和2.6倍,带动非化石能源消费比重提高了2.6个百分点,达到12%,超过"十二五"规划提出的11.4%的目标(图10-2)。

虽然目前中国再生能源发电居世界之首,但在电力生产结构中并不高,约占20%。截至2015年年底,全国可再生能源发电装机容量4.8亿千瓦,发电量占全部发电量的比重为24.5%。其中,风电和光伏发电量占全部发电量的3.3%和0.7%。中国的绿色能源还有待进一步开发和利用。

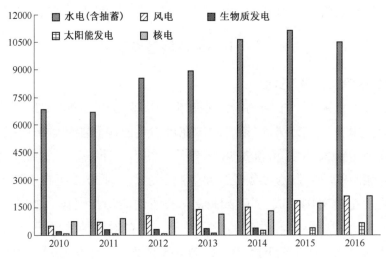

图10-2 2010~2016年中国绿色能源发电量

来源:2016年数据来源于国家统计局,http://www.stats.gov.cn/tjsj/zxfb/201701/t20170120_1455945.html;其他根据《可再生能源数据手册2015》整理 http://www.docin.com/p-1445847621.html

2. 水 电

中国水力发电量居世界第一,也是中国绿色能源的第一大构成,但在中国整体电力结构中占比并不高,占中国一次能源消费不到10%。从《中国统计年鉴》历年的数据来看,中国电力主体是火力发电,一般占75%~80%。其中,煤发电又居主导地位,因此以煤炭为主的能源结构亟须转变。

近几年,水电的发展增速放缓,2016年累计装机容量3.3亿千瓦,新增1064万千瓦,但发电量出现自2011年来的首次负增长,比上年减少609亿千瓦,仅为10518亿千瓦。

3. 风 能

由于受地理位置限制和对土地面积要求较高,风能的应用地域带有一定的局限性。在风力条件优越的地区,由于其低成本和清洁无污染而成为当地发展新能源产业的一种有利模式。

从2013年起,中国风电产能超过核能发电,成为第二大绿色能源。目前中国风电场装机容量居世界第一，占总量的近三分之一；但风电场发电居世界第二位，约占总量的20%多，仅次于美国。据中国可再生能源学会风能专业委员会（CWEA）的初步统计，2016年，中国风电新增装机容量为2337万千瓦，累计装机容量达到16873万千瓦。新增装机虽较上一年有一定幅度的下滑，但仍保持较快增速。

4. 核 能

中国的核电站主要分布于华东、华南等沿海地区，如山东、广东、福建等，但有向内陆地区扩张的趋势。虽然各地的核电项目在2011年福岛核事故后停滞了一段时间，但2015年又开始重启。截至2016年年底，中国已投运核电机组共35台，运行装机容量为33632.16MWe（额定装机容量），占全国电力装机约2.04%。2016年核电累计发电量为2105.19亿千瓦时，约占全国总发电量的3.56%，发电量略低于水电。

5. 太阳能

虽然中国的太阳能利用起步晚、市场容量小，但在政策扶持和国内市场需求刺激下，中国光伏发电增长迅猛，是所有非化石燃料中发展最为快速的产业。2014年，中国超越德国、美国，成为全球最大的太阳能发电国。虽然在贸易上频繁遭遇壁垒，但工业和信息化部日前公布的数据显示，2016年，中国光伏产业延续了2015年以来的回暖态势，总产值达到3360亿元，同比增长27%。产业链各环节生产规模全球占比均超过50%，继续位居全球首位。

国家能源局统计数据也显示，截至2016年年底，中国光伏发电新增装机容量3454万千瓦，累计装机容量达到7742万千瓦，此两项数据均位列全球第一。由于起步晚，全年发电量662亿千瓦时，仅占国内全年总发电量的1%。但由于体量大，光伏发电和风电并网的快速发展使中国国家电网成为全球新能源并网规模最大的电网。

在应用领域上，中国的光伏发电36%集中在通信和工业应用，51%为农村边远山区的应用，还有小部分应用于太阳能商品，如计算器、手表等。此外，近一两年光伏农业、农村的应用也在快速扩张，主要体现在分布式光伏上。

一直以来中国的分布式光伏市场发展都严重滞后于集中式光伏，但2016年开始出现明显变化，分布式装机量激增，但绝对量仍不高，占比也较低。截至2016年年底，全球累计分布式光伏装机规模高达148吉瓦，占总光伏装机规模约一半，而同期中国的分布式光伏占比仅12%。2016年年底，分布式光伏发电新增装机容量同比增长了200%，但也仅达到4吉瓦，累计装机1032万千瓦。

6. 天然气

自2008年"大型油气田及煤层气开发"实施以来，中国天然气产业实现了跨越式发展，不到十年的时间由2007年的677亿立方米翻了一番，上升到2016年的1371

亿立方米，世界排名也由第九位上升到第六位。

在政策支持下，中国天然气需求也出现大幅增长。2016年，天然气消费量2058亿立方米，同比增长6.58%，占全国一次能源总消费的比重由2005年的2.4%提升到6%，但仍与世界平均23.7%的水平有较大差距。"十三五"规划提出到2020年要力争达到10%。

虽然中国的天然气产量在逐渐提高，但本国产量仍难以满足国内的天然气消费量，供需缺口较大，导致天然气消费对外依存度不断提高。2016年，进口量721亿立方米，同比增长17.4%，但同期产量仅增长1.5%，对外依存度持续攀升至34.9%。

7. 生物质能

生物质能源低污染、分布广泛，且总量丰富，具有广泛的应用性，但由于认识普及程度不足、政府补贴门槛过高、资源分散、收集程度落后等一系列问题，使得生物质能源在推广中存在较多障碍。因此，目前仍以直接燃烧为主，部分用于发电和制造乙醇汽油燃料等。

8. 地热能

中国地热资源储量比较丰富，作为高效清洁能源，它应用范围广泛，可利用来发电、供暖、制冷、医疗保健、旅游和农工业利用等，但与其他能源相比，整体利用规模偏小。目前，浅层和水热型地热能供暖（制冷）技术已基本成熟。中国拥有全球最大的建筑市场，若能大规模利用地热能供暖（制冷）将是建筑物节能减排的重大能源革命，对优化环境、改善生活具有重要的意义。2015年，浅层和中深层地热能供暖面积分别为3.92亿平方米和1.02亿平方米，合计4.94亿平方米，实现替代标煤1450万吨。离国土资源部中国地质调查局得出的全国年可采地热资源量折合26亿吨标准煤的调查结果，还有很大的发展空间。而地热能发电还处于起步阶段，全国目前累计装机容量仅3万千瓦，发电量1.5亿千瓦，且装机容量将近90%集中在西藏。

（三）清洁能源汽车产业

中国机动车的石油消费量约占全国总消费量的一半以上。油类汽车废气排放是城市空气污染和二氧化碳排放的主要来源之一，不仅给民众的生命健康造成伤害，还给城市环境管理带来压力。发展包括新能源汽车在内的清洁能源汽车成为解决汽车的能源消耗和尾气污染问题的重要途径。

按照工信部的定义，新能源汽车仅包括纯电动汽车、氢燃料电池汽车和插电式混合动力汽车（后来增加了增程式混合动力汽车）。自2008年起到2016年间的《政府工作报告》中提及汽车产业时，往往强调"新能源汽车"的推广与发展。但在2017年的报告中出现了变化，强调"鼓励使用清洁能源汽车"，取代了近年来频繁出现的

"新能源汽车"一词。实际上，工信部此前对新能源汽车所界定的产业范围较为狭窄，而清洁能源气车除了包括新能源汽车在内外，还涵盖了用天然气、甲醇、乙醇、太阳能、沼气等清洁燃料代替传统燃油的环保型汽车，其所包含的范围更加广泛，也更有利于解决汽车的排放污染问题。从"新能源汽车"到"清洁能源汽车"意味着原先被"政策"边缘化的甲醇车、天然气汽车、普通混合动力汽车等将获得发展的机遇。

1. 新能源汽车

2010年《国务院关于加快培育和发展战略性新兴产业的决定》新能源汽车被确定为中国七大战略新兴产业之一，2015年被纳入《中国制造2025》战略，2016年列入《"十三五"国家战略性新兴产业发展规划》，2017年在《战略性新兴产业重点产品和服务指导目录》中被重点部署。新能源汽车在国家一系列政策支持下得到飞速发展。据中国汽车工业协会统计（表10-7），2016年中国新能源汽车生产量51.65万辆，销售量50.66万辆，二者同比增速都超过50%。新能源汽车销量在汽车销量的占比达到1.8%，保有量接近100万辆，领先于世界水平，已连续两年保持新能源汽车世界第一的市场地位，年度销量占全球比重超过40%（表10-7）。

表10-7 2011~2016年中国新能源汽车产销量情况　　　　　单位：辆

年份	生产	其中：纯电动	插电式混合动力	销售	其中：纯电动	插电式混合动力
2011	8368	5655	2713	8159	5579	2580
2012	12552	11241	1311	12791	11375	1416
2013	17533	14243	3290	17642	14604	3038
2014	78499	48605	29894	74763	45048	29715
2015	340471	254633	85838	331092	247482	83610
2016	516500	417300	99300	506600	408600	97900

来源：根据中国汽车工业协会统计信息网发布的各年《汽车工业经济运行情况》相关数据整理 http://www.auto-stats.org.cn/default.asp

2. 天然气汽车

与汽油、柴油汽车相比，天然气等替代燃料汽车具有一定的环保性，中国产业链自主技术目前发展已较为成熟，形成了生产、储运、综合应用等完整的产业链。数据显示，中国自2014年起已成为全球天然气汽车保有量第一大国。其中，液化天然气（LNG）汽车及加气站保有量从2012年起就居世界第一。目前中国天然气汽车生产企业超过160家，2015年产量达18.6万辆。其中，乘用车11.3万辆，客车4.6万辆、卡车2.7万辆。截至2016年年底，压缩天然气（CNG）和液化天然气汽车保有量约分别为531.6万辆和26万辆，总保有量达557.6万辆，两类汽车的加气站约为5100多座和2700多座。

虽然中国是世界天然气汽车的第一大市场，但其保有量占全国总汽车保有量的比重仅有2%，比巴基斯坦的33.04%、伊朗的22.5%相差甚远。地域发展不均衡现象也比较严重。山东、新疆和四川蝉联CNG汽车保有量前三名，接着是河北和河南。主要原因在于加气站主要集中在气源地附近，如四川、乌鲁木齐、西安和兰州等地。随着西气东输和境外天然气大量引进，形成了覆盖全国的天然气输送管网，各地的天然气汽车保有量都有所攀升。但整体来看，东部沿海占有率仍较低，如北上广深等城市天然气汽车保有量占总汽车保有量的比重均不到1%。目前市场目标主要是城市公交车和出租车，油气两用出租车占比过半，公交车占比也超过40%，私家车占比低。

与煤和石油相比，天然气虽然简单清洁很多，储量也丰富，但它并不可再生且区域分布不均，因此气源的充足与否也影响了产业的成长快慢。当前，中国仍存在天然气汽源紧张、加气站等基础设施建设滞后等不利天然气汽车发展的因素。作为气态燃料的天然气不容易储存和携带，天然气汽车携带燃料较少，行驶里程较汽油车短，在加气站较缺乏地区，存在加气难问题（民用管道加气）。天然气汽车颗粒物排放几乎为零，但仍存在天然气含硫会损伤发动机的顾虑。车辆气耗偏高、车身较重、维修费用高、发动机等关键技术水平尚需提高。虽然使用LNG可减排二氧化碳，但若排到大气中其温室效应是二氧化碳的21倍，LNG汽车的LNG挥发气（BOG）排放问题备受关注。另外，"油改气"汽车动力会下降10%左右。

3. 其他清洁能源汽车

2012年2月，工信部将山西、陕西和上海等三地列入高比例甲醇汽车试点省份。2014年8月底，甘肃和贵州也被纳入全国甲醇汽车试点。由此，甲醇汽车试点扩充为"四省一市"。2016年11月，工信部表示将深化甲醇汽车试点，建立标准体系。在甲醇汽车的研发和投入方面，吉利汽车是目前国内首家获得国家甲醇车生产资质的企业。

但业内专家认为，甲醇汽车是诸多替代燃料汽车的一种，与乙醇和天然气汽车相比并无优势。主要原因在于甲醇要从煤而来，这就需要消耗能源，产生污染。因此，目前甲醇汽车仍然只是进行试点和示范，而且不仅没有相应的补贴政策，也没能进入国家新能源汽车推荐目录。

近两年，中国政府与企业也开始重视氢燃料电池的技术与应用发展。《"十三五"国家战略性新兴产业发展规划》明确提出了燃料电池汽车要"产业化"，液氢燃烧时不产生任何二氧化碳排放，只产生水，因此在对环境的影响方面具有优势。但鉴于电池容量与汽车续航问题，目前在国内汽车行业的应用进展不大。

关于太阳能汽车，目前市场上采用太阳能板为汽车提供辅助充电能源的汽车并非真正意义上的太阳能汽车,而将太阳能转化为电能进行驱动的汽车尚停留在科学试验阶段,并无市场应用。

第五节 增强绿色能源竞争优势,提升产业实力

一、影响中国绿色能源产业发展的因素分析

中国的绿色能源产业发展既取得了较为显著的成绩,又存在许多亟待解决的问题。其中成本、技术、政策等是影响绿色能源发展的主要因素。

(一)成本与技术是影响绿色能源产业发展的关键因素

绿色能源产业多属于高投资和技术密集型产业,特别是太阳能和风能由于高成本和技术不确定等因素的限制,当前并未能发挥其全部潜力,没能得到大规模应用。发展清洁能源,解决成本和技术瓶颈是关键。

1. 成本限制

随着技术的进步,绿色能源发电成本已显著下降。风电发电成本自1990年来已下降90%,光伏发电成本从2009年来已下降70%。根据BNEF分析测算,到2015年年底,全球陆上风力发电的LCEO(levelized cost of energy,平准化度电成本)已降至0.52元/千瓦小时,海上风力发电的度电成本降到1.10元/千瓦小时;而光伏发电的LCEO则下降到0.77元/千瓦小时。在中国局部地区,风电成本2016年已可达到0.47元/千瓦小时,光伏发电、海上发电成本也在快速下降(图10-3)。

在中国,虽然绿色能源的成本大幅下降,但目前煤电成本在各类电源中依然最低,不到40美元/兆瓦小时。彭勃新财经 *New Energy Outlook 2017* 认为,风电光伏取代化石能源取决于新建风电、光伏电站发电成本的两个临界点。即一是低于新建煤电、天然气电站成本;二是低于现有煤电、天然气电站的运行成本。其预测,中国新建陆上风电和光伏的发电成本将分别于2019年和2021年低于新建煤电;于2030年光伏成本将低于已有的煤电运行成本。

受到政策的支持,绿色能源产业由于可以享受国家的高额补贴而得到快速发展。但国家的补贴力度已趋于弱化,其最终将走向市场化,此时成本将是决定其竞争力的关键因素。当前,绿色能源主要成本是建设成本和运维成本,特别是建设成本投入巨大,包括设备投资、基础设施建设等的投资。

要降低成本,让绿色能源与传统能源相竞争并最终成为主导能源产业,其本质上

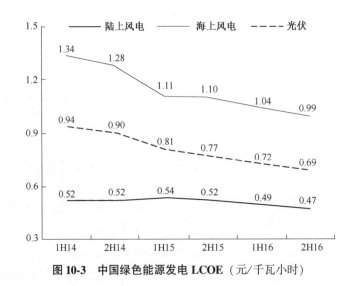

图 10-3 中国绿色能源发电 LCOE（元/千瓦小时）

还是需要依靠科技创新。

2. 技术障碍

技术的进步将极大地推动产业的发展和竞争力的形成。如，由于页岩气开发技术的突破，页岩气已经成为美国天然气生产的主力军，使世界天然气市场的格局发生巨大变动。近年来，中国已攻克了一批清洁能源、智能电网和储能技术等领域的关键共性技术，它们不仅有力地推动了绿色能源的发展和应用，而且极大地提升了产业竞争力。目前，国产风电机组已占国内市场份额的90%以上，光伏电池产量约占世界总产量的2/3，转换效率达到世界先进水平。光伏电池产品在技术和成本上都具有较强的国际竞争优势。

同时也要看到，虽然中国绿色能源的发电技术、设备已有巨大进步，但与欧美发达国家相比，总体技术水平还偏低，一些核心设备和高精尖技术需通过巨资引自国外，缺乏自有的特殊技术和创新。如储能等技术尚不成熟、设备稳定性有待检验、产业标准体系缺失、智能电网建设还需完善等。对于处在发展初级阶段的中国绿色能源产业来说，技术创新是提升其竞争力的重要途径，也是降低成本的关键所在。

（二）政策是影响绿色能源产业发展的重要因素之一

虽然中国绿色能源产业的支持体系基本建立，但体制机制尚不完善，产业发展受政策影响大。能源政策对推动绿色能源技术创新、引导能源生产和利用绿色化有着积极的作用。

目前，为支持绿色能源发展，已相继出台了一系列鼓励支持绿色能源发展的法律法规和优惠的税收、信贷、价格、补贴和研发政策。得益于国家推广计划和补贴政策的推动，不论是光伏产业还是新能源汽车产业都得到了飞速的发展。但政策性市场导向下，由于市场盲目追求政策投机，导致了一系列问题。如结构性产能过剩现象日益凸显、"骗补"等，导致产业结构和经济结构的严重失衡，频繁遭遇国外反倾销、国内"补贴退坡"等问题。

当前，中国绿色能源，特别是光伏产业的主要市场需求集中在国外。如太阳能电池95%以上的产能倚重于出口，其中欧洲是最主要的市场。由于欧洲市场需求的大幅萎缩和中国产能的过度扩张，许多绿色能源的前端设备已处于严重过剩状态，如多晶硅、风电设备等。

（三）绿色能源产业链基本形成，但还缺少成熟的产业配套

清洁能源产业的快速发展，有力地推动了与此相关的装备制造、新材料和智能电网等产业的发展，并形成相关产业集群。经过多年发展，覆盖清洁能源装备制造、技术研发、检测认证和配套服务等环节的相对完整的产业链已基本形成。绿色能源利用率低除了本身技术缺陷外，还受限于基础设施的不完善和配套服务的不完备。

二、发展策略分析

限制绿色能源发展最根本的因素在于成本与技术。成本的降低要依靠技术来支持，而技术突破又离不开资金投入，二者关系密切，相辅相成，相互制约又相互促进。

1. 构建科学合理的人才引进与培养体系，提升绿色技术水平

技术进步需要依靠人才推动，尽快构建合理科学的专业人才体系对绿色能源技术突破意义重大。

（1）构建人才梯队。要形成领军-研究-应用为一体的多层次人才梯队。对于绿色领军型人才，建议使用外引的方式，以实现在绿色技术层面快速的弯道超车，赶超国外先进水平；对于绿色研究型人才，更多地可采用内育的方式，注重产学研用全方位的结合；对于高级的绿色应用型人才，应针对产业急需构建完善的实用技能人才培养体系。此外，不仅要重视科技型人才的培养，还要重视管理人才、法律人才以及外交人才等的培养，多个层次相得益彰，共同构成合理、优化的绿色人才结构。

（2）促进产学研结合。国家应大力支持和鼓励企业与科研院所以产学研合作的方式开展绿色科技研究、技术开发，推进绿色技术产业化，缩短知识成果转化为生产力的传递链条。"产学研"合作的内容不仅包含科技成果转化，也包括产品和技术的开发与应用，还包括人才的培养。"产学研"的结合，一方面能够使科研人员最直接地感受到绿色经济发展对学科和科研开发的要求，提高对市场的反应能力，从而促进学科发展。另一方面企业能够将科研成果迅速市场化从而带来经济效益，促进产业的发展。通过产学研合作，企业和院校的人才形成一种互通的良性合作，既能弥补企业人才不足，同时也能弥补院校教师在技术和产业经验等方面的不足。产学研合作的各方要整合现有绿色技术资源，相互衔接，充分发挥各自优势，完善保护知识产权的法制环境，鼓励创新，加快人才培养，全面提高绿色技术创新能力和服务水平，促进技术进步与产业发展。

2. 完善绿色能源政策

（1）完善绿色金融体系。由于绿色能源产业投入周期长、回报率低，使得资金投入未能收到预期的发展成效，这是一个急需解决的困境。需要加快发展绿色金融，发挥资源和要素的整合作用，引导资金、土地、人才、技术、管理等要素向绿色能源集聚。着力支持符合国家绿色发展政策的项目，发挥货币信贷政策在产业布局上的引导作用，并通过精准扶贫积极推进贫困地区绿色能源产业的发展。

（2）专家型学者深入参与绿色能源政策论证与制定。绿色发展没有统一的模式，要因地制宜地发展绿色产业，根据各个地区的实际需求和客观因素做好顶层设计，制定合理、准确的绿色发展策略。在政策的调研、制定、实施和修订过程中，必须由专家型学者全过程参与，使得政策更加接地气、更具操作性。

3. 构建区域能源互联网

未来，全球能源消费仍将保持较快增长，而化石能源资源在加速枯竭。清洁能源开发步伐虽然在加快，但仍未能大规模替代。环境问题、供应成本问题都促使着世界能源向清洁化、电气化发展。电能远距离、大范围配置的重要性将越来越凸显，如何提高区域电力配置将成为未来世界绿色能源发展的关键。

当前国家正在积极推进绿色"一带一路"建设，而能源产业是"一带一路"建设的重点行业之一。依托"一带一路"战略建立中国与"丝路经济带"国家的能源地缘政治关系，加强国际合作，推进绿色能源开发。促进清洁能源的研究和技术，包括可再生能源、能效，以及先进和更清洁的化石燃料技术，并促进对能源基础设施和绿色能源技术的投资，构建跨洲、跨国智能电网，形成区域绿色低碳的能源配置平台。

第十一章　绿色贸易:"两个转化"的有效路径

贸易按跨境与否可分为国际贸易和国内贸易。其中,国际贸易一向被视为一国经济增长的引擎,特别是在中国,出口贸易曾与投资、消费并称为拉动经济增长的"三架马车"。改革开放后,中国依靠着低廉劳动力和丰富资源的优势,对外贸易多年保持两位数的超高速增长,在2013年和2014年分别跃升为全球第一大货物贸易国和第二大服务贸易国。贸易的快速增长也极大地促进了中国经济的增长。但随着生产要素和劳动力成本优势的逐渐减弱、金融危机下全球需求的疲软,及环境资源约束和环境管治趋紧的形势,贸易与经济增长动力已趋于弱化。经济和环境的全球化,将各国日益连接为利益的共同体。为立足国际,提升中国的对外贸易实力和国际竞争力,实现外贸发展的可持续性,本章所研究的绿色贸易特指绿色产品的跨境交换,即绿色国际贸易。

第一节　全球贸易环境的新变化

一、全球需求疲软,经济格局深度调整

国际金融危机爆发后,全球经济增速放缓,即使经过多年的调整和恢复也仍处于低速徘徊状态。同时,发达经济体和发展中国家之间及其内部都出现了增速分化现象,加剧了全球经济的波动性。

整体而言,发展中国家的一些新兴经济体成为全球经济增长的主要推动力,而发达经济体经济复苏则相对乏力。由两大经济体内部来看,发达经济体中,美国经济率先复苏,而欧盟和日本却仍未完全摆脱危机阴影。发展中国家中,中国和印度经济增长状况相对好于俄罗斯、巴西、南非等国。但美国新总统特朗普上台以来世界经济出现更加复杂和多变,使全球经济贸易复苏前景愈加不乐观。

二、贸易与环境问题日益成为国际社会的关注焦点

环境问题最初多被视为一国内部的发展问题，但伴随着经济全球化的深入，国际贸易活动对环境产生的影响及贸易政策与环境政策的协调问题，得到了国际社会的广泛关注。作为全球最大的协调各国贸易活动的国际组织——世界贸易组织（WTO）其前身关税与贸易总协定（GATT）在20世纪70年代即开始关注贸易与环境问题，但进展缓慢。进入90年代后，该工作才取得突破，成立了"贸易与环境委员会"，并达成《技术性贸易壁垒协议》（TBT协议）和《实施卫生与植物卫生检疫措施协议》（SPS协议）两个重要协议。2001年《多哈宣言》进一步将贸易与环境作为新一轮的多边贸易谈判议题之一。

在贸易与环境问题上，世界各国已达成了一定的共识，但由于经济发展水平的差距，发达国家与发展中国家仍存在着较大的矛盾和利益分歧。主要在于，一方面，发达国家凭借着先发优势发展高附加值的知识、技术密集型产业，而将一些耗能高、污染大的低端产业转移到发展中国家，使发展中国家承受了较多的发展与生态环境的困扰。但在环境保护方面，各国承担"共同但有区别的责任"，以及由发达国家为发展中国家的环境保护提供资金援助与技术支持等决议还并未得到充分落实。另一方面，发达国家日益繁多、复杂和严格的环境规制对发展中国家产品的出口造成了严重阻碍，限制了发展中国家的市场准入，形成新的贸易壁垒。

三、国际创新驱动竞争日趋激烈

国际金融危机后，为刺激和振兴经济，美欧等发达国家相继提出"新经济战略""2020战略""工业4.0""重生战略"等"再工业化"措施支持制造业发展，以重塑工业的竞争优势，让经济重新回归实体经济。

要重振本土工业，一方面需对传统产业进行升级改造，另一方面要寻找能够支撑未来经济增长的高端产业，以缓解资源环境压力和推进经济复苏，这些都离不开创新。因此，欧美各国的"再工业化"重点是，发展高附加值的高端制造业，增强本国工业竞争力。各国通过积极开发新能源、新材料和新技术，抢占国际科技创新和产业发展的制高点，使经济发展转向创新驱动的可持续的增长模式。

四、贸易保护主义抬头

金融危机后，随着全球经济增长和全球需求的疲软，国际竞争加剧，全球贸易增长连续五年放缓，全球范围内的贸易保护主义倾向也日益严重，许多国家纷纷实施各

类贸易限制措施以促进国内经济的恢复，各国间贸易摩擦增多，反而不利于全球经济和国际贸易的复苏。

据统计，当前各类贸易限制措施主要来自二十国集团（G20）的成员方。WTO的报告显示，自2008年以来，G20经济体采取了1583项新的贸易限制举措，仅取消了387项此类措施。在2015年10月中旬到2016年5月中旬，G20经济体采取的新保护主义措施月均达到将近21项，是2009年WTO开始监测G20经济体以来最严重的水平。

除常规的反倾销、反补贴等贸易救济措施外，隐蔽性很强的贸易保护措施也不断增多，特别是绿色贸易壁垒尤为突出。近几年发达国家频繁利用WTO环境规则，以保护环境和人类、动植物健康为由提高环境技术标准，给发展中国家的出口产品设置了绿色贸易壁垒。这些贸易保护措施不仅包括货物贸易，还延伸至服务贸易、金融以及知识产权等领域。

五、包容性发展成为全球化的新出路

上一轮全球化发展过程中的收入分配失衡，导致一些国家社会阶层严重分化，一些普通民众利益受到侵害，助长了全球范围内的贸易保护主义倾向。英国"脱欧"、美国明确反对TPP和自由贸易协定的特朗普上台、欧洲民粹主义政党的崛起等成为2016年一系列"逆全球化"思潮的标志性事件。这些事件的爆发，反映了此前全球化缺乏包容性的本质。

与此同时，中国则积极推进全球化，特别是"一带一路"战略的实施，为世界搭建了一个包容性发展的平台，引领经济全球化向更加开放、包容、普惠的方向发展。

第二节 绿色贸易概述

一、绿色贸易研究综述

在众多研究绿色贸易的文献中，大多数人把目光投向了贸易与环境的关系、贸易隐含碳、绿色贸易壁垒、环境贸易、绿色（环境）竞争力等方面，少数人对绿色贸易体系进行了探索。

（一）贸易与环境关系的研究

传统的国际贸易理论将环境因素视为贸易增长的外生变量，生态环境要素并没有

受到足够的重视,对生态环境利益的分析和贸易对环境的影响的研究甚少涉及。在早期对环境问题的研究中也很少将环境与贸易相结合,环境问题普遍被看作一国内部的问题。但伴随着全球性生态环境问题的日益突出和因环境而引发的国际贸易纠纷的逐渐增多,对环境的关注也由国内转向了国际,环境问题在国际贸易领域的重要性日益凸显。

20世纪90年代,联合国环境与发展大会的召开及世界贸易组织乌拉圭回合谈判对贸易与环境问题的关注,引发了学术界对国际贸易领域的环境问题的研究热潮。这一时期的研究,在法律领域主要集中于环境贸易措施的合法性与其对国际贸易的影响,及多边环境协定中的贸易条款与GATT条款的相容性问题。在环境与贸易两者关系上,多数环保主义者认为,自由贸易会对环境产生危害;而自由贸易论者则认为自由贸易能够促进环境保护,贸易自由化与有效的环境政策相配合可以增进全球福利。但也有不少学者认为,贸易与环境关系复杂,自由贸易的环境效应并不确定,他们将贸易的环境效应分解为结构效应、规模效应、技术效应,甚至收入效应和政策效应,并研究了环境库兹涅茨曲线,形成了"向底线赛跑"和"污染避难所"等假说。

1996年,中国将可持续发展作为基本国策,同一时期,国内学者也对贸易与环境问题展开了积极的研究。OECD是国际上较早开始关注环境与贸易问题的组织,制定和实施了一系列环境经济政策,取得了许多宝贵经验。中国自1996年开始与OECD在环境领域开展对话与合作,并于同年合作出版了"OECD环境经济与政策丛书",包括《环境管理中的经济手段》《发展中国家环境管理的经济手段》《环境管理中的市场与政府失效:湿地与森林》《国际经济手段和气候变化》《农业与环境政策一体化》《环境税的实施战略》《交通社会成本的内部化》,及《贸易的环境影响》等。其中《贸易的环境影响》一书,汇集了OECD成员国政府代表们提出的有关"贸易与环境"的建议,分别从林业、渔业、濒危物种和运输业等领域分析贸易对环境的潜在影响,为人们了解贸易与环境提供了一个比较完整的视角。夏友富从环保法规入手,讨论了中国对外开放中的环境保护问题。叶汝求研究了贸易自由化和环境保护之间的辩证关系,认为二者是相辅相成、相互促进的,并研究了国外的环保法规对中国对外贸易的影响。其他学者,如吴玉萍、李伟芳、陈建国等也都对中国对外贸易中的环境问题进行了探讨。

加入世界贸易组织后,国内开始有越来越多的人关注WTO有关的贸易与环境问题研究,形成了一系列成果。赵玉焕通过研究GATT/WTO中的贸易与环境问题,对WTO新一轮谈判及贸易与环境问题进行展望,并针对中国进行了细致的分析。她指出,国际贸易规模的扩大和各国经济的发展,造成了自然环境的退化,甚至威胁到了人类的生存和发展，但收入和生活水平的提高又会使人们增加对"洁净环境"产品的需求，从而促进环境贸易的发展。那力、何志鹏以 WTO 为基点，介绍了贸易和环境保护在现代国际社会的表现，并且较为深入地介绍了二者之间的"相生相克"的关系。王金南、夏友富、罗宏等从理论上和现实上对 WTO 规定与绿色贸易壁垒问题，及绿色贸易壁垒的发展状况进行了探讨，为中国应对国际贸易中的绿色贸易壁垒提供了参考。叶汝求、David Runnalls 等开展了贸易自由化政策的环境影响评价研究，对中国入世后农业、林业、汽车、能源和纺织等六个行业的环境影响进行了综合评价。陈建国在研究 WTO 的一些新议题时关注了贸易与环境，提出绿化 WTO。国家环境保护总局也组织编写了"WTO 新一轮谈判环境与贸易问题研究"系列丛书，介绍了 WTO 贸易与环境谈判的进展，并从多边环境协议、环境货物与服务贸易自由化、环境措施与市场准入、TRIPs 协议和环境问题、生态标志、加入 WTO 与国内环境政策调整等多个角度全面地论述了环境与贸易的问题，为中国制定和调整国内有关环境政策、贸易政策提供了决策参考。任建兰等、谷祖莎、曲如晓和刘敬东等也对贸易与环境两者的辩证关系进行了研究，探讨了中国贸易与环境的协调等相关问题。此外，陈晓文、黄辉、李居迁、李丽平等从法律和制度角度研究了贸易与环境关系，也得出了一些有用的结论为中国对外贸易的可持续发展提供了有益参考。

从总体上看，国外对贸易与环境关系的研究侧重于宏观分析，已取得较多的成果，形成了较为系统的研究体系；而国内的研究侧重于比较单一的贸易、环境、法律等领域的实践研究，整体性、系统性研究还较为欠缺。

由于论证角度、研究思路和分析方法的不同，国内外各学者的研究结论也不尽相同，但大多数研究表明，贸易并非环境问题产生的根源，市场失灵与政府干预失灵才是产生环境问题的根本原因。因此，环境和资源成本内部化（包括征收环境税、污染收费、排污权交易等）是解决贸易与环境问题的必要手段，发展绿色贸易是协调二者关系的根本途径，新型的绿色贸易政策是解决环境问题的最佳办法。

（二）贸易隐含碳

不少学者对国际贸易中的隐含能源和隐含碳排放进行研究。"隐含碳"在于考察产品整个生产过程的碳排放总量，由"隐含流"概念衍生而来。各类研究表明，"国际贸易是影响一国能源利用及 CO_2 等温室气体排放的重要因素"。目前基于国家边界内的温室气体排放核算不能反映出一国进出口贸易中的隐含碳排放量。一些国家低排放量是建立在从进口贸易中的大量隐含碳基础之上，特别是与发达国家间的贸易所导致的"碳泄露"让发展中国家承担了相当部分的全球排放。如 Mongelli 等的研究表明，将近 25% 的全球贸易隐含碳来源于发展中国家与经济转型国家。IEA 在对中国的一项研究发现，2004年与能源相关的出口贸易隐含碳排放占中国总排放量的34%。胡涛等也有同样的发现，而且除CO_2外，中国净出口对SO_2、COD等污染物的排放贡献也高达20%。齐晔、李惠民、徐明、Dabo Guanetal、张娟、谷祖莎以及马晶梅等的研究同样表明，通过产品出口的形式，中国为国外排放了大量的碳。由此一些学者提出要以消费端为基础进行排放核算，强调采用"消费者负责""共同负责"等原则对国际贸易污染进行责任认定。

目前国内的贸易隐含碳研究主要有分国别研究、时间序列或单一年度研究及行业尺度或区位影响研究等方面，主要运用的是投入产出法。其中，在国别研究上集中于中国与美国、英国、日本等贸易体间；在行业上侧重于工业部门。当前对贸易隐含碳进行测算时，一些研究没有考虑进口中间投入品对能耗与碳排放的影响，有可能夸大出口贸易能耗与排放水平。同时，多数研究的碳排放标准是建立在本国的基础之上，没有适用当事国的技术水平，可能导致测算数据的准确性受到质疑。此外，在方法应用上的差异也导致了研究结果的各异。但不可否认的是，在对一国的碳排放水平进行测算和确认碳减排责任时，进出口贸易应是一个不可忽视的重要因素。

（三）绿色贸易壁垒

一些学者在研究绿色贸易时将其视为一种新兴的技术性贸易壁垒。但要注意的是，绿色贸易壁垒的根本目的在于限制别国产品的进口以达到保护国内产业的目的，与绿色贸易所追求的社会经济发展方式的可持续性有着本质的区别。故而不能将绿色贸易简单地等同于绿色贸易壁垒。但绿色贸易壁垒是绿色贸易研究的重要领域，绿色贸易壁垒由于其严格的环保标准在一定程度上可以促进绿色贸易的发展。

绿色贸易壁垒又可称之为环境贸易壁垒，包括绿色关税、绿色技术标准、绿色包装、绿色标志等，这些绿色贸易措施只有在高于公认标准，对进、出口产品形成贸易的限制时才可被认为是贸易壁垒。对于绿色贸易壁垒的界定，得到较多认同的定义是指，进口国以保护生态环境、自然资源及人类和动植物健康为由，对外国商品制定高于国际公认或大多数国家所能接受的环保标准，或制定比本国商品更高的环保标准，从而限制或禁止外国商品进口的各种措施。但发展中国家的环保标准较低，一些国家对此仍存在异议。

国内有关绿色贸易壁垒的研究文献较多，但主要集中在国际市场的绿色趋势、环境贸易壁垒、绿色营销以及我国如何突破这些壁垒等问题上。此处仅择取一二进行说明。李慧明研究了国际贸易中的绿色贸易壁垒，指出国际贸易协议中的环境条款、ISO14000、国际环境公约、环境标志制度等绿色贸易规范条件本身并不是绿色贸易壁垒，利用这些规范条件派生出不合理的环境标准及以此为据设置的贸易障碍才构成绿色贸易壁垒。所以他认为，绿色贸易壁垒又称环境壁垒，是指在国际贸易中，某些国家借环境保护之名，对外国商品制定过分高于国际公认或大多数国家所能接受的环保标准，或制定比本国商品更高的环保标准，即推行双重标准，从而限制或禁止外国商品的进口，成为贸易发展的障碍。曾凡银围绕绿色壁垒的空间壳层结构，通过绿色壁垒梯度变化对中国农业国际竞争力进行了深入、系统的研究。孙静等通过对中小企业特点和环境贸易壁垒特征的分析，提出了中小企业应对环境贸易壁垒的方案。马涛通过分析国外发达国家实施绿色贸易政策的经验，提出中国对外贸易的绿色发展在战略上要避免落入"环境比较优势"陷阱，警惕高能耗产业转移的"锁定效应"，要对贸易政策进行环境影响评价；在战术上要恰当利用WTO环境例外规则，构建针对出口的绿色贸易壁垒，积极主动地协调贸易发展与环境保护的关系。

（四）环境贸易与竞争力

人们对环境的关注催生了国际贸易新领域——环境贸易，即以环境物品、技术和服务为内容的贸易活动。同时，"环境要素"在生产与贸易中也占据着越来越重要的地位，逐渐形成了"绿色竞争力""环境竞争力"等概念。

环境货物和服务（Environmental Goodsand Services，EGS），也可称之为环境友好型产品（Environmentally Preferable Products）。目前，并无明确的统一定义，经济合作发展组织（OECD）和欧盟统计局（Eurostat）将其归纳为环境中水、空气和土壤的破坏以及有关废弃物、噪声和生态系统问题提供测量、防治、限制，使之最小化或得到纠正的产品。他们以及WTO、APEC等机构一直致力于促进环境产品的贸易便利化，形成了用于贸易自由化谈判的OECD环境产品清单和APEC环境产品清单，国内外许多环境贸易的研究正是基于此两类清单基础之上。

环境产品的自由化既有正面影响也有反面影响，特别是对处于弱势地位的发展中国家，其负面影响更加凸显。联合国西亚经济和社会发展委员会ESCWA的研究显示，2005年，OECD和APEC清单环境产品关税的消除，使阿拉伯地区国家遭受将近160亿美元的关税收入损失。但EGS贸易也能够为发展中国家带来经济、环境和社会效益，包括先进的经验和技术、更协调的资源与环境管理、更多的就业机会等。

在环境服务研究领域，关贸总协定（GATT）（MTN.GNS/W/120，1991）是对环境服务进行具体分类的早期文件，但直到1998，年WTO服务贸易理事会的背景文件中才开始出现环境服务贸易及其贸易壁垒与规章制度等的分析（WTO，1998）。《服务贸易总协定》中将环境服务单独作为服务部门。在WTO中，贸易与环境委员会特会（CTESS）负责环境服务定义与清单的谈判，服务贸易理事会特会（CTSSS）将环境服务作为12种服务部门之一进行环境服务的谈判。

经济合作与发展组织（OECD）是长期关注环境服务的机构之一，其于1996年对全球环境产品和服务产业进行了初步的研究。此外，联合国、欧盟等相关组织也对环境服务领域展开了研究。一些机构还对贸易政策的环境影响开发制定了一些方法，如联合国环境规划署"贸易政策综合评价手册（草案）"、欧盟为WTO谈判专门制定的"可持续性影响评价方法（SIA）"等，它们为环境服务贸易自由化影响的评估工作提供了途径。

与其他产品贸易自由化研究相比，国内环境贸易自由化相关研究侧重于自由化的状况或整体贸易自由化影响的评价及其方法研究上，较少涉及具体行业。曹凤中、沈晓悦、张汉林、杨昌举等是较早关注中国环境贸易和自由化问题的学者。中国加入WTO以后，有更多人投入了环境产品与货物贸易领域的研究，形成了较多研究成果。其中在自由化方面，国冬梅对环境货物与服务谈判状况进行了介绍，并分析了贸易自由化的潜在影响。李丽平应用SIA方法分析了环境服务贸易自由化对中国的可持续性影响，形成了国别层面上的环境服务部门可持续影响评估，为中国参与双边与区域自贸区谈判和WTO环境与贸易谈判提供了支持，也为中国的服务贸易自由化提供思路。

与绿色发展相关的对于竞争优势的研究主要体现在绿色竞争力或环境竞争力的研究上，此类研究状况已在第三章进行阐述，这里不再赘述。除了对竞争力的研究外，许多学者构建了绿色（环境）竞争力评价指标（模型），并进行实证分析，还研究了竞争力的影响因素和提升路径等，但这些研究主要从企业或行业角度出发，在贸易领域则多与贸易壁垒结合起来分析。

（五）绿色贸易体系

李丽平等从产品、企业和行业三个层面构建了基于资源环境关税、市场准入与准出环境要求，及投资的资源环境导向的中国绿色贸易体系。邵帅和李程宇基于国际贸易生态化的绿色理念，利用SES（社会-生态）系统将国际贸易与环境规制的制度因素引入生态系统的综合治理框架，构建了由自然、经济和社会等子系统耦合而成的适应中国治理需求的复合社会生态系统，为中国实现低碳、环保、可持续对外贸易发展提供了理论思路。马涛对中国绿色贸易政策体系的建立进行了探讨，包括中国所面临的挑战及国际经验，主要集中在对进、出口贸易的管理政策方面的讨论。

二、绿色贸易的内涵与特征

绿色贸易（greening trade）也被认为是可持续性的国际贸易（sustainable trade），是一种新兴的贸易方式，指通过对环境影响最小、资源利用效率最高的绿色方式，实现环境友好、资源节约型绿色产品的跨境交换的经济活动。它追求经济效益和社会效益、生态效益的协调优化，与绿色生产、绿色消费、绿色服务密切相关。绿色贸易是绿色经济体系的重要组成部分。因此，它与绿色经济一样，要将贸易增长与环境影响脱钩，追求以相同或较少的资源及对环境影响的减少，来实现贸易福利与人类福祉的共同增长的目标，是一种绿色低碳、资源有效和社会包容的贸易模式。

其具有如下特征：

1. 绿色贸易以交换绿色产品为主要内容

贸易是商品交换的活动，绿色贸易以绿色产品作为交易的对象。贸易是贸易主体推动商品从生产领域向消费领域转移的独立经济过程，企业、公众和政府作为贸易的主体，对绿色贸易活动的开展起着重要的推动作用。企业是商品的生产者和经营者，其在选择产品和技术时应以环境友好、资源节约的绿色产品为优先考虑，提倡绿色设计、生产和公众消费。

2. 绿色贸易坚持绿色发展的理念

绿色贸易坚持经济、社会和生态三者效益的统一，在追求贸易的经济利益的同时，要注重社会、环境和资源的长远利益。贸易可以带来经济利益，提高一国的国民福利，但它也可能带来资源环境的破坏，各类的环境问题不仅会损害国民利益，还会反过来影响贸易的持续性。生态环境是国际贸易正常进行的基础和必要条件。要保持贸易可持续性，就需要坚持绿色发展的理念，降低贸易运行过程的资源能源消耗与环境污染，协调好生产、消费与社会利益、生态环境之间的关系，促进可持续的生产与消费的发展。

3. 绿色贸易强调公平、包容性发展

国际贸易活动不仅与本国利益相关，还会对其他国家（地区）利益产生影响。由国际贸易所引起的环境问题，已不再局限于国内，而是成为了全球各国所面临的共同威胁，如二氧化碳、二氧化硫等气体和各类污染物的大量排放所导致的全球气候变暖、冰川融化、臭氧层破坏、酸雨蔓延、生物多样性减少等。这些环境问题影响的是人类社会和自然环境的可持续发展，影响到人类后世子孙的长远利益。因此，绿色贸易应体现包容性的发展，不仅要兼顾本国和他国的利益，还要充分考虑后代人的利益，兼顾代内公平和代际公平，维护地球环境和人类社会可持续发展。

4. 绿色贸易要求建立可持续性的绿色贸易运行体系

贸易是商品价值流通（商流）、商品使用价值流通（物流）和商品交易信息流通（信息流）的统一运动过程。在绿色贸易中，不仅交换的是绿色产品，还应使整个贸易运行过程绿色化，即商流、物流和信息流运动的绿色化。因此，绿色贸易要将绿色发展理念贯穿于贸易活动的全过程，节约资源能源消耗、减少环境污染、保护生态环境，形成可持续性的绿色贸易运行体系。

商品价值流通是商品和货币的所有权的转换过程。绿色贸易商流体系的建立有赖于绿色的贸易组织体系、商品价格体系、贸易法规体系和政府宏观调控体系等的建立和完善。

商品使用价值流通是商品实体从生产领域向消费领域转移的运动过程，主要包括商品的运输、存储、装卸、贸易加工和包装等活动。绿色贸易应加快发展绿色物流体系，倡导绿色包装与设计，降低贸易加工和物流过程的资源能源消耗与污染排放，提高商品流通的信息化水平。

商品交易信息流通是伴随商流和物流所发生的市场信息传递与反馈过程，是完成商流和物流的前提条件。绿色贸易应充分利用先进的信息技术，构建统一的贸易信息网络，提高贸易的便利化和绿色化水平。

第三节 全球绿色贸易发展趋势分析

一、21世纪以来国际贸易发展特点

进入21世纪后，全球经济和贸易快速增长，但受2008年金融危机的影响，全球经济增速放缓，国际贸易也增长乏力。

1. 从增长速度上看，国际贸易总体呈现增长趋势，但危机前后有较大差异

国际贸易整体呈现增长趋势，但危机前后有较大的差异，且服务贸易与货物贸易有着不同的增长特征。2009年前，国际货物贸易年增长率均高于同期GDP增长率。金融危机后，2009年货物贸易额暴跌22%；虽然2010和2011年有恢复性的高增长，但随后落入低谷；自2012年起已连续五年低于GDP增速。与此相反，服务贸易除2009年外总体上看，年增长率始终高于GDP增速，除个别年份外也高于货物贸易增速，但与GDP增速差距缩小，而与货物贸易差距拉大（图11-1）。

2. 从商品结构上看，货物贸易仍是全球贸易的主体

虽然服务贸易增速高于货物贸易，但在全球贸易中货物贸易仍占主体地位，其中制成品贸易占比最大。服务和技术贸易占比低，但在快速上升，已成为21世纪世界经济贸易的重要组成部分和主要推动力。

3. 从地区结构上看，发达国家仍在国际贸易中居主导地位，但新兴经济体迅速崛起

不论是进口还是出口，欧洲始终位于世界贸易的首位，亚洲紧随其后。从具体国

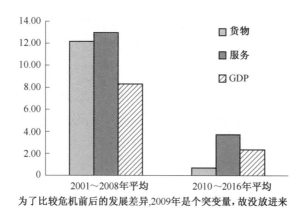

图 11-1　2009 年前后全球货物、服务贸易和 GDP 年均增速对比

数据来源：货物和服务贸易数据根据 WTO 数据整理，服务贸易数据 2004 年（含）前统计口径，依据为 BPM5，之后的则以 BPM6 为依据；GDP 数据根据联合国统计司数据整理。

别看，中国发展最为迅速，2000 年时仅排名世界第八，如今已跃居世界首位。以中国、印度为代表的新兴经济体成为全球贸易增长的动力源。虽然北美洲的对外贸易额较其他地区要低，但仅美国一国的贸易额便占了整个北美地区的百分之九十，是除中国外世界最大的贸易国。

二、全球绿色市场基本状况

绿色产业是发展绿色贸易的基础，但由于绿色产业的复杂性，及缺乏统一的定义和分类标准，世界范围内的绿色贸易数据的可获得性与可比性成为研究绿色贸易的一大障碍。包括绿色农业（有机农业）、绿色建筑等在内的绿色产业部门的国际贸易还未有专门的统一数据。就中国而言，在绿色食品贸易方面所进行的相关统计已有多年，但该统计是建立在获得中国绿色食品认证的企业出口额基础之上，与其他国家绿色食品（有机食品）的统计数据，缺乏有效的国际比较口径。

而在吸引了较多组织和机构（如 WTO、APEC、OECD 等）关注的环境产品和服务方面，已有了不少的研究进展，形成了一些有代表性的界定。虽然各机构所提出的环境产品和服务的范围与分类不尽相同，但它们以基于海关产品分类 6 位数 HS 编码基础上的环境产品清单，为世界范围内的环境产品和服务产业研究提供了比较明确的方向和依据。

1. 有机农业

农业为人类生存与发展提供着最基本的物质基础，也是其他产业可持续发展重要的物质来源。但伴随工业化和人类活动的扩张，土壤退化、农业化学品污染、农业废物排放、农业生态退化等问题日益严重，对国家的粮食安全、民众的健康与安全，及生态系统健康都形成了挑战。以有机农业为代表的绿色农业的出现为全球农业资源与生态环境保护提供了一条有效的路径。

据国际有机农业运动联盟统计显示，2015 年，拥有认证有机农业数据的国家（地区）达到 179 个，有机生产面积约为 50.9 亿公顷，占总农地面积的 1.1%（1999 年 11 亿公顷，2006 年 3047 万公顷，2011 年 3720 万公顷）。同期全球有机市场规模达 81.6 亿美元（1999 年 15.2 亿美元），美国、德国和法国占据世界有机市场的前三位[①]。

2. 全球环境产业

据以往的数据来看，全球环境产业特别是环境服务贸易的平均增长率较世界国民生产总值及国际贸易要高，其发展潜力巨大。从地区看，EBI 数据显示，世界环境市场的主体一直是发达国家，但发展中国家增长迅速。其中最大的市场集中在美国、西欧和日本。欧盟在环境领域近十年的发展趋势是稳步上升，但产值的增长速率较低。亚洲、中东和非洲等发展中国家的增长速度最快，发展中国家在全球市场中所占比例逐渐上升。在具体环境服务部门上，固废管理和水处理服务占据主要份额，两者占比可达 80%。

环境服务是环境保护产业的一个重要组成部分。但各国对环境服务不论是定义、分类和范围的界定还是统计上都没有统一的认识，同时环境产业的发展和更新迅速，导致了环境服务统计数据的缺失和对环境服务市场的低估。目前被较广泛认可的 EBI 数据，也都只是估算值。其估计数据的分类采用美国标准，与其他国家或机构的标准并不完全一致，导致国际间的比较存在困难。

三、全球绿色贸易状况

1. 绿色农产品贸易

目前，全球绿色农产品方面的贸易数据并不完备，一方面原因在于各国绿色产品认定的标准不一致或标准缺失，另一方面在于只有少数国家有专门的机构对产品市场进行监管和统计，因此全球可比较的数据很少。即便如此，在有机农业领域存在着一

---

① 由于只有 40 多个国家提供贸易数据，许多地区的数据存在缺失，且数据收集方法存在差异，因此全球进出口贸易额并不能完全反映实际的贸易发生额，只能提供了解全球有机贸易大概状况的一个参考。数据来源于 FiBL 数据库：http://www.organic-world.net/statistics/statistics-data-tables/ow-statistics-data-key-data2.html? tx_ statisticdata_ pi1%5Bcontroller%5D = Element2Item&cHash = 1454ae80c62646f2ea29bd52b7a5248d

些有名的研究机构，如有机农业研究所（Research Institute of Organic Agriculture，FiBL）、国际有机农业运动联盟（International Federal of Organic Agriculture Movement，IFOAM）、美国有机贸易协会（Organic Trade Association，OTA）等。根据 FiBL 的数据，2015 年全球有机产品出口额超过 112.78 亿欧元，进口超过 32.26 亿欧元。在地域特征上，欧洲是全球最大的有机市场，其次是北美和亚洲。其中，欧洲既是所统计的地区中最大的出口市场也是最大的进口市场，两者分别达到 45.72 和 16.49 亿欧元，占比为 40.53%和 51.14%。

2. 全球环境产品贸易

依据 OECD 和 APEC 环境产品清单及 HS 编码，对世界各国的环境产品贸易状况进行考察发现，全球环境产品贸易整体呈现上升趋势，但各大类环境产品贸易状况在近 20 年间有较大的变化。其中，空气污染管制与噪音和振动消除类市场最大，增长迅速，其次是固体废物管理类，此三类产品占总贸易的比重由 1997 年的 19%、17%和 19%分别增长至 32%、30%和 25%（图 11-2）。与此不同的是，废水管理的市场份额由 41%急剧缩减至 11%。同样占比减少的有修复和修理，其比重仅占 2%。由此可见，全球空气污染问题持续严峻，各国越来越重视全球的环境治理合作与贸易。在市场分布上，目前欧盟、美国、日本等发达国家是主要的环境产品市场，也是净出口国。

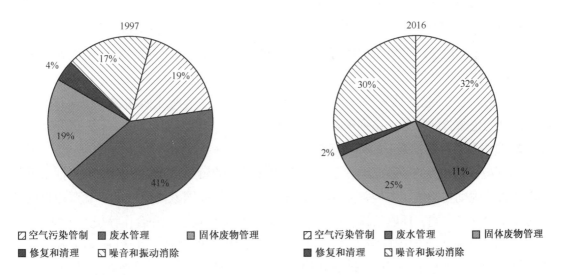

图 11-2 全球环境产品贸易

来源：联合国统计数据，WTO 秘书处，CommitteeonTradeandEnvironment-SpecialSession-SynthesisofSubmissionson EnvironmentalGoods-InformalNotebytheSecretariat（TN/TE/W/63）

3. 全球环境服务贸易

在 APEC 和 OECD 环境清单中的产品，主要涉及货物产品，它们有比较明确的 HS 编码进行进出口贸易额的查询。而少量的属于服务产品，它们的跨境贸易行为由于其产品的特殊性并不受海关的出入境监管，因而也没有专门的 HS 编码和对口的统计机构，导致环境服务贸易与环境服务产业一样，缺乏可比较的全球统一数据，目前能够获知的仍是 EBI 的估算数据。

从现有数据来看，由于美日、西欧的环境服务业起步早，相应地其在环境产业中的比重较高，他们也成为了全球主要的环境服务出口市场。其中，美国是全球最大的环境服务出口国，也是第一大顺差国。

此外，在环境货物的销售上，通常附带有一些不可或缺的具有环境用途的附加服务。但这些服务并未被划入通常意义上所定义的环境服务（如 WTO 贸易谈判中所用的"环境服务"）之中，它们的价值并没有进行独立核算，而是随附于环境产品销售价格中，被计入货物统计之中而非服务统计。因此，现有的环境服务贸易数据也很有可能被低估。

四、协调绿色贸易的法律法规

1. 与环境有关的多边国际公约与协定

区域性、全球性的环境污染和生态问题的日趋严重，推动了国际环境合作进程的加快。国际上形成了许多与保护环境生态相关的公约，如旨在控制温室气体排放的《联合国气候变化框架公约》《保护臭氧层维也纳公约》《控制危险废物越境转移及其处置的巴塞尔公约》《关于持久性有机污染物的斯德哥尔摩公约》《防止倾倒废弃物及其他物质海洋污染的伦敦公约》等一系列国际公约对各国的大气环境治理起到了广泛的影响。

2. 自由贸易协定框架下的环境规制

与环境保护相关的条款已纳入了许多双边和多边的贸易协定之中。在贸易框架下与环境相关的规则与制度，主要涉及 WTO、APEC 等组织或国家间形成的多、双边自由贸易协定下的环境议题、环境条款、环境章节及环境服务市场准入和合作等相关谈判。

美国和加拿大是促进环境问题纳入贸易协定的积极倡导者，在 1994 年生效的北美自由贸易协定（NAFTA）中，列有专门的环境协定章节。该环境条款后来被纳入到"关税及贸易总协定"（GATT）的乌拉圭回合协议中，至此环境问题已成为关贸总协定（世贸组织协定）的一个重要组成部分。WTO 体系中，不仅在协定的第二十条、"服务贸易总协定"（GATS）以及其他文件中包含有环境因素，卫生植物检疫（SPS）和技术性贸易壁垒（TBT）协定也与动植物健康、环境和资源保护密切相关。此后的多哈回合谈判也被视为了国际社会"绿色回合"谈判。

第四节 中国绿色贸易发展形势

改革开放至今,中国对外贸易始终保持迅速增长的趋势,贸易规模不断扩大。加入世界贸易组织后,对外贸易发展势头更加迅猛,在全球货物、服务贸易中的地位也将不断提升,目前已成为全球第一大货物贸易国和第二大服务贸易国。而自 2009 年以来,面对国内外经济增速趋缓的新形势,中国对外贸易着力于"稳增长、调结构、促平衡",进出口整体保持平稳较快发展,贸易结构也不断优化。根据《2016 统计公报》显示,2016 年,货物贸易总额 24.3 万亿元,比上年略有下降,但降幅比上年收窄 6.1 个百分点,同时仍保持较大的顺差,为 3.4 万亿元。同期服务贸易保持了较快增长,2016 年,服务贸易总额突破五万亿元,达到 53484 亿元,同比增长 14.2%,占对外贸易的比重也攀升至 18%,但仍有 1.7 万亿元的逆差。在服务出口上,以技术服务、维护和维修服务、广告服务等为代表的高附加值服务出口增速较快,贸易结构持续优化。

一、中国对外贸易发展整体概况

(一) 对外贸易发展特征

由近年来中国对外贸易变动状况来看,其发展主要呈现以下几个特征:

1. 对外贸易增长速度快,但相比于出口贸易的大幅增长,进口贸易增速相对较慢

中国对外贸易已由入世后的高速增长转向了较为平稳的增长,近十年来的进出口总值总体上呈上升趋势。在 2009 年和 2015 年有所下滑,但在第二年又稳健攀升。通过出口总值与进口总值的对比,可以发现,中国的进口额始终小于出口额,在 2009~2013 年之间差额有一定的缩小,但在近三年又有逐渐拉开差距的趋势。

2. 贸易商品结构以工业制品为主,但出口货物种类较集中,进口货物种类较分散

中国初级产品贸易占总贸易额比重在逐年下降,工业制成品贸易额占比则持续上升。

近十年来,中国对外出口的商品以机电产品、高新技术产品、数据处理设备等电子技术产品拔得头筹,尤其是机电产品 2015 年出口额高达 13107.15 亿美元,占中国总出口的一半以上。相比之下,中国的农产品以及化学原料在国外市场的前景普遍较差。在进口商品上,机电产业仍然处于首位,除去 2015 年,其余年份的进口总额均有大幅增长。相比出口贸易,进口货物在种类方面较为分散,除了高新技术产品,农产品、工业用品、医药品等系列的商品也进入了排名前十。

3. 对外贸易合作地区以亚洲为主，国别上则以发达国家为主

在洲际贸易上，中国与亚洲各国的进出口贸易额最大，从2012年起，贸易总额就突破了20亿美元。紧随其后的是欧洲地区，非洲地区排列最后。亚洲与欧洲的进出口贸易额总体呈增长趋势，近五年增长速度趋缓。非洲在2015年之前的发展势头十分迅猛，但在2015年时急剧下跌。

在国别贸易上，在亚洲地区，中国同日本的进出口额最高，但由于近几年中日双方紧张的局势，进出口贸易总额自2012年起开始小幅下跌。至于欧洲和非洲地区进出口贸易额最高的分别是德国和南非。虽然北美洲的对外贸易额与其他地区相比数额较低，但仅美国一国的进出口总额便占了整个北美地区的90%，甚至远远超过日本近乎一半的贸易总值。可见中国与美国的贸易往来最为频繁，彼此也成为对方最大的贸易进出口市场。

4. 服务贸易在总贸易中的地位不断提升

与近几年货物贸易增长乏力不同，中国的服务贸易保持着较好的发展势头，年均增速约15%，远高于同期的国内生产总值和货物贸易增速，成为中国经济的新增长点。2016年服务贸易总额达53484亿元人民币，同比增长14.2%，占对外贸易总额比重为18%，比2015年提升2.7个百分点。中国服务贸易国际竞争力也持续提升，自2014年起已连续三年保持世界排名第二的地位，仅次于美国。近期，"一带一路"战略更是推动服务外包强劲增长。2016年，离岸服务外包规模已约占世界市场的33%，位居世界第二。

（二）中国对外贸易发展所面临的问题

现阶段中国国际地位不断加强，已成为第一大货物贸易国和第二大服务贸易国。但传统对外贸易发展模式，出于片面追求贸易增长速度与规模的目的，走"高投入、高消耗、低效益"的数量型发展模式，消耗了大量的资源和能源，环境成本高，对外贸易的资源环境逆差大，使贸易发展日益呈现出不可持续性。具体表现为：

1. 出口产品附加值与生态含量普遍较低

中国虽然是世界出口贸易大国，但出口产品整体层次比较低，大部分出口产品属于资源和劳动密集型产品。近年来高新技术产品有了较大发展，但在国际分工体系中，中国仍处于产业链的低端环节，占中国出口贸易主体的工业制成品多为负责组装或装配，技术含量和附加值较低。

通过一系列的政策，中国各部门最终产品的单位能耗强度与排放强度均有不同程度的下降，但仍远高于同期世界平均水平，中国以能源资源消耗和环境污染为代价来维持经济、贸易增长的模式还没发生实质性的改变。2015 年，中国以消耗全世界 22.9% 的能源创造了世界 14.9% 的 GDP，单位 GDP 能耗达到 3.89 吨标准煤/万美元。依赖于高碳能源消费的产业结构，也使中国成为了世界最大的碳排放国。

在贸易上，自 2005 年开始，中国已逐步降低了高耗能、高污染与资源密集型产品（"两高一资"产品）的出口退税率，控制此类产品出口。但整体来看，出口产品的能耗量和排放量仍然比较大。许多研究显示，中国出口产品单位价值能耗总体仍然较高，出口所换取的经济价值仍低于对能源的损耗，对外贸易结构依然呈明显的粗放型特征。各行业的出口贸易隐含碳量整体上也不断增加。占出口比重较大的纺织服装业、金属加工业和制造业等都属于高污染、高排放的行业，导致中国出口贸易的碳排放随着总体贸易量的增加而不断增加。

2. 特殊进口贸易领域的生态环境影响大

在中国的整体进口结构中，资本技术密集型的工业制成品是主要的进口产品。随着国内资源的短缺，原材料、能源等初级产品的进口比重日益增加。在某些特殊进口产品中，会耗费大量的国内环境资源，这主要体现在一些国外废弃物不规范进口和利用上，如电子垃圾、有毒、危险废物等。此外，通过外商直接投资而形成的污染产业转移也将对环境造成巨大影响。

进口废物原料的法定称谓是"进口可作原料的固体废物"，具体指列入限制进口和自动许可进口目录的固体废物；而"洋垃圾"是指《禁止进口固体废物目录》所列的境外产生的电子垃圾、生活垃圾、医用垃圾、工业矿渣、旧服装、建筑垃圾等。进口废物有利于缓解国内资源紧张的局面，但废物利用技术水平的落后、环保意识的欠缺、进口废物管理机制上的不完善等问题，使进口废物成为了"洋垃圾"，非法转移有害废物也时有发生，给中国的环境和民众健康与安全带来巨大压力和危害。

同时，进口废物原料作为一种回收资源，属于敏感进口商品，其来源复杂、形式多样、种类繁多，在回收过程中容易混入其他夹杂物，从而产生环保、卫生、安全等方面的风险隐患，如外来生物入境、有毒有害废物入境、禁止类废物入境等。

3. 传统比较优势正加速弱化

在出口贸易上，中国最大的比较优势是劳动力与资源等成本优势，特别是庞大的低成本劳动力，使中国成为了世界的"加工厂"，中国制造遍布全球市场。但随着人口结构的变化，15~59 岁劳动年龄人口逐步减少，人口红利不断消逝的同时，劳动力成本日益上涨。与周边一些国家相比，中国的成本竞争优势正逐渐丧失。

根据全球咨询公司 Willis Towers Watson（WTW）发布的最新研究报告指出，一些东南亚经济体低廉的劳动力成本，正对中国的竞争力产生负面影响。数据显示，中国各个行业的基本工资要比东盟国家中劳动力成本最昂贵的印尼还高出5%~44%，基础专业人员工资平均值要比越南和菲律宾的高出1.9~2.2倍。中国社会科学院经济学部发布的《经济蓝皮书春季号：2016年中国经济前景分析》同样证实了，目前中国很多地区尤其是东部地区，工人工资水平已远超东南亚国家。即使与美国等发达国家相比，中国的制造成本优势也不明显。当前中国在人工成本上还具有一定优势，但土地成本、物流成本、资金成本、能源成本、配件成本等均高于美国。

劳动力成本的提升正促使"二战"后亚洲的第三次产业转移进程不断加速。越来越多的跨国公司和国内企业把生产基地从中国向东盟及其他低收入国家转移。例如，耐克、阿迪达斯等跨国公司早于2009年、2012年就关闭了其在中国的工厂。数据显示，2000年，40%的耐克运动鞋由中国制造，13%由越南制造。而到2013年，中国制造只占30%，而越南制造的猛增到42%。

4. 频繁遭遇绿色贸易壁垒

中国产品自身的生产技术水平限制和一些领域的恶性竞争，以及国际经济领域中国要素的提升都使中国的对外贸易备受关注，不论是发达国家还是发展中国家都不断对中国设置贸易壁垒，贸易摩擦频发。绿色贸易领域的贸易壁垒主要有绿色关税、与环境、健康、安全有关的技术性贸易壁垒等。

绿色关税特指对影响生态环境的进口产品征收环境进口附加税，如碳关税就是针对高耗能的排放密集型产品进口征收二氧化碳排放关税。中国作为世界工厂，以碳关税为代表的低碳壁垒必然会对国内的工业品出口造成重大影响。

中国现行的低碳政策更多依赖于结构性减排（即依靠关闭高能耗企业来实现），未来应转向技术性减排。而国家碳排放管理的起点是碳核算。加强对减排能力、潜力及减排对经济发展影响的研究与评估，以做出合适的减排行动。

相对于绿色关税，环境、健康、安全有关的技术性贸易壁垒所涵盖的范围非常宽泛。广义上讲，绿色技术标准、卫生与植物卫生检验检疫标准、绿色补贴、生产过程与加工方法〔PPM，如社会责任、动物福利、绿色包装和绿色标志（生态标签）制度、ISO14000环境质量管理体系认证、危害分析及关键控制点制度（HACCP）等〕都属于技术性贸易壁垒。这些标准大多依据发达国家的生产技术水平制定，中国达到标准还存在一定差距，因而构成了对包括中国在内的发展中国家的贸易壁垒。

二、中国发展绿色贸易实现"两个转化"的意义

（一）绿色贸易"两个转化"是构建"两型"社会，实现全面建成小康目标的客观要求

优美宜居的生态环境已成为人民的殷切期盼和全面建成小康社会的重要目标。党

的十六大宣布，中国已"进入全面建设小康社会、加快推进社会主义现代化的新的发展阶段"，并从经济、政治、文化等各方面提出了全面建设小康社会的基本目标，其首要任务是发展经济，在经济发展的基础上实现社会的全面进步。党的十七大及时把握国内外经济政治环境出现的新情况、新特征和新变化，对全面建设小康社会提出了新的更高要求，从经济、政治、文化、社会和生态文明五个方面作出新的部署，构成了全面建设小康社会的基本目标体系。在十六大、十七大的基础上，党的十八大对全面建设小康社会目标再次进行了充实和完善，着力于解决发展中存在的不平衡、不协调、不可持续问题，明确把生态文明建设作为全面建成小康社会的目标，并首次提出加快建立生态文明制度。至此，绿色发展已成为时代的主旋律。

贸易与环境问题是国家和谐、稳定发展的重要基础。建设资源节约型、环境友好型的"两型"社会是贸易实现可持续发展的可靠保障。节约资源是绿色贸易的根本要求，只有坚持节约优先，才能缓解国内资源瓶颈，为经济的可持续发展提供物资保障。环境友好是绿色贸易的中心目标，只有坚持环境保护优先，才能保障中国的环境安全，增强国际竞争话语权，提升中国外交实力。

作为全球最大贸易国和发展最快的发展中国家，中国已进入中等收入阶段。要避免成为"污染避难所"，成功跨越经济发展的"中等收入陷阱"和环境保护的"库兹涅茨"高点，就必须高度重视绿色贸易，让其沿着有利于"两个转化"的路径发展。在发展模式上遵循资源节约和环境保护优先的生态文明模式，依靠科技、制度乃至体制创新，发展绿色产业和绿色贸易，积累生态财富与经济财富，在全球竞争中掌握主动权。

（二）绿色贸易"两个转化"是转变经济发展方式，形成新经济增长点的现实需要

对外贸易是经济增长的引擎，它与投资、消费被认为是中国拉动经济增长的"三架马车"。但当前贸易拉动力已明显减弱，受金融危机的影响，不论是全球贸易还是中国的对外贸易增速都趋于放缓，经济增长乏力。同时，受制于资源环境瓶颈的制约，依靠增加生产要素投入的粗放式贸易难以为继。绿色、低碳、循环发展是当今世界的新趋势，实现绿色贸易的"两个转化"将是中国解决发展中的经济与社会生态效益相统一和可持续的重要路径。

绿色发展在全球科技变革与产业调整中扮演着越来越重要的角色。发展绿色贸易可以发现新商机，形成新业态，产生新动能，突破资源环境瓶颈，形成新的经济增长点，为经济社会的永续发展提供动力。

（三）绿色贸易"两个转化"是坚持绿色理念，建设生态文明的必然要求

粗放式的增长方式所导致的环境污染和生态破坏不仅造成了巨大的经济损失，还严重危害到人民的健康和安全，影响了社会的稳定和可持续发展。生态文明的提出适应了时代的需要。生态文明建设强调社会、经济与自然的和谐发展，坚持将生态环境保护和建设放在经济社会发展的突出位置。

但生态文明不是关起门来搞建设，中国与世界已成为密不可分的联合体，要构建国家生态安全体系离不开与世界的交流与合作。贸易是一国对外经济活动和外交活动的重要组成部分。要促进绿色贸易的"两个转化"，需要将绿色发展理念贯穿于贸易活动的全过程，使贸易增长与环境影响脱钩，通过节约资源能源消耗、减少环境污染、保护生态环境的方式，来实现贸易福利与人类福祉的共同增长的目标，这与生态文明建设要求高度契合。发展绿色贸易将形成生态环境改善的驱动力，与绿色投资、绿色消费共同推进绿色、低碳、循环的国民经济体系的建立。

（四）绿色贸易"两个转化"是增强国际话语权的重要抓手

环境与经济历来关系紧密，环境对经济的影响毫无悬念地由国内扩张到国际，当今国际竞争已从经济、军事、技术等领域延伸到环境领域。生态环境问题成为参与国际竞争与博弈的新焦点，环境保护合作与交流也逐渐成为国际经济贸易合作的重要内容。应对气候变化、保护生物多样性、治理跨境环境污染等问题的谈判与协议，日益成为国家申明发展理念、扩展发展空间和获得发展权益的手段。

当前，国际上已形成了一系列促进经济发展与环境保护相协调的法律法规和措施，但它们大多是以经历了大规模污染积聚大量经济财富，而现在已步入依靠先发经济优势获得环境治理权的发达国家为标准而制定的。经济、技术水平上的差异，让绿色贸易措施，如技术性贸易措施、社会责任、绿色标签等，成为了发达国家限制发展中国家出口贸易的一种新型非关税壁垒，也成为了其对外贸易谈判的有利工具。发展中国家想要获得发展权益，就需要积极提升自身绿色技术水平，形成绿色竞争新优势，打破绿色贸易壁垒，增强实力，由此获得全球环境治理的话语权。

三、中国绿色贸易现状

中国的绿色贸易在政策和实践层面都取得了一定的进展。不仅在国际上积极参与亚太经合组织（APEC）环境产品与服务合作、WTO框架下的《环境产品协定》谈判等国际绿色贸易规则的制定，极力推进国际环境产品的贸易自由化，在对外签订的14个自由贸易协定中也全部设有环境条款或独立的环境章节，为协调对外贸易领域的环境问题提供了法制依据。

1. 绿色市场

经过多年的发展，中国绿色投资力度逐年加强，绿色市场整体规模不断扩大，同时还吸纳了较多的社会劳动力，产业利润稳步增长。其中，在绿色食品（有机食品）、节能环保等领域，已初步形成了门类较为齐全的产业体系，涵盖了食品认证、节能、环保、资源循环利用等领域，相关的服务业也得到较快发展。

截至2015年年底，绿色食品认证企业数和认证产品数分别为9579个和23386个，年均增长15.88%和17.66%，2015年的年销售额比2001年500亿元增加了近8倍，达到4383.2亿元。以绿色信贷、绿色债券等为代表的绿色金融市场发展迅猛，成为中国乃至世界绿色市场的重要推动力。绿色产业的长足发展给中国经济、社会和环境三者利益的协调创设了有利的条件。

中国环境产业总产值呈现逐年增长态势，是中国发展最快的产业之一。"十一五""十二五"期间，以15%~20%的年均增长速度快速发展，高于同期国民经济的增长速度，特别是环境服务业发展迅速，营业收入年均增长率达到30.6%。具体行业分布上，环境保护产品和环境保护服务所占比例较小，资源综合利用和洁净产品所占比例大。2016年，环境产业总产值约为52600亿元。其中，环境保护服务约10520亿元。

2. 绿色食品贸易

经过多年发展，中国绿色食品产业已发展相对成熟，获得认证的企业和产品数量除2015年略有减少外，其他年度都不断增加。2013年前绿色食品对外出口贸易稳步增长，但受国际市场影响，近三的年出口额不断下降，2015年降至22.8亿美元，比2012年的历史高点低了19.72%。同期整个绿色食品行业的年销售额也一改此前的增势比上年下降了20%。在产品结构上，蔬菜、禽肉和鲜果的出口额位列前三位，它们占总出口额的比重都超过了16%，特别是蔬菜产品占比高达25%，三者合计接近60%[①]。

3. 环境产品与服务贸易

受国内外形势影响，中国环境产业得到长足发展，对外贸易也持续增长。根据第四次全国环境保护及相关产业调查，2011年，全国环境保护相关产业年出口合同额333.8亿美元。其中，环境保护产品生产出口合同额为20.4亿美元，较2004年增加了973.7%，年平均增长率为40.4%；环境保护服务出口合同额为4.3亿美元，较2004年增加了514.3%，年平均增长率为29.6%。2012年以来，水处理领域出口额增长相对较快；电除尘、袋除尘领域出口额有所下降。按照年均增长率15%的保守估算，2014年全国环保产品出口合同额约35.7亿美元，环保服务出口合同额7.5亿美元，合计43.2亿美元。

---

① 根据各年《绿色食品统计年报》整理所得，中国绿色食品发展中心 http://www.moa.gov.cn/

四、中国绿色贸易发展对策

对于中国的绿色贸易转型,夏光提出要由"以环境输出为特征"的传统贸易发展方式向"以生态修复为使命"的环境友好型贸易发展方式转变。除了贸易发展方式的转变外,绿色贸易与绿色生产、绿色消费、绿色服务密切相关,它贯穿着国际贸易的整个流程。在全社会范围内形成绿色生产和生活方式及消费模式是实现绿色贸易"两个转化"的前提条件。因此,要促使贸易方式向环境友好型转变,实现绿色贸易的"两个转化"更需要从法制、科技、管理和监管等方面进行规范和变革,通过绿色法律体系的完善将环境成本内部化,提升绿色技术水平,降低贸易中的资源环境成本,完善绿色贸易管理与监管体系,使中国的对外贸易沿着有利于"两个转化"的方向前进。

(一)法律制度改革

法律制度的改革要将法律与环境保护技术相结合,动态地修订和提升环境标准,形成高违法成本的环境法律体系。

1. 构建绿色法制框架

中国调整国际贸易的绿色法律制度还不完善。被称为史上最严的《环境保护法》的价值追求局限于当代人的生活健康与发展,生物多样性、后代人需要无以体现,而且未就国际贸易领域的环境问题进行规定。现行的对外贸易法,也仅是在"为保护人的健康或者安全,保护动物、植物的生命或者健康,保护环境"而采取限制或者禁止货物、服务或技术的进出口,条款规定非常笼统。

目前中国第一部体现"绿色税制"的单行税法《环境保护税法》已出台,并将于2018年1月1日正式实施。但从条款来看,环境税的应税范围界定为向环境排放入的污染物,而环境资源的消耗、碳排放等无法体现;纳税人是直接向环境排放应税污染物的企业事业单位和其他生产经营者,而符合污染物集中处理要求的并不缴纳环境保护税;且所规定的两个免税情形缺少总量控制。此外,包括机动车等在内的流动污染源也免征环境税,而城市污染的主要源头之一就是机动车污染,包括机动车噪音、尾气排放、进行清洁的废水排放等都对城市环境、空气、水资源造成污染。

因此,对现行法律法规还需进一步改革和完善,构建体系较为完备的绿色法制框架。如扩大资源税征收范围,除了目前的矿产资源外,应逐步将森林、土地、水、海洋等资源也纳入征收,在各地改革试点基础上向全国推广;改变计税依据为按生产量而非消费量征收,由源头控制对资源的浪费,从价计征方式;税收优惠形式多样化,除减税和免税外,可采用加速折旧,提高税收政策的灵活性和有效性。

国际上,与贸易有关的环境法是处理和解决国际贸易与环境争端的依据,已经有比较成熟的环境法律体系。要认真研究 WTO 及各主要发达国家和标准化组织关于环境与国际贸易相关的法律条款，特别是 WTO 的相关法律规则，建立符合中国国情的绿色法律体系，以争取在国际贸易竞争中的主动权。

2. 建立和完善绿色关税制度

绿色关税也可称为环境关税、环保税、生态关税等，它是针对进出境商品的环境破坏所征收的关税，主要包括对国内资源类产品（原材料、初级产品及半成品）出口和对一些污染环境、影响生态环境的产品进口征收出口/进口附加税。

当前，发达国家已先后运用关税政策限制国际贸易领域的跨境污染转移，如欧盟立法对入境的航空公司征收航空碳排放税。国内现阶段还未有此类关税制度，主要是通过行政手段对环境污染商品进行限制，或零星分散于某些税种或《关税实施方案》的某些条款中。如目前一般是以进口暂定税率方式来履行 APEC 环境产品降税承诺。如 2017 年部分环境产品的暂定税率降为 5%，缺乏系统性。甚至还对有些环境危害大的产品实施关税优惠措施，如对部分使用了会污染环境的农药的农产品实施出口优惠税率。因此，有必要强化关税在协调经济与环境矛盾中的作用，将绿色关税纳入国家整体环境税收管理体系。补充完善贸易法律，将绿色关税条款加入《海关法》《进出口关税条例》等法律法规中，并在时机成熟时进行单独立法。

（二）持续提升绿色技术水平，提高出口产品附加值与生态含量

技术创新可以降低企业生产成本、提高利润和市场占有率，是增强国际竞争力的决定性因素。虽然中国在一些绿色关键技术和设备上已达到或接近国际先进水平，但有约三分之二的技术和设备仍属于一般水平。研究表明，中国出口产品的国内生产要素投入仍集中在资本和低技术劳动上。根据测算，美国、日本等发达国家的出口产品国内附加值占比都超过 80%，而中国该比重约为 68%，在主要经济体中处于中等偏低水平。特别是在自动数据处理设备、无线电话机配件、计算机和电子产品等高新技术产品领域，整体附加值比重只有 45%，远低于其他国家。

技术创新离不开资金投入，资金是技术创新的重要推力和保障。从整体看，中国的 R&D 支出占 GDP 比例较其他发展中国家高，但与韩国、日本、德国、美国等相比差距还比较大。要提升整体环保科技水平需要继续提高科技投入和资金使用率，加大科技创新，形成绿色技术支撑体系。同时加强技术引进，与环境有关的知识产权贸易往往会提高国内企业的环境友好程度。

（三）建立与完善进口绿色贸易管理制度

1. 加大绿色技术和产品进口鼓励力度

WTO《环境产品协定》（EGA）的谈判是建立在亚太经合组织（APEC）环境产品

清单的基础之上,其目的在于推动全球环境产品自由贸易。自2014年7月启动首轮谈判以来已共进行了18轮谈判,但谈判各方对协定所涵盖的产品清单始终未能达成一致意见,导致该协定一直无法达成。在国际协定还无法达成的情况下,可在国内先出台绿色技术和产品进口鼓励政策。

2. 加快推进固体废物进口管理制度改革

为缓解国内原料匮乏局面,中国自20世纪80年代开始进口国外的固体废物作为生产原料,实施行政许可和目录管理,将其称为"进口类可用作原料的固体废物"。但在暴利的驱使下,一些人不惜铤而走险夹带或走私不合格甚至违规的进口废物,给国内环境和国民安全与健康造成了极大的威胁与隐患。据了解,中国是全球主要的垃圾进口国家,接收了全球约56%的垃圾,处理了全球三分之一的废旧金属,还不包括夹带和走私入境的垃圾。

为规范管理,2017年7月27日,国务院办公厅印发了《关于禁止洋垃圾入境推进固体废物进口管理制度改革实施方案》提出要"全面禁止洋垃圾入境,完善进口固体废物管理制度"。进口废物的管理主要体现在监管机制上,要完善进口废物监管机制,形成货物分类、企业分级的监管模式。责成进口废物加工利用企业出县环境报告,对加工过程实现全程监控,提升固体废物资源化利用水平。完善进口废物原料风险防控体系,借助信息技术手段,建立风险信息库,实施高效严格的卫生检疫控制制度。

(四) 完善绿色贸易监管网络体系

(1) 构建绿色贸易信息平台,对接环境大数据,实施高透明的环境信息公开制度。新《环境保护法》仅提出了重点排污单位的环境信息公开义务,但对一般污染单位未作规定。需要进一步提高环境信息公开程度与真实性,强化服务型政府和责任型企业的环境监管模式,强化公众环境知情权和参与权。从严执法,形成政府、企业、公众一体的强大合力共同推进环境保护。

(2) 对接企业环境信用评价系统,在《海关对企业实施分类管理办法》中,融入环境保护要求,增加企业环境信用评级条款。

(3) 设置绿色贸易措施专题研究,整合各类资源,构建绿色贸易壁垒数据库。当前与绿色贸易措施相关的研究主要集中在绿色关税、技术性贸易壁垒(TBT)、绿色补贴等方面。特别是在技术性贸易措施上,国内的各类研究机构,如中国TBT研究中心,相关政府机关主办的中国WTO/TBT-SPS通报咨询网、技术性贸易措施、各省份的信息服务平台等都可以提供信息咨询服务。可与各省份的市外经贸厅、质检机构、海关联网,对主要绿色产品、环境污染产品、固体废物的生产企业、进出口状况进行监测与通报,并对企业与公众开放,实现信息共享与利用。

第十二章　发展健康产业　促进"两个转化"

健康，是人类全面发展的基础，也是人民群众的共同心愿。习近平总书记指出，"没有全民健康，就没有全面小康"。人的健康是生产力，是一个地区综合实力的重要体现。为健康需求提供产品和服务的是健康产业。健康产业被国际经济学定为"无限广阔的兆亿产业"，正在成为21世纪引导全球经济发展和社会进步的重要产业，成为新常态下，最具潜力的新兴绿色产业。要主动适应人民健康需求，推动健康服务供给侧结构性改革，培育健康服务品牌，做强健康服务企业和健康服务产业，推动健康产业转型发展，提供全生命周期的卫生与健康服务，满足人民群众不断增长的健康需求。发展健康产业是贯彻绿色发展理念，实现生态产品价值的重要方式。增强生态产品生产力，是促进绿色发展转化为新的综合实力与竞争优势的关键环节与重要途径。经济新常态下，要着力优化经济结构，加快推进生态文明建设，发展具有竞争优势的健康产业，多措并举，把绿色发展转化为新的综合国力和国际竞争新优势，形成新的经济增长点，抢占全球经济发展制高点和战略支撑点。

第一节　健康产业内涵特征

一、健康产业内涵

健康产业是与人的健康紧密相关的生产和服务的集合体，是以"维持、修复与促进健康"为中心的服务业与制造业产业体系。主要有健康制造与健康服务，包括以医疗服务、医药产品制造经营为主的医疗性健康产业和以健康管理、健康咨询、养生保健、健康知识传播等主要内容的非医疗性健康产业两种类型。涉及医药产品、保健用品、营养食品、医疗器械、保健器具、休闲健身、健康管理、健康咨询等多个与人的健康紧密相关的生产和服务领域。

二、特　征

（一）被动与主动消费

健康产业提供的产品与人的生命安全直接相关，受到人群的疾病谱、消费者健康偏好等因素影响，与其他产业的市场竞争规律差别大。医疗性健康产业产品消费主要是由于消费者因患疾病而导致的被动消费，而非医疗性健康产业产品消费主要是由消费者偏好健康，而积极主动消费的行业。

（二）基础性

健康产业供给的预防、医疗、保健、康复等产品是提高人的健康状况、实现人民健康、促进人的全面发展，以及提升劳动力素质、维持经济社会持续发展的基础条件，是推进健康中国建设、全面建成小康社会、提高综合国力与竞争力及基本实现社会主义现代化的重要基础。

（三）融合性

健康产业是通过运用信息技术、生命科学、生物工程等高新技术，融合健康与养老、旅游、互联网、健身休闲、食品等产业，而产生的健康新业态，成为新常态下，跨界融合性强、产业覆盖面广、业链长、附加值高的经济发展及社会进步的战略新兴产业与重要产业。

（四）绿色性

绿色发展作为可持续发展的最新阶段，是以绿色技术为基础、产业绿色化为支撑的发展理念与模式。健康产业是绿色产业，是绿色发展的重要内容。医药产品、保健用品、健康食品、保健器具、休闲健身等健康业态，是绿色农业、工业、制造与服务业等产业高度融合的产业。健康产业主要是以人力资本和知识资本投入为主，产业链绿色化，科技含量高，材料和能源等资源消耗低，有害原料少与环境污染少，资源利用率高，提供的是绿色化程度高的产品与服务，实现生态产品价值，如健康旅游、休闲体育等，能实现生态与经济系统绿色良性循环，达到经济、生态与社会等效益的协调统一。

第二节　健康产业是"两个转化"的重要环节

一、健康产业通过增进人的健康增强综合国力与竞争优势

健康产业链条长，吸纳就业能力强，具有拉动内需增长和保障改善民生的重要功

能。大力发展健康产业对适应经济新常态，满足人民群众多层次、多元化的健康服务需求，促进绿色发展转化为新的综合实力与竞争优势具有重要意义。

发展健康产业能促进经色发展向新的综合国力与竞争优势转化。世界产业链正面深刻的临绿色重构，要积极主动应对绿色化挑战。健康产业是绿色、具有潜力的新兴产业，要遵循科技革命和健康产业变革方向，把健康产业作为转变发展方式、调整经济结构、发展绿色经济的重要抓手，把绿色发展转化为新的综合国力和国际竞争优势，占领世界绿色发展制高。

竞争优势是指以一国或区域产业是否拥有可与世界级竞争对手较量的优势，是在开放型经济领域转变经济发展方式的重要内容。经济发展进入新常态后，健康产业是新的动力更强的发展引擎，要大力发展具有竞争优势的健康产业。要扶持健康产业关键技术和产业共性技术的研发，激发自主知识产权的创造能力，推动科技与经济的紧密结合。技术创新体系的建设，需要加快创新人才的体系建设，注重创新人才的支撑作用，这是通过发展健康产业，将绿色发展转化为竞争优势的基点。

综合国力或实力是指一个国家或区域生存与发展所拥有的全部实力及国际影响的合力，包括自然因素、社会因素、物质因素、精神因素，同时也包括实力以及潜力和由潜力转化为实力的机制。这些要素最终都是要通过人们的活动才能得到表现并发挥的。所以人的健康高低，直接影响着综合国力诸要素发挥和实现的程度。健康产业能提高人们的健康水平，强健人们的体魄。健康产业是通过促进人的健康，来发挥它对综合国力诸要素的潜在支配力和巨大影响力的。

二、健康产品是生态产品价值实现的重要形式

生态利用型产业是健康产业是重要组成，其产品即健康产品与服务表现为私人产品性质，是通过市场竞争机制实现生态产品价值。健康产业通过绿色发展，利用山、水、林、气等生态资源，通过资源产业化经营，将生态资源与生态资本作为投入资本，生产的医药产品、保健用品、健康食品、保健器具、休闲健身等绿色化程度高的健康产品，具有高附加值与强的市场竞争力。发展生态利用型健康产业，能将绿水清山生态优势转化为产品优势，转化为现实消费品与生产环境友好型产品的中间投入品。如通过发展有机农业、林业和渔业，生产无公害的绿色健康食品时，生态产品的价值以健康产品等经济产品、私人产品的形式得以实现。如把生态资源产业应用，发展健康旅游，提供旅游观光、休闲度假，享受安康的青山绿水和洁净环境时，生态产品的价值是通过生态产品加工、包装、转化为现实消费品而实现。

三、加大健康产品供给是增强生态产品生产能力的重要途径

十八大报告明确指出,"增强生态产品生产能力",除了修复生态、建设生态工程,增强生态产品生产能力之外,可以利用生态资源,以保护和改善环境、维护生态平衡、保障人体健康为目的,生产和提供各种生态产品,实现生态资源价值,保持生态资源的永续利用,这也是增强生态产品的生产能力。健康产品是生态环境友好、生态利用型产品,健康产业绿色化、环境友好、资源节约,健康产业持续发展,在增强健康产品的生产能力的同时,增强生态资源的可持续利用性,也即增强生态产品生产能力。

第三节 健康产业发展状况与趋势

一、发展状况

(一) 中国健康产业发展状况

(1) 健康产业体系日益完善。当前,中国健康产业基本形成了四大产业体系:以医疗服务机构为主的医疗服务业;以药品、医疗器械、健康食品等制造企业为主的健康制造业;以健康旅游、养老服务企业为主的健康休闲业;以健康检测、咨询服务等企业为主的健康管理业。集聚、集群发展态势良好。健康产业链完善的苏州环球国际健康产业园、提供高端医疗与健康服务的成都市国际医学城,以及以生产生物医药、医疗器械为主的中山市医药健康产业集群发展态势良好。国际行业领军企业辉瑞、强生、葛兰素史克等已入驻苏州环球国际健康产业园,该园区已拥有国内健康产品30%上的市场。

(2) 健康产业规模扩大。药品、医疗器械、康复辅助器具、保健用品、健身产品等制造业提质增量,健康旅游、养老服务等健康服务快速发展,见表12-1、表12-2。2015年年末,中国规模以上医药制造业资产规模达25071.09亿元,7392家企业。文教、工美、体育和娱乐用品制造业资产规模达8361.22亿元,29085企业。医疗资源供给水平提升。2015年年末,全国共有医疗卫生机构99.3万个,其中医院2.9万个,民营医院1.6万个;基层医疗卫生机构93.1万个,其中乡镇卫生院3.7万个,社区卫生服务中心(站)3.5万个。医疗卫生机构床位747万张。养老保障与社区服务。年末共有养老服务机构2.8万个,儿童服务机构713个。

表 12-1　中国健康产业主要行业发展情况表　　　　　　　　单位：亿元

项　目	2013 年	2014 年	备注
健康产业增加值（不完全统计）	36595.10	40517.20	
卫生和社会工作	11034.40	12734.00	
公共管理、社会保障和社会组织	21693.00	23508.70	
文化、体育和娱乐业	3867.70	4274.5	
其他			

资源来源：中国统计年鉴（2016）。

表 12-2　中国旅游业发展情况表

项　目	2014 年	2015 年	备注
1. 国内旅游			
国内旅游者人数（亿人次）	36.11	40.00	
国内旅游收入（亿元）	30311.86	34195.05	
2. 入境旅游			
入境旅游者人数（万人次）	12849.83	13382.04	
其中：休闲观光（%）	33.9	31.7	
医疗（%）	2.3	3.1	

资源来源：中国统计年鉴（2016）。

（二）福建省健康产业发展状况

（1）产业规模不断扩大。2015 年福建省健康产业中，医药制造业规模以上增加 100.63 亿元，健康旅游收入 2798.16 亿元（表 12-3、表 12-4）。健康体育产业规模大。福建全民健身运动蓬勃发展，2015 年，全省社会体育指导员总数达到 6.65 万名，每万人拥有社会体育指导员达 15.9 人。全省人均场地面积达到 1.8 平方米，经常参加体育锻炼的人数比例达到 39.3%。全省体育产业总规模突破 3000 亿元。卫生资源总量快速增长。福建省已基本建立了由医院、基层医疗卫生机构、专业公共卫生机构等组成的覆盖城乡的医疗卫生服务体系。2015 年，各级各类医疗卫生机构达 27921 个，医疗机构床位达 17.32 万张，比 2010 年新增床位 6.09 万张，增长 54.18%；卫生技术人员 21.32 万人，比 2010 年增长 48.25%。每千常住人口医疗机构床位 4.51 张、执业（助理）医师 2.04 人、注册护士 2.36 人，分别比 2010 年增加 1.47 张、0.45 人、0.9 人，较大程度改善了全省医疗卫生机构的基础设施和医疗条件。养老保障与社区服务。年末全省养老机构床位数增至 16.5 万张，每千名老人拥有养老床位 31 张。全省建立社区服务中心（站）2243 个。全年销售社会福利彩票 50.16 亿元，筹集福利彩票公益金 14.71 亿元[①]。

[①] 福建省统计局网站.

（2）注重发展闽产特色中医药产业与健康食品产业。全省拥有具有优势特色的闽产药材达 50 余种，发展特色专药及院内中药制剂 215 种，设有中药制剂的医疗机构达 26 所，5 项传统医药获得国家级中医药非物质文化遗产。发挥资源和生态优势，在养生养老、健康食品等服务与制造领域持续发展。

表 12-3　福建健康产业主要行业发展情况表　　　　　　　　　　单位：亿元

项　目	2014 年	2015 年	备注
1. 地区生产总值	24055.76	25979.82	
第三产业	9525.6	10796.9	
2. 健康产业增加值（不完全统计）		1237.37	
卫生和社会工作	260.34	374.86	
公共管理、社会保障和社会组织	573.8	530.99	
文化、体育和娱乐业	308.9	331.52	
其他			
3. 健康产业规模以上工业增加值（不完全统计）		499.21	
文教、工美、体育和娱乐用品制造业	378.86	398.58	
医药制造业	92.29	100.63	
其他			
4. 主要健康产业产值（不完全统计）		1760.35	
医疗制造业产值		291.57	
文教、工美、体育和娱乐用品制造业		1468.78	
其他			

资源来源：福建省统计年鉴（2016）。

表 12-4　福建国内旅游发展情况表

项　目	2014 年	2015 年	备注
1. 国内旅游者人数（万人次）	22887.70	26128.60	
其中：休闲观光渡假（%）	73.0	76.4	
医疗（%）	1.3	1.1	
探亲访友（%）	7.4	6.8	
宗教朝拜（%）	1.8	2.2	
2. 国内旅游收入（亿元）	2405.84	2798.16	

资源来源：福建省统计年鉴（2016）。

（3）要素支撑能力增强。强化人才培养，相关院校设立了生物制药、养老护理、健康管理等健康产业类专业及方向，增进健康产业人才供给。加强健康产业信息化建设，依托省政务外网建成了省、市、县、乡、村健康信息专用网，建立了省市两级数据中心平台。

二、存在问题

当前，中国经济社会快速发展，人口老龄化、疾病谱变化，以及生态环境与生活方式加速变化，社会对健康产品需求与供给之间的不相适应，健康产业与经济社会发展协调程度需进一步增强。国内健康产业仍处在发展初级阶段，产业持续发展面临以下问题：

（一）企业规模偏小，产品档次总体不高，布局分散，集聚度不高

90%以上的医疗制造企业是中小企业。生物医药产业、医疗器械等领域产品结构单一、产品附加值低。健康产业布局分散，产业集中、集群发展有改善空间。健康产业融资方式单一，融资渠道不畅，资本市场对健康产业促进作用不能有效发挥。健康产业作为新的经济增长点与绿色投资热点，但社会资本进行入健康产业仍存在体制机制障碍。

（二）供给仍以治疗为主的模式亟需转型

以治疗为中心的健康产业发展模式，浪费医药公共资源，增加医疗成本，且不能增进健康收益，亟需向以健康为中心的产业供给方式转变。

（三）健康产业发展刚处于起步阶段，健康产业供给与健康需求不相适应

健康产业医疗卫生资源总量不足、分布不均衡、供给主体相对单一等问题突出，预防、治疗、康复等健康服务体系不完善。这都与群众日益注重生活质量和健康安全、需求呈多样化、差异化，特别是社会老龄化带来的医疗、护理、康复、临终关怀等健康服务需求加速增大等不相适用。

福建省除存在全国共性健康产业发展问题外，福建健康产业发展中，对台近、临海、多侨、民营经济发达、生态资源丰富等地区优势，利用不充分，健康产业发展发展相对经济发展存在滞后现象，从一定程度上对经济转型升级与提质增效生成影响。此外，福建人口老龄化趋势加剧，加剧了医疗服务供给矛盾。目前，除泉州、厦门外，其他地区已步入老龄化社会。老年人医疗保健、护理等健康产品需求持续扩大，其中康复、老年护理等是"短板"、最薄弱领域。

三、发展趋势

（一）健康需求日益增加

中国经济已进入工业化中后期，人均收入已达中等偏上水平，人们的生活方式在迅速转变，健康意识不断增强，健康需求由单一的医疗服务向疾病预防、健康促进、保健和康复等多元化服务转变，此外，新型城镇化、人口老龄化与社会保障制度的完善更促进与释放了健康需求。

（二）生物与信息技术创新不断拓展健康产业新业态

基因工程、分子诊断、干细胞治疗、3D打印等生命科学技术、"互联网+"时代与新一代信息技术的应用，催生了远程诊断、智慧医疗、个体化治疗等健康产业新业态，推动健康产业快速发展。

（三）健康产业是国家经济新增长点

国家指出建设生态文明，有利于加快培育绿色发展新动能。发展健康产业是绿色发展的重要环节，是推动供给侧结构性改革，增进绿色新动能的重要途径。《"十三五"国家战略性新兴产业发展规划》明确指出健康产业特别是生物与新医药产业是重要的略性新兴产业。国家健康中国规划指出，到2020年、2030年中国健康产业中，健康服务业规模将分别达到8万亿与16万亿人民币，将形成完整、结构优化的健康产业体系。中国将通过培育国际竞争力的健康大型企业创新发展，培育知名健康品牌和良性循环的健康服务产业集群，提升健康产品供给水平，建设健康产业成为推动经济社会持续发展的重要力量和国民经济支柱性产业。

同时，福建省健康产业也将迎来良好的发展机遇。福建人均收入已达中等偏上水平，健康需求会快速增长。福建省具有发展健康产业的生态资源优势。凭借资源优势，福建健康产业规模将显著扩大，体系更加完整。到2020年与2030年，福建健康产业中，健康服务业规模将分别达到2400亿元与4800亿元人民币。发展健康产业是将福建省的生态优势进一步转化为发展优势，增进绿色新动能的重要途径。《福建省"十三五"战略性新兴产业发展专项规划》明确指出健康产业特别是生物与新医药产业是八大战略性新兴产业之一。重点发展生物药物、化学药物、现代中药等创新药物品种，扩大先进医疗器械、新型医用材料等的研发与产业化。

第四节 增强健康产品生产能力，促进"两个转化"

人们对健康需求的快速增长，形成了全球最大、最有发展潜力的健康产品市场。中国，特别是生态优势强的区域，要利用好生态资源，通过健康产品生产，促进生态价值实现，增强生态产品生产能力，克服健康产业发展的困难，补齐健康产品供给"短板"，加强顶层规划，放宽产业准入，优化区域布局，引导特色基地建设，培育健康产业培育为经济发展新的增长点，形成新的综合国力与新的国际竞争优势。

新常态下，福建要积极拓展绿色发展空间，加快绿色发展步伐拓宽生态产品价值实现形式。要积极培育健康产业品牌、促进产业结构高端化，大力发展健康产业，加快形成新的增长点与绿色发展新动力，将福建生态优势与生态资本转变为经济优势与发展资本，加快经色发展转化为区域新的综合实力与国际竞争新优势。大力推进"医、药、养、游"一体化，提升健康企业竞争力，建设健康产业集群，推进健康产业积聚发展。加快转变健康产业发展方式，深入推进供给侧改革，适应人民健康需求发展，建设健康福建，增强区域综合实力与经济国际竞争力。

一、优化健康产业布局，建设产业集聚区

完善健康产业功能区划，分区发展。在东部，以福州、厦门、莆田市为主的区域，依托区位、资源优势，积聚医疗康复、保健养生、健康信息服务、健康产品研发与生产企业于一体，建设健康高端服务集聚区。在安溪等闽茶主产区，推进茶叶种植加工、养生体验和健身游憩融合，建设茶道养生服务集聚区。在西部，依托武夷山、泰宁与龙岩等区域的特色生态旅游资源，打造高品位的健康旅游服务集聚区。此外，建立点状分布的功能区，在道地药材和功能性农产品种植区、户外运动、温泉等资源丰富的地区，分别建立集康复理疗、养生保健、药膳食疗融合的中医养生服务集聚区、健身休闲服务集聚区、温泉养生服务集聚区。

二、增进健康服务供给多元化

完善健康服务体系，增加医疗、检验与保健服务供给。完善政策，增进多元化办医，引导社会资本投资医疗机构。发展社会力量提供非基本医疗卫生服务，增加健康产品和服务供给，推动非公立医疗机构规模化，增加高端医疗服务和康复、老年护理等服务供给。培育医学检验与病理诊断服务企业，引导社会投资医学检验、健康咨询等服务领域，开展医学检验，以及心理咨询、治疗和精神康复等心理健康服务。培育发展中医药养生保健康复服务企业，提供传统运动、中药保健、亚健康调养等服务。推进以道地药材和功能性农产品种植地区资源优势为基础的中医养生服务企业集聚发展。

三、加快旅游、养老与健康产业融合

促进健康与旅游产业融合发展。在温泉资源丰富区域，发展温泉养生文化，建设温泉养生示范基地，培育"闽式温泉"品牌。培育游艇产业与健康协作发展，深化健康产业与两岸及港澳邮轮游艇产业合作，推进休闲、娱乐等健康游艇旅游一体化发展。充分利用森林覆盖率全国第一的优势，提高森林康养旅游品质，建设森林康养基地。推动旅游与南少林武术、永春白鹤拳等传统武术和畲医、畲药、畲膳等传统文化融合，建设中医药、膳食和中国武术为主题的养生体育旅游基地。加快健康与健身养老休闲产业融合。积极引导社会投资健身休闲运动与健身娱乐业，提高区域健康休闲、康复、

养生服务水平。加大开发山地越野、山地自行车、野外探险等山地和海洋运动旅游产品开发。在平潭石厝、三明土堡等地,发展文化体验、乡村度假、民宿休闲等旅游产品。在武夷山、安溪、福鼎等名茶产地发展茶文化休闲旅游,在大戴云旅游区发展茶、木、泉、瓷、香等工艺产业与生态旅游深度融合的生活体验型休闲旅游产品。推进"互联网+健康养老"融合,发展智慧健康养老产业。

四、加速药品、医疗器械、健康食品等健康制造转型

培育医药品牌。加快医药业转型升级,做大做强医药品牌,提升生物制品、中药新药、新型制剂等企业创新能力,促进生物药、优质中药产业化发展。培育闽产药材"福九味"品牌,引导中药饮片加工和中药制药企业做强。加快建设福建基因检测技术应用示范中心、厦门两岸生物医药产业创新创业平台等载体平台,加快厦门系列HPV疫苗研制与产业化、新罗天泉药业创新化药生产基地、三明治疗性单克隆抗体中试公共服务平台及生产基地、福建广生堂新药制剂产业化、中科三安植物工厂、南平灵芝深加工等项目建设。加快漳州片仔癀医药产业园、柘荣力捷迅红景天苷等国家一类新药研发。

推进医疗器械产业高端化与智能化。适应预防、诊断、治疗、康复等家庭和个人健康医疗器械需求发展趋势,加快相关领域的研发与升级改造,提升智能医疗器械产品品质。提升康食品产业提质扩量。

利用生态环境良好、食材资源丰富优势,强化高附加值健康食品研发,扩大方便食品、保健食品、有机绿色食品等各类健康食品精深加工,做大做优健康食品产业。

五、扩大健康产业对内对外交流与合作

积极参与健康产业科技、人才培养等的对外对内交流与合作,提升促进产业国际化水平,开展援外医疗和健康合作工作,提升健康产业国内国际影响力。积极推进与"一带一路"沿线国家和地区的健康产业合作。鼓励和扶持中医药企业、医疗机构到境外开办中医诊疗机构和中医养生保健机构。积极开拓海内外中医药服务市场,支持中医医院成立省际、国际医疗部,积极发展国内与入境中医健康旅游。发挥区域地缘优势,引导台湾居民来福建投资、开办健康产业企业。加快开发平潭综合实验区旅游资源,引进台湾先进医疗资源,形成养生、康复、养老、美容等医疗产业体系,建设两岸医疗园区。

第十三章　发展绿色金融　支撑"两个转化"

国际绿色竞争日益加剧，经济发展绿色化加速向新的综合国力与国际竞争新优势转化。发展绿色经济需要绿色金融的支撑，绿色金融作为环境、生态与金融市场相互融合的创新性金融形态，是绿色发展的助推器。二十国集团 G20 杭州峰会，明确承诺要推动绿色金融发展与促进绿色金融国际合作，成为金融业具有竞争优势的新领域。同时，绿色金融也成为中国经济转型升级的新支撑。2017 年 6 月 14 日，李克强总理在国务院常务会议上宣布，将在浙江、江西、广东、贵州、新疆等五省（自治区），设立绿色金融改革创新试验区。中央《关于构建绿色金融体系的指导意见》指出，要发展绿色金融，利用绿色信贷、绿色债券等金融工具，引导和激励更多社会资本进入绿色产业，服务绿色经济，这为福建省绿色金融的发展指明了方向。福建省要在国家绿色投资和政策信号引导下，建立福建省绿色发展基金，落实好绿色金融领域的有关财政政策，开展绿色金融领域国内与国际合作，积极引进与用好国际金融投资，促进福建绿色金融和绿色产业创新发展，加快将绿色金融发展转化为新的区域综合实力与新的竞争优势。

第一节　绿色金融的概念与特征

中国正处发展方式加速转变的关键时期，绿色经济发展对绿色金融的需求日益增大。完善绿色金融体制，有利于加快经济向绿色化转型，促进生态、环保、新能源等领域的创新与健康发展，促进绿色经济发展形成新的综合国力与国际竞争新优势。

一、概　念

《关于构建绿色金融体系的指导意见》定义绿色金融为金融企业对环保、节能、清洁能源等领域的项目投融资、运营与管理等所提供的金融服务。该绿色金融定义明确了发展绿色金融的主要内容是金融业如何促进环保和经济社会的可持续发展，引导资金流向生态环境保护产业与相关技术研发领域，促进企业生产绿色化与消费者消费绿色化。金融企业要把环境影响作为投资决策的重要因素，要把环境责任作为经营管理的重要内容，要通过金融业务的运作过程，来体现绿色可持续发展。经济绿色发展需要绿色金融作为支撑。要完善市场对绿色金融资源配置机制，促进绿色金融产品和服务创新。由引可见，发展绿色金融的主旨，是让金融企业树立绿色发展理念，为增进环境效益开展金融业务，增加环境友好型产业与项目的投资，减少破坏环境的产业与项目的投资，利用绿色金融决定机制，促进自然、经济、社会和谐发展，增强金融企业自身可持续性。

二、绿色金融工具

绿色金融工具是传统金融工具的绿色创新，如绿色信贷、债券、保险等。

（一）绿色信贷

绿色信贷是指利用信贷手段促进节能减排、强化生态环保的体制安排与经营实践，通过金融服务与工具创新，开发出针对企业、个人和家庭的绿色信贷产品，有效识别、计量、监测、控制信贷业务活动中的环境和社会风险，加大对环保与循环等绿色产业的支持，提升金融业自身的环境和社会表现，并以此优化信贷结构，同时对造成环境破坏、高能耗、高潮流等项目或企业采取处罚措施。如果借款人不愿或不能遵守"赤道原则"（国际公认的旨在判断、评估和管理项目融资中的环境与社会风险的金融行业基准）所提出的社会和环境政策，银行应拒绝为其项目提供贷款。如浙江开展的绿色银团贷款、美丽乡村综合授信融资模式。

（二）绿色债券

绿色债券是指为节能减排技术改造、循环经济发展、水资源节约、污染防治、生态绿色产业等项目募集资金的企业债券。一般地，绿色债券具有期限短、流动性高、回报率高等特征。绿色债券，分散了投资者投资单个生态、环保等绿色发展项目的投资风险，与此同时，发行者的信用级别一般高，融资成本一般较低。如浙江探索绿色直接融资债券模式，发行了国内第一单绿色企业债券。

（三）绿色基金

绿色基金是指基金管理公司管理的专门投资于能够促进环境保护、生态平衡事业发展的公司股票的共同基金，该基金能将投资者对社会以及环境的关注和基金投资目标较好地结合在一起，符合人们的绿色价值取向。如浙江通过银行业与49个特色小镇对接，培育特色小镇的绿色基金模式。

（四）绿色保险

绿色保险，也可称为生态环境保险，是通过保险市场机制，进行环境风险管理的制度设计。也就是说，环境责任保险以被保险人因环境污染，依法应承担的赔偿责任作为保险对象。绿色保险有利于分散与化解企业环境风险，使投保企业，在发生意外的环境污染事件之后，受到保护，防范其因赔偿和修复环境而面临的风险。此外，通过对环境风险高的行业进行强制保险，能将环境成本内化，促进企业提高环境意识，约束其投资环境风险大的投资项目。

（五）碳金融

碳金融是指由《京都议定书》而兴起的低碳经济投融资活动，即为限制温室气体排放等技术和项目进行的直接投融资、碳权交易和银行贷款等金融活动。

三、绿色金融特征

（一）准公共物品性

绿色金融提供的金融产品和服务有准公共物品属性，有显著的外部经济性。绿色金融兼顾社会效益、经济与环境效益的统一。在计量其绩效时，不但要考虑金融活动创造的物质成果，而且要考察金融活动是否保证了环保、生态之间的平衡与协调。发展绿色金融的目的是要通过金融活动，引导各经济主体注重保护生态环境，通过经营过程的绿色化，促进金融活动与环境保护、生态平衡相协调，最终实现经济社会的可持续发展。这就产生了市场机制无法解决的公共部门与私人部门利益冲突问题，特别是在绿色产业发展的初级阶段，绿色产业和技术风险大，从而导致绿色金融与传统金融相比风险大而利润小，最终导致绿色金融服务有效供给不足。绿色金融的准公共物品性的存在，决定了只有解决绿色金融发展的外部收益的内部化问题，才能保持持绿色金融持续发展，决定了发展绿色金融要由政府政策做推动，否则金融机构不可能提供有效、充分的绿色金融服务。

（二）环境责任

绿色金融是生态文明建设的重要促进力量。绿色金融活动具有环境责任性。坚持绿色发展理论，开展绿色金融实践体现了金融业的社会责任。传统金融活动并不强调相关市场主体的环境责任，而绿色金融要把环境责任作为其经营活动中要关注的重要内容。《关于构建绿色金融体系的指导意见》明确规定绿色金融要求以生态环保为其投资融资的重要判断标准，这客观上建立了环境责任为重要内容的金融运行机制。绿色金融是改善与保护环境、促进资源节约高效利用的经济活动。绿色金融将环境责任与融资权联系起来，当作为市场主体的企业改了环境责任，实现了生产经营绿色化，即能得到到绿色金融产品与服务，才能在信贷、资本、保险等市场融到更多的资金，不然，就会受到融资约束。

(三) 投资主体多元化

环境治理与保护具有共治性，要求参与主体多元化，治理与保护方式多样化。绿色金融要培育与提升多元化资本开展绿色投资能力，体现投资主体多元化特点。发展绿色经济需投入大量资金，仅靠政府之力难以完成，需要借助于社会力量。发展绿色金融，一方面就是要激励更多社会资本投入到绿色经济，另一方面有效地抑制破坏环境、不利于生态建设的污染性投资。要创新体制机制，通过排污权交易、PPP 模式等制度安排，吸引多元化资本提供绿色金融产品与服务，支持绿色实体经济发展。

第二节 发展绿色金融对促进"两个转化"的重要意义

绿色金融是金融创新的新领域。发展绿色金融有助于能够促进供给侧结构性改革，促进国家金融业"走出去"，提升国内产业参与国际合作与国际竞争能力，增强经济可持续性，对推动绿色发展加快实现"两个转化"有重要意义。

一、绿色金融是促进"两个转化"的重要力量

中国作为全球第二大经济体，积极倡议打造人类命运共同体，G20 杭州峰会通过的绿色金融综合报告为全球各大金融市场发出响亮而有力的信号，绿色金融正成为促进绿色发展，加快绿色发展向新的国际竞争力转化的重要力量。在国际领域推动绿色金融发展，有利于国内企业参与国际绿色经济合作，促进"一带一路"建设投资的绿色化，引导中国企业更稳健、更积极地"走出去"，引进更多国际资本促进国内绿色发展，提升中国在环境和气候变化领域国际谈判中的地位与软实力。

绿色金融是促进绿色经济发展的重要动力。绿色发展，绿色金融服务与产品需求不断扩大，金融机构提供绿色金融服务的驱动力持续增强，绿色金融市场不断完善与深化。目前，中国的环境承载能力"已经达到或接近上限"，要坚持保护与改善生态环境就是保护与发展生产力理念，坚持绿色发展，推动生产生产方式向绿色化转变。绿色金融利用市场机制、价格手段，通过信贷、债券等融资工具，引导金融资本配置到低碳、循环和节能减排行业。与此同时，利用金融市场的资产定价功能，促进环境污染、生态破坏外部不经济的内部化，从而将环境成本高的产业、企业驱逐出市场，并通过金融绿色创新培育绿色消费市场，引导绿色消费。此外，绿色金融在促进绿色产业快速发展，实现经济转型升级。同时，绿色金融把环境成本引入经营决策，防范与化解境因素导致的金融市场风险，增进金融业发展稳定性。

二、绿色金融成为国际金融业发展的新的竞争领域

金融业和绿色环保产业融合，促进了全球绿色金融市场快速发展。在西方工业化国家，在上世纪 90 年代，即进入了环境与经济协调发展阶段，基本实现环境保护在经济意义上实现的常态化，环境产品供给日益丰富，环境产品价值不断提高，且逐步得以实现。社会公众的环境消费意识和能力持续提升。这些奠定了金融部门进入环境产业的基础，投融资行为绿色化利润空间得以拓展，道德投资的理念逐步盛行，绿色金融业演变为一种具有新的竞争力与新的竞争优势行业。只有大力发展绿色金融，才能增强国家以及区域经济发展在国际经济与金融市场竞争力。

三、绿色金融成为供给侧结构性改革的重要动力

党中央面对不断增强的经济下行压力，提出了供给侧结构性改革战略决策，以实现稳定经济增长，其中一个重要方面就是去除高消耗、高污染而又低效的产业或产品，补上能够引领高新技术、具有国际竞争力的绿色产业和绿色消费所需要的绿色产品。这就要通过绿色金融支持绿色产业等新兴战略性产业的发展，积极培育引领新常态的新的经济增长点。同时，要通过金融创新，充分发挥绿色金融在资源配置中的决定性作用，提升资源供给结构，促进要素供给转型。

四、绿色金融成为金融业转型创新的重要领域

改革开放以来，虽然中国金融体系日益完善，但仍存在资源配置效率不高的问题，为适应产业转型升级和科技创新的需要，中国金融企业亟需转型创新，以提升效率，增强服务产业转型升级的融资工具与金融产品的有效供给。绿色金融成为中国金融转型创新发展的重要领域。绿色金融是推进实体经济与虚拟经济紧密融合的重要纽带。通过优化金融资源配置，引导资金流向生态环保产业、流向绿色制造业，从而实现金融服务经济转型升级，同时，金融机构的绩效与竞争力也和紧提升。总之，发展绿色金融是金融创新和金融机构转型发展的重要领域。

第三节 发展绿色金融促进"两个转化"

作为全国第一个生态文明试验区，福建深入贯彻落实绿色发展理念，立足福建实际，2017 年 5 月出台了《福建绿色金融体系建设实施方案》，突出先行先试，创新推

进绿色信贷、债券等绿色金融服务快速发展，提升资本市场资源配置效率，增强服务实体经济能力，促进实体经济结构调整，支持社会资金投向环境治理和节能、减排、低碳环保等绿色产业发展，推进福建国家生态文明实验区建设，绿色金融发展正在促进福建绿色发展转化为区域经济发展新的综合实力与新的竞争优势。

一、福建绿色金融发展现状

（一）绿色信贷规模不断扩大

福建省积极完善绿色信贷机制，探索实施绿色信贷政策，支持符合绿色发展企业和行业，加大对节能减排、低碳经济、循环经济金融支持力度，扩大绿色信贷规模。发展绿色信贷产品，推进生态产品市场化，支持经济转型。至2016年6月末，福建省银行业金融机构绿色信贷贷款余额1457.01亿元（不含兴业银行省外机构发放的贷款）。银行业金融机构分类施策，落实去产能政策，贷款逐步从煤炭、电力、钢铁等产能过剩行业退出。2013~2016年6月，福建省银行业金融机构从高污染、高耗能和高环境风险行业退出贷款1104.88亿元，不断强化金融环境风险控制。首先是加强政策引领。福建银监局通过出台银行业机构支持生态文明先行示范区建设推进绿色信贷工作的指导意见、银行业机构支持产业结构调整和化解产能过剩的实施意见、做好环境污染第三方治理金融服务的通知等文件，引导银行金融机构支持绿色经济、低碳经济、循环经济发展。其次是完善信贷机制。商业银行将项目和企业节能环保因素纳入银行业信贷审查范围，增加对企业和项目的环境风险标识，加强环保风险识别。兴业银行在总行层面设立环境金融部的同时，还在32家分行建立环境金融中心，形成推动绿色信贷业务发展的专营组织体系。此外，还通过落实差别信贷，加大对节能减排、循环经济、清洁能源等绿色信贷企业和项目的信贷投放力度。

（二）绿色证券市场快速发展

福建充分利用证券市场作用，积极拓展绿色产业发展的投融资渠道，鼓励绿色企业进行证券渠道融资，引导区域绿色发展。2015~2016年6月，绿色企业如圣农发展、永安林业等通过增发配股、发行短期融资券等形式募集资金近42.76亿元。同时，通过推动省投资集团下属中闽能源与福建南纸通过资产重组，推动省能源集团的电力板块成功借壳福建南纺上市等，引导高耗能、高污染排放的企业转型升级。主要是推动优质绿色企业上市挂牌融资发展。目前，福建省上市绿色企业已涉及林业、制造业、生态保护和环境治理、家禽养殖4大行业，包括永安林业、中福实业、漳州发展、福日电子、龙净环探、圣农发展、海源机械、福建金森、元力股份、纳川股份、龙马环卫等11家，其中，龙马环卫于2015年首次公开发行上市，首发融资4.96亿元。此外,还通过支持上市绿色企业通过并购重组和再融资,充分发挥资本市场资源配置作用,规范资金运用、拓宽融资渠道、筹措发展资金,整合生产要素、实现产业转型。

(三) 绿色保险市场初步形成

福建推进绿色保险发展,开展低碳、环保类公益事业项目,发展环境污染责任保险、完善绿色保险政策。至2016年8月末,福建省(不含厦门)环境污染责任保险共为包括有色金属矿采选业、冶炼业、化学原料及化学制品制造业、纸业及制药业等行业的约100家次企业提供风险保障约1.6亿元。主要通过开展污染责任保险试点与探索污染责任保险新模式完善绿色保险市场。2014年印发《福建省环境污染责任保险试点工作实施意见的通知》,将涉重金属企业及其他高环境风险企业列入试点范围落实参保,率先在泉州、三明开展环境污染责任保险试点工作。并在此基础上,泉州市初步形成"政府推动、市场运作"的保险新模式。

(四) 环境权益交易市场不断完善

福建积极开发碳金融产品,完善碳排放交易市场机制,区域碳金融发展取得重要进展。自2014年9月份以来,排污权交易累计总成交额3.25亿元,其中2016年1-9月,累计总成交额1.98亿元。积极推进排污权市场与碳排放交易市场建设,推动要素平台建设,推动海峡股权交易中心开展排污权交易,并于2016年8月,在海峡股权交易中心举行温室气体资源减排交易机构揭牌仪式。海峡股权交易中心成为继北京、上海、天津、重庆、湖北、广东、深圳等7个碳排放权交易试点地区和四川联合环境交易所之后的国内第九家国家备案碳交易机构。

二、福建绿色金融发展存在的问题

(一) 市场体系尚不完善

随着福建区域碳金融的发展,碳排放权交易市场的日益扩大,有关促进绿色金融体系还未建立。绿色金融市场主体单一。目前,开展绿色金融的市场主体主要是银行,其他金融机构与社会资本参与程度低。间接融资是主要的融资方式,直接融资仅存在于个别企业的股权融资方式,而债券融资少。绿色金融发展实施方案或规划仍在探索之中,还没正式建立。绿色金融发展政策与实践多限于"两高一剩"行业与产业的信贷资金投放等短期安排,长远战略配套政策亟需完善。

(二) 绿色金融规模小,多处于绿色金融价值链借端

福建绿色金融发展在取得一定程度的发展的同时,商业银行的绿色信贷余额规模依旧不高。绿色金融产品与服务多处在探索阶段,绿色金融发展规模较小,如绿色信贷余额仍占同期行业贷款余额的5.28%,绿色金融服务的供给与绿色发展的需要仍有

差距。绿色金融服务还停留在绿色信贷的浅层次，所涉足领域多在中下游环节或多是低附加值产品。

(三) 绿色金融工具以信贷为主，形式单一

福建绿色金融市场发展不完善，绿色金融主要体现为减少对高耗能、高污染企业的贷款，对于绿色金融的其他产品如绿色证券、绿色保险和碳金融产品供给少，非银行金融机构参与少，绿色证券、绿色保险少，碳期货和碳期权等衍生品市场还有待开发。

现代绿色金融产口与服务体系，有满足企业、家庭和个人金融需求的绿色信贷产品，有包括绿色债券、绿色资产抵押证券、气候衍生物等绿色证券产品。绿色保险不仅有环境相关性不同而费率差异的保险产品，还有专门为清洁技术以及减排活动定制了相关的保险产品。而福建绿色金融服务还主要限于绿色企业生产发展的金融服务，如权益融资等证券产品，而对个人消费绿色金融服务还有待发展。保险产品与服务还处于发展的初级阶段，主要是对绿色生产提供保险服务，且处于试点、探索阶段。

三、发展绿色金融促进"两个转换"的建议与对策

(一) 完善绿色金融体系

发展绿色金融，促进绿色发展实现"两个转换"，要创造绿色金融发展的良好的外部环境，完善绿色金融制度体系，优化绿色金融发展实施方案，以及促进绿色金融发展的相关政策，规范与引导区域绿色金融发展，培育多元化市场主体，扩大绿色金融直融资市场规模，创新绿色金融服务方式，促进绿色发展，增强区域经济的综合实力与国际竞争新优势，加快福建绿色发展实现"两个转换"。

一是完善绿色发展政策与规划。绿色金融发展，需要有效的监管机制，也需要完善的激励机制引导。在强化金融企业社会环境责任意识的同时，也需要金融机构积极开展绿色金融创新，这些都需要绿色金融政策与规划的完善。要借鉴国内外先进经验，借鉴"赤道原则"，立足福建省情，完善福建绿色金融实施方案，促进绿色金融规范发展，增强区域经济的国际竞争力与综合国力。完善税收减免、财政补贴、风险补偿、信用担保等绿色金融促进政策，引导各类金融机构参与绿色金融。完善企业环境信用评价制度与环境高风险领域环境污染强制责任保险制度，优化生态环境项目担保机制。二是积极培育绿色金融市场体系。积极培育绿色金融市场主体，引导证券公司、保险公司等非银行金融机构对绿色金融的支持力度，鼓励其开展并逐步扩大绿色金融服务供给，促进绿色金融市场主体多元化。探索建立政策性绿色金融机构，如建立绿色银行等，以此改变绿色金融服务供给低水平、浅层化的现象，提升福建绿色金融服务的供给水平。鼓励与支持金融机构和企业发行绿色债券。积极培育绿色金融中介市场，

优化绿色金融中介市场环境，鼓励绿色信用评级机构开展绿色项目开发咨询、投融资服务、资产管理等服务。

（二）充分发挥财政资金对绿色金融发展的引导作用

加大财政投入，引导绿色金融促进"两个转换"。采取投资奖励、补助、担保补贴、贷款贴息等多种方式，建立绿色信贷支持的项目财政贴息机制。将财政资金投入从"补建设"转向"补运营"、从"前补助"转向"后奖励"，引导社会资本参与绿色金融的发展与绿色金融主体多元化。发挥省产业股权投资基金对社会资本的引导作用，研究设立绿色环保产业基金，加大对环境治理和生态保护市场主体的股权投资力度。鼓励社会资本设立各类环境治理和生态保护产业基金，各级政府投融资平台可通过认购基金股份等方式予以支持。探索建立绿色信贷业绩评价机制。建立基于绩效的财政资金分配方式，将绿色信贷实施情况关键指标评价结果作为重要参考。在完善支持绿色信贷等绿色金融业务的激励机制的同时，强化对高污染、高能耗等行业的贷款约束机制。支持和引导银行等金融机构优化对绿色企业的授信审批流程，加大对绿色企业和项目支持力度。

（三）加大绿色金融创新

积极促进绿色发展与生态文明建设的绿色金融产品和服务创新，拓展服务群体范围，创新业务方式，提升开展绿色金融服务的能力，增强区域产业国际竞争力。推进绿色信贷创新。鼓励银行业金融机构建立绿色金融集团，探索绿色金融专业化经营机制。引导在信贷政策制定、业务流程管理、产品设计全过程中，坚持绿色理念，提升市场主体绿色经营水平。引导银行金融机构扩大绿色信贷抵押品范围，开展生态公益林收益权质押。鼓励金融机构开展生态环保领域的投贷联动业务试点工作。引导政策性金融机构金融支持方式创新，鼓励福建省政策性融资担保机构，加大对生态环保类国家专项建设基金项目以及民营企业实施的生态环保类国家专项建设基金项目的信贷支持，鼓励政策性金融机构加大对民间资本参与的环境治理和生态保护工程稳定提供低成本资金信贷支持。以小微企业、家庭和个人为绿色金融服务需求对象，开发与提供绿色销售和绿色支票产品、绿色信用卡及借记卡、环保技术租赁、绿色建筑信贷等多元化的绿色金融产品。扩大完善绿色股票市场规模，探索设立区域绿色股权板块，适度放宽环境友好型和资源节约型项目在股票市场的发行资格限制。创新绿色金融衍生工具，建立绿色金融衍生产品市场。发展完善碳金融产品类别，探索发展碳远期、碳期权、碳租赁、碳债券、碳资产证券化和碳基金等金融产品和衍生工具。扩大排污权有偿使用和交易规模，制定完善排污权核定和市场化价格形成机制，完善排污权交易市场。

(四)推动直接融资市场支持绿色投资

加快绿色债券市场发展，扩大绿色产业债券融资规模，增强绿色发展的可持续性，将绿色发展转化为区域经济综合国力，增强绿色产业国内与海外投资能力，提高国际竞争能力，增强区域经济实力。鼓励环保企业或项目发行企业债、公司债等筹集发展资金。免除绿色债券投资人所得税，降低绿色债券的融资成本。推行绿色债券评级制度，加大对绿色评级好的企业和项目的投资规模，减少对污染型企业的投资。大力发展绿色股票市场，支持绿色企业上市融资和再融资。优先考虑环境友好型和资源节约型企业，上市融资，或适度放宽其股票发行资格限制，探索对新三板绿色企业优先开展专板试点。

(五)发展绿色保险

引导保险机构建立完善与气候变化相关的巨灾保险制度，研发环保技术装备保险、针对低碳环保类消费品的产品质量安全责任保险、船舶污染损害责任保险、森林保险和农牧业灾害保险等产品。在环境高风险领域建立环境污染强制责任保险制度。将环境风险较高、环境污染事件较为集中的领域企业纳入应当投保环境污染强制责任保险的范围。

(六)积极参与绿色金融国际合作

统筹国内国际两个大局，以全球视野加快发展绿色金融，增强区域经济参与国际经济合作与国际市场竞争实力，把绿色金融作为促进绿色发展转化为福建新的经济综合实力与国际竞争新优势的重要环节。推动与海上丝绸之路沿线国家和地区的绿色金融合作，实现绿色金融与海上丝绸之路建设深度融合。引导金融机构主动对接海上丝绸之路绿色建设项目，支持丝绸之路沿线国家和地区的绿色产业发展。积极吸引国际资金投资福建绿色债券、绿色股票。发挥政策性融资的引领导向作用，引导财政资金、丝路基金等资金，为省内企业"走出去"，开展绿色投资提供融资服务。以海上丝绸之路沿线国家和地区为重点，鼓励金融机构积极开发和推广碳债券、碳配额质押融资、碳基金、碳配额托管等碳金融产品及其衍生工具，促进绿色金融国际合作。推动建立海上丝路沿线国家绿色投资贴息制度，优先资助有利于促进省绿色发展与产业机构调整有带动作用的投资。探索海上丝路环境保护基金建设，鼓励省内相关金融机构与海上丝路主要国家与地区金融机构共同出资设立海上丝路环境保护基金，专项用于沿线城市资源开发与环境保护。

(七)推进闽台绿色金融合作

拓展绿色金融合作空间，完善两岸绿色征信合作机制，促进两岸征信信息共享和使用，增强区域绿色发展的国际竞争力。支持金融机构在台湾地区发行宝岛绿色债券，支持绿色投资。

第十四章　创新生态产品价值实现方式加快"两个转化"

生态产品是现代社会人类生存和发展所需要的、与物质与文化产品并重的基本产品。随着经济社会发展，生态环境问题日渐凸显。人们对生态产品的需求日益增加，而生态产品的有效供给却相对不足。党的十八大报告提出要增强生态产品生产能力，增进人们的生态福祉。福建省要充分发挥生态优势，坚持绿色发展，创新生态产品价值实现形式，加快生产与生活方式绿色化，提升生态产品生产能力，为人们生产与生活提供更多的生态产品，让生态产品更好地为社会发展服务，促进生态优势与绿色发展转变为福建经济社会发展的新综合实力与国际竞争新优势。生态产品价值实现的先行区是福建省生态文明示范区建设的战略定位之一，也是生态产品价值实现是"两个转化"的重要环节。这就要坚持绿色发展，充分认识生态产品的价值属性，重视生态产品价值，完善生态产品价值实现的体制机制，增加生态产品有效供给。通过建立多元化生态产品价值补偿机制，培育与完善生态产品市场机制，充分运用政府与市场手段，多途径促进生态产品价值实现。生态产品是公共产品，价值实现难度大。生态产品价值实现方式创新，有利于福建推动供给侧结构性改革，加快补齐生态短板，增加生态产品供给，为企业、群众提供更多更好的生态产品、绿色产品；有利于健全体现生态环境价值的生态产品价值补偿机制等，促进福建省生态优势向发展优势转变，增强绿色发展后劲，加快绿色发展的"两个转化"。

第一节　生态产品的概念与特征

一、生态产品

人类需求既包括对农产品、工业品和服务产品的需求，也包括对清新空气、清洁水源等自然要素的需求，这些自然要素也就具有了产品特征，可称为生态产品。生态产品或服务概念在联合国的《千年生态系统评估报告》(The Millennium Ecosystem Assessment, MA, 2005) 中指人类从生态系统获取的福利。在国家《全国主体功能区划》(2010) 中定义生态产品概念为生态产品指维系生态安全、保障生态调节功能、提供良好人居环境的自然要素，包括清新的空气、清洁的水源和宜人的气候等。现在学界一般采用这个概念。本文生态产品也采用这个概念。生态产品可以直接被人们消费利用，也可以作为一种生产要素通过租赁、资产化经营等被用于生态友好、环境友好型产品的生产，来体现其价值，如生态农产品、生态工业品、生态服务产品等产品生产。

二、生态产品分类

生态产品是自然生态系统的自然生产力和人类保护生态环境等劳动要素投入共同作用，所产生的，满足人们维持生命与健康需要的产品和服务，是生态文明社会的主要产品。根据生态产品的形态可分为，有形生态产品和无形生态产品。前者如清洁的空气与水等，后者如宜人的气候与风景等。根据生态产品消费有无竞争性与排他性，可以分为公共生态产品与私人生态产品。前者根据服务范围又可分为，全国、区域性生态产品等类型。服务全国的生态产品消费上不具有排他性与竞争性，呈现完全的公共物品性，服务于整个国家范围。区域性生态产品生产和提供涉及多个行政区域，消费上没有排他性，但有竞争性，呈现公共资源的特征。如流经不同行政区域的河流的上下游生态保护，需流域内各个行政区域建议协作机制，共同合作才能完成。社区生态产品在社区层次上具有公共性，居住地域居民消费没有竞争性，对于社区之外的居民的消费有排他性。私人生态产品是通过产权界定，将公共生态产品转变成私人产品，并通过市场交易实现供给。如排污权、碳交易等市场交易。

三、生态产品特征

由于生态产品生产和消费的方式的特殊性，使生态产品呈现出多种特征与属性。

(一) 公共物品性

生态产品适合于共同生产与共同消费，其生产的目的是促进生态和谐，增进人的生态福祉，具有明显的公益性。一个人对生态产品的消费，不能排除其他社会成员对同一生态产品的消费权利，在一定的程度上，也不会降低其他社会成员的享用与消费品质与水平，也就是说，生态产品的消费的非排他性和非竞争性这两个公共物品本质属性，因此，生态产品属于公共产品的范畴。这种公共产品属性，使得生态产品需求者趋利避回避交易，可以轻而易举地搭便车、免费享用，容易造成生态产品供给不足。《全国主体功能区划》(2011)，明确指出，当前中国工业品、文化品的供给能力迅速增强，但是生态产品的供给能力却日趋减弱。与此同时，人们对可持续发展所必需的特殊商品——生态产品的需求水平与质量，却在与日俱增与提升。作为公共物品，其主要应由政府提供。政府为了增加生态产品的有效供给，开展了大规模的生态与环境保护工程建设，制定了有效的生态补偿制度。如通过生态功能区的"生态补偿"，由政府通过购买这类地区生产的生态产品，作为公共生态服务提供给人们消费。

（二）地域性

生态产品的服务范围有一定的地或性，不同服务范围的生态产品，只能在特定地域空间内发挥作用。比如某流域的清洁的水源与清新的空气，对服务范围之外，距离较远的区域的人们来说，就没用生态服务功能，也就不能被消费。

（三）价值多维性

生态产品有使用价值与非使用价值（如存在价值）、经济价值与非经济价值（如文化价值）。价值多维度性增加了其价值的核算评估的难度。此外，还有个体消费的不可计量性、持续性特征。

第二节　完善生态产品价值实现机制促进"两个转化"

加快绿色发展，生态环境将得到显著改善，更多更好的生态产品将被生产出来。然而，如何实现这些生态产品的价值，完成生态产品循环的"惊险一跳"，对生态生产力的保护与发展，绿色发展动能的增强，会产生重大影响。这关系到绿色制造、绿色农业、绿色服务业等绿色产业的国际竞争力的提升与发展实力的增强问题。这就要重视绿色发展中的生态产品价值，创新价值实现形式，加快完善生态产品价值实现的政府与市场机制，促进绿色发展实现"两个转化"。

一、生态产品价值

国内外理论研究与生态产品生产发展实践表明，生态产品是有价值的。当今世界，生态产品成为稀缺性产品，成为具有使用价值和价值的统一体的商品。马克思认为空气、原始森林、矿物等自然资源是在自然力的作用下产生出来，未经人类生产加工的自然产品，没有凝结人类劳动，它虽然有使用价值，但没有价值。但是，工业革命以来，全球生态环境破坏严重，为了保护生态、治理环境，生产与提供生态产品，不仅要靠自然生态环境自身修复能力的作用，也要人类通过进行大规模的劳动投入，进行生态建设和保护环境，发挥人类自身的作用，才能完成。这样，生态产品就凝结了人类劳动，就有了价值。如生态产品具有多种使用价值，它既可以作为生活资料，被人们直接消费，满足人们的物质需要，又可以使愉悦人们的心情，满足人类的精神性需求。生态产品价值实现就是要将生态产品的价值以货币形式通过市场交换或者政府补偿等方式转换为货币资金。例如，对于一片森林，如果将其作为木材，在市场上销售即实现其价值；如果将它看作是具有涵养水源等功能的生态资源进行保护，提供涵养水源服务的生态产品，它就成了公共物品，这要通过生态补偿等方式实现其价值；如果将其作为要素投入，开发生态旅游，其价值将以生态旅游产品形式实现。要创新生态产品价值实现方式，提高生态产品生产能力与供给水平，促进增强绿色产业的国际竞争力与综合国力，促进绿色发展实现"两个转化"。

二、生态产品价值的核算方法

生态产品价值核算与定价，是实现绿水青山的金山银山价值，实现生态产品价值的基础。一般认为，生态产品价值核算方法主要有，直接市场法、替代市场法与意愿调查法等三种。直接市场法主要用于产权明确、价格确定，可直接进行市场交易的生态产品估算。主要包括费用支出法、影子价格法。替代市场法是先对核算某一区域或某种环境下的生态产品价值，再将该价值估算结果运用到其他类似区域或基本相同的生态产品价值核算中。这种方法主要包括旅行费用法、享乐价格法等，适于较大空间范围的不连续区域产品的估值。意愿调查法主要是通过调查特定区域内居民对使用特定区域生态产品与服务的支付意愿，并基于该生态产品的支付意愿进行生态产品价值估算。一般而言，直接市场法可信度最高，替代市场法次之，意愿调查法最低。生态产品的公共物品与多维价值性等特征，使得替代市场法和意愿调查法在生态产品价值核算实践中得到广泛采用。

三、生态产品的供给方式

生态产品具有公共产品属性。人们生存与发展的共同需要是公共产品产生的原因。马克思在《哥达纲领批判》中指出：社会总产品中扣除补偿生产中已消耗的生产资料后，还要作三项扣除才能向个人分配。这三项扣除如教育、保健等福利设施以及社会救济等正是现代公共产品的重要内容。由此可见，马克思认为社会存在和发展的共同利益需要是公共产品产生的原因，而不是基于市场单个主体的需要。马克思认为公共服务（产品）供给主体有政府或"私人自愿联合"两个，通过市场和政府两种方式配置，并且认为生产力发展水平决定了公共产品需要规模与性质，公共产品性质进而决定配置方式。随生产力水平提高，社会共同利益需要也会相应增加，同时，配置方式也会多元化，市场配置方式比重日益上升。马克思的公共产品供给理论为生态产品价值实现方式创新提供了重要理论指导。

生态产品的供给可分解为提供和生产两个相联系的过程。提供是指决定服务类型及其供给水平，并安排和监督生产；生产是指把财政专项资金投入转化成公共服务产出。政府作为公共服务提供者并不一定要生产该项服务，可以从生产者中购买服务。政府及相应部门一般为公共服务的提供者，但在生产阶段，则可根据专项资金的性质、类型，除提供者即政府及其相关部门直接生产外，适当引入下级政府与相关部门、社会组织、企业、事业单位等多元竞争主体，参与生产。生态产品提供者与生产者可以相分离。提供者和生产者可以是同一主体，也可以是不同主体。根据生态产品提供和生产分离程度，生态产品的供给可以由政府供给、市场供给、政府、使用者与市场联合供给等多种供给方式，与之相适应，需要建立对应的生态产品价值实现形式。

四、以生态产品价值实现方式创新促进"两个转化"

（一）福建生态产品价值实现方式探索

福建生态文明建设起步早、力度大，高度重视生态产品生产与发展生态产品生产力，持续推进生态文明建设，创新生态优先的绩效考评机制，完善生态补偿机制，探索生态产品市场交易机制，促进绿色发展向新的综合国力与国际竞争力转化。2000年，习近平总书记任福建省省长时，亲自指导编制和推动实施《福建生态省建设总体规划纲要》。此后，福建省委、省政府持续推进生态生产力建设，不断提升生态产品生产能力。近年来，福建省不断制定、完善与实施主体功能区规划。从 2014 年，对主体功能区，限制开发区域内的 34 个县（市）实施生态保护优先的绩效考评制度，加大财政对限制开发、禁止开发区域生态保护补助力度，对省级以上生态公益林补偿标准提高到 19 元/亩（省级以上自然保护区 22 元/亩），推进生态产品市场交易机制建设，排污权、节能量交易以及排污权二级市场规模与活跃程度扩大与提升，积极发展绿色信贷等绿色金融。

（二）优化生态产品价值实现路径

生态产品价值实现就是使其外部经济性内部化，将其价值转化为货币资金。随着绿色发展的不断深入，要运用政府与市场"两只手"来促进生态产品价值实现。前者要政府用行政手段干预，通过生态与环境保护工程建设投入、转移支付等公共支付途径实现；而后者不必政府出面干预，是在明晰产权的前提下，在市场机制作用下，市场自行解决的市场交易途径，如通过碳汇、排污权等市场交易，实现生态产品价值。通过创新生态产品价值实现形式，完善绿色发机制，增强绿色产业竞争能力，加快绿色发展向新的综合国力与国际竞争新优势转化。

1. 政府途径

主要有转移支付、政府赎买、政府购买公共服务形式。

（1）转移支付

对重点生态功能区、自然保护区、流域保护区等区域范围内生活的人们，通过保护劳动或放弃农业生产等发展经济的权利，保护生态环境而生产公共生态产品的价值，应通过转移支付等以生态补偿形式予以体现，使生态保护环境产品的生产者有更多获得感。福建省可扩大已在大流域如闽江、九龙江等流域实行的生态补偿至小流域，生态补偿资金额度要逐步与生态效益的外溢效益相匹配，保证生态保护地区生产产品价值将得以充分实现。

（2）政府赎买

对重点生态区内禁止采伐的商品林通过赎买、置换等方式调整为生态公益林，使"靠山吃山"的林农利益损失得到补偿，实现社会得绿、林农得利。即由政府购买生态效益、提供补偿资金等方式来增加生态产品的供给，实现了生态产品价值。福建2016年起已在武夷山市、永安市等7个县（市）开展赎买试点。

2. 市场途径

充分利用国际、国内两个市场，实现生态价值。在发展国内生态产品市场的同时，也可支持有条件的林业企业参与国际碳汇市场竞争，同时，可吸引国际资本进入福建生态产业，进行生态资源的产业化经营。

市场交易是通过培育市场、完善市场交易机制、界定与明晰产权，将产权能够界定的生态产品通过一定的制度转变成私人产品，使其价值通过市场机制竞争实现。生态产品的市场交易包括私人产品市场、准生态产品市场。

（1）私人产品市场

私人产品市场是指通过生态资源的产业化经营，生态产品供求主体之间开展的直接交易。通过生态资源产业化经营，形成私人产品，通过市场竞争机制实现生态产品价值。政府可将生态产品以市场合约的形式（特许经营）部分或全部地租赁给企业，企业将其作为要素投入到私人产品的生产，生态产品价值在私人产品价值实现中实现。

发展生态利用型产业，间接实现生态价值。在经济发展新常态下，推进服务业与一二产业融合，生产生态利用型产品，最终实现生态产品价值。发展以生态产品为要素的生态利用型产业，用好山、水、林、气，加快发展生态旅游与休闲养生产业、健康医药产业、山地特色高效农业、林业产业、畜牧养殖业、饮用水产业，将福建绿水清山转化为产品优势，转化为现实消费品与生产环境友好型产品的中间投入品，将生态产品内化为生产成本,通过市场出售健康产品,而实现生态产品的价值。农业主产区可通过促进三次产业融合,推动农业与加工业、旅游、文化等产业融合发展,发展休闲农业和乡村旅游等健康产品,是实现农业生态产品价值。

(2) 准生态产品市场

准生态产品市场是指依托政府设立的中介组织,市场主体自主参与的碳排放权、排污权等生态产品交易市场。增加生态产品生产供给,生产更多优质生态产品和服务,利用生态产品市场机制,实现生态产品价值。

五、完善生产价值实现的制度建设

完善生态产品实现的制度建设,是加快绿色发展,促进生态优势进一步转化为发展优势,增强经济发展绿色新动能,促进绿色发展实现"两个转化"的重要基础。探索生态产品价值实现机制,是党中共、国务院《关于设立统一规范的国家生态文明试验区的意见》及《国家生态文明试验区(福建)实施方案》所要求的重要试验任务。生态产品价值实现缺乏经验借鉴,难度大。要完善生态资产产权制度、自然资源资产管理与产业化运营体制、生态产品外部性内部化机制、生态产品有偿使用制度,完善碳排放权、排污权初始分配与市场交易规则,形成操作性强的生态产品价值路路径与制度体系,更多地用经济手段促,实现生态产品价值,进绿色发展及其"两个转化"。

(一) 完善生态资源产权制度

产权明晰是生态产品通过市场途径实现价值的前提。一要明确公众与市场主体一定的基本生态产品使用权与支配权,形成多元化生态产品交易主体。二要完善确权登记系统。开展自然资源调查、确权、登记和颁证工作,明确自然资源资产所有权及其主体。三要完善自然资源产权体系。通过产权制度,规定各类自然资源产权主体权利,创新自然资源全民所有权和集体所有权的实现形式,探索扩大生态资源使用权的出让、入股等权能。

(二) 建立生态产品价值核算制度

生态产品的价值实现,是以生态产品价值评估为基础。实现绿水青山的金山银山价值,探索构建生态系统价值核算体系和核算机制,解决定价方法和定价机制问题,确定不同功能生产产品的核算方法和技术规范。培育生态产品核算专门核算评估市场中介,提高生态产品价值估算的专业化水平。

(三) 培育建立生态产品市场体系

1. 培育生态产品市场主体

利用市场化机制实现生态价值,推进生态环境保护,要建立推广政府和社会资本合作模式，推行环境污染第三方治理，引导社会资本进入生态市场。培育综合性环境服务企业，提供第三方生态保护与环境治理服务。加大对生态友好型企业的生态产品交易意识的引导与培训，促进其成长为生态市场主体。

2. 完善生态产品市场机制

要不断完善碳排放权交易与排污权交易制度体系。扩大参与碳排放权交易的市场主体范围，加快区域碳排放权交易市场与国内其他区域以及全国碳排放权市场的对接，扩大市场规模与增进市场的竞争程度。开展排污权抵押贷款等融资模式，实现排污权生态产品价值。

（四）建立多元生态补偿机制

按照成本、收益相统一的原则，加快自然资源及其产品价格改革，完善资源有偿使用和生态补偿制度。进一步完善流域生态保护补偿政策，推进受益地区与保护生态地区、流域下游与上游的横向生态补偿工作，创新横向补偿方式。建立长效的生态资金投入机制，探索地方与中央转移支付相结合的方式，扩大对重点功能区的资金投入与生态补偿规模。以不同主体功能区生态功能与成本支出为基础，确定补偿标准。推进省级公益林与国家级公益林补偿联动、分类补偿结合补偿机制建设，逐步将重点生态区位内禁止采伐的商品林通过赎买、置换等方式调整为生态公益林，提升生态区森林生态服务功能，增强区域生态产品生产能力。创新生态产品的政府购买机制。设立购买生态产品的生态建设专项资金，制定政府生态产品采购清单，以第三方机构对政府购买生态产品的评估价值为支付购买的依据。探索收储、置换、租赁和入股等多种多元化赎买资金筹集形式，扩大生态产品政府购买规模，增大生态产品供给。

（五）生态产业税收优惠

施行差别税负政策，给予生态产品与生态友好型产品一定的税收优惠，同时考虑对环境污染、高耗能的产业产品增加税负。对生态保护区域以及生态脆弱区生产的生态产品实行零税负，同时，适度提高重点开发区、优化开发区的税负。

（六）完善绿色金融支撑体系

优化绿色金融发展的外部环境，立足福建省情，制定福建绿色金融实施方案，促进绿色金融规范发展。完善财政贴息、助保金等生态信贷扶持机制，完善对生态环保项目担保机制。积极培育绿色金融市场主体，促进绿色金融市场主体多元化，扩大海峡股权交易中心统一碳排放权、排污权交易市场规模。引导金融机构和企业通过直接融资如发行绿色债券筹措资金。

第十五章　生态文化与"两个转化"

第一节　生态文化"两个转化"的力量

生态文化是以自然生态系统为视域的文化，是以生态整体主义为理论基础的文化，是以遵循生态规律为准则的文化，其最终目的是实现人与人、人与社会、人与自然之间的和谐共生。在生态文化出现之初，生态文化仅仅是对工业文化缺陷的一种纠正、补充和化解，企图从传统工业对自然资源的掠夺和片面占有，转变为对自然资源的敬畏、遵循和适度利用。然而，随着生态文化理论和实践的日益推进和发展，生态文化的核心思想，例如绿色、循环、包容、均衡、共生、和谐等理念，正在对现代社会的方方面面进行渗透、解构和提升，生态文化已然是一种崭新的文化形态，一种在当下占据主流的文化形态，一种继工业文化之后全新的文化形态。哲学的生态转向，二元对立思维的消解，大众将以更包容的心态和广阔的视野看待世界。在促进绿色发展转化为新综合国力和世界竞争优势的过程中发挥其"软实力"的作用。

一、生态文化改变传统技术手段

科学技术作为第一生产力，是推动社会进步的伟大力量，科学技术正在改变着世界的面貌。但科学技术作为人类工具，又有两面性，既有善的一面，正价值；又有恶的一面，负价值。例如原子能，既可和平利用、服务人类，也可用于战争，成为杀人武器。塑料的发明，给人类带来方便；但又制造白色污染，成为20世纪从环保方面来说最坏的一项发明。杀虫剂、化肥和洗涤剂等亦是。"一种天然有机产品被一种非天然有机产品所替代，在每一个例子上，新的技术都加剧了环境与经济利益之间的冲突。"这里，技术上的成功等于生态学上的失败。出现这种现象不是由技术本身（技术本性）所决定的，而在于人类目标的单一性。生态学上的失败，显然是现代技术确定的单一目标的必要结果。换句话说，科学技术的目标仅限在物质和经济上，而忽视应当承担的自然责任和社会责任。

美国著名物理学家戴森认为,科学技术缺乏人文关怀和道德约束,便会成为掠夺自然的工具,成为有钱人的玩具。解铃还须系铃人。质疑现代科学技术并非排斥科学技术,恰恰相反,我们需要科学技术,或者准确地说,需要科学技术在观念、目标和技术手段上实现生态转向。在观念上,要确立生态整体主义。不排斥分析,但要从整体出发,经过分析,回到整体。在目标上,要综合评价科学技术的合理性,当经济合理性与社会和生态的合理性发生冲突时,应优先考虑社会和生态的合理性。在技术手段上,要充分利用生态技术,多元、综合、适当利用自然资源,例如:

其一,整体性技术。要充分利用生态系统自行修复的功能优势,对荒野、天然林、自然保护区等,实行整体性保护,严禁开发,让其自行运行。保护本身即是一种生产,一种有效经营。对天然残次森林,实行封山育林人工促进天然更新;因地制宜,有计划退耕还林、还草、还湖,让其恢复生态生产力。

其二,循环技术或系统技术。采用生态工艺,增加中间环节,例如沼气、湿地水生植物的设置等,把环境污染的"源"解决在生产过程中,贯穿整个生产流程,形成一个可逆的、封闭的循环,逐步使生产工艺生态化、无害化和有序化。

其三,清洁技术。如生物去污处理技术及其产品和设施。

其四,逆向技术。用逆向思维,设计工业产品,使产品在利用功能丧失后,能进行拆解,为废弃物二次利用提供条件和可能。

其五,混作技术。如不同作物和树种,不同形式,不同层次的混交,以及林果、林药、林油、林粮、林菌等不同混作经营模式的推广。

其六,替代技术。用生物能、太阳能、风能、水能等替代矿石能源。

其七,绿色技术。如绿色食品、绿色消费、绿色化学、绿色工程、绿色出行、绿色家园等。绿色既是环保、节能、低碳的标志,也是时代时尚的风向标。

其八,适度技术。对森林、草原、荒漠、湿地的适度开发利用,不能超过生态阈值,要恰到好处。

随着社会文明的进步,还会不断产生和出现新的生态技术,并逐步替代或更新传统技术,使整个社会技术面貌出现一个根本性的改变。

二、生态文化促使工业范式转变

生态文化的一个核心思想是循环。在自然生态系统中,既有生产者(植物)、消费者(动物),还有分解者(微生物)。这些不被人重视的微生物发挥着重要的作用,它们把生态系统过程中产生的废弃物进行分解、清理,然后返回土壤,形成一个闭合的循环。传统工业生产流程缺少分解这一环节,从而造成大量污染物的排放,污染环境。生态文化循环思想的渗透，将使工业生产设计者们认识到应当在一开始便要把工业废弃物列为对象，而不是在致力于末端的工业污染物处理。这样，整个工业生产流程被视为一个相对封闭的循环体系，建立起一个新的"工业生态系统"。一个崭新的工业生产程序，在这个程序当中，工业废弃物不是直接排放，而是作为一种原料，进行二次利用和综合利用，工业污染被减少到最低程度。生态文化思想促使工业范式发生根本性的转变。

美国产业界认为，建立"工业生态系统"，将成为美国国家的最终目标，并成为 21 世纪占主导地位的制造方式。美国世界观察研究所把生态工业称为"环境保护引发的一次工业革命，"并预言它将涉及工业生产的所有领域。杜邦公司把它称为三 R 制造，即 recycle（回收）、rccse（再利用）、rechcc waste（减少垃圾）。美国产业界有人称之为"持久发展的工业"，瑞典和加拿大等国的产业界称之为"绿色工厂"，日本通产省称之为"生态工厂"。其主要特点，是最大限度地把环境安全列为公司的发展战略，最大限度地把废弃物转化为资源，重新利用。因此，现代工业体系必须引进循环理念和循环体系——这就是生态工业园。

生态工业园区是模拟自然生态系统中"生产者→消费者→分解者"的营养结构关系，在特定的地域范围内、企业之间、企业与社区之间通过共享的基础设施，建立物质、能量、信息相互交换和循环利用机制，从而形成各个企业组成的产业共生网络体系。在这个产业共生网络体系中，不存在废弃物概念。因为一个企业的废弃物，同时也是另一企业的原材料。我国从 1999 年开始规划，目前全国已有 20 多个国家生态工业园区。生态工业园是我国继技术开发区、高新技术园区之后的第三代园区。广西壮族自治区贵港国家生态工业园区是我国创建的第一个生态工业园区，以制糖业为核心，由蔗田、制糖、酒精、造纸、热电联网和环境综合处理六大子系统，形成一个集工业与种植为一体，各子系统相互协调的互利共生的复合系统。一个理想的工业体系，包括资源开采者、加工制造者、产业消费者、废物处理者四个部分，彼此形成一个有限输入、循环再生、无废物排放的互利共生体系。

生态农业从一定意义上是追求不对环境造成破坏的稳定和持续发展的农业，其主要目标包括两方面：在农业经济方面，力求产量、质量和效益的统一，为社会提供多样和丰富的农产品；另一方面，要保护农业依赖持续发展的生态环境，防止水土流失、保护水资源、生物多样性和土地的生产潜力等等，实现农业与环境保护的有机结合，建设可持续发展的农业。

"生态农业"概念是美国土壤学家阿尔伯特在 1972 年提出的，指不用或少用化肥，通过增加腐殖质改良土壤条件的农业。生态产业也称为有机农业、绿色农业。中华文明能经历五千年，经久不衰，其中一个重要原因是推行着一整套行之有效的有机农业耕作制度：施用人畜粪便、秸秆返田、套种绿肥，或采用冬翻晒土，或多种作物轮作、混作、利用天敌消除虫害，保证农业稳产高产，应当传承和借鉴。

在推进生态农业进程中，各地因地制宜，针对山区、半山区、沿海、水乡等不同地区，要推行不同的生态农业模式。例如粮—棉、粮—油菜、粮—蔬菜的农作物间作、套作和轮作模式。旱作粮棉—绿肥、水稻—红萍（或绿萍）粮肥间作模式，葡萄（瓜、果）—蔬菜（花卉）—食用菌的庭院立体种植模式，以及稻—萍—鱼、稻—鸭—鱼、林—鸭—鱼、林—畜—蚯蚓、苇—禽—鱼等立体种养模式，畜—粪便（沼气）—农作物（返回农田）等利用食物链结构技术，多次利用，形成良性循环。全国生态农业试点村农场1000多个，生态乡500多个，生态县100多个。北京大兴县留民营生态村等6个生态农业试点单位被评为"全球500佳"，受到联合国环境规划署的表彰，被认为是未来农业之路。

三、生态文化导致当下哲学生态转向

自然生态系统或者说地球生物圈，支撑着地球上所有生命，也是人类的家园和安身立命之本。而自然生态系统所蕴含的丰富和深邃的生态智慧，为哲学观念的创新提供了广泛的理论资源，并一步一步导致当下哲学的生态转向。

产生当下哲学生态转向的诱因是哲学研究对象的变化。传统哲学以人类社会为主要研究对象，而生态哲学把包括人在内的所有生命，都纳入研究范围。在生态哲学的视域中，展现一个个生命个体，一个个活跃的生态位，一个个良性循环的生态系统，以及由诸多生态因素和生态系统构成的多样稳定和美丽的生物圈。

生态哲学认为，整体比部分更重要。在笛卡尔哲学中，整体的动力学来自于部分的性质，部分决定整体，部分是首要的。生态哲学认为部分的性质是由整体的动力学决定的，整体是首要的，部分是次要的。部分依赖整体，它只有在整体中才获得存在，离开整体就失去其意义。比如某一物种，只有在特定的生境中才能存在。特定的生境显然具有整体的意义。同样，生物多样性的保护，关键是栖息地的保护，保护了栖息地，保护了整体性，具体的物种多样性自然会获得保存。

生态哲学不再把系统视为一种物质实体，也不再视为一种物质属性。而是如实视为一个完整的生态系统。生态哲学显然体现一种新的实在观，是一种关系的存在，一个生态系统的存在。而在生态系统中，万物生命都是平等的。在生态系统中，不强调首要、次要之分，不强调中心和边界。因为它认为，事物的相互联系和相互作用，比它们之间的相互区别更为主要。维系一个生态系统重要的是系统内各要素的联系以及

系统同外界非生物环境的联系。不强调中心和边界，不是无中心和无边界，而是多中心多边界，是中心边界的不确定性。生态哲学中的系统，又是一种过程存在，认为一切事物和现象是运动和变化的，时刻处在消长中。在这里，结构不再是最基本的东西，结构是基本过程的一种表现形式，过程更基本，过程和结构是相互联系的。

从生态哲学出发，用生态思想思维，传统的许多看法和观念面临质疑。例如在发挥人的主观能动性和对世界的改变上，显然需要重新的考量。不错，人类在向自然索取中，创造了技术圈，方便和优化人们的生活，但毫无节制地一味对自然索取和占有，必然危及生物圈。生态哲学认为，维护地球生物圈的稳定，才是人类最重要的任务。显然，自然界的一切并非都要改造和人工化，人类改造和利用的仅是一部分自然，这也是国家提出生态优先和建立自然保护区的理由。天然林、湿地、荒野、冰川、深海等是不能被触动的，自然的本底资源不能被触动。生态学家蕾切尔·卡逊说："'控制自然，这个词是一个妄自尊大的想象产物，当时人们设想中的控制自然就是大自然为人类的方便有利而存在。"不能无限制改造自然，让人工系统无限扩张，要划出生态红线，处理好严禁、限制、重点和优化四个开放空间的关系。保留好自然古朴和原始，是家园之本，乃人类之大福音。

生态哲学否定自然的有用性通过人类的劳动实现的观点。生态哲学认为，价值在自然本身。在人类出现之前，自然便在演化万物，形成有序的生物圈，默默地在创造价值。人类认识、利用和改造自然所获得的经济价值只是自然价值很小的一部分。自然的价值集中体现在生态价值和支撑生命价值上，此外，尚有历史、科学、文化、宗教、审美、休闲、消遣和塑造性格等价值。人类创造和控制的人工系统并不诞生文明，文明保存在荒野之中。人类的急功近利，其产品往往存在缺陷。以营林方面为例，人工林树种单一，生态功能脆弱，暴露出人类的浮躁和浅薄；而天然林树种多样，结构稳定，显示自然的厚德载物。自然界按自然规律运行，虽速度缓慢，但日累月积、精雕细刻，每一物种都是精品。自然制定规律、规则、标准，自然才是真正的大师。从某种意义上，人类只是自然的聪明和精巧的模仿者和守望人。

传统思维认为，人为主，万物为客；人（主体）凭借对自然（客体）的认识，征服和索取自然，达到主体与客体的统一。而生态哲学认为，自然才是真正主体，俯瞰天下，审视一切。当自然被赋予主体地位，主客互位，自然与人之间的关系不再是外在性的，而是互为内在性。人寓于世界万物之中，世界因人的"灵明"而成为有意义的世界。自然万物不再是被动的客体和被征服的对象。自然与人之间构成负责任的友好共处关系。人生活在天地万物中间，与天地万物相通相融。这就是天人合一或万物一体。传统哲学以人为主，生态哲学以自然为主，主客互见，两者看似矛盾，其实只是视域不同。以自然为本,维护生物圈稳定,恰恰体现出以人为本的基本前提,两者殊途同归。

第二节 生态文化"两个转化"的实践

生态文化对现代社会的政治、经济、文化、科技、外交、道德等方面,均产生深刻影响和变化。生态技术替代传统技术,生态工业园区替代高新工业园区,工业范式将发生根本性改变;森林城市、海绵城市和智慧城市的推进,城市与乡村将更加绿色和宜居;理性消费替代非理性消费,社会消费模式更趋适度、多元和健康。生态文化产品的出现,使城乡人民的精神生活更加丰富多彩。践行生态伦理,关爱自然万物,公民的道德素养将上升到一个新的境界。

一、生态文化构筑绿色宜居城乡

生态文化核心思想之一是绿色。支撑地球三大生态系统之森林与湿地,皆为绿色,草木茂盛,绿树成阴。人类居住地——城市与乡村是对森林和湿地开发的结果。我国的乡村依山傍水,洼地围田,低坡种果,远山森林,山明水秀,是农耕文明中巧妙利用自然的典范,含有深刻的生态学思想,是生态文明在人居环境上的样本。但工业化进程迅速,城市不加约束的扩张,高楼林立、厂房密布,带来雾霾、噪声、热岛效应、交通堵塞、垃圾成堆等一系列城市病,引发人们对城市建设的深刻反思。

早在20世纪初,英国生物学家P·盖迪斯在1904年写的《城市开发》和《进化中的城市》中,就把生态学的原理和方法应用于城市研究。1971年,联合国教科文组织在第16届会议上,提出了"关于人类聚集地生态综合研究","生态城市"概念应运而生。生态文化思想对城市建设的渗透,是生态城市概念和发展模式出现的必然结果。生态城市一提出,就受到全球的广泛关注。因为生态城市概念和发展模式,既针对现代城市的弊病开出药方,又为未来城市发展指明了可供实施的方案。到20世纪后期,"生态城市"已被公认为21世纪城市建设的模式。美国世界观察研究所在一份题为《为人类和地球彻底改造城市》的调查报告中指出,无论是发达国家还是发展中国家,都必须将本国城市放在协调发展的战略地位,实现"人—社会—自然"的和谐发展,走生态发展道路。

"城市森林"和"城市林业"是20世纪60年代由美国和加拿大提出的。随着城市化进程的不断加快,城市环境日趋恶化,发展城市林业,建设森林城市很快为人们所接受,世界森林城市建设发展势头强劲。进入21世纪,"让森林走进城市,让城市拥抱森林",已成为提升城市形象和竞争力、推动区域经济持续健康发展的新理念。在许多国家,城市森林被视为现代化城市和城市竞争力的重要标志之一。

我国是世界上城市最多的国家之一,现有城市680多座,建创镇1700多个,发展森林城市任重道远。我国于20世纪80年代以来引入森林城市概念,在各级政府和广大市民努力下,森林城市取得积极进展和显著成果。森林城市已纳入中国森林生态网络体系,成为中国森林生态体系有机组成部分。长春、贵阳、长沙、厦门等一大批森林城市正在涌现。森林城市建设呈现生气勃勃的发展势头。借鉴以往经验教训,各城市以遵循生态规律为准则,以生态优先为指导,全面规划,明确城市定位,划定城市生态红线,均衡城市生态空间布局,除继续引入郊外森林外,还注重林水结合,发挥湖泊、水库、内河等湿地在改善城市环境中的作用;尽可能收集和过滤雨水,减少洪涝灾害,推进海绵城市建设;师法自然,显山露水,追求城市各生态因素与结构自然化,力求与城市周边环境相融合;强调以人为本,塑造城市文脉,丰富和提升城市人为内涵;以大数据和云计算为支撑;积极建设智慧城市,努力把城市建成绿色、生态、宜居的花园、家园和理想的归宿地。让全体市民沐浴在林阴中,既看得见山,又望得见水;既有花香,又有鸟语;既身处城市、享受现代文明,又有自然恩赐、不减山水之乐。

生态文化还改变乡村建设理念,助推美丽乡村建设。生态文化倡导绿色、环保,主张因山就势、顺应自然、修旧如旧、保持古典,这使得一大批积淀农耕文明的古镇、古乡落、古山寨得以修复和保存,开展以森林人家和农家乐为品牌的乡村旅游,一些竹乡、茶乡、果乡、花乡各自利用自身优势,以文化搭台,经济唱戏,既发展经济,又美化乡村。广大乡村正通过植树造林、整治环境、垃圾分类、净化水体等措施,描绘美丽乡村的美丽图画。

二、生态文化催生生态文化产业

文化是属人的,以人类为中心展开的。或者说只有人类的出现,才产生文化或文明。《易传》中说:"观乎天文,以察时变;观乎人文,以化成天下。"文化概念,指的是以文字为标志的文治教化一类的活动,基本上属精神文明范畴。周有光教授在《世界文字发展史》中说:"语言使人类别于禽兽,文字使文明别于野蛮,教育使先进别于落后。"这是正确的,或者说是对狭义文化的一种描述和界定。

随着时代的发展和社会进步,文化概念不断向外延伸和扩展。因为人类生活在两个世界当中,既生活在人类创造的世俗物质社会(技术圈)中,又生活在生命演化的自然生态系统（生物圈）中。人类既无法摆脱世俗物质社会中人与人的关系，也无法摆脱自然生态中人与自然的关系。生态科学的诞生，以及在生态科学基础上衍生的生态文化学，清楚地表明，文化并非为人类所独有、所垄断。自然界中也有自身固有的内在价值，也有自己的文化和文化形式。自然界的一切存在物，有机与无机、生命与非生命、动物与植物，并非默默无闻和毫无作为，他们都作为主体，有目的、有意识地在执行自身的使命，呈现生存的精彩。正如罗尔斯顿所言："苔藓在阿巴拉契亚山的南段生长得极为繁茂，因为似乎别人都不怎么关心它们，但它们就在那里，不顾哲学家和神学家的话，也不给人类带来什么好处，只是自己繁茂地生长着。的确，整个世界都是这样——森林和土壤、阳光和雨水、河流和山峰、循环的四季、野生花草和野生动物——所有这些从来就存在的自然事物，支撑着其他一切。人类傲慢地认为：'人是一切事物的尺度'，可这些自然事物是在人类之前就已存在了。这个可贵的世界，这个人类能够评价的世界，不是没有价值的；正相反，是它产生了价值——在我们所能想象到的事物中，没有什么比它更接近终极存在。"因此，从生态文化的视域，文化应外延至人类以外的自然存在物，文化不仅弥漫在人与人的关系上，还渲染在人与自然的关系上，生态文化无疑给文化注入活力，使文化的内容和形式上发生全新的变化，催生一个生态文化产业。

生态文化衍生生态文化理论形态产品，以纸媒质或电子媒质为载体的，以自然生态为认识和体验对象产生的理论形态产品，如自然科学意义上的生态科学，哲学社会学意义上的包括生态哲学、生态伦理学、生态美学、生态社会学、生态人类学等在内的生态文化学，以及同上述学科相关的论文、期刊、专著和出版物。自然科学生态学阐述生态系统内在关联和规律，而哲学社会科学的生态文化学旨在说明自然生态的外在形色和内涵意义。

生态文艺产品形式多样、丰富多彩。以自然生态为审视对象，关注环保，凸显生态主题的诗、散文、小说、随笔、报告文学、网络文学等文学作品，如雨后春笋般涌现，这些被当下称为环境文学或生态文学。此外，尚有生态绘画、生态书法、生态摄影、生态音乐、生态舞蹈、生态影视、生态动漫等艺术形式，呈现出一幅宽阔的万类霜天竞自由的自然画幅。

生态工艺产品，花样翻新，丰富人们的精神生活。以木、竹、草、藤、金、石等自然材料为物质载体，经艺术加工而成的树桩盆景、木竹雕刻、根雕、插花、草编、竹编、藤编和园林艺术等，这些工艺品介于物质性产品和精神性产品之间，充溢自然气息和乡土味，具有极高的审美价值，又有使用性，有实用价值。

此外，尚有生态博物馆形态产品，即以实物、模型、图片、屏幕以及声、光、电等手段，展示自然生态、物种、生命个体其及内在联系，用以宣传生态文化为主要内容的展室、展厅、展馆等。这类公共文化产品可作为生态科普教育基地、生态文化传播基地和青少年德育教育基地发挥作用。

生态旅游文化产品，以国家森林公园、草原、滨海、荒漠为载体，以山寨边乡为体验对象，例如竹乡、茶乡、花乡、渔村等。生态旅游不以观光游览为目的、不是到此一游，而是深入丛林荒野，与自然亲密接触，接受自然的沐浴，与自然对话，从而体验自然的大美真美。

自然保护区文化产品，包括天然林、荒野、湿地、荒漠等禁止或严格限制开发的空间。这些天然林、荒野、湿地、荒漠等具有原生性、多样性和整体性的特征，是生命之源和人类重要的自然和文化遗产，可供科学、教育、宗教、文化和考古等使用，是一种公共文化资源，一项不可移动的公共文化产品。

三、生态文化转换现代消费模式

与快速的工业化进程相适应，必然要求社会采用政策，如分期付款、信用卡、赊购等，以鼓励和刺激社会消费。这样做，激发社会生产力的发展，满足了一部分先富起来人群的欲望，助力社会的繁荣，显然有其正面效应；但这种不加节制的、非理性的消费方式，产生高消费、超前消费、过度消费和奢侈消费。这种以挥霍、享乐和对物的占有为特征的消费，又产生严重的社会和环境问题。

高消费使人们形成"用完就扔"的习惯模式，城市充斥垃圾和废弃物。美国垃圾研究专家威廉·拉斯吉为此大为感叹道："历史上任何文明社会，都没有丢弃这么多，这么乐观的物品。"即使像中国这样的发展中国家，垃圾也是社会的一大问题。高消费还带来自然资源的巨大消耗和环境压力。人类的消费速度已大大超过自然界的承受能力。1992年，联合国环境与发展大会通过的《21世纪议程》指出："地球所面临的最严重的问题之一，就是不适当的消费和生产方式，导致环境恶化、贫困加剧和各国的发展失衡。"

20世纪80年代末以来，随着环保运动的兴起，生态文化思想深入渗透，全球绿色消费运动开始被国际社会所接受，一个由政府主导、企业作为，公众广泛参与的新型消费模式正在形成。这个新型的消费模式，旨在由非理性、过量、超前、奢侈消费，向理性、适度、绿色、健康消费转变，使公众的消费模式与自然资源的消耗和生态环境的承载力相适应，以保持经济社会的可持续性。转换现代社会消费模式，是生态环境使然，也是人类面对未来的一个不得不作出的理性选择。

建立新型的绿色消费模式，需要从三个方面发力。从政府层面，要完善绿色消费的法律法规，明确相关部门的职责，加强相关部门的合作和监管，加大惩罚力度，规范绿色消费市场。要制定和规范绿色产品标准和认证、定期或不定期抽检抽查，实现产品从终端控制到终年控制的转变，使消费者买的欢心、用得舒心，物有所值。要对绿色产品及时进行公示，认证标志清晰明了，消费者容易识别。要加大与新闻媒体合作、曝光、假冒伪劣绿色产品，以防借绿色之名，行假冒之实，避免消费者上当受骗。

从企业层面，企业要坚守以人为本和顾客至上的底线，生产有益身心健康和道德素养的产品，生产环保、低耗、低碳的产品，生产实用、耐用和符合大众需求的产品。要尽量简化包装，凸现实用性，既减少成本，又缓解消费者压力。温家宝总理曾反复强调，"企业身上应该流淌着道德的血液"企业既要获利，以扩大再生产，做大做强企业，更要有社会的责任感和道德感，以货真价实的绿色产品取信于民，获得大众的信任。而这信任本身，就是企业最好的广告，最好的品牌。

在消费者层面，要树立理性、健康的消费观念，要让广大消费者明白，产品是拿来用的，而非以占有为目的。即便有钱也不能过度消费、挥霍浪费。要惜物爱物，不能用完就扔。要物尽其用，物尽其所，喝干榨尽，才是最高境界。要把分类处理废弃物当作一项道德规范，让废弃物返回到应该放置的位置，回收利用，化为资源，不致污染环境。要拓宽绿色产品范围，从物质层面的消费转向精神、文化和教育领域消费，实现消费结构的多元化，确保人的身心健康和人的全面发展。要有强烈的维权意识，培养绿色产品甄别能力，提高绿色消费信心，以实现现代社会消费模式的历史性转换。

四、生态文化提升公民道德素养

道德是人类的一种自律行为规范，是长期的文化积淀形成的约定俗成的行为准则。但道德行为规范或准则并非一成不变。自然的进化、人类的进化必然催促道德伦理范畴的进化和扩张，抒写人类进化进步的历史进程。

在原始部落，道德对象只限于血缘关系和本部落的成员，古代希腊和罗马时期，道德对象范围限于奴隶主和平民，而不包括奴隶。希腊《荷马史诗》中英雄奥德修斯对待他家的奴隶便是一个典型的例证。当奥德修斯从战场归来时，用绳子吊死他家的十二个女奴，怀疑她们有不规矩行为。他之所以可以随意处死女奴，因为这些女奴是他的私有财产，不受道德伦理保护。那时的道德伦理结构只覆盖到妻子，而不涉及奴婢和动产。直到中世纪，欧洲的道德对象范围才扩大到所有基督徒。近代初期，欧洲的道德对象范围也只限于欧洲白种人，把黑人排除在道德范围之外，不承认黑人和奴隶的道德权利，实行种族歧视；不承认有色人种和妇女、儿童的权益，实行性别歧视。在美国独立的最初80年间，在道德观念上，黑人是被排除在伦理共同体之外的。1862

年通过《解放奴隶宣言》，黑人才逐渐从奴隶制度下解放出来。至今种族歧视、性别歧视还在许多国家不同程度存在着。

人类的道德对象限围扩张并没有因此止步。辛格的《动物解放论》和雷根的《动物权利论》，为动物的解放和权利打开了缺口。因为直到近代，大多数人认为，道德只限于人类，非人类存在物只是服务于人的，其本身没有价值的，如果说它有价值的话，那么这种价值也应当是工具性和功利性的。一句话，非人类存在物不是道德关怀的对象。动物解放论者从功利的最大化原则和平等原则找到依据。因为任何一个个体价值，从自然观点看，都不应高于另一个个体的价值。这就意味着，动物的某一个体与人类的某一个体，都应当是平等的、有道德的权利。动物权利论者则认为动物的道德权利是天赋的，不是由他人或任何组织授予的，也不是由于人们做了某事获得的。这样，一个成员比人类更多的类群——动物，进入人类道德关怀的视野。动物解放论和动物权利论突破人类中心主义的局限，把道德关怀的视野从人类扩张展到人类之外的动物，这是人类道德伦理的一个巨大进步。

动物解放和权利论打破了人类中心主义道德伦理范式，使动物获得道德关怀。但这还不够。随着生态学进一步扩展生命共同体的观念，道德关怀范围继续扩展，使之能够包括所有生命。人对所有的生命都负有直接的道德义务，所有的生命都是道德关怀的对象。这就是生物中心主义或"敬畏生命"的伦理学。在生物中心主义者看来，"一个人，只有当他把植物和动物的生命看得与人的生命同样神圣的时候，他才是有道德的。"

大地伦理学是奥尔多·利奥波德创立的。大地伦理学把自然看作一个生命共同体，其主要思想是，扩展了道德共同体的边界，使之包括土地、水、植物和动物，或由它们组成的整体，从而改变人在自然中的地位，确立新的伦理价值尺度和基本道德原则。一个人的行为，当有助于维持生命共同体的和谐、稳定和美丽时，就是正确的，反之就是错误的。生态伦理学从伦理角度，启示人们不但要关爱人类自身，还要把道德关怀投向自然界的所有生命，直至巍峨的山峦、奔腾的江河、广宽的大地，以及天空、海洋和自然整体。而关爱一山一水、一虫一兽，关爱所有万物，关爱自然本体，正是关爱人类自己。生态文化扩展道德关怀范围，使人类的伦理提升到一个新的境界。

第三节 生态文化"两个转化"的进展

以创新为标帜的新时期发展理念的全面完善，自然生态环境将有明显改善，国民经济运行将更平稳、有序和高效，社会将更加开放、民主和自由，我国的综合国力和国际竞争力将大幅提升；独立自主、合作共赢的和平外交，将得到越来越多国家的认同，极大地推动世界多极化和全球化进程。在某种意义上，正在改造工业社会，引发当代社会一次脱胎换骨的新的变革。

一、生态文化重塑新时期发展理念

新中国建立以来，我国社会主义经济社会建设走过了曲折的路程。从重点转向经济建设到发展是硬道理，从改革开放到走新型工业化道路，从科学发展观到新时期发展理念的完整提出，一条符合中国国情的中国方案，清晰地展示在世人面前。显然，创新、协调、绿色、开放、共享等新时期发展理念的提出非空穴来风，而是针对当下改革开放中存在的短板，具有很强的针对性和时代感。新时期发展理念创造性地回答了关于发展的一系列问题，是我党关于发展理论的一次重大提升，是破解发展难题，增强发展动力的指南，堪称当代中国的政治学。新时期发展理念，再一次向世界展示中国继续开放的决心，开放的大门只会越开越大；中国又站在时代的潮头，看到科技的力量，用创新引领经济持续和有质量的发展。面对资源和环境压力，以绿色和生态优先，守候绿水青山、守住生态红线，守住家园，又关注地区不平衡和贫富不均，开出一剂协调药方，统筹兼顾，做好平衡。新时期发展理念始终站在人民大众立场，表明改革的成果，要回归全体公民，万民共享，普天同乐。

一个科学和理性的发展理念必须符合经济规律，同时也符合自然规律和生态学思想，这是毋庸置疑的。任何生命个体或生态系统都是一个开放系统，只有开放才可以不断从非生物环境获得能量和物质，即负熵流。一句话，离开非生物环境，任何生命个体一刻也难以生存。经济社会系统亦然，是一个开放系统。改革开放近40年，一个重要的课题就是开放。从设立经济特区到沿海沿边城市开放，从加入世贸组织到建立自由贸易试验区，中国的国门越开越大。正是通过开放，既引入外资、技术和管理，也使中国的企业走出去，在世界经济浪潮中，锻炼壮大。在互联互通，互通有无，互利合作中，中国的经济实力越做越强，成为世界第二大经济体，世界各国也在中国经济增长中获得发展机遇。

绿色是一个永恒的主题，自人类出现以来，环境问题便与人类一路同行。尤其近代的工业革命和城镇化所带来的资源退化和环境恶化，引发人们对传统经济发展模式的深刻反思。在发展经济的同时，能否不污染和破坏生态环境？发展经济与保护生态环境之间能否找到一个平衡点？既要"金山银山"，更要"绿水青山"，能否成为现实？这是世界各国面临的严重挑战和重大课题。新时期发展理念强调绿色，就是实行生态优先战略，要划出生态红线，严格按划定的禁止、限制、优化等功能区，合理开发、节约用地；要大力推行绿色、节能、低碳技术，推行循环经济模式，把"经济系统视为生态系统的子系统"，构建可持续发展的生态经济理论框架，调整经济结构，采用系统措施，保护和恢复自然生态系统，力求在发展经济和保护环境之间达到一个平衡。

中国幅员广大，人口众多，由于诸多原因，存在南北、东西的地区不平衡，老、少、边区还存在贫困人群，因此新时期发展理念着重强调协调发展，统筹兼顾，力求平衡。要加大对西部和少数民族地区对口支援的力度，加强对落后地区的基础设施建设和产业转移，并从财政、税收和金融方面给予政策性倾斜，营造一个有利创业的经济环境，要打好脱贫攻坚战，精准脱贫。让西部和老、少、边区跟上全国改革开放的步伐，让贫困人口尽快脱贫，在奔向小康的路上，不让一个人掉队。

新时期发展理念着重强调创新，把创新列为五大理念之首。因为无论是开放也罢、协调也罢，其解决问题的侧重各有不同，但都离不开创新。这里的创新不单指科技创新，还包括观念创新、制度创新、文化创新、人才创新和业态创新等。而在所有创新中，关键是科技创新。科技是构成生产力诸因素中最重要最积极和最具活力的因素，是第一生产力和财富的资源。有了科技创新，便能占领技术的制高点，产生一流的业态，生产一流的产品，创造一流的经济效益。而要实现科技创新，当然需要观念、制度、文化等方面的创新，互相配合，搭建创新平台，整个社会形成一个大众创业、万众创新的氛围。创新必将大大提升中国发展的质量、效益和品位，促使经济水平向中高端迈进。

共生共享是生态文化的一个重要思想，也是新时期发展理念的题中应有之义。社会主义经济建设发展依靠人民，发展带来的成果回归人民，既是新时期发展的出发点，也是发展的归宿和终极目标。中国共产党为人民服务的宗旨和一切从人民利益出发，一切以人民满意的执政标准，决定了新时期全民共享的发展理念。如果失去全民共享发展成果的初衷，发展仅仅为少数人获利，其成果为少数人所占有，那么，这种发展将不是人民所期待的，是与党的根本宗旨相违背的。新时期发展理念，说到底，就是利益回归人民，让改革开放的成果与百姓共享，这是执政党的民意基础，也是可持续发展的根本性方向。

二、生态文化蕴含中国外交智慧

弱国无外交。近百年来，中国积贫积弱，外强入侵，割地赔款，山河破碎，几无外交话语权。新中国建立以后，打扫房屋，另起锅灶，确立独立自主的和平外交方针，形成有中国特色的外交思维、方针和策略，赢得了世界人民的敬重。

中国独立自主的和平外交形式，一方面得益于中华文化中以"仁"为核心，包括仁爱、中庸、中和、中立等理念，倡导"礼之用，和为贵"，即通过礼仪和制度的规范，通过对话、协商谈判，求得问题和争端解决，促使人与人之间、国家与国家之间相互包容，求同存异，共生共荣，和睦相处。

另一方面，从生态文化思想或理念中吸取营养，接纳生态文化中"和谐""共生""生命共同体"等理念，丰富和提升中国外交的话语权。中国外交坚持独立自主原则，维护主权、领土完整和不干涉别国内政等核心观念和立场，又要为避免冲突或争执作出的必要妥协和让步。为了平衡而妥协，借助妥协实现平衡，避免失衡而带来的紊乱与冲撞，是世界在不完美状态下达成和谐有序的基本条件和必然选择。坚持包容共存原则。包容是相对无偏见地容忍与自己差异很大的文化、价值观与政治制度。各国的发展道路，应由各国人民自行选择，而不应强求一律。世界在没有找到更好的发展道路之前，唯有包容性，方可避免不必要的冲突。坚持道义原则，遵循人类基本的道德标准。"己所不欲，勿施于人"。道义是原则，也是旗帜。坚持道义，伸张道义，在国际博弈中我们就能始终掌控外交话语权。

以"仁"为价值体系又接纳生态文化思想精髓的中国外交，既有原则性、又有灵活性，既韬光养晦，又积极主动，形成蕴含东方智慧的中国外交。这与以美国为代表的强权或霸权外交，构成鲜明对比。基辛格在《中国论》中，将中西战略文化比作"围棋"和"象棋"。中国外交擅长"围棋"，重视全局和走势，善于从宏观、战略角度考虑国际关系，避免短视和就事论事。西方外交遵循"象棋"逻辑和"零和"原则，通常急功近利，商业意识强，善于做"交易"。中国坚持和平外交，主张通过对话、政治协商，照顾彼此核心利益，达成双方或多方都能接受的合理方案，以求争端解决。因此，中国外交，从不忙乱，在双方平等和互动中，求得最大公约数。一时解决不了，可搁置争端，留后处理，以不引发冲突为原则。西方外交以强权政治为特征，采用经济制裁，军事威胁，甚至出兵干预制造战乱，留下严重的社会问题和负价值。中国始终高举合作共赢的旗帜，积极参与世界新秩序的治理和建设，既不单单谋求自己私利，又以平等态度与世界各国交往，提出合情合理的中国方案，同各国人民一道应对世界面临的挑战，目的是建立合作安全、共同安全、共同发展的利益共同体、责任共同体和命运共同体，引导人类文明前行的方向。中国积极主动的和平外交，不但为中国经济建设提供了一个和平的外交环境，也对维护地区和世界和平，创新外交理念作出了自己的贡献。

传统二元对立，非此即彼的思维模式，在当下已越来越不适应了，我们不否认竞争和法则,但更强调"和"的一面。当今世界既是多极世界,国际社会又是一个命运和利益的共同体,一损俱损,一荣俱荣。要强调"和",要走和平发展、合作共赢的路子。"和"即和平、和谐。今天,我们对内讲和谐社会,对外倡导和谐世界。"和谐"这一伟大理念是中华民族送给世界的一个伟大礼物,希望全世界都能接受"和谐"理念,那么,我们这个地球村就可以安静许多。

三、生态文化影响世界多元格局

生态文化核心思想深刻影响国际社会治理和世界战略多元格局。在自然生态系统中,无论是森林生态、湿地生态,或海洋生态、草原生态,普遍存在竞争法则,优胜劣汰,你死我活。但同时万千物种总能发挥自己的生态智慧,扬其所长,避其所短,趋利避害,求得生存:"活着,让他人也活着。"这就是说,在竞争的背后,还存在妥协和共生,这样,万千物种才有各自的生态位。在自然界,万物都有平等的生存权利,谁都不是最后的终结者,谁也难在自然界主宰称霸。自然界既是多样多元的——生态和生物的多样性,又被有序地编织在一个系统、一个生物圈中,这是整体性。

国际社会也应当这样,世界是近 200 个国家和地区,不同肤色、不同民族、不同宗教、不同文明组成的国际大家庭。在这个大家庭中,不同肤色应当平等相敬,不同民族应当平等相待,不同国家应当平等相处,不同文明应当平等相融。各国的事,由各国人民自己讨论着办;世界的事,由世界各国人民商量着办。谁也不能把自己的意见强加于别人头上,干涉别国内政。历史证明,谁违背联合国宪章,谁推行强权政治和霸权主义,称王称霸,谁就要陷入自己设置的魔咒中,难以自拔。

19 世纪,英国曾经是日不落帝国,地球上处处有米字旗。随着各国人民觉醒和独立,大英帝国陨落了。

二次世界大战之后,美苏两个大国主宰世界。20 世纪后半期,世界地缘政治裂变,苏联解体,东欧分崩离析,美国成为老大,世界上唯一的超级大国。

当美国独霸世界,动辄以军事手段,以武力相威胁,用入侵手段解决冲突时,世界俨然成了单极的世界。但美国先后打了阿富汗和伊拉克两场战争,花了大约 4 万亿美元,美国国力衰退了,开始战略收缩。当前,世界各地热点问题都有美国插手的影子,但已显得力不从心,当今世界已很难说是美国主宰的单极世界了。

美国的强权政治,令世界动荡不稳,战乱频仍,难民成灾,美国逐渐失去对世界的控制力。英国脱欧严重削弱了欧盟,美、欧、日三大板块"整体下沉"。但还应看到美国仍然是超级大国,德国、法国等核心国家依然坚挺,俄罗斯地位虽逊于原苏联,但军事实力仍堪称一极,中国成为世界第二大经济体,印度、南非等国家整体力量上升,新兴经济体和广大发展中国家的势力不容忽视,世界多极化的趋势愈显明显。

人类应当向自然学习,从中汲取营养,积极推动世界格局的多极化。要尊重各国的独立性和自主权,国家不分大小、强弱、先进与落后、发达与欠发达,一律平等,都是多极世界的一极,都有话语权,都有选择自己的政治体制和发展道路的权利,都是国际大家庭中平等的一员。邓小平说,不能贬低自己,怎么也算一极,就是主张世界多极化。另一方面,要反对贸易保护主义,推动和引领全球化,推动国际社会对世界利益和命运共同体的认同。在世界和平与发展的时代主题下,决不能推行强权政治和霸权主义,决不能诉诸武力。和平谈判是解决争端的唯一途径。正是在这一思想引领下,在国内,我们提出"一国两制"方案,成功解决港澳的和平回归。在国际上,我们推行亲邻友邻的和平外交,用"主权属我,搁置争议,共同开发",管控分歧,应对南海诸岛和钓鱼岛争端。在中美关系上,不对抗、不冲突,照顾彼此核心利益和重大关切,彼此找到最大公约数,扩大利益面,缩小分歧点,建立新型大国关系。对广大发展中国家,高举和平旗帜,以一带一路为平台,帮助发展中国家发展经济,平等互利,合作共赢。通过"一带一路"的共商、共建、共享,使沿线各国人民深刻体会、认识合作才能共赢,互利才能久远的道理。秉持和平、合作、互利、共荣的理念,中国方案越来越广泛被国际社会所接受,中国道路将越走越广宽。世界的多极化,使各国人民看到自身存在的价值和意义。国际大家庭将因不同文明的多极构成而更加和谐。

第十六章 在"自由贸易区"建设中实现"两个转化"

中文的"自由贸易区"有两个对应的英文翻译,一个是 free trade area(简称FTA),另一个是 free trade zone(简称FTZ)。FTA 源自 1947 年的《关税与贸易总协定》:"自由贸易区应理解为在两个或两个以上独立关税主体之间,就贸易自由化取消关税和其他限制性贸易法规"。FTZ 则源于世界海关组织制定的《京都公约》:"FTZ 是缔约方境内的一部分,进入这部分的任何货物,就进口关税而言,通常视为关境之外。"由此可见,前者是两个或两个以上关税区在保持各自独立的关税主权基础上在缔约成员之间相互取消关税和非关税壁垒,促进贸易自由化,它一般是两个或两个以上主权国家(地区)的共同行为。后者则一般是单个主权国家(地区)促进贸易便利化的行为,它是在一个关税区内实施海关保税、免税等特殊海关监管的区域,它更准确的叫法应该是"自由贸易园区"。我国于 2013 年 8 月 22 日正式批准设立的中国(上海)自由贸易试验区即属于后一种形式。本章的研究也基于此种形式,即 Pilot Free Trade Zone,并以中国(福建)自由贸易试验区(以下简称"福建自贸区")作为研究对象。

中国(福建)自由贸易试验区,深入推进改革开放和深化两岸经济合作的重要举措,对福建立足丰富的生态与文化等资源,充分发挥对外开放前沿优势,建设生态文明,发展绿色经济,形成新的综合国力与国际竞争新优势有重要意义。

第一节 "自由贸易区"是"两个转化"的前沿高地

2014 年 12 月 12 日福建及广东、天津等成为我国继上海后的第二批自贸试验区。2016 年 8 月 31 日又在辽宁、浙江、河南、湖北、重庆、四川和陕西等省份新设立 7 个自贸试验区。至此,中国的自由贸易试验区达到 11 个。福建自贸区的对台优势明显,同时作为国家实施"一带一路"的重要地区,其战略定位在于:"立足两岸、服务全国、面向世界",要"建设成为制度创新的试验田""深化两岸经济合作的示范区"

"21世纪海上丝绸之路的核心区"和"面向21世纪海上丝绸之路沿线国家和地区开放合作新高地"。因此,探索福建特色的自贸区对外开放新格局,对推动两岸关系和平发展,提升外贸竞争力和对外开放水平,具有重要的现实意义。

一、自贸试验区是不断优化经济结构的重要平台

新常态下,调整产业结构是当前新时期的主要任务。虽然中国第三产业(服务业)自2013年开始超过第二产业成为了国民经济的第一大构成,但第三产业占GDP的比重还不高,国际竞争力也比较弱。福建省第三产业发展水平更是弱于全国平均。2015年,第三产业比重比全国平均低了将近9个百分点,而福建自贸区内同期第三产业占比为50.45%,比第二产业高出8.27个百分点,略高于全国平均。三大片区比较来看(表16-1),同期厦门的三次产业结构最优,占比为0.69∶43.6∶55.71;福州同期第三产业比重为48.7%,高于全省平均但低于全国平均。但形势在逐渐变化,2016年第三产业比重已首破50%。由此可见,产业结构优化仍是福建省当前的重点任务,自贸区试验区的设立给福建省产业结构优化升级搭建了重要的平台。

表16-1 2015年各地二、三产业产值及占比

	总值(亿元)	第二产业(亿元)	占比(%)	第三产业(亿元)	占比(%)
全国	689052.10	282040.30	40.93	346149.70	50.24
全省	25979.82	13064.82	50.29	10796.90	41.56
福州	5618.08	434.69	43.60	2449.55	48.70
平潭	191.11	59.43	31.10	95.73	50.10
厦门	3466.03	1511.28	43.60	1930.82	55.71

数据来源:全国、全省数据来自国家统计局,地区数据来自福建省年鉴,平潭数据来自《平潭综合实验区国民经济和社会发展第十三个五年规划纲要》。福州、平潭、厦门数据都为全市(区)。

福建省通过自由贸易试验区建设,对内深化改革和对外扩大开放的良性循环,可以为服务业发展创造更加宽松的环境,为学习借鉴国外服务业发展经验提供良好的试验平台。通过自贸试验区建设可以发挥其试验示范和引领带动作用,为全省和全国的经济结构改革探路,成为具有地方特色的经济转型高地与地区增长极,是区域优化经济结构的重要平台。

二、自贸试验区是绿色发展的试验田

中国的自由贸易试验区建设,"是中国经济发展进入新常态的形势下,为全面深

化改革、扩大开放探索新途径、积累新经验而采取的重大举措"。绿色发展是当前中国乃至世界范围内的一大发展潮流，但其从提出到实践也才经历了短短的几十年，还尚未有成熟的成功经验可以遵循。从试验区设立的本质来看，就是要放开思路，进行新方法、新举措的先行先试。试验区的生态举措将极大影响周边地区的生态环境，在试验区内实施生态文明建设和绿色发展，可以充分发挥其试验示范和引领带动作用。

早在2001年，福建省就提出了生态省的概念，并在全省范围内展开生态文明建设。2014年，国家颁布了《关于支持福建省加快建设生态文明先行示范区的若干意见》，福建省成为全国首个生态文明先行示范区；2016年8月23日，国务院办公厅印发了《关于设立统一规范的国家生态文明试验区的意见》，选择了生态环境较好、承受能力较高的福建省、贵州省和江西省作为首批生态文明试验区。从生态省到生态文明先行示范区，再到如今的首批生态文明试验区，福建省的生态文明建设和绿色发展必将在自贸试验区中锐意进取，先行先试，取得更优异的成绩。

三、自贸试验区是实现两个转化的引领

绿色低碳发展成为全球共识，生态宜居也已成为全球地区软实力和竞争力的重要体现。福建自贸区地处中国东南沿海开放地带的前沿，优越的地理位置和便利的交通条件使其在对外开放中有着重要的示范作用和窗口作用。福建省是全国最早实行改革开放的省份之一，厦门是全国首批四大经济特区之一。作为改革开放的践行者和引领者，在福建自贸区内践行绿色发展不仅符合全球可持续发展的潮流，也是全国实现全面小康社会的重要支撑。

福建省的生态环境优越性全国有目共睹，良好的生态环境不仅是地区发展的战略性资源，也是形成地区核心竞争力的载体。福州、平潭和厦门都有着丰富的风能、太阳能和海洋能等清洁能源的优势。通过自贸区内的先行先试，转变能源供给模式，将绿色优势内化为生态生产力，形成绿色循环的经济发展模式，将极大减轻资源消耗和环境破坏，增强地区竞争力，辐射带动区域经济社会可持续发展。

第二节 建设"自由贸易区"新增长极，实现"两个转化"

中央赋予福建省一系列先行先试的优惠政策，建设海峡西岸经济区、21世纪海上丝绸之路核心区、生态文明先行示范区、中国（福建）自由贸易试验区、平潭综合实验区、海峡蓝色经济试验区和福州新区，给福建的跨越发展带来了重大战略机遇，在

建设"自由贸易区"新增长极中将绿色发展转化为新的综合国力与国际竞争新优势。

一、自贸区建设与绿色发展

通过对相关政策文件的梳理可以看到，与同期设立的广东、天津以及上海自贸区的深化改革方案相比（表16-2），福建自贸区更加注重绿色发展，且特别规定了对台湾环境服务领域的开放条款，显示了自贸区的对台优势。在《中国（福建）自由贸易试验区产业发展规划（2015~2019年）》中进一步提出了要坚持"集约布局，绿色发展的原则"，并且文中不仅分别对三大片区的绿色、生态发展作出详细规划，还专门设置"第六节注重环境保护"进行具体部署，为福建自贸区的绿色发展提供了有力的政策支持与保障。

表16-2 四大自由贸易区建设绿色发展要求比较

	总体方案中的绿色发展有关条款内容
中国（广东）自由贸易试验区	（一）建设国际化、市场化、法治化营商环境。在3.建立宽进严管的市场准入和监管制度中提到"建立工作环境损害监督等制度，严格执行环境保护法规和标准，探索开展出口产品低碳认证"
中国（天津）自由贸易试验区	（三）推动贸易转型升级。在6.完善国际贸易服务功能中提到"建设亚太经济合作组织绿色供应链合作网络天津示范中心，探索建立绿色供应链管理体系，鼓励开展绿色贸易。"
中国（上海）自由贸易试验区	（一）加快政府职能转变。在10.推动公平竞争制度创新中提到严格环境保护执法，建立环境违法法人"黑名单"制度。加大宣传培训力度，引导自贸试验区内企业申请环境能源管理体系认证和推进自评价工作，建立长效跟踪评价机制。
中国（福建）自由贸易试验区	（四）率先推进与台湾地区投资贸易自由。在8.扩大对台服务贸易开放，产品认证服务领域开放中提到台湾服务提供者在台湾和大陆从事环境污染治理设施运营的实践时间，可共同作为其在自贸试验区内申请企业环境污染治理设施运营资质的评定依据。
中国（福建）自由贸易试验区产业发展规划（2015~2019年）	发展的基本原则之一要遵循"集约布局，绿色发展"的原则、"整合土地资源，盘活存量土地，调整和优化用地结构，提高土地资源利用率和使用效益；同步推进绿色制造和生态建设，加大节能减排力度，推行清洁生产，发展循环经济，促进产业链向生态链转变，大力建设生态型园区。"

资料来源：根据各自贸区总体方案、中国（福建）自由贸易试验区产业发展规划（2015~2019年）整理，中国（福建）自由贸易试验区网 http：//www.china-fjftz.gov.cn/article/index/aid/554.html

二、绿色发展是自贸试验区增强地区实力的重大机遇

福建自贸区是对台经贸交流的重要平台。从整体经济实力和产业结构上看,台湾都要优于福建。两地的差异形成了两岸经贸合作的互补基础,既促进了福建国民经济和对外经济的发展,也为台湾出口增长与产业转移提供了出路。

在闽台贸易中,双边贸易主要商品都以机电和高新技术产品(与机电产品有交叉)为主,但从进出口具体情况来看,福建在此类商品上的进口远高于台湾。台商对闽的投资已由原先的食品、纺织等劳动密集型传统产业逐渐扩展到汽车、电子信息、机械、电力、石化等资本与技术密集型产业上。近几年,金融、休闲娱乐等服务业和生物医药、环保等新型产业台资也不断渗入。

随着闽台间合作的深入,福建不断缩小与台湾的差距。自贸试验区的设立更是给福建省跨越发展带来了重大机遇。要抓住这个机遇,增强科技创新合作,加大技术、人才引进力度,提升两岸金融服务水平,推动福建自贸区产业结构升级。坚持绿色发展理念,自贸区将由承接台湾以电子信息产业为代表的高新技术产业向承接以金融、旅游、生物、环保产业为代表的绿色产业转移方向发展,形成绿色竞争优势,增强地区实力。

作为"21世纪海上丝绸之路的核心区",福建省是海上丝绸之路的起点。自贸区中的福州和厦门都属于海上丝绸之路的中心枢纽,要充分利用自身的有利优势和地位,发展与丝路沿线国家的经贸交流,加强多边生态环境保护与绿色能源合作,推进绿色投资、绿色贸易和绿色金融体系发展,提供绿色竞争力,引领区域绿色发展。

三、机制活、产业优、百姓富、生态美是"转化"的目标

习近平指出,"生态资源是福建最宝贵的资源,生态优势是福建最具竞争力的优势,生态文明建设应当是福建最花力气的建设。"2014年11月,习近平在福建调研时提出,要"努力建设机制活、产业优、百姓富、生态美的新福建",并强调"要大力保护生态环境,实现跨越发展和生态环境协同共进"。"十三五"期间,福建全面建成小康社会目标的具体要求是建设机制活、产业优、百姓富、生态美的新福建,这也是实施绿色发展增强地区实力和国际竞争优势的本质要求。

1. 机制活

机制是福建实现绿色发展的决定性要素之一,机制活则满盘皆活,机制僵化就会死水一潭。IMF的研究报告曾指出,东亚后发国家的弱点在于制度建设及宏观经济因

素。其中，制度包括法治、国际贸易自由、监管及金融开放程度。自贸区被赋予了先行先试的使命，只有大胆创新，调动各方面的积极性和创造性，摆正政府与企业的关系，强化政府服务社会的职能，建立更为灵活的体制机制，福建的绿色发展才有制度上的保障。

2. 产业优

习近平指出，福建的发展是要"实现有质量有效益的速度，实现实实在在没有水分的速度"。为此，构建更为合理优化的产业结构是福建实现绿色发展的根本，要大力发展绿色经济、低碳经济，大力推进产业优化升级，淘汰落后产能，推动环境友好资源节约型产业快速成长。

福建目前的三大产业群主要是电子信息、机械制造和石油化工。这些产业没有结构上的优化很容易陷入高污染、高能耗的境地，因此必须加强产业集群化发展和生态环境保护并举，鼓励企业创新商业模式和实施节约型消费模式，加快转变经济增长方式，更多地鼓励绿色新兴产业的集聚。福建需要紧紧扭住产业转型升级节能降耗这个根本，坚持用绿色化来提升产业发展层次，强化创新驱动，严格环境准入，加快转方式、调结构、改造存量、做优增量，谋划绿色布局，推进绿色生产，加快推进产业高端化发展。

3. 百姓富

"绿水青山就是金山银山"，百姓富裕是福建实现绿色发展的出发点与落脚点。生活富足、身体健康是百姓的追求。绿色发展为了人民，绿色发展依靠人民，绿色发展成果也理应由人民共享。人民对美好生活的向往，离不开经济的繁荣、政治的民主、社会的和谐、精神的文明，也离不开良好的生态环境。良好的生态环境是最公平的公共产品，是最普惠的民生福祉。重视绿色发展，人民群众才有更舒适的生产生活环境、更富足的精神追求，经济社会也才有长足、可持续发展的可能。

4. 生态美

生态美是福建实现绿色发展的重要特征。福建是全国首个生态文明试验区，森林覆盖率位居全国第一，水、大气、生态环境三大指标保持全优，这些都为建设生态福建打下了良好的基础。享有良好的生态环境是人民群众的根本权利，也是政府应当提供的基本公共服务。福建自贸区需要在注重生态文明建设的时代大背景下，始终坚持绿色发展理念，把潜在的生态优势转化为现实的发展优势。更加注重先行先试，坚持"百姓富"与"生态美"的有机统一，大力保护生态环境，实现跨越发展和生态环境协同共进，努力让人民群众享受到较高质量的绿色福利。

第三节　福建自贸区经济与生态概况

一、福建自贸区经济与贸易发展特征

(一) 全省经济贸易发展迅速，人民福祉不断提高

历年统计数据显示，在经济层面上，"十二五"期间，全省地区生产总值2.598万亿元，年均增长10.7%。2016年达到28519.15亿元，全国排名第十位，比上年上升一位。三大自贸区内同期国民生产总值为10187.74亿元，占全省比重35.72%。

2000年以来，福建省的产业结构不断升级，第二产业比重显著提升，第三产业比重也有较大的提高，占比分别由2000年的43.3%和39.7%提升为2015年的50.9%和41.0%，但仍以第二产业为主导。三大自贸片区的产业结构更优于全省。2015年自贸区内第三产业占比为50.45%，比第二产业高出8.27个百分点。其中，2016年福州全市实现地区生产总值6197.77亿元，同比增长8.5%，产业结构持续优化，第三产业比重突破50%，三次产业占比由2015年的7.7∶43.6∶48.7调整为8.0∶41.9∶50.1；厦门同期总产值3784.25亿元，三次产业结构为0.62∶41.19∶58.19；平潭同期地区生产总产值205.72亿元，第三产业占GDP比重56.2%，比上年提升了6个百分点。

福建省进出口总额也逐年增长。其中，厦门的进口和出口贸易额接近全省的45%左右。2016年，全省进出口总额1568.5亿美元，在全国排名第七位，主要贸易伙伴集中在日本、美国、欧盟及我国香港、台湾等国家和地区，除与我国台湾地区、加拿大、澳大利亚和瑞士为贸易逆差外，其他国家和地区大多数处于贸易顺差。由于优越的地理位置，与台湾隔海相望，是两岸进行交流合作的重要突破口。闽台进出口总额逐年上升，2005年福建对台湾出口占对台湾进口的20%，2015年该比例已上升至50%左右，但福建在对台湾的贸易中存在较大逆差，进口额远远高于出口额。"十二五"期间，全省累计实际利用台资58.3亿美元，对台贸易额超过600亿美元。

在社会变动层面，福建省的城镇化水平不断提高，由2000年的41.57%提升为2015年的62.6%，人民生活水平也得到提高，人均地区生产总值大幅增长，已突破1万美元，2016年达到73951元（折11184美元），比全国人均GDP53817元高37.41%。2015年，自贸区内的城镇化率除平潭仍处于较低的44.3%的水平外，福州和厦门的城镇化率都高于全省平均水平，达到67.7%和88.9%，这两个地区的人均GDP也远高于全省平均，但平潭地区仍落后于全省平均（表16-3）。

表16-3 2000年与2015年福建全省及三大自贸片区经济贸易状况对比

项目 地区	2000年				2015年			
	全省	福州	厦门	平潭	全省	福州	厦门	平潭
第二产业（%）	43.26	46.52	52.8	12.81	50.29	43.6	43.6	30.84
第三产业占比（%）	39.73	40.01	42.96	46.64	41.56	48.66	55.71	50.21
国内生产总值（亿元）	3920.07	1003.27	501.87	30.98	25979.82	391.3	1123.6	189.62
人均GDP（元）	11601	16990	38021	7977	67966	75259	90379	44616
城镇化水平（%）	41.57	51.02	70.84	—	62.6	67.7	88.9	44.3
进出口总额（亿元）	1756.87	421.58	831.87		10478.39	2065.48	5091.55	
实际利用外资（万美元）	380386	80087	103150	576	768339	167852	209373	8720

注：非自贸片区内，为福州、厦门、平潭全市（县）范围内。

资料来源：根据2000年和2015年的《福建省统计年鉴》相关数据整理所得。

（二）自贸区内对外开放不断深入

1. 区内注册企业持续增多，注册资本增长快速

由福建自贸试验区办公室公布的数据显示，2016年全区共新增企业34984户，注册资本6640.55亿元人民币，分别同比增长99.02%、91.01%。其中，新增外资企业1631户，注册资本919.92亿元人民币。福建自贸区自2015年4月21日挂牌起，至2017年2月底，区内共新增企业52372户，注册资本10145.21亿元人民币。其中，福州片区3374.27亿元人民币，厦门片区4448.58亿元人民币，平潭片区2322.36亿元人民币。

2. 区内利用外资与对外贸易逐年增长

福建自贸试验区自挂牌以来，新增外商投资企业和注册资本总额都呈现快速增长态势。2015年4月21日至2017年6月30日，区内共新增外资企业2931户，注册资本1639.84亿元人民币，分别占总新增额的4.8%和13.61%。可见，虽然总体看，区内不论是新增企业数还是投资额都以内资为主，但新增内资企业数量多，平均单个金额规模小，而外资企业新增个数少，但资本金额大。2017年1~6月，外商投资企业463户，合同利用外资38.55亿美元，实际利用外资4.04亿美元。

根据福州市统计公报数据显示，2016年福州市全年合同外资金额16.3亿美元，下降48.6%，实际利用外商直接投资18.14亿美元，增长8.1%，占全省总量的22.14%。全年进出口总额2082.2亿元，比上年增长1.8%，占全省总量的30.45%[①]。其中，出口1406.8亿元，增长8.9%；进口675.4亿元，下降10.2%，进出口顺差731.4亿元。

---

① 根据《2016年福建省国民经济和社会发展统计公报》数据，全省全年进出口总额10351.56亿元，出口6838.87亿元，进口3512.69亿元；实际利用外商直接投资81.95亿美元。

福州片区设立以来，"共新增台资企业 337 户，注册资本 26.8 亿元，占全市台资企业 70%；落实台湾个体工商户 144 家，数量居全省三个片区首位"。

2016 年厦门市外贸进出口总值 5091.55 亿元，比上年下降 1.5%，占全省总量的 45.24%。其中出口 3094.22 亿元，下降 6.7%；进口 1997.33 亿元，增长 8.0%；贸易顺差 1096.89 亿元，下降 25.3%。新批境外投资额突破 55.95 亿美元，增长 1.5 倍；全年实现合同利用外资 75.68 亿美元，实际利用外资 22.24 亿美元，分别占全省总量的 48.3% 和 27.1%，利用外资规模居全省首位。其中，自贸区内全年新设外资企业 862 家，合同外资 65.6 亿美元，实际利用外资 4.9 亿美元，分别占全市总额的 86.7% 和 22.1%。

二、福建自贸区自然生态状况与生态文明建设概况

（一）福建自贸区生态环境现状

福建省地处中国东南沿海，气候温和、湿润，空气质量良好，森林覆盖率达 65% 以上，位居全国第一，水、大气和生态环境也均居全国前列，素有"清新福建"的美称。2016 年，在获得国家生态市（县、区）称号的全国 40 个市、县、区中，隶属福建省的有 17 个，其中，厦门、福州也榜上有名。

在三大自贸片区内，福州的生态环境在全国省会城市中名列前茅，青运会的成功举办，进一步提升了福州的城市环境品质和美誉度。2016 年，福州市森林覆盖率达 56%，居全国省会城市第二位；城区环境空气质量达标率为 98.6%，全省第一，居全国 74 个环保重点城市第五位（比上年上升一位），全国省会城市第二位；闽江（福州段）、敖江（福州段）和龙江干流水质达标率均为 100%，市、县两级集中式饮用水源地水质达标率均为 100%。2015 年平潭实验区集中式生活饮用水水源地水质达标率为 76.6%，森林覆盖率 28.71。2016 年，厦门空气质量达标天数占比为 98.9%，在全国 74 个环保重点城市中排名分别为第四（比上年下降两位）。近年厦门流域地表水水质明显改善。2012 年时全市 27 个地表水系的水环境功能区水质多数为劣Ⅴ类，达标率仅为 9.6%；2016 年时除杏林湾水库水质为劣Ⅴ类外，其他地方水质均在Ⅲ类以上，全市集中式饮用水源地水质达标率 100%。

（二）福建自贸区生态文明建设状况

由历年的《福建省统计年鉴》《福州环境状况公报》和《厦门市环境质量公报》等公开资料和数据可以获知福建省及福州和厦门[①]的生态文明建设主要取得了以下成效：

---

① 由于福州、平潭和厦门三大自贸片区未有公开的统计资料，此处以福州、厦门两市的情况代表自贸片区的生态建设状况。

1. 环境治理投资增加

在环境投资层面，政府积极从财政支出方面对基础建设和环境污染治理给予资金支持，全省工业污染治理投资额逐年上升，从2000年的5.67亿元增长到2015年的29.82亿元，年均增长11.7%。

2. 节能降耗减排成效显著

经过多年的生态文明建设，全省万元GDP能耗由2005年的0.937吨标准煤下降为2015年的0.531吨标准煤，累计降幅达43.33%，低于同期全国0.62吨标准煤的平均能耗水平；2015年全省万元GDP二氧化碳排放量也从2010年的1.28吨当量下降0.94吨当量，年均降幅将近6%。其中"十二五"期间，全省单位GDP能耗、二氧化碳排放分别累计下降20.2%、26%左右，均超额完成国家下达目标；化学需氧量、氨氮、二氧化硫、氮氧化物4项污染物排放量分别下降12.42%、12.43%、14.09%、15.30%，全面完成国家下达的减排目标任务。此外，除工业烟（粉）尘排放量有所增加外，全省的化学需氧量、氨氮、二氧化硫、氮氧化物等水体和大气污染物排放总量也不断下降，工业废水、二氧化硫、烟（粉）尘排放达标率均接近100%。

自贸片区内，福州和厦门的万元GDP能耗分别由2005年的0.735和0.648吨标准煤下降为2015年的0.455和0.437吨标准煤，比同期全省平均能耗水平低了将近15和18个百分点。"十二五"时期，福州全面超额完成省政府下达的化学需氧量、氨氮、二氧化硫和氮氧化物等主要污染物的"十二五"减排指标。

2016年度福州市单位GDP能耗同比下降3.55%。2017年一季度在钢铁、电力两大行业的带动下，福州市规模以上工业累计耗能292.21万吨标准煤，同比增长18.7%，高于全省平均9.3个百分点，居于九地市榜首。

3. 生态环境水平逐渐提升

在生态资源层面，福建省的生态资源得到了较好的维护，生态环境水平逐渐提升。人均耕地面积基本保持平稳（按全省人口计算），但森林覆盖率有所提高，2015年森林覆盖率为65.95%，比2000年高了5.45个百分点。2015年，全省23个城市空气优良天数比例为99.5%，9个设区城市优良天数比例为97.9%；12条主要水系水域功能达标率和I~Ⅲ水质比例分别为98.1%、94.0%；近岸海域海水水质达到或优于二类标准的面积占66.1%；厦门、泉州通过国家生态市的考核验收，长泰、南靖、德化、永春、泰宁等五县获得国家生态县命名，20个县通过国家生态县考核验收。中国城市竞争力研究会发布的"2017中国最美丽县城排行榜"中，泰宁、南靖、尤溪、平潭等四个县进入全国50强，其中平潭排名36位。

"十一五""十二五"期间，福州的生态创建成效显著，形成了市、县、乡、村四级环保管理体系和生态创建联动机制，城镇化水平和人均公园绿地面积均高于同期全省平均水平，全市生态环境质量指数多年保持优良水平，位居全国省会城市前列，2015年与深圳、厦门共同被评为全国"五星美好城市"。厦门曾先后荣获"国家环境保护模范城市""国际花园城市""联合国人居奖""全国文明城市""全国绿化模范城市""中国十大宜居城市"等称号，还获批列入创新型城市、低碳城市等多项国家试点。

第四节 福建省绿色竞争力分析

竞争是推动经济社会发展的动力。要在竞争中获胜，竞争主体需要具有比其他对手更强的综合实力，并通过战略实施获得以竞争优势为核心的竞争力。绿色竞争力是一种新的竞争优势，是竞争主体以保护环境为基本前提，是通过技术和制度创新，提供比竞争对手更具吸引力的绿色产品和服务，以获得可持续性的竞争优势的能力，它是国家、地区和企业的核心竞争力所在。

成立于2006年的全国经济综合竞争力研究中心多年来一直持续关注和跟踪研究各领域的竞争力，包括省域经济综合竞争力、环境竞争力、国家创新竞争力、低碳经济竞争力、文化创意产业竞争力等，在区域及全球研究上都取得了突破性的进展，形成了一系列研究成果。依据该中心研究成果及其他现有文献，本节将对福建省绿色竞争力进行初步剖析，并探究福建自贸区绿色竞争力的提升路径。

一、福建省经济综合竞争力现状

省域经济综合竞争力"指一个省（市、区）域在全国范围内对资源的吸引力和对市场的争夺力，也是一个省（市、区）域对本区域内外资源的优化配置力"。全国经济综合竞争力研究中心的省域经济综合竞争力研究是根据选定的指标体系和数学模型测算出宏观经济竞争力、产业经济竞争力、可持续发展竞争力、财政金融竞争力、知识经济竞争力、发展环境竞争力、政府作用力竞争力、发展水平竞争力和统筹协调竞争力等九大指标得分与综合得分并进行全国排名。

由历年研究结果来看，福建省的经济综合竞争力处于全国竞争力排名的上游区。2015年，福建省的总排名保持第八位，虽然综合得分出现上升趋势，比上年增加了2分，但仍不足50分，与其他处于上游区的东部省市相比，得分仍相对较低。从二级指标的竞争力来看，福建省在宏观经济竞争力、产业经济竞争力、可持续发展竞争力、财政金融竞争力、发展环境竞争力、发展水平竞争力和统筹协调竞争力上相对较强，排名基本处于八至十位上。其中，产业经济、财政金融和统筹协调竞争力排名比上年有较大的提升，由中游区进入上游区，特别是统筹协调竞争力比上年上升了九位。弱势指标主要体现在知识经济竞争力和政府作用力竞争力上，分别排名第13和14位。知识经济竞争力由科技、教育和文化等构成。在政府作用竞争力上，政府规调与保障经济竞争力方面较弱。其他三级指标中，企业竞争力未进入前十，可持续竞争力比2014年有较大幅度的下降。可持续竞争力中的环境竞争力排名第三，但资源竞争力和人力资源竞争力方面却都未进入前十。

综上所述，福建省经济综合竞争力和绿色竞争力的主要劣势体现在产业结构、劳动生产率、土地矿产资源、自然灾害、地方财政收入与支出、教育（教育经费支出、文化支出）、科技、政府社会服务能力、社会资本运用等方面。

二、福建省绿色竞争力状况

当前与环境相关的竞争力研究主要有三种类型，一是将环境作为竞争力的一种影响要素，如环境规制的影响、绿色竞争力、环境竞争力、低碳竞争力等，它们比较常见的是以企业作为研究对象；二是将环境竞争力作为综合竞争力的一个有机组成部分，如波特的钻石模型、WEF和IMD的国际竞争力评价体系、国内各研究机构的区域竞争力评价体系等，主要针对的是包括自然、生态、社会和经济环境等在内的广义上的环境，且侧重于社会环境或经济环境分析；三是某一行业（如工业、旅游业等）或领域（主要涉及产品、贸易、投资等）的环境竞争力研究，但也偏重于社会环境。

从现有文献来看，专门针对自然环境的竞争力的研究文献还较少，其主体地位还不够突出，由于环境与经济社会的密切关系，在绿色竞争力的研究上除考察自然环境外，同时还需考虑经济和社会系统与环境的协调性。现阶段涉及福建省绿色竞争力的研究涉及环境竞争力、低碳竞争力和绿色竞争力等，主要发现有：郑立的研究认为，福建的生态环境竞争力占有强优势，仅次于海南，排名第二。主要原因在于其由环境治理和生态保护要素构成的抗逆竞争力占有强优势，也是仅次于海南，排名第二；同时环境管理竞争力也占有强优势。但在生存资源竞争力方面则处于劣势，在31个省份中仅排在倒数第四位；此外，在区域环境竞争力（污染排放）和区域生态竞争力（气候变异与土壤侵蚀）上仅为弱优势。贾卫萍、朱怡蓉的研究表明，福建省2010年的环境竞争力综合排名第八位，其决定性因素在于经济基础和生态因素，特别是自然生态环境具有强优势，排名第三；但其资源禀赋却处于劣势，仅排在20位。李军军在对东部9省的研究中发现，福建省低碳竞争力的基础优势明显，排名第一；但由于能源利用效率和技术水平的劣势地位，低碳潜力和低碳效率竞争力处于中等位置，制约了整体低碳经济竞争力的提升，综合排名仅为第四位。陈运平等也有同样的发现，福建省生态因子 0.73（较好）和健康因子 0.77（7），但资源利用率、能耗、科技教育和人力资源等因素所决定的循环因子、低碳因子和持续因子较弱，由此拉低了整体竞争力水平，绿色竞争力综合排名为第 6，属于第一方阵的最后一位。

在城市竞争力上，厦门和福州的环境综合竞争力在全省九地市中分占第一、二位，它们在城市环境硬件因子中的得分远高于其他地市。但两市在城市绿化规划中仅处于中等排名。与厦门的城市生活垃圾处理能力排名第一相反的是福州排在倒数第一，但厦门在城市工业污染管理协调上仅排第 6 位，福州为第 4 位。

三、制约福建省绿色竞争力提升的因素分析

由前述的研究分析可见，福建省整体绿色竞争力在全国处于前列，与其经济发展水平基本一致。总的来看，福建在生态环境、经济发展方面具有一定的优势，但在资源、教育与科技方面还存在较大问题，主要是：

（一）土地和矿产资源相对稀缺

福建省土地总面积 12.14 万平方公里，占全国土地面积的 1.3%，是全国土地面积较小的省份之一。全省将近 90% 的面积是丘陵和山地，人均耕地面积小，农业易受自然灾害影响。2015 年，自然灾害造成的农作物受灾直接经济损失达 189.1 亿元，仅次于广东和浙江。同期是全国农业氨氮排放量最大来源，占沿海农业排放总量的 19.7%。福建自贸区所处的位置正好是平原地带，其资源环境较全省要优越些，但与其经济和社会规模相比仍显紧缺。

在矿产资源上，虽然种类比较多样，但探明储量并不高，贫矿多，富矿少，一些重要矿种资源短缺，供需矛盾突出，在能源矿上也仅有煤矿一种。

（二）劳动生产率不高，绿色技术水平较低

福建省还需继续加大技术投资，提高劳动生产率。2015 年，福建省的全员劳动生产率为人均 8.7 万元，低于全国 9.48 万元/人的平均水平。在建筑劳动生产率为 77335 元/人，仅次于广东和湖北，排名全国第三，高于 64650 元/人的全国平均水平。但 2015 年福建规模以上工业人均劳动生产率仅 26.1 万元，而全国规模以上工业人均劳动生产率在 2014 年即已突破 100 万元。

（三）教育水平较低，绿色创新能力较弱

推动产业结构升级与经济转型的智力支持关键在劳动力素质和劳动生产率，而教育对人力资本的形成至关重要。福建省的劳动生产率还有较大的提升空间。

2015年，中国劳动年龄人口平均受教育年限达到10.05年，高于世界平均水平，新增劳动力平均受教育年限达到13年左右，接近中等发达国家平均水平。福建省两个指标的数值分别为10.3年和13.5年，虽然略高于全国平均水平，但该数值却是处于全国的末几位。

（四）政府协调经济与社会服务能力有待提升

福建地方政府的财政收入与支出，以及在环境治理方面的投入在全国都属于较低的水平，财政投资对社会资本的拉动、社会资本的运用效率等也还需提高。在环境污染治理投资上，虽然总量有所增长，但占GDP的比重还不足1%，而同期全国平均已达到1.28%。

第五节　福建自贸区绿色发展"两个转化"的路径

一、创建良好的体制机制与政策环境

福建自贸区在绿色发展上，要把重点真正放在体制机制创新上，从投资、贸易、通关、航运、金融等方面探索更加便利化的运行模式，营造更加国际化、市场化、法制化、绿色化的营商环境，实现更好的服务、更多的投资机会、更低的贸易成本、更方便的境外投资、更优越的创新产品。

在制度层面推进先行先试，尤其是在循环经济方面的新标准、新产业、新业态、新项目、新服务，可以放在福建自贸区进行试验，形成具有示范意义的绿色发展制度。

（一）拓宽投融资渠道，建立健全绿色金融制度

绿色转型前期资金投入量大，投资回报周期长、回报率偏低，企业绿色融资渠道有限，导致资金供给成为企业特别是一些中小企业绿色转型的一大障碍。2015年前，国内绿色融资主要依靠绿色信贷，2015年12月，中国人民银行正式启动了绿色债券市场。虽然自2016年1月首单绿色金融债券发行至今不到一年的时间，中国绿色债券市场快速发展成为全球第一，但目前市场上绿色债券发行主体仍以金融机构为主，即主要是在银行间债券市场交易的绿色金融债券，而可在交易所进行交易的绿色公司债券、绿色企业债券占的比重较少。

福建省民营经济发达，民间资金充裕，但由于国内还缺乏统一的准入标准和专业的第三方认证机构，诚信度评估检测体系不完善，绿色金融产品发行后未对其用途和效果进行后续评估和信息披露，其是否"绿色"难以判别，影响了企业和公众对绿色

金融产品的认同感，导致大量民间资金未能充分利用。要解决企业绿色转型瓶颈，就需改善资金的可获得性，积极拓宽投融资渠道，建立健全绿色金融制度，以鼓励和引导民间投资绿色发展项目。

（1）聚集民间资本，探索以民营企业为主要股东组建类似于绿色银行的专门机构或绿色发展基金等，给予其发展绿色金融以合理适度的政策引导和支持，如免税、再贷款、财政贴息、担保等，优先为实施绿色技术创新与应用的企业提供低息优惠贷款，积极创新各种绿色金融产品，如项目收益支持票据、绿色项目收费权和碳资产等抵押（质押）贷款等，降低中小企业融资成本。

（2）结合绿色价格机制与绿色产业政策，完善风险投资体系，充分发挥征信系统在环境保护方面的激励和约束作用。建立企业环境信息披露制度，实施第三方评级机构提供对企业的绿色评级，强化对绿色金融资金运用的监督和评估，确保不出现非绿色项目假借绿色债券名义融资的情况，影响绿色金融市场的良性发展。提高投资者评估项目环境影响的能力，建立绿色担保公司为绿色金融产品增信。

（3）鼓励发行以绿色为主题的中小企业集合债，以绿色指数为基础的绿色基金和绿色理财产品，及互联网金融众筹产品等，让机构和个人投资者有更多的渠道投资于绿色产业，推动产业绿色转型。

（4）扩大强制性绿色保险行业覆盖范围，如煤化工、钢铁、水泥等，实现环境风险企业全覆盖，增加环境高风险行业运行的前置成本，明确银行的环境连带法律责任，抑制污染性投资，促进经济发展方式转变，推动产业结构转型升级。

（5）鼓励商业银行发展绿色供应链融资，为绿色供应链发展提供支撑。可以以品牌公司为核心企业，通过上下游供应链的买卖关系，辅以环境绩效信息，为核心企业及其供应商提供金融服务，有助于核心企业有效管控供应链环境风险，同时也降低金融机构信贷业务风险。

（二）完善生态保护补偿制度

（1）稳步推进资源确权工作，完善自然资源价格体系，构建自然资源产权交易网络，促进环境成本内在化，引导企业生产绿色化、流通绿色化，强化企业环境责任。建立完善资源环境承载能力监测预警机制，对自然资源资产使用量与用途进行监控。

（2）扩大生态保护补偿的范围与方式，进一步提高补偿标准。探索多种形式的生态保护补偿方式，除各级政府直接财政转移支付外，可推广如泉州"以工代补""造血增益"等经验。推动汀江—韩江的跨区域生态保护补偿试点。将生态保护补偿与主体功能区规划结合，根据领域和区域特征、生态效益，逐步提高生态补偿标准，并对限制开发、禁止开发区域等重点生态功能区和生态脆弱区实施生态补偿倾斜政策。自实施生态补偿以来，全省的生态补偿标准虽然逐年提高，但与全国其他部分省市相比仍然偏低，且与生态保护者的预期收益期望差距较大。如，2015 年省级以上生态公益林补偿标准为每亩 19 元，2016 年提高到 22 元，而浙江省 2015 年每亩已达到 30 元，2016 年提高到 35 元，2017 年将再提高到 40 元。

（3）完善保护者和受益者良性互动的体制机制。根据《国务院办公厅关于健全生态保护补偿机制的意见》（国办发〔2016〕31 号）要求，加快形成受益者付费、保护者得到合理补偿的运行机制，明确界定受益者与保护者的权利义务。

（三）完善绿色转型的财税制度

（1）绿色税收。发挥税收对促进资源、环境与经济社会协调发展的正向作用。包括：调整税制结构，按产业资源消耗强度与环境友好程度实施阶梯式税收政策；独立税种设计，对高资源消耗、高环境污染的产业征收较高的税收；单项政策安排，对绿色产品实施税收优惠政策，对绿色诚信良好的企业实施税费减免，或抵扣绿色转型成本支出等。

（2）绿色财政。强化社会责任为主体的绿色财政政策体系，按照自然规律和生态文明的道德规范，促进环境保护、经济发展与民生改善的协调发展。包括：促进政府管理绿色化，完善政府绿色采购制度，强化政府环境责任；科学划分政府间在生态环境问题上的事权与财权，建立各级政府间事权与财权相匹配的转移支付制度；建立符合主体功能区定位的区域协调发展的绿色财政政策，健全财政贴息机制，将目前财政贴息扩展到更多的绿色新兴产业与中小型企业。

二、确定不同片区的功能定位，凸显特色又协同发展

福建自贸区三个片区各具特色，要依照资源消耗上限、环境质量底线、生态保护红线和主体功能定位，结合地区产业结构与资源结构优化区域产业规划，实施差异化绿色发展策略，实现不同功能定位下的差异化协同发展。福州打造"海丝"战略枢纽城市；平潭侧重两岸交流；厦门发展现代服务业。

（一）福州片区

福州要主动融入"海上丝绸之路"发展，加快建设国家生态市，持续加强生态环境保护，始终注意处理好产业发展、城市建设与资源环境保护的关系，努力在生态文明先行示范区建设中发挥省会中心城市龙头引领作用，创造更多绿色福利。

（1）构建以生态农业为基础，绿色工业为支撑，现代服务业为引领的高端产业体系，不断提高经济发展的绿色化程度。打好"清新福州"牌，努力把宜游山水转化为"美丽经济"。

(2) 完善生态投入、监测、补偿、修复等机制，健全体现生态文明导向的绩效考核评价体系，夯实绿色发展制度保障。

(3) 提升绿色品质，围绕打造"绿城、花城、水城"，加强山水生态景观规划设计，着力构建山水相连的绿色廊道和亲水空间，让山水渗透城市，城与山水交融。

(二) 平潭片区

平潭生态底子较好，结合国际旅游岛的功能定位，构建海峡旅游廊道、陆海旅游环、旅游核心体验区、旅游融合互动基地和服务保障基地的"一廊两环五区多基地"开发格局，打造经济发展、社会和谐、环境优美、独具特色、两岸同胞向往的区域，大力拓展绿色产业，做大做强绿色生态、绿色经济。

平潭片区按照自由港模式，探索建立投资、贸易、金融、航运、人员往来便利化的新型体制和机制。

(三) 厦门片区

厦门片区要建设"投资环境国际化实验区"和"两岸投资贸易便利化的先行区"，就需要加快产业转型、城市转型和社会转型，力争到2020年实现服务业总收入突破1万亿元，成为最具竞争力的现代服务业集聚区。厦门作为福建自贸区中最先实施绿色发展的地区，一方面要加快旅游与会展、农业、文化、科技等的深度融合；另一方面进一步整合资源，提高航运物流、金融、软件信息、技术研发、文创文化、医疗养老产业对周边区域的辐射带动能力，着力构建服务业区域性中心。

(四) 福州、平潭、厦门三区协同发展

福建自贸区"一区三片"空间跨度大、经济发展水平差异大、行政管理权分散，要解决相互间的协同发展，需要将三个片区作为宜居宜业宜游的"大景区"来建设，共同支撑起福建自贸区绿色发展的一片蓝天。

(1) 构建高速便捷的交通网络，促进人、财、物的快速流通，解决空间范围和跨度大的难题。

(2) 建立片区间协调发展机构，赋予一定的跨区域行政管辖权，与各片区行政机关协同办公，处理片区共同事务。

提高自贸区内自然资源的保护性利用水平，三大片区都地处福建沿海，有着丰富的湿地和海洋资源。将加强海洋和海洋资源的保护和可持续利用纳入自贸区政府政绩考核。建立和完善湿地保护体系、退化湿地保护修复制度和海洋生态保护法律框架体系。

(3) 片区间扬长补短，积极打造绿色发展空间，形成相互辐射、协同发展的积极效应。

(4) 提高环境管理信息化水平,建立环境大数据管理系统。

环境大数据是提高环境管理信息化水平的重要手段,在推进环境治理体系和环境治理能力现代化中发挥重要作用。自贸区间要建立统一的实时环境监测、预警、控制与质量评价系统,实现环境数据共享,实施"一证式"污染源管理新模式,切实提升区域间联防联控水平。

三、推动自贸区产业绿色化

福建自贸区要积极对接"中国制造2025"计划、"互联网+"行动计划等重大战略,推动生产方式绿色化,形成产业链各环节的绿色化、低碳化与循环化,实现产业链绿色价值延伸,充分利用"互联网+绿色生态",促进福建自贸区特色生态农业、蓝色海洋产业、绿色先进制造业、现代服务业、绿色低碳产业发展,构建绿色、低碳、循环的现代产业体系。

(一)促进绿色技术创新,推动产业转型升级

牢牢把握"互联网+"国家战略,加快发展循环低碳技术,形成新业态、新模式、新产业,对传统老污染、高耗能产业进行转型、升级与改造,实现产品链和产业链的纵深延伸,使产品从低端走向高端,产业从低级走向高级,使之契合自贸区建设与绿色发展的需要。

发展以机器人为重点的先进装备制造产业、半导体和集成电路、平板显示、生物医药等一系列战略性新兴产业,培育产业链条,壮大产业集群,提高产品附加值。鼓励发展新能源、新材料、环保、健康、生态农业、新兴制造业、现代服务业等绿色环保低碳产业,增强自贸区绿色竞争力。

(二)促进绿色管理创新,推动资源能源高效利用

山多、人均耕地少、矿产资源少、能源自足率低是福建的现实。绿色能源是经济绿色转型的强力支持。福建在传统能源上仅有煤炭资源,但绿色能源却有较丰富的资源条件,如风能、核能。截至2016年年底,福建省清洁能源发电装机和发电量分别占全省全年发电量的54%和61%,成为清洁能源利用"大省"。水电、风电、核电等构成了福建清洁能源的主体。其中,水能利用率居全国前列;风电机组平均利用小时数自2013年起连续四年居全国第一,2016年达2477小时;核电装机比例达15%,比重位居全国第一。

促进绿色管理创新,提高单位资源利用率,对实现福建自贸区绿色发展具有重要意义。电能是清洁、高效、便捷的能源,要提高绿色能源利用率和电气化率。提高绿色能源效率,要由传统的直线管理、末端管理和行为管理的低效益管理模式,转向现

代的过程管理、循环管理与和谐管理的高效益管理模式。过程管理要求把控好从产品设计、原料选择、采购及生产等各个环节的质量关，避免浪费和污染；循环管理要求延伸产品链，在生产中把上一环节的"流"（废物产出）变成下一环节的"源"（产品投入），将浪费、污染消除在生产环节之中，节约资源，减少排放甚至实现零排放；和谐管理要求创造企业和谐的生态文化，在和谐的外部环境中形成愉悦的内部身心，使个体创造性得到充分的发挥，激发企业创新活力。

（三）促进绿色监管创新，全面推行生产者责任报告与延伸制度

首先，严格市场准入。在自贸区产业建设上，对不同功能区产业项目实行差异化准入政策，确保形成绿色生产空间，打造绿色、低碳、循环发展产业格局。

其次，鼓励企业实施全生命周期的过程管理制度，在生产管理中全面贯彻绿色发展理念，渐进推进强制性环境信息报告与责任延伸制度，对造成环境危害的企业不仅追究生产过程中的责任，还延伸至产品回收与处置服务的责任，严格执法。

四、增强公众参与，提高生态文化水平

（一）健全多层次、宽领域的社会监督与公众参与治理体系

要促进自贸区绿色发展，需完善生态文明建设制度的落实。制度变迁的第一步往往由认知结构的改变开始，通过教育、唤起与操练改变政府、企业、媒体、科研院所、非政府组织、居民等主体的认知结构，充分发挥相关主体的积极性和主动性。但目前，由于信息沟通渠道不畅、信息不对称等因素的影响，各相关主体特别是社会公众的认知度和参与度还不太高。因此，有必要建立健全社会监督体系与公众参与治理制度。主要可从信息公开、决策参与和公益诉讼等方面入手，构建绿色资源共享公共服务平台，提高公布信息的及时性、全面性、便捷性和可信性；引导和鼓励公众参与，完善公众参与决策制度，实现公众参与途径的具体化、多样化；建立健全公益诉讼制度，增强公益诉讼的激励性和约束性，实现环境治理的民主化、科学化。

（二）积极培育生态文化，营造绿色生活氛围

《关于加快推进生态文明建设的意见》明确指出，生态文明建设要"把培育生态文化作为重要支撑"。福建自贸区作为国家首批生态文明试验区，在生态文明建设上需要发挥引领带动作用。要实现福建自贸区的绿色发展，需要全面弘扬和培育生态文化，推动绿色教育，帮助全民树立生态文明观念，使绿色价值观"内化于心，外化于行"。

福建自贸区内拥有丰富的生态资源，充分利用先天优势，推动区内生态文化资源整合。通过网络新媒体，全方位、多层次地开展以"绿水青山就是金山银山"为核心内容的宣传教育活动，让生态文明深植民心。如直接将生态文化教育融入中小学教育

体系中，从小树立起生态文化意识。

积极维护公众对生态文明建设的知情权、参与权和监督权，鼓励民间环保组织的发展，发挥专业机构的作用，加强宣传和引导，积极提供咨询和服务，增强公民环境保护和绿色发展的知识和行动能力，推进生活方式绿色化，强化个人环境责任，使全社会实践绿色消费行为，倡导低碳生活，形成绿色发展的良好价值取向。

五、以绿色贸易为抓手提升福建自贸区国际竞争力

（一）深化闽台经贸合作，提升闽台间自贸区的联动互促效应

2013年3月27日，我国台湾正式出台《台湾自由经济示范区规划方案》，全面实施以负面清单制度为核心的自由经济政策，在原有自由（空）港的基础上逐步扩围成"六海一空一区"，即基隆、苏澳、台北、台中、高雄、台南县安平港、桃园机场和屏东农业生技园区。日趋成熟的台湾自由经济示范区将对福建自贸区建设起到辐射示范与联动互促效应。

1. 加快两岸经贸交流

加快产业结构调整，鼓励企业在产品质量和生产管理上采用更加严格的标准，进一步符合国际标准，以提高出口产品的竞争力和差异性。扩大绿色服务贸易开放，如：外资独立办学、办医，以及免税商品、开征环境税、发行绿色债券试点等，形成绿色产业支撑体系。

福建自贸区设立后，闽台间的经贸交流日益密切。数据显示，截至2016年年底，福建累计批准台资项目达14222个，实际到资139.35亿美元。其中，2016年，批准台资项目1408个，实际到资7.8亿美元，分别同比增加58.2%和41.5%；闽台间进出口贸易额656.5亿元，实际利用台资增长53.9%。平潭港口物流的发展促进了闽台跨境电商的飞速发展。

2. 加深两区绿色生态农业合作

从产业结构来看，福建省除了第三产业还不占主要优势外，不论是全省还是自贸区内，第一产业（农业）的发展都是比较落后的，全省第一产业总值占全国比重仅3.48%。而台湾的绿色农业发展水平居世界前列，农产品是闽台贸易非常重要的构成，福建是台湾水果、食品的最主要入境口岸。

农业的发展阶段可分为，生产性农业-休闲农业-健康疗养农业，传统农业生产只能获得20%的农业价值，而剩余的80%需要靠挖掘。台湾的生态休闲农业高度发达，传统农业种植与文化创意、观光旅游、休闲体验的融合，可让农业成为特色的旅游、教育资源，也可创造出各类的衍生产品；而农业与康养的结合则形成了一种新业态

——健康疗养农业。各式各样农业资源的挖掘，创造出了如"彩色稻田""森林与农业疗愈""飞牛牧场""桃米社区"等著名的新业态农业。

台湾与福建一样都是人多地少，以山地丘陵为主，相似的地理环境为两岸现代化农业的深入合作提供了便利条件。引入台湾农业的先进技术和模式，结合福建自贸区生态资源优势发展生态农业，将使农业不再仅仅是农业，还是文化业、教育业、旅游业和环保业，是一、二、三产业的多业态集合体。

3. 扩大两区服务业开放力度

自贸区建设为提升福建省产业国际竞争力带来机遇。制约福建自贸区发展的因素主要在于福建省第三产业发展相对滞后，企业目前整体技术水平较低，国际竞争力日渐减弱。当前福建自贸区与台湾自由经济示范区间产业合作的首要目标在于提升福建省第三产业发展水平。

目前福建自贸区内部分对台政策的"开放度"甚至超过了两岸所签定的服务贸易协议，形成了服务贸易领域"先行先试"的态势。要继续发挥优势，加强两岸综合产业园区跨境合作，形成研发创新、品牌打造、标准制定上的深入合作，建立两岸共同服务市场。引进台湾物流等现代服务业，发挥互联网优势，整合各类物流信息资源，建设两岸物流信息服务平台，实现物流信息共享与互联互通。

（二）推进绿色"一带一路"建设

"一带一路"是习近平总书记 2013 年提出的重大国际合作倡议。秉持互利共赢、开放包容的理念，"一带一路"倡议成为中国扩大对外开放、加深国际合作的平台。在整体外贸形势严峻的情况下，中国与海丝沿线国家贸易却呈现出逆势增长的态势。2015 年，全国货物贸易进出口总额达 39586 亿美元，其中与"一带一路"沿线国家双边贸易额为 9955 亿美元，占全国货物贸易额的 25%，与 2001 年的 16.5% 相比，提高了 8.5 个百分点。福建与"一带一路"沿线国家和地区的贸易也持续快速增长。

1. 开展能源、环境等领域的绿色发展国际合作

中国正在积极推进"一带一路"国际产能合作与基础设施建设。福建自贸区要增加对沿线国家投资，推动省内优质、绿色产能走出去。寻求对口开发国家或地区，加强"走出去"企业的环境社会责任要求，推进绿色公共产品和环保基础设施建设。"一带一路"沿线国家中的俄罗斯、蒙古、印度以及以沙特阿拉伯为首的西亚中东等国都有着丰富的石油、天然气和可再生能源资源。俄罗斯远东和西伯利亚的水电，蒙古的风电和太阳能，印度的太阳能和风电等为福建与"一带一路"国际绿色能源合作提供了便利的条件。

以"21 世纪海上丝绸之路的核心区""海峡蓝色经济试验区"建设为契机，加强海洋环境保护合作，在中国-东盟环境合作机制下，加强与东盟各国在环境保护、绿色产业、绿色技术等方面的交流与合作。

2. 建设"一带一路"沿线国家贸易政策、环境法规和技术标准大数据

"一带一路"战略的实施为福建自贸区外贸行业的发展提供了一个新的契机。在加强与沿线国家互联互通的基础上，促进双方的贸易往来，是加快经济发展的新动力。但贸易往来的不断扩大，伴随而来的是时有发生的贸易摩擦。"一带一路"大部分国家存在着不同程度的环境风险，属于经济和生态双落后的地区。但其中也不乏环境标准和技术高于中国国内的地区。因此，与相关国家的合作必然要考虑到它们的环境状况和政策以及技术标准。但"一带一路"是一个以地缘为轴线，囊括众多国家的合作战略，沿线国家众多，各国间政策法规、环境状况差异大，仅凭单一企业根本无法逐一了解。建议由政府牵头、行业协会支援，建立"一带一路"沿线国家贸易政策、环境法规和技术标准大数据信息平台与服务支撑平台，以协调经贸合作与环境保护之间的关系，为企业对外贸易和"走出去"保驾护航。

3. 积极开展"一带一路"生态文化交流，扩大对外开放

积极发展与"一带一路"沿线国家的良好外交关系，为贸易的发展创造和平稳定的国际环境。"一带一路"的顺利推进需要各国各层面的支持。除了各国领导人间的良好沟通外，民心相通是推进"一带一路"战略的社会基础。"一带一路"沿线区域发展水平差距大、文化差异明显，可通过举办学术交流会、人才交流会、艺术团体演出、留学等活动开展与沿线国家的生态文化交流，促进民意沟通，增加民众认同感。

参 考 文 献

[1] (美) 阿尔弗雷德·塞耶·马汉. 海军战略论 [M]. 唐恭权, 译. 武汉: 华中科技大学出版社, 2016.
[2] (美) 阿尔弗雷德·塞耶·马汉. 海权对历史的影响 (1660-1783年) [M]. 李少奎, 董绍峰, 徐朵, 等译. 北京: 海洋出版社, 2013.
[3] (美) 芭芭拉·沃德, 勒内·杜博斯. 只有一个地球 [M].《国外公害丛书》编委会, 译校. 长春: 吉林人民出版社, 1997: 前言第17页.
[4] 把绿色发展转化为新综合国力 [N]. 人民日报 (海外版), 2015-03-25 (1).
[5] 包括公共交通、供排水、生态建设和环境保护、水利建设、可再生能源、教育、科技、文化、养老、医疗、林业、旅游等领域.
[6] 鲍洪俊. 习近平: 不惜用真金白银来还环境欠债 [N]. 人民日报, 2005-04-15 (10).
[7] 本报评论员. 坚持问题导向, 深化环境督政 [N]. 中国环境报, 2016-05-04 (1)
[8] 薄贵利. 论国家战略的科学化 [J]. 国家行政学院学报, 2016 (2): 100.
[9] 财政部. 关于2016年中央和地方预算执行情况与2017年中央和地方预算草案的报告 http://politics.people.com.cn/n1/2017/0318/c1001-29152826.html
[10] 蔡定剑. 公众参与: 风险社会的制度建设 [M]. 北京: 法律出版社, 2009.
[11] 操建华. 生态系统产品和服务价值的定价研究 [J]. 生态经济, 2016, (07): 24-28.
[12] 曹红艳. 环保与经济这笔大账该怎么算 [N]. 经济日报, 2015-09-22 (14).
[13] 曹红艳. 下行压力越大越要增强"绿色定力" [N]. 经济日报, 2015-09-16 (09).
[14] 曹文, 李德荃, 曹原. 关于生态产品条件价值评估方法的探讨 [J]. 山东财经大学学报, 2015, (02): 58-63.
[15] 柴宝勇. 社会主义核心价值观理性认同机制的建构 [J]. 长白学刊, 2015 (2): 20-25.
[16] 长尾效应 [EB/OL]. http://baike.so.com/doc/3682397-3870175.html
[17] 陈芳, 董瑞丰. 天然气年产量9年翻一番 我国成世界第六大产气国 [EB/OL]. 中国天然气行业联合会转载自新华社, 2017-05-02 [2017-05-06] http://www.china-gas.org.cn/lzhyd/gnyw/2017-05-02/3305.html.
[18] 陈飞翔. 绿色产业的发展和对世界经济的影响 [J]. 上海研究, 2000 (6): 33, 34. 37.
[19] 陈建国. WTO的新议题与多边贸易体制 [M]. 天津: 天津大学出版社, 2003.
[20] 陈建国. 贸易与环境: 经济·法律·政策 [M]. 天津: 天津人民出版社, 2001.
[21] 陈亮. 中国跨越"中等收入陷阱"的开放创新——从比较优势向竞争优势转变 [J]. 马克思主义研究, 2011, (03): 50-61.
[22] 陈泉生. 论科学发展观与法律的生态化 [J]. 法学杂志, 2005, 26 (5): 2-10.
[23] 陈诗一. 中国的绿色工业革命: 基于环境全要素生产率视角的解释 (1980-2008) [J]. 经济研究, 2010 (11): 21-34, 58.

[24] 陈文玲. 当前世界经济发展的新趋势与新特征［EB/OL］. 中国国际经济交流中心，2016-08-18［2017-01-10］. http：//www. cciee. org. cn/Detail. aspx? newsId=11782&TId=231.

[25] 陈湘舸，孙本胜. 企业生态文化建设［J］. 天地文，2002（12）：83-85.

[26] 陈晓文. 区域经济一体化：贸易与环境［M］. 北京：人民出版社，2009.

[27] 陈晓燕. 光伏产业国际竞争力研究［D］. 天津：南开大学，2010：130.

[28] 陈学凤. 试论美丽中国的生态内涵及价值诉求［J］. 辽宁行政学院学报，2015，（3）：93-96.

[29] 陈源泉，高旺盛. 基于农业生态服务价值的农业绿色GDP核算——以安塞县为例［J］. 生态学报，2007（1）：250-259.

[30] 陈运平，宋向华，黄小勇，等. 我国省域绿色竞争力评价指标体系的研究［J］. 江西师范大学学报（哲学社会科学版），2016，49（3）：57-65.

[31] 程虹. 美国自然文学经典《醒来的森林》《遥远的房屋》《心灵的慰藉》《低吟的荒野》. 北京：生活·读书·新知三联书店，2012：译丛序第5页.

[32] （英）达尔文. 物种起源［M］. 李贤标，高慧，编译. 北京：北京出版社，2007：4.

[33] （美）丹尼斯·米都斯，等. 增长的极限［M］. 李宝恒，译. 长春：吉林人民出版社，1997：译序第2页.

[34] （美）道格拉斯C. 诺思. 经济史的结构与变迁［M］. 陈郁，罗平华，等译. 上海：上海人民出版社，1994.

[35] 道琼斯可持续性群组指数（TheDowJonesSustainabilityGroupIndex，DJSGI）、评定企业社会与环境方面表现指数（FTSEDomini400SocialIndex，原名为KLD'sDomini400SocialIndex）. 参考来源：陈海若. 绿色信贷研究综述与展望［J］. 金融理论与实践，2010（8）：90-93.

[36] 德勤. 2015清洁能源行业报告：迈向新主流［R］. 德勤中国，2016-08-10［2017-03-07］. https：//www2. deloitte. com/content/dam/Deloitte/cn/Documents/technology-media-telecommunications/deloitte-cn-tmt-2015-cleantech-industry-report-zh-160810. pdf

[37] 邓禾，蒋杉秋. 生态福利制度探索［J］. 重庆大学学报（社会科学版），2014，（1）：126-130.

[38] 邓小平. 邓小平文选（第三卷）［M］. 北京：人民出版社，1993.

[39] 《地球一小时》编写组. 绿色能源［M］. 北京：中国长安出版社，2012. 10：2.

[40] 丁峰峻. 综合国力论——2000年我国国家发展战略刍议［Z］. 学术界动态，1987.

[41] 杜雨萌. 绿色产业投资有望分享数十万亿元大蛋糕［EB/OL］. 证券日报网，2016-01-09［2017-03-10］. http：//www. ccstock. cn/finance/hangyedongtai/2016-01-09/A1452272432458. html.

[42] 多国经济向"绿色"转型［EB/OL］. 人民日报，2012-07-03（22）［2016-09-30］. http：//www. nea. gov. cn/2012-07/03/c_131692068. htm

[43] 范思贤，李兰. 绿色经济与绿色发展的关系解析［J］. 商业经济，2016，04：109.

[44] 冯蕾. "新发展理念就是指挥棒、红绿灯"——党中央以发展新理念引领发展新实践述评［EB/OL］. 光明网2016-06-06［2017-01-25］. http：//news. gmw. cn/2016-06/06/content_20427864. htm

[45] 福建省发改委，经信息局. 福建省"十三五"战略性新兴产业发展专项规划. 2016.

[46] 福建省环境保护厅. 福建环保简报：增刊第28期. 2016.

［47］福建省教育厅．关于实施福建省高等学校创新能力提升计划的意见［EB/OL］．福建省教育厅网，2012-12-03［2016-12-23］．http：//www．fjedu．gov．cn/html/jglb/kxjsc/gzdt/2012/12/03/2fe161c4-ff97-4abf-8156-0535aa6a1b7d．html．

［48］福建省人民政府办公厅．福建省"十三五"生态省建设专项规划．2016．

［49］福建省人民政府．福建绿色金融体系建设实施方案．2017．

［50］福建省人民政府．福建省矿产资源总体规划（2008~2015年）［EB/OL］．福建省国土资源厅，2009-10-29［2017-06-10］．http：//www．fjgtzy．gov．cn/cms/html/fjsgtzyt/2009-10-29/2075094513．html．

［51］福建省"十三五"教育发展专项规划 http：//www．ptedu．gov．cn/jhtml/ct/ct_7824_57749

［52］福建省政府．关于促进健康服务业发展的实施意见．2014．

［53］福建自贸区挂牌2周年来福州片区市场主体发展态势良好．http：//www．fjaic．gov．cn/bgs/gsdt/dfdt/201704/t20170428_239997．htm

［54］福建自贸试验区办公室．http：//www．china-fjftz．gov．cn/article/list/gid/23．html

［55］福州市统计局．http：//tjj．fuzhou．gov．cn/zz/zwgk/tjzl/tjfx/201702/t20170204_41983．htm

［56］福州市统计局．2016年福州市国民经济和社会发展统计公报 http：//tjj．fuzhou．gov．cn/zz/zwgk/tjzl/ndbg/201704/t20170420_559156．htm．

［57］福州市统计局．一季度我市规上工业能耗增速加快［EOB/OL］．福州市统计局，2017-04-26［2017-06-10］．http：//tjj．fuzhou．gov．cn/zz/zwgk/tjzl/tjxx/201704/t20170426_559130．htm．

［58］付晓东．循环经济与区域经济［M］．北京：经济日报出版社，2007．

［59］傅泽强．生态与工业的和谐画卷［J］．百科知识，2000（11）：22．

［60］高连奎．新常态——中国发展如何进行下去［M］．北京：机械工业出版社，2015．

［61］高敏雪，刘晓静．环境产业：统计和分析框架［J］．中国人民大学学报，2009（2）：2-3．

［62］公众环保意识加强 维权意识日渐理性［EB/OL］．2012-10-17［2013-03-18］www．ecohao．com/html/zx/xydt1/5964．html-/．

［63］龚鸿雁．绿色低碳发展路上 深圳盐田再出新招——探索全民参与的生态文明建设炭币新体系［N］．中国环境报，2016-06-17（5）．

［64］谷祖莎．绿色屏障-国际贸易中的环境问题与中国的选择［M］．北京：中国经济出版社，2005．

［65］顾仲阳．全要素生产率是什么［N］．人民日报．2015-03-23（017）．

［66］关于印发资源节约型环境友好型企业创建工作要求及试点企业名单（第一批）的通知（工信部联节［2010］608号）http：//www．gov．cn/zwgk/2010-12/27/content_1773546．htm

［67］郭同欣．中国对世界经济增长的贡献不断提高［N/OL］．人民日报，2017-01-13（09）［2017-02-10］．http：//paper．people．com．cn/rmrb/html/2017-01/13/nw．D110000renmrb_20170113_1-09．htm．

［68］国冬梅．环境货物与服务贸易自由化［M］．北京：中国环境科学出版社，2005．

［69］国际绿色经济协会的博客．［行业盘点］全球环保行业发展现状及趋势分析［EB/OL］．新浪博客，2015-12-14［2016-08-15］．http：//blog．sina．com．cn/s/blog_627021fd0102w9c9．html．

［70］国际能源署报告：去年全球能源投资下降12%［EB/OL］．中华人民共和国国家能源局，2017-07-17［2017-07-18］．http：//www．nea．gov．cn/2017-07/17/c_136449920_2．htm

[71] 国际天然气汽车协会，http：//www.iangv.org/current-ngv-stats/

[72] 国家发展改革委 财政部 国家能源局关于试行可再生能源绿色电力证书核发及自愿认购交易制度的通知 http：//www.sdpc.gov.cn/zcfb/zcfbtz/201702/t20170203_837117.html.

[73] 国家发展改革委，等. 印发关于促进绿色消费的指导意见的通知［EB/OL］. 发改环资［2016］353号附件，2016-02-17［2016-11-10］. www.ndrc.gov.cn/zcfb/zcfbtz/201603/t20160301_791588.html. www.gov.cn 2016-03-02

[74] 国家发展和改革委员会. 中国应对气候变化的政策与行动 2013 年度报告［R/OL］. 中华人民共和国发展与改革委员会应对气候变化司，［2017-1-20］qhs.ndrc.gov.cn/zcfg/201311/t20131107_565920.html.

[75] 国家环境保护总局《WTO 新一轮谈判环境与贸易问题研究系列丛书》编委会. WTO 新一轮谈判环境与贸易问题研究系列丛书. 北京：中国环境科学出版社，2005.

[76] 国家气候变化对策协调小组办公室. 第一章气候变化的实质和中国应对策略［EB/OL］. 中国气候变化信息网，2003-07-21［2016-12-11］. http：//www.ccchina.gov.cn/Detail.aspx?newsId=29514&TId=66%22%20title=%22%C2%A0%C2%A0 第一章%20 气候变化的实质和中国应对策略.

[77] 国家统计局，科学技术部，财政部. 2015 年全国科技经费投入统计公报 http：//www.most.gov.cn/kjbgz/201611/P020161118627899534071.doc

[78] 国家统计局. 2015 年全国科技经费投入统计公报［EB/OL］. 国家统计局，2016-11-11［2017-01-12］. http：//www.stats.gov.cn/tjsj/zxfb/201611/t20161111_1427139.html.

[79] 国家统计局：中国 2014 年基尼系数 0.46［EB/OL］. 2015-01-20［2016-11-10］. http：//finance.cnr.cn/gundong/20150120/t20150120_,517474480.shtml

[80] 国家统计局. 中华人民共和国 2016 年国民经济和社会发展统计公报 http：//www.stats.gov.cn/tjsj/zxfb./201702/t20170228_1467424.html.

[81] 国家行政学院经济学教研部. 中国经济新常态［M］. 北京：人民出版社，2015.

[82] 国务院办公厅关于禁止洋垃圾入境推进固体废物进口管理制度改革实施方案的通知（国办发［2017］70 号［EB/OL］. 中国政府网，2017-07-27［2017-07-28］. http：//www.gov.cn/zhengce/content/2017-07-27/content_5213738.htm

[83] 国务院发改委. 绿色债券发行指引. 2015

[84] 国务院关税税则委员会关于 2017 年关税调整方案的通知 http：//gss.mof.gov.cn/zhengwuxinxi/zhengcefabu/201612/t20161223_2498029.html

[85] 国务院关于印发"十三五"国家战略性新兴产业发展规划的通知（国发〔2016〕67 号）http：//www.gov.cn/zhengce/content/2016-12/19/content_5150090.htm

[86] 国务院. 国务院关于印发中国（福建）自由贸易试验区总体方案的通知（国发〔2015〕20 号）［EB/OL］. 中国政府网，2015-04-20［2017-06-08］. http：//www.gov.cn/zhengce/content/2015-04/20/content_9633.htm

[87] 国务院. 全国医疗卫生服务体系规划纲要（2015~2020 年）. 2015.

[88] 国务院. 全国主体功能区划. 2010.

[89] 国务院. "十三五"国家战略性新兴产业发展规划. 2016.

[90] 韩立岩, 尤苗, 魏晓云. 政府引导下的绿色金融创新机制 [J]. 中国软科学, 2010, (11): 12-18.

[91] 韩民青. 从工业化向新工业化转变的任务、原则和方法——关于转变增长方式的深层思考 [J]. 哲学研究, 2006, (7): 112-117.

[92] 韩民青. 新工业化与中国的崛起 [J]. 山东社会科学, 2007 (3): 5-11.

[93] 汉能控股集团、全国工商联新能源商会. 汉能全球新能源发展报告 [R]. 2016: 9、10.

[94] （美）汉斯·摩根索. 国家间政治: 权力斗争与和平（第七版）[M]. 徐昕, 郝望, 李保平, 译. 北京大学出版社, 2005.

[95] 郝栋. 绿色发展道路的哲学探析 [D]. 北京: 中共中央党校, 2009: 77.

[96] Hawken, 等. 绿色资本主义: 掀起下一次工业革命 [M]. 伦敦: 地球瞭望出版社, 1999.

[97] 何亚非. 推进全球化、引领全球化 [N]. 学习时报, 2017-01-11 (001).

[98] 核电评估部. 2016 年核电运行报告 [EB/OL]. 中国核能行业协会网, 2017-02-13 [2017-03-10]. http://www.china-nea.cn/html/2017-02/37648.html.

[99] 洪小瑛. 关于绿色竞争力的几点思考 [J]. 广西社会科学, 2002 (3): 92-95.

[100] 侯玲玲. 传统产业转型升级促进政策的研究: 基于"多视角"的政策文本计量分析 [D]. 中南大学, 2013: 13.

[101] 侯伟丽. 21 世纪中国绿色发展问题研究 [J]. 南都学坛, 2004, 03: 106-110.

[102] 侯韵, 李国平. 健康产业集群发展的国际经验及对中国的启示 [J]. 世界地理研究, 2016, 25 (6): 109-118.

[103] 胡鞍钢, 门洪华. 中美日俄印综合国力的国际比较（1980-1998 年）[Z]. 战略与管理, 2002 (2).

[104] 胡鞍钢. 生态文明建设与绿色发展之道 [J]. 中关村, 2012, 12: 48-50.

[105] 胡鞍钢, 鄢一龙, 等. 中国新理念: 五大发展 [M]. 杭州: 浙江人民出版社, 2016.

[106] 胡鞍钢. 中国: 创新绿色发展 [M]. 北京: 中国人民大学出版社, 2012: 后记.

[107] 胡鞍钢, 周绍杰. 绿色发展: 功能界定、机制分析与发展战略 [J]. 中国人口. 资源与环境, 2014, 01: 14-20.

[108] 胡德平. 森林与人类 [M]. 北京: 科学普及出版社, 2007: 259.

[109] 胡锦涛. 坚定不移沿着中国特色社会主义道路前进, 为全面建成小康社会而奋斗: 在中国共产党第十八次全国代表大会上的报告（2012 年 11 月 8 日）[M]. 北京: 人民出版社, 2012: 19-24.

[110] 胡涛, 庞军, 郭红燕, 等. 实现绿色贸易转型——基于外贸部门"十二五"节能减排规划研究 [J]. WTO 经济导刊, 2011, 05: 58-63.14

[111] 胡岳岷, 刘甲库. 绿色发展转型: 文献检视与理论辨析 [J]. 当代经济研究, 2013, 06: 33.

[112] 湖南日报评论员. 绿色发展, 构筑新的竞争优势 [N]. 湖南日报, 2015-15-27 (001).

[113] 环保部. 关于加快推动生活方式绿色化的实施意见 [EB/OL]. 2015-11-17 [2016-12-10]. www.ocpe.com.cn/show-16664-lists-54.html

[114] 环境保护部办公厅. 关于印发《生态环境大数据建设总体方案》的通知 [EB/OL]. 环境保护部办公厅文件, 环办厅 [2016] 23 号, 2016-03-08 [2017-06-10]. http://www.zhb.gov.cn/gkml/hbb/bgt/201603/t20160311_332712.htm

[115] 环境保护部, 发展改革委, 统计局. 2011 年全国环境保护相关产业状况公报 http：//www. zhb. gov. cn/gkml/hbb/bgg/201404/W020140428585697464457. pdf 调查产业范围包括, 环境保护产品、环境友好产品、资源循环利用产品生产经营和环境保护服务。

[116] 环境保护部. 关于进一步深化生态建设示范区工作的意见 [EB/OL]. 环境保护部文件（环发 [2010] 16 号）, 2010-01-28 [2017-01-20] www. mep. gov. cn/gkml/hbb/bwj/2010051t20100527_189995. htm.

[117] 环境保护部科技标准司. 中国环境服务业发展报告 [R]. 北京：经济管理出版社, 2015 (12)：5.

[118] 环境保护部数据中心 http：//datacenter. mep. gov. cn/index! MenuAction. action? name=baa8b95a95984-eb09e09f6c9128440bb

[119] 环境署（2002 年）将其定义为"将综合的环保策略持续应用于工艺、产品和服务中, 以期提高综合效率并减少对人类和环境的风险"。清洁生产可应用于工业生产过程、产品本身以及各类服务。

[120] 黄辉. WTO 与环保——自由贸易与环境保护的冲突与协调 [M]. 北京：中国环境出版社, 2010.

[121] 黄堃. 低碳发展可创造千万计新就业岗位 [N]. 深圳特区报, 2010-03-24（A14）.

[122] 黄锟. 积极发展绿色产业促进县域经济绿色发展 [J]. 北方经济. 2017 (1)：12.

[123] 黄磊. 吉林省传统产业转型升级问题研究 [D]. 长春：吉林大学, 2013：10.

[124] 黄如良. 生态产品价值评估问题探讨 [J]. 中国人口·资源与环境, 2015, (03)：26-33.

[125] 黄硕风. 综合国力论 [M]. 北京：中国社会科学出版社, 1992.

[126] 黄兴国. 绿色发展：新理念 新动力 [J]. 资源节约与环保, 2015 (12)：9.

[127] 黄志斌, 姚灿, 王新. 绿色发展理论基本概念及其相互关系辨析 [J]. 自然辩证法研究, 2015, 08：108-113.

[128] 慧明, 卜欣欣. 绿色国际贸易与绿色国际贸易壁垒 [J]. 南开学报, 2000, 04：36-41.

[129] 霍尔姆斯·罗尔斯顿. 哲学走向荒野 [M]. 刘耳, 叶平, 译. 长春：吉林人民出版社, 2000：9.

[130] 吉尔, 卡拉斯, 等. 东亚复兴：关于经济增长的观点 [M]. 黄志强, 等译. 北京：中信出版社, 2008.

[131] 季春艺, 杨红强. 国际贸易隐含碳排放的研究进展：文献述评 [J]. 国际商务, 2011 (06)：66.

[132] 贾海涛. 中国综合国力评估及世界排名：理论、现实及测评公式 [J]. 南京理工大学学报（社会科学版）2012. 05：14.

[133] 贾卫萍, 朱怡蓉. 中国省域环境竞争力评价 [J]. 合作经济与科技, 2013 (1)：6-9.

[134] 江晓原. 选择绿色生活方式的两难处境 [J]. 绿叶, 2009 (2)：61.

[135] 姜爱林. 国际竞争力及其评价方法综述 [J]. 北京行政学院学报. 2003, 06：33.

[136] 姜超宏观债券研究. 庞大出口背后, 中国赚多少钱？——从 iWatch 的价值链说起 [EB/OL]. 微口网, 2017-07-13 [2017-08-10]. http：//www. vccoo. com/v/5jx35d

[137] 姜洁. 综合国力的重要标志 [J]. 理论界, 1998, (03)：63.

[138] 蒋庚华, 张曙霄. 中国出口国内附加值中的生产要素分解 [J]. 中南财经政法大学学报, 2015 (2)：94-102.

[139] 蒋南平, 向仁康. 中国经济绿色发展的若干问题 [J]. 当代经济研究, 2013, 02：50-54.

[140] 蒋瑜沄. 在放弃核电后德国又打算在 2050 年停运全部燃煤发电站了 [EB/OL]. 界面, 2016-05-06

[2017-03-06]. http：//www.jiemian.com/article/638630.html

[141] 揭益寿. 中国绿色经济绿色产业理论与实践［M］. 徐州：中国矿业大学出版社，2002：21.

[142] 节能与综合利用司. 2016年环保装备制造业保持较快增长态势［EB/OL］. 工业和信息化部，2017-01-23［2017-03-10］. http：//www.miit.gov.cn/n1146285/n1146352/n3054355/n3057542/n3057548/c5473018/content.html

[143] 金东寒. 发展分布式能源促进绿色发展［J］. 求是，2016（4）：34-35.

[144] 金健. 我国绿色经济多元发展的战略研究［J］. 农场经济管理，2015（3）：6，10.

[145]（日）经济企划厅综合计划局. 日本的综合国力［M］. 东京：大藏省印刷局，1987.

[146] 景维民，张璐. 环境管制、对外开放与中国工业的绿色技术进步［J］. 经济研究，2014（9）：34-47.

[147] 朱婧，孙新章，刘学敏，等. 中国绿色经济战略研究［J］. 中国人口·资源与环境. 2012（4）：10.

[148] 敬东. WTO中的贸易与环境问题［M］. 北京：社会科学文献出版社，2014.

[149] 居迁. WTO贸易与环境法律问题［M］. 北京：知识产权出版社，2012.

[150] 瞿剑. 让化石能源回归工业原材料基本属性［N］. 科技日报，2016-11-29（03）.

[151] 科技日报评论员评论：让科学之花自由绽放［N］. 科技日报，2016-06-14（01）.

[152] 科学技术部火炬高技术产业开发中心. 2016年全国技术市场统计年度报告［R/OL］. 科学技术部火炬高技术产业开发中心，2016-07-22［2017-03-10］. http：//www.chinatorch.gov.cn/jssc/tjnb/201607/a834313b5b194b6e9566909913cc9600/files/4da7658a252b413ab557c4f6556953e9.pdf.

[153] 郎咸平. 郎咸平说：中国经济的旧制度与新常态［M］. 北京：东方出版社，2015.

[154] 雷毅. 生态伦理学［M］. 西安：陕西人民教育出版社，2000：137.

[155]（美）蕾切尔·卡逊. 寂静的春天［M］. 吕瑞兰，李长生，译. 长春：吉林人民出版社，1997：2，263.

[156] 黎元生. 着力打造生态产品价值实现的先行区［N］. 福建日报，2016-11-29（9）.

[157] 李碧浩，等. 从绿色产业到产业绿化［J］. 上海节能. 2012（05）：13.

[158] 李斌，彭星，欧阳铭珂. 环境规制、绿色全要素生产率与中国工业发展方式转变——基于36个工业行业数据的实证研究［J］. 中国工业经济，2013（4）：56-68.

[159] 李斌. 全球绿色新政浪潮概述［J］. 赤峰学院学报（自然科学版）. 2012.6（28）：83.

[160] 李干杰. 充分发挥环境保护的主阵地和根本措施作用，努力为生态文明建设作出新贡献［J］. 环境保护，2013，01：10-14.

[161] 李谷成. 中国农业的绿色生产率革命：1978-2008年［J］. 经济学（季刊），2014（2）：537-558.

[162] 李广坤. 新综合国力与企业创新精神培育［J］. 商业研究，2004，（15）：15.

[163] 李红艳，汪涛. 中等收入陷阱的国际实证比较及对中国启示［J］. 产经评论，2012，3（3）：111-122.

[164] 李后强，邓子强. 全面准确把握新常态的内涵和特征. 四川日报，2015-02-25（08）［2017-01-15］. http：//epaper.scdaily.cn/shtml/scrb/20150225/92718.shtml

[165] 李建平，李闽榕，高燕京. 中国省域经济综合竞争力发展报告（2015~2016）［M］. 北京：社会科学文献出版社，2017.

[166] 李建平，李闽榕，王金南. 全球环境竞争力报告（2013）［M］. 北京：社会科学文献出版社，2013.

[167] 李角奇, 王凯明. 企业社会责任引导机制的构建 [J]. 党政干部学刊, 2015 (2): 62-65.

[168] 李军军, 周利梅. 福建省低碳经济竞争力评价及提升对策 [J]. 综合竞争力, 2011 (3): 75-80.

[169] 李丽平, 等. 自由贸易协定中的环境议题研究 [M]. 北京: 中国环境出版社, 2015.

[170] 李丽平. 构筑我国绿色贸易体系的对策研究 [J]. 中国人口、资源与环境, 2008 (02): 200-203.

[171] 李丽平. 环境服务贸易自由化对中国的影响 [M]. 北京: 中国环境科学出版社, 2007: 18.

[172] 李玫, 丁辉. "一带一路"框架下的绿色金融体系构建研究 [J]. 环境保护, 2016, (19): 31-35.

[173] 李闽榕. 中国省域经济综合竞争力研究报告 (1998~2004) [M]. 北京: 社会科学文献出版社, 2006: 4.

[174] 李薇薇, 郑友德. 绿色专利申请快速审查制度的实施效果评价与完善 [J]. 华中科技大学学报 (社会科学版), 2014 (3): 49-56.

[175] 李伟芳. 保护我们的环境—投资贸易新课题 [M]. 上海: 上海社会科学院出版社. 1998.

[176] 李晓西, 胡必亮, 等. 中国: 绿色经济与可持续发展 [M]. 北京: 人民出版社, 2012 (12): 10-12.

[177] 李迅, 李冰. 绿色生态城区发展现状与趋势 [J]. 城市发展研究, 2016, 23 (10): 91-98.

[178] 李艳芳. 公众参与环境影响评价制度研究 [M]. 北京: 中国人民大学出版社, 2004.

[179] 李扬. 新常态是各国改革的竞争 [J]. 经济研究信息, 2015 (9): 51-54.

[180] 李扬, 张晓晶. 论新常态 [M]. 北京: 人民出版社, 2015.

[181] 李予阳. 消费对经济的拉动潜力有多大——访中国贸促会研究院研究员赵萍 [N/OL]. 经济日报, 2016-01-26 (05) [2016-10-15]. paper. ce. cn/jjrb/html/2016-01/26/content_ 290488. htm.

[182] 李振基, 等. 生态学 [M]. 北京: 科学出版社, 2000: 385-386.

[183] 李政道. 只有重视基础研究, 才能保持创新能力 [EB/OL]. 中国科学院网, 2005-11-08 [2016-12-25]. http://www. cas. cn/xw/zyxw/yw/200906/t20090629_ 1859850. shtml

[184] 李佐军. 推进供给侧改革 建设生态文明 [J]. 党政研究. 2016 (2): 5-8.

[185] 李佐军. 中国绿色转型发展报告 [M]. 北京: 中共中央党校出版社, 2012: 1, 2.

[186] 厉以宁, 吴敬琏, 周其仁, 等. 读懂中国改革 3: 新常态下的变革与决策 [M]. 北京: 中信出版社, 2015.

[187] 联合国工业发展组织. 工发组织绿色产业工业可持续发展倡议 [EB/OL]. 2014-06-24 [2016-08-12]. http://www. greenindustryplatform. org/wp-content/uploads/2014/06/green-industry_ CN_ highres. pdf

[188] 联合国环境规划署. 迈向绿色经济: 实现可持续发展和消除贫困的各种途径 [R/OL]. UNEP, 2011-11-02 [2016-05-05]. http://web. unep. org/greeneconomy/sites/unep. org. greeneconomy/files/field/

[189] 联合国. 千年生态系统评估报告. 2005.

[190] 联合国政府间气候变化专门委员会第五次评估报告《气候变化 2014》Fifth Assessment Report, http://ipcc. ch/report/ar5/.

[191] 廖福霖, 等. 生态文明经济研究 [M]. 北京: 中国林业出版社, 2010: 9, 31

[192] 廖福霖, 等. 生态文明学 [M]. 北京: 中国林业出版社, 2012: 278, 395.

[193] 廖福霖. 生态文明建设的历史性创新 [N]. 福建日报, 2015-04-13 (10).

[194] 林丽平. 福建迈入清洁能源"大省"[N]. 中国能源报, 2017-02-06（12）.

[195] 刘恩云, 常明明. 国内绿色发展研究前沿述评[J]. 贵州财经大学学报, 2016, 03: 105-110.

[196] 刘金石. 我国区域绿色金融发展政策的省际分析[J]. 改革与战略, 2017,（02）: 46-50.

[197] 刘景林, 隋舵. 绿色产业: 第四产业论[J]. 生产力研究, 2002,（6）: 15-18.

[199] 刘强, 庄幸, 姜克隽, 等. 中国出口贸易中的载能量及碳排放量分析[J]. 中国工业经济, .2008（08）: 51.

[199] 刘青松. 我国健康产业的可持续发展策略探索[J]. 改革与战略, 2012, 28（4）: 146-148.

[200] 刘世锦, 余斌, 陈昌盛, 等. 从反危机到新常态: 2008年以来中国宏观经济分析[M]. 北京: 中信出版社, 2016.

[201] 刘思华. 创建五次产业分类法, 推动21世纪中国产业结构的战略性调整[J]. 生态经济, 2000,（6）: 5-13.

[202] 刘思华. 绿色经济论[M]. 北京: 中国财政经济出版社, 2001: 16-18.

[203] 刘思华. 生态文明与绿色低碳经济发展总论[M]. 北京: 中国财政经济出版, 2011: 57.

[204] 刘伟. 突破"中等收入陷阱"的关键在于转变发展方式[J]. 上海行政学院学报, 2011, 12（1）: 4-11.

[205] 刘潇艺. 实现碳排放见顶路径何在[N]. 中国环境报, 2014-11-20（09）.

[206] 刘晓星. 生态文明引领中国和谐发展[N]. 中国环境报, 2012-09-14（01）.

[207] 刘兴先. 生态文明: 人类可持续发展的必由之路[J]. 理论观察, 2000,（5）7-9.

[208] 刘艳涛, 田国宝. 蔡昉: 中国未来经济增长只能靠生产力提升[EB/OL]. 中国房地产网, 2015-06-01 [2017-02-06] http: //www. china-crb. cn/resource. jsp? id=26526.

[209] 刘志迎, 徐毅, 庞建刚. 供给侧改革-宏观经济管理创新[M]. 北京: 清华大学出版社, 2016.

[210] 鲁冬. 韩国的低碳绿色增长[N]. 学习时报, 2010-6-18.

[211] 陆小成, 冯刚. 生态文明建设与城市绿色发展研究综述[J]. 城市观察, 2015, 03: 185-192.

[212] 吕永龙. 新兴产业发展与新型污染物的排放和污染控制——以全氟辛烷磺酸（PFOS）类新型污染物为例[A]. 中国科学技术协会, 贵州省人民政府. 第十五届中国科协年会第24分会场: 贵州发展战略性新兴产业中的生态环境保护研讨会论文集[C]. 2013: 7.

[213] 绿色建筑评价标识网 http: //www. cngb. org. cn

[214] G20绿色金融综合报告 http: //www. cceex. com/wp-content/uploads/G20-绿色金融综合报告中文版【全文】. pdf

[215] 绿色就业助推经济复苏[EB/OL]. 中国就业网, 2010-12-30 [2016-09-30]. http: //www. chinajob. gov. cn/World/content/2010-12/30/content_ 591813. htm

[216] 绿色食品统计. http: //www. greenfood. org. cn/zl/tjnb/

[217] 罗承先. 世界可再生能源支持政策变迁与趋势[J]. 中外能源, 2016, 21（9）: 20-27.

[218] 马洪. 关于山西经济结构的研究[J]. 晋阳学刊, 1980,（01）: 5.

[219] 马晶梅. 基于隐含碳视角的中国贸易环境研究[M]. 北京: 中国社会科学出版, 2017.

[220] 马骏, 程琳, 邵欢. G20公报中的绿色金融倡议（上）[J]. 中国金融, 2016,（17）: 52-54.

[221] （加）马克·安尼尔斯基（MARK ANIELSKI）. 幸福经济学[M]. 林琼, 等译. 北京: 社会科学文献出

版社，2010：37.

[222] 马克思恩格斯全集（46）（上册）[M]. 北京：人民出版社，1979.

[223] 马克思恩格斯文集（第 2 卷）[M]. 北京：人民出版社，2009.

[224] 马克思恩格斯文集（第 1 卷）[M]. 北京：人民出版社，2009.

[225] 马克思恩格斯选集（第一卷）[M]. 北京：人民出版社，1995：256.

[226] 马克思恩格斯全集（第 9 卷）[M]. 北京：人民出版社，1961：145.

[227] 马克思恩格斯全集（第 19 卷）[M]. 北京：人民出版社，1965：19-20.

[228] 马丽. 全球气候治理中的中国地方政府：困境、现状与展望[J]. 马克思主义与现实，2015（5）：176-183.

[229] 马涛. 中国对外贸易绿色发展的挑战和应对[J]. 生态经济，2015（07）：172-174.

[230] 孟海，王亘. 2017 生态文明试验区贵阳国际研讨会举办[EB/OL]. 搜狐网，2017-06-18［2017-07-01］. http：//www. sohu. com/a/149817258_ 115239.

[231] 孟晓飞，刘洪. 绿色管理塑造企业绿色竞争优势[J]. 华东经济管理，2003（04）：77-79.

[232] 名单详见国家林业局网站发布的"办改字〔2016〕152 号"文件附件 http：//www. forestry. gov. cn/uploadfile/main/2016-8/file/2016-8-2-c597414740ee4fb4a851819469c5b538. doc

[233] 那力，何志鹏. WTO 与环境保护[M]. 吉林：吉林人民出版社，2002.

[234] 2016 年环境服务行业现状分析[EB/OL]. 中国报告大厅，2016-12-12［2016-12-20］. http：//www. chinabgao. com/k/huanjingfuwu/25462. html

[235] 2015 年银行业 8 万亿绿色信贷助力绿色环保[EB/OL]. 中国银行业协会，2016-06-24［2017-05-10］. http：//www. china-cba. net/do/bencandy. php?fid=42&id=15311

[236] 2016 年中国货物贸易总额被美国反超 失去连续三年第一地位[EB/OL]. 观察者网，2017-04-13［2017-04-15］. http：//www. guancha. cn/economy/2017_ 04_ 13_ 403420. shtml.

[237] 2016 年中国绿色建筑行业发展现状概况及市场投资前景分析[EB/OL]. 中国产业信息网，2016-06-03［2017-03-10］. http：//www. chyxx. com/industry/201606/422010. html

[238] 牛冬杰. 以新消费牵引产业转型升级[N]. 中国社会科学报，2016-05-11.

[239] 欧阳春香. 环保上市公司今年以来斩获 PPP 订单超 350 亿元[N]. 中国证券报 2017-03-15（A10）.

[240] 潘永刚，等. 两网融合——生活垃圾减量化和资源化的模式与路径[EB/OL]. 人民网，2017-04-14［2017-05-06］. opinion. people. com. cn/n1/2017/0414/c1003 _ 29212058. html.

[241] 彭席席. 福建省城市环境竞争力实证分析[J]. 经济研究导刊，2015（25）：119-120.

[242] 彭星，李斌. 贸易开放、FDI 与中国工业绿色转型--基于动态面板门限模型的实证研究[J]. 国际贸易问题，2015（1）：166-176.

[243] 彭竹兵，马洪超. 优质生态环境是最好的公共产品[EB/OL]. 经济日报，2014-07-22（05）［2016-12-23］. paper. ce. cn/jjrb/html/2014-07/22/content _ 208329. htm.

[244] 千年生态系统评估. 入不敷出：自然资产与人类福祉（千年生态系统评估理事会声明）[DB/OL]. 千年生态系统评估网. http：//www. millenniumassessment. org/zh/Reports. html#

[245] 邱明红. 习主席出访专家谈：气候外交，中国特色大国外交的一大闪光点[EB/OL]. 中国网，2015-

12-01［2017-05-03］. http：//opinion. china. com. cn/opinion_ 67_ 141767. html.

[246] 曲格平. 关注生态安全之一：生态环境问题已经成为国家安全的热门话题［J］. 环境保护，2002（5）：3.

[247] 曲如晓. 贸易与环境理论与政策研究［M］. 北京：人民出版社，2009.

[248] 全国环境统计公报（2015 年）. http：//www. zhb. gov. cn/gzfw_ 13107/hjtj/qghjtjgb/

[249] 全国 PPP 综合信息平台项目库第五期季报 http：//jrs. mof. gov. cn/ppp/dcyjppp/201703/t20170327_ 2566491. html

[250] 人民日报评论员. 抓好生态文明建设这项政治任务，——一论深入推进生态文明建设［N］. 人民日报，2015-05-06（1）.

[251] 任建兰. 基于全球化背景下的贸易与环境［M］. 北京：商务印书馆，2003.

[252] 阮煜琳. 联合国报告：全球贫富差距日益扩大［EB/OL］中国新闻网，2016-08-22［2017-02-08］. http：//www. chinanews. com/gj/2016/08-22/7980796. shtml

[253] 赛迪投资顾问. 中国环保产业地图白皮书（2011）［R］. 赛迪顾问有限公司，2011：3-8.

[254] 商务部. 中国再生资源回收行业发展报告［R/OL］. 商务部网，2016-05-25［2017-06-02］. http：//images. mofcom. gov. cn/ltfzs/201605/20160525144948127. doc

[255] 邵帅，李程宇. 国际贸易生态化与中国生态文明建设的稳态分析［J］. 北华大学学报（社会科学版），2014（01）：24~29. 14

[256] 邵蔚. 高端面料新革命［J］. 纺织服装周刊，2012，（47）：70.

[257] 十二届全国人大五次会议开幕 李克强作政府工作报告（全文）［EB/OL］. 中国新闻网，2013-03-05［2016-12-23］. http：//www. chinanews. com/gn/2017/03-05/8165806. shtml.

[258] "十三五"绿色投资年增 2 万亿~4 万亿［EB/OL］. 中国能源网，2016-04-07［2017-01-10］. http：//www. china5e. com/news/news-938935-1. html.

[259] 石兴国. 和谐论 58 生态和谐篇 3 建设环境友好型社会七［EB/OL］. 搜狐博客，2014-08-15［2016-12-02］. http：//blog. sohu. com/s/MjA0MDU2NDE1/304950300. html.

[260] 石元春. 为什么要发展生物质能［J］. 求是，2016（3）：50-51.

[261] 史瑞建，杨志刚. 发展绿色产业应处理好八种关系［J］. 陕西综合经济，2007，（4）：14-16.

[262] 世界环境与发展委员会. 我们共同的未来［M］. 王之佳，柯金良，等译. 长春：吉林人民出版社，1997；9，52.

[263] BP 世界能源统计年鉴［R/OL］. BP，2017-07-05［2017-07-20］. http：//www. bp. com/content/dam/bp-country/zh_ cn/Publications/StatsReview2017/2017 版《BP 世界能源统计年鉴》报告%20 中文版. pdf.

[264] 世界银行和国务院发展研究中心联合课题组. 2030 年的中国：建设现代、和谐、有创造力的社会［M］. 北京：中国财政经济出版社，2013. 03：13，44，48.

[265] 世界有机农业 2017. https：//shop. fibl. org/CHde/mwdownloads/download/link/id/785/？ref = 1Marketandtrade？

[266] 宋德军. 中国绿色食品产业区域竞争优势评价及空间分布研究［J］. 兰州商学院学报. 2012（05）：69，71.

[267] 苏祖荣. 生态文明视域下当代哲学的生态转向 [J]. 北京林业大学学报（社会科学版），2012，11（02）：3.

[268] 孙国民. 战略性新兴产业概念界定：一个文献综述 [J]. 科学管理研究，2014，(02)：45.

[269] 孙静，唐建荣. 中小企业的绿色发展路径——环境贸易壁垒及其应对策略 [J]. 黑龙江对外经贸，2006，10：36-37.

[270] 孙龙. 绿色金融助推绿色丝绸之路建设的研究——基于农行发展绿色金融的思考 [J]. 农村金融研究，2016，(11)：41-44.

[271] 台湾经济部工业局. [EB/OL]. 2008-08-07 [2016-12-21] http：//www.iw-recycling.org.tw/page2-1.asp.

[272] 谭顺，温立武. 当前我国消费不足治理面临的四个困境 [J]. 经济纵横，2014 (11)：15-18.

[273] 唐任伍. 五大发展理念塑造未来中国 [J]. 红旗文稿，2016 (1)：14.

[274] 陶茜，张晗晗. 把绿色金融打造成绿色发展的新引擎 [N]. 光明日报，2016-05-29（6）

[275] 滕泰，范必. 供给侧改革 [M]. 北京：东方出版社，2016.

[276] 田国强，陈旭东. 中国如何跨越"中等收入陷阱"——基于制度转型和国家治理的视角 [J]. 学术月刊. 2015，47（05）：18-27.

[277] 田雪原. 警惕人口城市化中的"拉美陷阱" [J]. 宏观经济研究，2006 (2)：12-17.

[278] 田雨燕. 东北地区绿色产业的构建和发展对策研究 [D]. 长春：东北师范大学，2003：9.

[279] 汪孝宗，张璐晶. 坎昆会议前的"暗算" [EB/OL]. 中国经济周刊 2010-08-02 [2016-12-11]. http：//www.ceweekly.cn/2010/0802/8769.shtml.

[280] 王璨. 关于绿色贸易的理性分析 [J]. 求索 2003（06）：43、44.

[281] 王丹. 生态兴则文明兴 生态衰——生态文明建设系列谈之五 [N]. 光明日报，2015-05-08（02）.

[282] 王国聘. 生存的智慧——环境伦理的理论与实践 [M]. 北京：中国林业出版社，1998：152.

[283] 王海，陈明磊. 中国民间环保：第三方力量在环保道路上艰难行走 [EB/OL]. 2006-10-20 [2016_11_10]. www.ce.cn/xwzx/gnsz/gdxw/200610/20/t20061020_ 9051042_ 1.shtml.

[284] 王海伟. 冶金法制备高纯硅工艺研究 [D]. 大连：大连理工大学，2013：15.

[285] 王建明，袁瑜，陈红喜. 基于DEA法的企业绿色竞争力评价研究——以建材行业上市公司为案例 [J]. 生态经济，2007（01）：176-180.

[286] 王金南，夏友富，罗宏，等. 绿色壁垒与国际贸易 [M]. 北京：中国环境科学出版社，2002.

[287] 王莉. 对国际竞争力评价指标体系的理论思考 [J]. 国际经贸探索，1999（4）：18.

[288] 王立和. 绿色贸易论——中国贸易与环境关系问题研究 [D]. 南京：南京林业大学，2009：18.

[289] 王玲玲，张艳国. "绿色发展"内涵探微 [J]. 社会主义研究，2012，05：143-146.

[290] 王明扬. 我国生态经济发展路径研究 [D]. 北京：中共中央党校，2015：12.

[291] 王诵芬. 世界主要国家综合国力比较研究 [M]. 长沙：湖南出版社，1996.

[292] 王文俊. 传统产业转型升级研究综述 [J]. 财经理论研究，2016，(05)：19.

[293] 王秀强. 中国单位GDP能耗达世界均值2.5倍 [N]. 21世纪经济报道，2013-12-02（003）.

[294] 王雅林. 社会学研究的最高使命是"创造人民美好生活"—生活方式研究的若干理论问题 [J]. 哈尔

滨工业大学学报（社会科学版），2016，18（1）：3-9.

[295] 王雅林. 生活范畴及其社会建构意义［J］. 哈尔滨工业大学学报，2015（3）：1-12.

[296] 王雅林. 生活方式研究的现时代意义——生活方式研究在我国开展30年的经验与启示［J］. 社会学评论，2013（1）：30.

[297] 王彦峰. 健康也是生产力［J］. 红旗文稿，2009，(11)：28-29.

[298] 危昱萍. 环保并购年中盘点：上半年超230亿海外并购火热［N/OL］. 21世纪经济报道，2016-07-14（20）［2017-06-02］. http：//epaper. 21jingji. com/html/2016/07/14/content_ 43477. htm

[299] 为马克思主义政治经济学贡献中国智慧［N］. 新华每日电讯，2015-11-25（01）.

[300] 魏本勇，王媛，杨会民，等. 国际贸易中的隐含碳排放研究综述［J］. 世界地理研究，2010，19（2）：140.

[301] 魏杰. "十三五"与中国经济新常态［M］. 北京：企业管理出版社，2016.

[302] 文传浩. 论政治生态化［J］. 思想战线，2000，06：48-52.

[303] 我国绿色建筑2015年发展情况及2016年前景趋势. 收录于中国城市科学研究会主编的《中国绿色建筑2016》http：//n. roboo. com/news/detail. htm? id=af71ad1119d9fc0ab02b4942120d65e6&index=nnews

[304] WTO与环境课题组. 中国加入WTO环境影响研究［M］. 北京：中国环境科学出版社，2004.

[305] 吴敬琏，厉以宁，林毅夫，等. 读懂新常态2［M］. 北京：中信出版社，2016.

[306] 吴平. 技术创新引领绿色发展新动力［N］. 中国经济时报，2016-11-01（A05）.

[307] 吴舜泽，逯元堂，赵云皓，等. 第四次全国环境保护相关产业综合分析报告［J］. 中国环保产业，2014（8）：4-17.

[308] 吴为. 全国劳动人口平均年龄上升到36岁—《中国人力资本报告2016》发布；老龄化对人力资本增长的阻碍日益明显［N］. 新京报，2016-12-11（A03）.

[309] 吴贤军. 基于两种逻辑向度的中国国际话语权构建问题审视［J］. 东南学术，2015（5）：26.

[310] 吴玉龙. 综合国力与生态环境漫谈［J］. 森林与人类，1999（9）：10.

[311] 吴玉萍，等. 21世纪环境与贸易［M］. 北京：中国环境科学出版社，1996.

[312] 吴毓健，段金柱，储白珊. 根据各乡镇特色，建立差异化考核评价体系"指挥棒"一换，永泰奔向"绿富美"［N］. 福建日报，2013-04-10（1）.

[313] 吴芸. 全方位推行生活方式绿色化［J］. 唯实，2015（10）：59-62.

[314] 武卫政. 全国生态文明建设试点已有53个［N］. 人民日报，2012-08-22（02）.

[315] 习近平. 关于《中共中央关于制定国民经济和社会发展第十三个五年规划的建议》的说明［EB/OL］. 新华网，2015-11-03［2017-01-25］. http：//news. xinhuanet. com/politics/2015-11/03/c_ 1117029621. htm

[316] 习近平. 谋求持久发展 共筑亚太梦想［N/OL］. 人民日报海外版，2014-11-10（07）［2017-01-15］. http：//paper. people. com. cn/rmrbhwb/html/2014-11/10/content_ 1497329. htm.

[317] 习近平. 努力走向社会主义生态文明新时代［EB/OL］. 中国共产党新闻网，2013-05-24［2017-02-06］http：//cpc. people. com. cn/xuexi/n/2015/0720/c397563-27331980. html.

[318] 习近平. 携手共建合作共赢、公平合理的气候变化治理机制［EB/OL］. 人民网，2015-12-01［2016-12-20］. politics. people. com/cn/n/2015/1201/c1024-27873625. html.

[319] 习近平. 携手推进亚洲绿色发展和可持续发展 [N]. 人民日报, 2010-04-11 (01).

[320] 习近平在华东七省市党委主要负责同志座谈会上的讲话 [N]. 人民日报, 2015-05-27 [2015-05-29]

[321] 习近平在新加坡国立大学的演讲: 深化合作伙伴关系 共建亚洲美好家园 [EB/OL]. 新华网, 2015-11-07 [2017-01-10]. http://news.xinhuanet.com/politics/2015-11/07/c_1117071978_2.htm.

[322] 习近平. 在中共中央政治局第三十次集体学习时强调准确把握和抓好我国发展战略重点扎实把"十三五"发展蓝图变为现实 [N]. 福建日报, 2016-01-31 (1).

[323] 习近平在中央政治局第六次集体学习上的讲话.

[324] 习近平致生态文明贵阳国际论坛2013年年会的贺信 (全文) [EB/OL]. 中国政府网, 2013-07-20 [2017-02-08]. http://www.gov.cn/ldhd/2013-07/20/content_2451855.htm.

[325] 习近平主持召开中央财经领导小组第十三次会议 [EB/OL]. 新华网, 2016-05-16 [2016-05-17]. news.xinhuanet.com/politics/2016-05/16/c_111887 5925.htm.

[326] 夏光. 我国绿色贸易转型战略取向分析 [J]. 环境与可持续发展, 2011 (03): 9~12.

[327] 夏友富. 国际环保法规与中国对外开放 [M]. 北京: 中国青年出版社, 1997.

[328] 厦门市环境质量公报 http://www.xmepb.gov.cn/zwgk/ghcw/hjzlgb/

[329] 厦门市商务局. 厦门商务运行情况 (2016年12月) http://xxgk.xm.gov.cn/swj/swyxfx/201702/P020170216599070794799.pdf

[330] 肖笃宁, 陈文波, 郭福良. 生态安全的基本概念和研究内容 [J]. 应用生态学报, 2002. 3: 354.

[331] 肖洪. 城市生态建设与城市生态文明 [J]. 生态经济, 2004 (7): 29-30.

[332] 肖兰兰. 中国在国际气候谈判中的身份定位及其对国际气候制度的建构 [J]. 太平洋学报, 2013, 21 (2): 69-78.

[333] 辛闻. 发改委联合六部门推出57个生态文明建设先行示范区 [EB/OL]. 中国网, 2014-11-14 [2017-01-20]. news.china.com.cn/2014-11/14/content_34047823.htm.

[334] 新华网. 依靠创新打造发展新引擎 培育增长新动能——科技部党组书记、副部长王志刚权威解读<国家创新驱动发展战略纲要> [EB/OL]. 新华网, 2016-05-20 [2016-12-25] http://news.xinhuanet.com/politics/2016-05/20/c_128998909.htm.

[335] 邢利宇. 《全球新能源发展报告2016》发布 中国多项指标居前列 [EB/OL]. 中国新闻网, 2016-04-20 [2016-12-02]. http://www.chinanews.com/cj/2016/04-20/7841875.shtml.

[336] 熊鸿儒. 绿色技术创新障碍与对策 [J]. 新经济导刊, 2016 (9): 75-78.

[337] 熊涛. "绿水清山就是金山银山"探索绿色金融模式 (治理之道) [N]. 人民日报, 2017-06-13 (7).

[338] 徐晓雯. 美国绿色农业补贴及对我国农业污染治理的启示 [J]. 理论探讨, 2006: 69~72.

[339] 许宪春. 我国经济结构的变化与面临的挑战 [J]. 国家行政学院学报, 2015, (06): 8.

[340] 杨灿, 朱玉林. 国内外绿色发展动态研究 [J]. 中南林业科技大学学报 (社会科学版), 2015, 9 (6): 45.

[341] 杨代友. 企业绿色竞争力研究 [D]. 上海: 复旦大学, 2004: 6, 16.

[342] 杨庆育. 必须重视绿色发展的生态产品价值 [J]. 红旗文稿, 2016, (05): 28-29.

[343] 杨伟祖. 美好生活方式还原生命本来 [J]. 生命智慧, 2012 (9): 9-11.

[344] 叶琪. 环境竞争力理论研究的历史回顾与前沿探析 [J]. 福建师范大学学报（哲学社会科学版），2011（4）：9、10.

[345] 叶琪，李建平. 全球环境竞争力的演化机理与矛盾突破 [J]. 福建师范大学学报（哲学社会科学版）2014：30.

[346] 叶汝求，等. 环境与贸易 [M]. 北京：中国环境科学出版社，2001.

[347] 叶伟. 光热发电破障前行 或成新能源发展重头戏 [EB/OL]. 中国环保在线，2017-03-22 [2017-03-25]. http：//www.hbzhan.com/news/detail/115924.html.

[348] 英建波. 深化生态产品供给侧改革 [J]. 群众. 2016（3）：39-41

[349] 用硬措施应对应挑战——十二届全国人大三次会议记者会摘录 [N]. 中国环境报，2015-03-05（2）.

[350] 于馨茹. 2013生态文明建设十件大事发布 [N]. 中国环境报，2014-03-18（01）.

[351] 余德辉，刘昕. 加拿大的环境产业 [J]. 中国环保产业，2000（5）：32-34.

[352] 余芳东. 国外综合国力研究方法的评价 [J]. 统计研究，1993，10（6）：37-41.

[353] 余谋昌. 生态文明是发展中国特色社会主义的抉择 [J]. 南京林业大学学报，2007，7（4）：5-11.

[354] 余谋昌. 文化新世纪——生态文化的理论阐述 [M]. 哈尔滨：东北林业大学出版社，1990：115.

[355] （美）约瑟夫·奈（Joseph S. Nye Jr）. 软实力 [M]. 马娟娟，译. 北京：中信出版社，2013.

[356] （美）约瑟夫·S·奈（Joseph S. Nye）. 注定领导世界：美国权力性质的变迁 [M]. 刘华，译. 北京：中国人民大学出版社，2012.

[357] 岳冉冉. 全球气候变化影响大：升1℃而动基因 [EB/OL]. 新华每日电讯，2016-12-02（14）[2017-01-10]. news.xinhuanet.com/mrdx/2016/12/02/C_135874920.htm.

[358] 曾凡银. 生态环境与中国国际竞争力：中国国际贸易与FDI的新挑战和新选择 [M]. 北京：中国经济出版社，2006.

[359] 曾辉，袁佳. 以绿色金融促进供给侧结构性改革 [J]. 环境保护，2016，（19）：36-38.

[360] 曾建民. 略论绿色产业的内涵与特征 [J]. 江汉论坛，2003，（11）：24、25.

[361] 曾培炎. 经济新常态下宏观调控应有新思路 [J]. 新华文摘，2016（11）：44.

[362] 曾贤刚，虞慧怡，谢芳. 生态产品的概念、分类及其市场化供给机制 [J]. 中国人口·资源与环境，2014，（07）：12-17.

[363] 张晨，刘纯彬. 资源型城市绿色转型的成本分析与时机选择 [J]. 生态经济，2009（6）：33-40.

[364] 张春霞. 绿色经济发展研究 [M]. 北京：中国林业出版社，2002：229.

[365] 张春宇. 基于主要政策维度的我国绿色产业政策体系 [J]. 开发研究，2016. (6)：83-88.

[366] 张江雪，蔡宁，毛建素，等. 自主创新技术引进与中国工业绿色增长——基于行业异质性的实证研究 [J]. 科学学研究，2015（2）：185-194，271.

[367] 张江雪，蔡宁，杨陈. 环境规制对中国工业绿色增长指数的影响 [J]. 中国人口＆资源与环境，2015（1）：24-31.

[368] 张金昌. 国际竞争力评价的理论和方法 [M]. 北京：经济科学出版社，2002.

[369] 张娟. 中国对外贸易的环境效应评估及政策研究 [M]. 北京：科学出版社，2015.

[370] 张美君. 不足还是过度：中国社会发展中的消费困境 [J]. 商业经济研究，2015（1）：12-13.

[371] 张敏. 欧盟绿色经济发展路径、战略与前景展望//中国环境科学学会学术年会论文集［C］. 2016：269-273.

[372] 张学文. 我国循环经济发展存在的问题及对策［J］. 中国集体经济，2014（2）：

[373] 张逸昕. 黑龙江省经济结构系统研究［D］. 哈尔滨：哈尔滨工程大学，2007：20.

[374] 张英，成杰民，王晓凤，等. 生态产品市场化实现路径及二元价格体系［J］. 中国人口·资源与环境，2016，（03）：171-176.

[375] 张莹，潘家华，潘丽娜. 我国林业部门中绿色就业潜力实证分析［J］. 林业经济，2011（7）：41-46.

[376] 张毓辉，王秀峰，万泉，等. 中国健康产业分类与核算体系研究［J］. 2017，36（4）：5-8.

[377] 张云飞. 绿色发展的新课题［J］. 中国周刊，2016，02：24-25.

[378] 张忠霞. 新兴经济体努力走上绿色发展之路［EB/OL］. 新华网，2012-06-18［2016-03-11］. http：//news.xinhuanet.com/gongyi/2012-06/18/c_123298824.htm?prolongation=1

[379] 赵超，陈炜伟. 发改委：大力发展绿色产业 培育新增长点［EB/OL］. 中国证券报·中证网，2015-05-06［2017-01-10］http：//www.cs.com.cn/xwzx/cj/201505/t20150506_4703599.html.

[380] 赵鹤. 2016年三季度环保行业上市公司解析［EB/OL］. 满天星，2016-12-22［2017-03-10］. http：//www.mtx.cn/jnhbgc/80630.htm.

[381] 赵建军，等. 绿色发展的动力机制研究［M］. 北京：北京科学技术出版社，2014.

[382] 赵建军，胡立春. 绿色发展引领县域产业绿色转型［J］. 理论视野，2016（06）：35.

[383] 赵建军，黄婷婷. 绿色化概念新在哪里？［N］. 中国环境报，2015-04-06（2）.

[384] 赵景柱，等. 可持续发展综合国力的理论分析［J］. 环境科学，2003.1：6.

[385] 赵秋月，周学双，李冰，等. 多晶硅产业存在的环保问题及对策建议［J］. 环境污染与防治，2010，（06）：102.

[386] 赵蕊芬，王书琴，李浩舰. 资源型城市绿色转型研究综述［J］. 现代工业经济和信息化，2015，04：5-7.

[387] 赵细康. 健全生态环境保护体制机制［N］. 中国环境报，2013-11-20（2）.

[388] 赵玉焕. 贸易与环境：WTO新一轮谈判的新议题［M］. 北京：对外经济贸易大学出版社，2002.

[389] 郑德凤，臧正，孙才志. 绿色经济、绿色发展及绿色转型研究综述［J］. 生态经济，2015，02：67.

[390] 郑红霞，王毅，黄宝荣. 绿色发展评价指标体系研究综述［J］. 工业技术经济，2013，02：143.

[391] 郑璜. 福建自贸试验区上半年新增企业12575户［EB/OL］. 福建工商网，2017-07-24［2017-08-10］. http：//www.fjaic.gov.cn/bgs/gsdt/zyxw/201707/t20170724_247532.htm.

[392] 郑晶. 低碳经济与生态文明研究［M］. 北京：中国林业出版社，2014

[393] 郑立. 中国各省区生态环境竞争力分析［J］. 环境保护，2007（z1）：76-81.

[394] 中共福建省委、省政府. "健康福建2030"行动规划，2017.

[395] 中共中央办公厅、国务院办公厅. 关于设立统一规范的国家生态文明试验区的意见. 2016.

[396] 中共中央办公厅、国务院办公厅. 国家生态文明试验区（福建）实施方案. 2016.

[397] 中共中央办公厅、国务院. 关于设立统一规范的国家生态文明试验区的意见、国家生态文明试验区（福建）实施方案. 2016.

[398] 中共中央关于全面深化改革若干重大问题的决定 [N]. 中国政府网 2013-11-15 [2017-01-20]. http://www.gov.cn/jrzg/2013-11/15/content_2528179.htm.

[399] 中共中央关于制定国民经济和社会发展第十三个五年规划的建议 [N]. 中国环境报, 2015-11-04 (1)

[400] 中共中央 国务院关于加快推进生态文明建设的意见 [M]. 北京: 中央文献出版社, 2015: 5.

[401] 中共中央, 国务院. "健康中国 2030"规划纲要, 2016.

[402] 中共中央文献研究室. 习近平关于科技创新论述摘编 [M]. 北京: 中央文献出版社, 2016: 30.

[403] 中共中央宣传部. 习近平总书记系列重要讲话读本 (2016 年版) [M]. 北京: 人民出版社, 学习出版社, 2016.

[404] 中共中央政治局召开会议-审议通过广东、天津、福建自贸区方案. 兰州晚报, 2015-03-25 (R09 版).

[405] 中国产业调研网. 中国绿色建筑行业发展现状分析与市场前景预测报告 (2016-2022 年) [R]. 2016.

[406] 中国产业信息. 中国能源消费量、消费结构以及能源行业供给格局分析 [EB/OL]. 2014-06-06 [2017-3-12]. http://www.chyxx.com/industry/201406/251712.html.

[407] 中国-东盟环境保护合作中心. 中国-东盟绿色产业发展与合作——政策与实践 [M]. 北京: 中国环境科学出版社. 2011.

[408] 中国风能协会. 中国风电装机容量统计 http://www.cwea.org.cn/search.asp.

[409] 2008 中国环保民间组织发展状况报告 [N]. 中国环境报, 2012-10-12 (03).

[410] 中国环境保护产业协会. 2015 年度全国环境服务业财务统计调查 http://www.caepi.org.cn/p/1211/367466.html.

[411] 中国科学院可持续发展研究组. 2003 中国可持续发展战略报告 [M]. 北京: 科学出版社, 2003.

[412] 中国科学院可持续发展战略研究组. 2010 中国可持续发展战略报告——绿色发展与创新 [M]. 北京: 科学出版社, 2010.

[413] 中国可持续消费研究报告 2012 [N]. 中国环境报, 2013-02-08 (6).

[414] 中国绿色食品发展中心 http://www.greenfood.org.cn.

[415] 中国每年浪费 35% 粮食餐桌外一年浪费 700 亿斤 [EB/OL]. 2014-10-20 [2016-11-10]. http://news.163.com/14/1020/01/A8VD2CO900014AED.html.

[416] 中国人民银行、财政部, 等. 关于构建绿色金融体系的指导意见. 2016.

[417] 中国社会科学院工业经济研究所课题组, 李平. 中国工业绿色转型研究 [J]. 中国工业经济, 2011 (4): 5-14.

[418] 中国社会科学院数量经济与技术经济研究所循环经济发展评价创新工程项目组. 中国"经济新常态": 内涵与对策 [M]. 北京: 中国社会科学出版社, 2015.

[419] 中国现代国际关系研究所综合国力课题组. 世界主要国家综合国力评估 [J]. 国际资料信息 2000. 07: 1-7.

[420] 中国银监会. 绿色信贷指引, 2012

[421] 中国综合国力有多强 [J]. 陕西审计, 2000, (05): 13.

［422］中华人民共和国环境保护部关于印发《全国生态保护"十三五"规划纲要》的通知［EB/OL］. 中华人民共和国环境保护部网, 2016-10-28［2016-12-25］. http：//www. zhb. gov. cn/gkml/hbb/bwj/201611/t20161102_366739. htm

［423］中华人民共和国环境保护部2015中国环境状况公报 http：//www. zhb. gov. cn/hjzl/zghjzkgb/lnzghjzkgb/

［424］中华人民共和国环境保护税法［EB/OL］. 中国人大网, 2016-12-25［2017-03-10］. http：//www. npc. gov. cn/npc/xinwen/2016-12/25/content_2004993. htm.

［425］中投顾问. 2016~2020年中国有机农业深度调研及投资前景预测报告［R］. 中投顾问, 2016.

［426］中信国安资本. 清洁能源行业分析报告［R］. 2015：3.

［427］中央财经大学绿色经济与区域转型研究中心. 中国绿色产业景气指数报告2016［R］. 2016.

［428］钟娟. 环境产品和服务贸易自由化影响研究——发展中国家的视角［J］. 河南社会科学, 2010, 06：110-113.

［429］钟凯雄. "2011计划"语境下的大学文化管理策略［J］. 现代教育论丛, 2013, (4)：52-57.

［430］周东. 绿色能源知识读本［M］. 人民邮电出版社. 北京：2010.01：3.

［431］周谷平, 阚阅. "一带一路"战略的人才支撑与教育路径［J］. 教育研究, 2015, (10)：4-9.

［432］周惠军, 高迎春. 绿色经济、循环经济、低碳经济三个概念辨析［J］. 天津经济, 2011, 11：5-7.

［433］周立华. 生态经济与生态经济学［J］. 自然杂志, 2004, 04：239.

［434］周生贤. 我国环境保护面临的新情况新问题及下步重点任务［N］. 中国环境报, 2013-07-11（02）.

［435］朱俭凯. 法国绿色产业政策与影响［J］. 理论界, 2015（3）：26-29.

［436］住房和城乡建设部. 建筑节能与绿色建筑发展"十三五"规划（建科［2017］53号）http：//www. mohurd. gov. cn/wjfb/201703/W020170314100832. pdf.

［437］住房和城乡建设部. "十二五"绿色建筑和绿色生态城区发展规划 http：//www. mohurd. gov. cn/wjfb/201304/W020130412015419. doc.

［438］追求造福人民的发展 追求全体人民共同富裕［N］. 长江日报, 2015-10-31（06）.

［439］宗寒. 我国经济发展中的产能过剩及其防治［J］. 毛泽东邓小平理论研究, 2010（1）：30-31.

［440］祖莎. 贸易开放影响环境的碳排放效应研究［M］. 北京：知识产权出版社, 2015.

［441］Aiyar S S, Duval R, Puy D, et al. Growth Slowdowns and the Middle-Income Trap［J］. IMF Working Papers, 2013.

［442］B. H. Liddell Hart . The Decisive Wars of History［M］. G. Bell and Sons, Ltd, US, 1929.

［443］Bloomberg Finance. New Energy Outlook 2017［R］. BNEF,［2017-08-10］https：//about. bnef. com/new-energy-outlook/

［444］BP世界能源统计年鉴［R/OL］. BP, 2017-07-05［2017-07-20］. http：//www. bp. com/content/dam/bp-country/zh_cn/Publications/StatsReview2017/2017版《BP世界能源统计年鉴》报告%20中文版. pdf.

［445］Competitiveness Policy Council. Building a Competitive America. First Annual Report to the President & Congress［J］. Washington, US. 1992：49. http：//files. eric. ed. gov/fulltext/ED349443. pdf.

［446］Ekins P. Economic Growth and Environmental Sustainability［M］. London：Routledge, 2000.

［447］ESCWA. The Liberalization of Trade in Environmental Goods and Services in the ESCWA and Arab Regions［R/OL］. UN, 2007-10-22［2016-12-10］. www. un-trade-environment. org/documents/west-asia/ESCWA-EGS-Study-22Oct07-English-Final. pdf.

［448］FiBL and IFOAM. The world of Organic Agriculture Statistics and Emerging Trends 2017［R/OL］. Fibl,

2017-02-20［2017-05-30］. https：//shop. fibl. org/CHde/mwdownloads/download/link/id/785/？ref=1

［449］G20 绿色金融综合报告 http：//www. cceex. com/wp-content/uploads/G20-绿色金融综合报告中文版【全文】. pdf

［450］Gill, I. and H. Kharas. An East Asian Renaissance：Ideas for Economic Growth［M］. Washington D. C.：World Bank, 2007.

［451］image/green_ economy_ full_ report_ ch. pdf

［452］IMD and World Economic Forum. The World Competitiveness Yearbook［R］. 1991.

［453］IMD and World Economic Forum. The World Competitiveness Yearbook［R］. 1994.

［454］IMD（2003）. The World Competitiveness Yearbook［R］. 2003.

［455］International Energy Agency. Tracking Industrial Energy Efficiency and CO_2 Emissions：In Support of the G8 Plan and Action［EB/OL］. France：Energy Indicator, 2007-06-30［2016-08-12］. http：//www. iea. org/textbase/nppdf/free/2007/tracking_ emissions. pdf.

［456］International Energy Agency. World energy outlook 2007：China and Indiainsights［M/OL］. Paris：IEA, 2017-06-17［2017-06-02］. http：//www. worldenergyoutlook. org.

［457］Mongelli, I., G. Tassielle, B. Notarnicola. Global warming agreements, international trade and energy/carbon embodiments：An input-output approach to the Italian case［J］. Energy Policy, 2006, 34（1）.

［458］OECD. Interim Report of the Green Growth Strategy：Implementing our Commitment for a Sustainable Future［EB/OL］. Meeting of the OECD Council at Ministerial Level, 27-28 May 2010［2017-01-20］, http：//www. oecd. org/greengrowth/45312720. pdf.

［459］OECD. Technology and The Economy：The Key Relationships［R］. Paris, 1992：243.

［460］Pearce, et al. Blueprint for a green economy：a Report［M］. London：Earthscan publication Ltd, 1989.

［461］Porter. M. America's green strategy［J］. Scientific American, vol. 264, No. 4, 1991：168.

［462］Ray S Cline. World Power Assessment［M］. 东京：Westview Press Inc, 1975.

［463］UNEP. Towards a Green Economy：Pathways to Sustainable Development and Poverty Eradication［EB/OL］. UNEP,［2017-05-05］. www. unep. org/greeneconomy.

［464］UNESCAP. State of the Environment in Asia and the Pacific 2005［R］. United Nations pubilcation, 2006.

［465］UNFPA. World population trends［EB/OL］. 2017-08-29［2017-09-09］http：//www. unfpa. org/world-population-trends#.

［466］United Nations. Transforming our world：the 2030 Agenda for Sustainable Development［EB/OL］.［2016-06-11］. https：//sustainabledevelopment. un. org/post2015/transformingourworld.

［467］Weaver P M. National Systems of Innovation In：Hargroves K C, Smith M H, eds The Natural Advantage of Nations：Business Opportunities, Innovation and Governance in the 21st Century［M］. London：Earthscan/James & James, 2005.

［468］WEF. The Global Competitiveness Report［R］. Switzerland, 2003.

［469］Withelm Fucks. National Power Equation［M］. 东京：BG Teubner stutgart, 1965.

［470］World Economic Forum. Global Competitiveness Report［R］. 1996：19.

［471］World Nuclear Association. Nuclear share figures, 2006-2016［EB/OL］. World Nuclear AssDciation, 2017-04-01［2017-07-29］http：//www. world-nuclear. org/information-library/facts-and-figures/nuclear-generation-by-country. aspx.

后　　记

本专著由廖福霖拟出提纲，由廖福霖、俞白桦组织以下研究人员分工撰写：廖福霖撰写第一章，吴飞霞撰写第二、三、八、九、十、十一、十六章，邓翠华撰写第四章，钟卫华撰写第五章，郑晶撰写第六章，俞白桦撰写第七章，赵东喜撰写第十二、十三、十四章，苏祖荣撰写第十五章。

第一稿成稿后由廖福霖进行初审并提出修改意见，由撰稿人进行修改，形成第二稿；然后由廖福霖、张春霞、邓翠华、俞白桦、赵东喜、吴飞霞集中进行审稿、改稿和统稿。

本书在研究与撰写期间，廖福霖曾受邀分别在2015年、2016年的海峡两岸生态文明论坛主会场上作本书相关内容的学术演讲，引起两岸专家学者的极大兴趣与关注。会后纷纷前来交流探讨，使我们得到许多启发。

我们邀请了福建省自由贸易区研究院办公室主任、福建师范大学经济学院王珍珍教授为撰写人员作自由贸易区建设的专题讲座，让我们受益匪浅；在集中审稿、改稿和统稿期间，得到福建农林大学博士生导师张春霞教授的鼎力相助、福建师范大学地理科学学院院长杨玉盛教授（博导）的莫大关心，也得到福建师范大学福建三明森林生态系统与全球变化研究站老师刘小飞硕士、杨智杰在读博士以及其他工作人员的关心、帮助与支持，使我们提高了稿件的质量和工作效率。

感谢中国林业出版社的徐小英编审、梁翔云编辑为此书的出版做出了极大努力。

我们虽然对生态文明有长达二十年的研究，但是对本课题的关注与研究仅有两年多，写这本专著的初衷在于抛砖引玉。由于我们的水平有限，不足之处与错误漏洞在所难免，敬请读者批评赐教！

廖福霖

写于福建师范大学福建三明森林生态系统与全球变化研究站

2017年8月16日

关于参考文献的说明

由于本书在编辑过程中，编辑与作者在沟通中出现理解上的差异，在把章末的参考文献集中改为书末参考文献的过程中存在缺陷：一是页下注被删；二是因为书末参考文献是按作者姓氏的拼音（英文字母）排序，所以导致书中引用观点处与书末参考文献的序号没有呼应。特此向471个参考文献的作者以及本书读者表示深深的歉意，敬请谅解。

作者、编辑
2017年12月